Craftsman Make up Artist

메이크업미용사 필기
적중모의고사 (상시시험 대비)

▣ 노희영
- 현) 서경대학교 예술교육원 미용학 전공 학과장
- 한성대학교 예술학 석사
- 한양대학교 보건학 박사
- 국가자격증 미용사(메이크업) 심사위원
- 국가자격증 미용사(네일) 심사위원

▣ 문서원
- M-beauty 대표
- 서경대학교 미용예술학과 출강
- 동원대학교 뷰티디자인과 출강
- 한성대 예술학 석사
- NY FIT Make-up For The Media 수료
- NY FIT Color Specialist 수료

preface... 머리말

21세기는 전문가의 시대입니다.

오늘날 미용업무는 공중위생분야로서 국민의 건강과 직결되어 있는 중요한 분야로 향후 국가의 산업구조가 제조업에서 서비스업 중심으로 전환되는 차원에서 수요가 증대되고 있습니다. 또한, 분야별로 세분화 및 전문화되고 있는 세계적인 추세에 맞추어 미용의 업무 중 머리, 화장, 네일, 메이크업의 업무를 수행할 수 있는 미용분야 전문인력을 양성하여 국민의 보건과 건강을 보호하기 위해 만든 자격제도가 바로 한국산업인력공단이 주관·시행하고 있는 미용사 자격시험입니다.

이 교재는 NCS 과정에 따라 개편 한국산업인력공단의 출제기준을 반영하여 만들어진 미용사(메이크업) 필기 교재로 다음과 같은 구성적 장점을 통해 수험생 여러분들에게 자격시험 합격의 지름길을 제공할 것입니다.

1. 한국산업인력공단의 출제기준과 NCS 과정을 반영하여 이론 내용을 구성·정리하였으며, 공중위생관리법규는 최신의 내용을 수록하고 있습니다.
2. 상시시험으로 운영되고 있는 미용사(메이크업) 필기시험 출제문제를 반영한 총 12회분의 CBT 대비 적중모의고사를 상세한 해설과 함께 수록하여 효과적인 시험대비가 가능하도록 하였습니다.
3. 풍부한 유형의 문제 풀이가 있어야 하는 만큼 적중모의고사의 각 문항에는 상세한 해설을 곁들여 유사 문제에도 쉽게 대비할 수 있도록 하였습니다.

이 책이 수험생들에게 보다 쉽게 자격증을 취득할 수 있도록 작으나마 보탬이 되고 또한 우수한 미용인 양성에 초석이 되었으면 하는 바람입니다. 수험생 여러분, 인생에서 초심이 가장 중요하듯이 책장이 한 장 한 장 넘어갈 때마다 여러분들이 가졌던 첫 마음을 다시 한 번 생각하면서, 소망하는 미용전문인이 되기를 두 손 모아 기대합니다.

저자 일동

기술검정안내

개요
메이크업에 관한 숙련기능을 가지고 현장 업무를 수용할 수 있는 능력을 가진 전문기능인력을 양성하고자 자격제도를 제정

직무내용
특정한 상황과 목적에 맞는 이미지, 캐릭터 창출을 목적으로 이미지 분석, 디자인, 메이크업, 뷰티 코디네이션, 후속 관리 등을 실행함으로써 얼굴·신체를 표현하는 업무 수행

진로 및 전망
메이크업아티스트, 메이크업강사, 화장품 관련 회사, 메이크업 미용업 창업, 고등 기술학교 등

취득방법
1. 실시기관 : 한국산업인력공단
2. 실시기관 홈페이지 : http://q-net.or.kr
3. 시험과목
    - 필기 : 이미지 연출 및 메이크업 디자인
    - 실기 : 메이크업 실무
4. 검정방법
    - 필기 : 객관식 4지 택일형, 60문항(60분)
    - 실기 : 작업형(2~3시간 정도, 100점)
5. 합격기준 : 100점 만점에 60점 이상
6. 응시자격 : 제한없음

미용사(메이크업) 필기시험 출제기준

시험 과목	주요 항목	세부 항목
이미지 연출 및 메이크업 디자인	1. 메이크업 위생관리	1. 메이크업의 이해 2. 메이크업 위생관리 3. 메이크업 재료 · 도구 위생관리 4. 메이크업 작업자 위생관리 5. 피부의 이해 6. 화장품 분류
	2. 메이크업 고객 서비스	1. 고객 응대
	3. 메이크업 카운슬링	1. 얼굴특성 파악 2. 메이크업 디자인 제안
	4. 퍼스널 이미지 제안	1. 퍼스널컬러 파악 2. 퍼스널 이미지 제안
	5. 메이크업 기초화장품 사용	1. 기초화장품 선택
	6. 베이스 메이크업	1. 피부표현 메이크업 2. 얼굴윤곽 수정
	7. 색조 메이크업	1. 아이브로우 메이크업 2. 아이 메이크업 3. 립&치크 메이크업
	8. 속눈썹 연출	1. 인조속눈썹 디자인 2. 인조속눈썹 작업
	9. 속눈썹 연장	1. 속눈썹 연장 2. 속눈썹 리터치
	10. 본식웨딩 메이크업	1. 신랑신부 본식 메이크업 2. 혼주 메이크업
	11. 응용 메이크업	1. 패션이미지 메이크업 제안 2. 패션이미지 메이크업
	12. 트렌드 메이크업	1. 트렌드 조사 2. 트렌드 메이크업 3. 시대별 메이크업
	13. 미디어 캐릭터 메이크업	1. 미디어 캐릭터 기획 2. 볼드캡 캐릭터 표현 3. 연령별 캐릭터 표현 4. 상처 메이크업
	14. 무대공연 캐릭터 메이크업	1. 작품 캐릭터 개발 2. 무대공연 캐릭터 메이크업
	15. 공중위생관리	1. 공중보건 2. 소독 3. 공중위생관리법규(법, 시행령, 시행규칙)

NCS(국가직무능력표준) 안내

NCS(국가직무능력표준)와 NCS 학습모듈

- 국가직무능력표준(NCS, National Competency Standards)이란 산업현장에서 직무를 수행하기 위해 요구되는 지식·기술·소양 등의 내용을 국가가 산업부문별·수준별로 체계화한 것으로 국가적 차원에서 표준화한 것을 의미합니다.
- NCS 학습모듈은 NCS 능력단위를 교육 및 직업훈련 시 활용할 수 있도록 구성한 교수·학습자료입니다. 즉, NCS 학습모듈은 학습자의 직무능력 제고를 위해 요구되는 학습 요소(학습 내용)를 NCS에서 규정한 업무 프로세스나 세부 지식, 기술을 토대로 재구성한 것입니다.

NCS 개념도

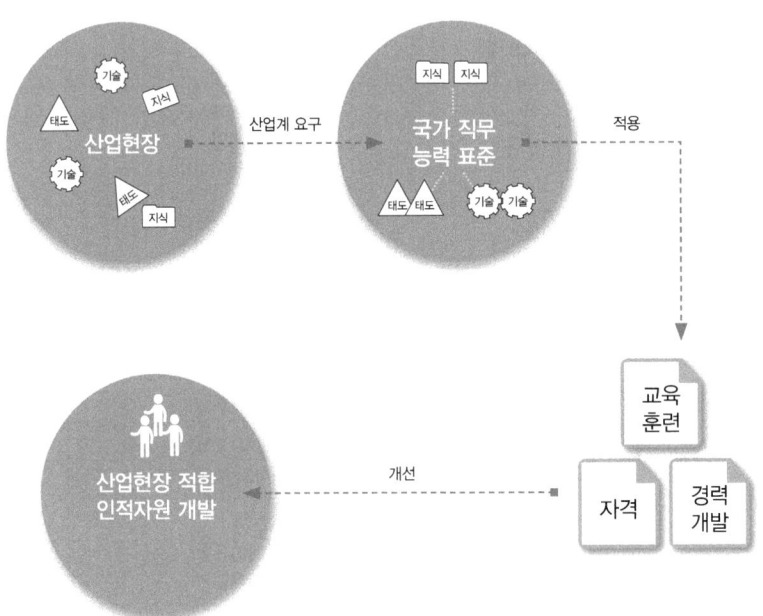

NCS의 활용영역

구분		활용 콘텐츠
산업현장	근로자	평생경력개발경로, 자가진단도구
	기업	현장수요 기반의 인력채용 및 인사관리기준, 직무기술서
교육훈련기관		직업교육 훈련과정 개발, 교수계획 및 매체·교재개발, 훈련기준 개발
자격시험기관		자격종목설계, 출제기준, 시험문항, 시험방법

NCS 학습모듈의 특징

- NCS 학습모듈은 산업계에서 요구하는 직무능력을 교육훈련 현장에 활용할 수 있도록 성취목표와 학습의 방향을 명확히 제시하는 가이드라인의 역할을 합니다.
- NCS 학습모듈은 특성화고, 마이스터고, 전문대학, 4년제 대학교의 교육기관 및 훈련기관, 직장교육기관 등에서 표준교재로 활용할 수 있으며 교육과정 개편 시에도 유용하게 참고할 수 있습니다.

NCS와 NCS 학습모듈의 연결 체제

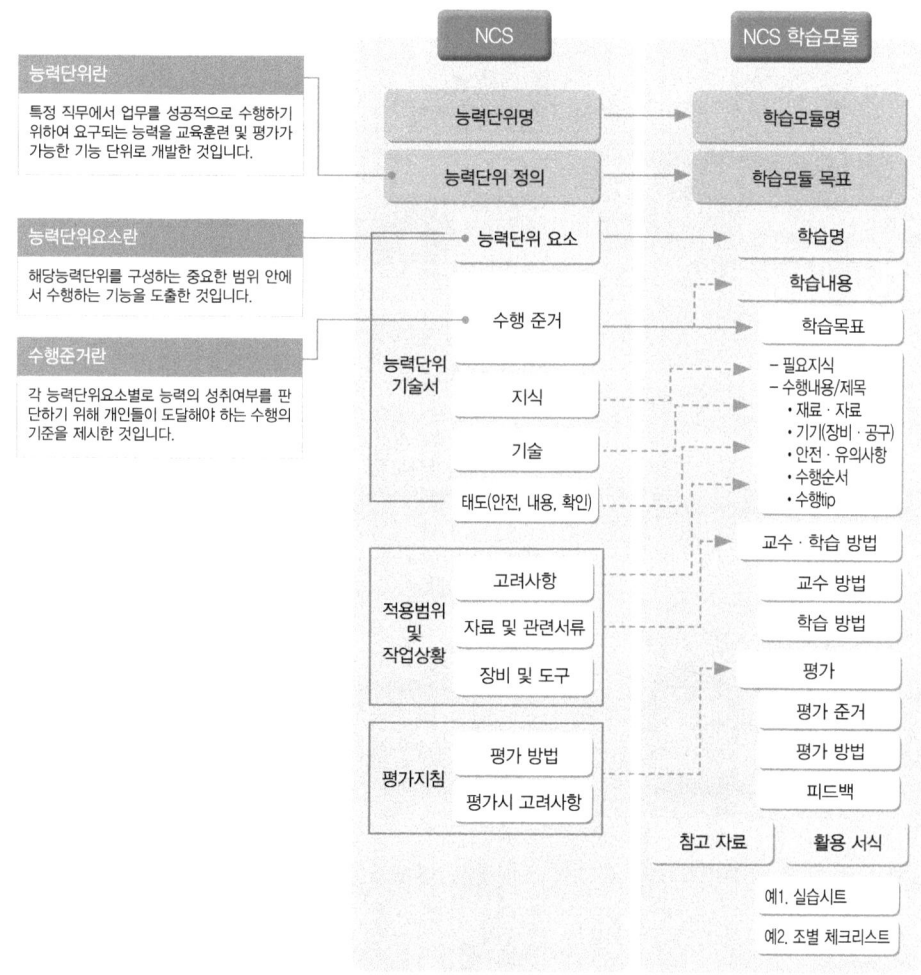

과정평가형 자격취득 안내

○ 과정평가형 자격

과정평가형 자격은 국가기술자격법에 근거하여 국가직무능력표준(NCS)에 따라 설계된 교육·훈련과정을 체계적으로 이수한 교육·훈련생에게 내·외부 평가를 통해 국가기술자격증을 부여하는 새로운 개념의 국가기술자격 취득 제도로서 2015년부터 시행되고 있다.

○ 과정평가형 자격 운영 절차

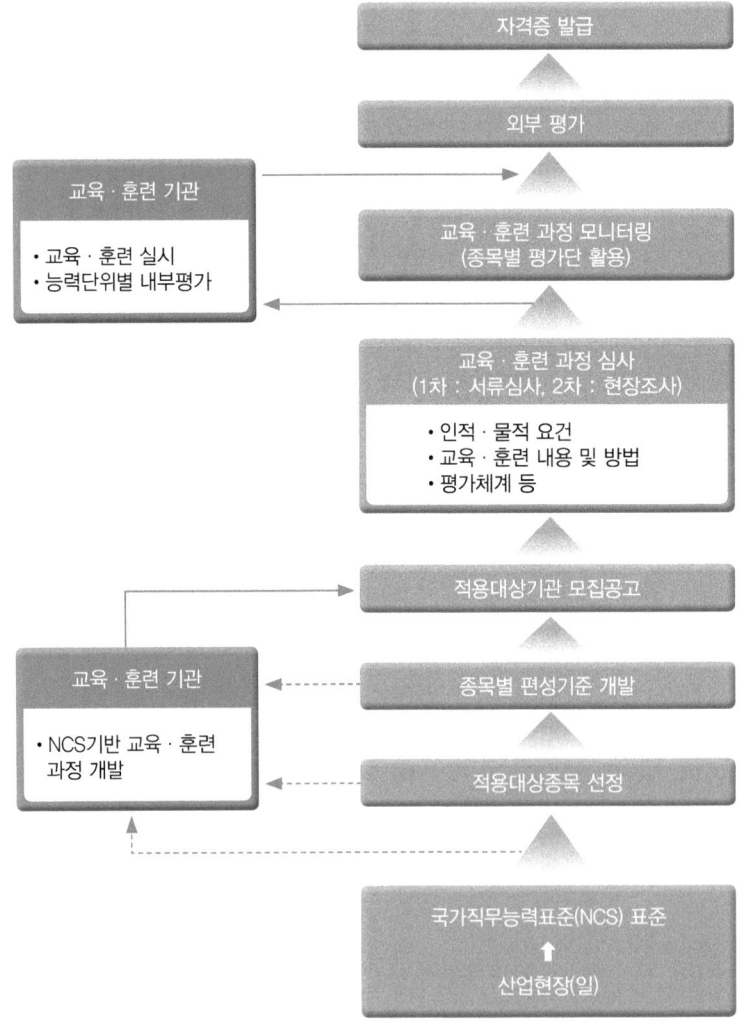

◉ 시행 대상
국가기술자격법의 과정평가형 자격 신청자격에 충족한 기관 중 공모를 통하여 지정된 교육·훈련기관의 단위과정별 교육·훈련을 이수하고 내부평가에 합격한 자

◉ 교육·훈련생 평가
① 내부평가(지정 교육·훈련기관)
  ㉠ 평가대상 : 능력단위별 교육·훈련과정의 75% 이상 출석한 교육·훈련생
  ㉡ 평가방법
    ㉠ 지정받은 교육·훈련과정의 능력단위별로 평가
    ㉡ 능력단위별 내부평가 계획에 따라 자체 시설·장비를 활용하여 실시
  ㉢ 평가시기
    ㉠ 해당 능력단위에 대한 교육·훈련이 종료된 시점에서 실시하고 공정성과 투명성이 확보되어야 함
    ㉡ 내부평가 결과 평가점수가 일정수준(40%) 미만인 경우에는 교육·훈련기관 자체적으로 재교육 후 능력단위별 1회에 한해 재평가 실시
② 외부평가(한국산업인력공단)
  ㉠ 평가대상 : 단위과정별 모든 능력단위의 내부평가 합격자
  ㉡ 평가방법 : 1차·2차 시험으로 구분 실시
    ㉠ 1차 시험 : 지필평가(주관식 및 객관식 시험)
    ㉡ 2차 시험 : 실무평가(작업형 및 면접 등)

◉ 합격자 결정 및 자격증 교부
① 합격자 결정 기준
  내부평가 및 외부평가 결과를 각각 100점을 만점으로 하여 평균 80점 이상 득점한 자
② 자격증 교부
  기업 등 산업현장에서 필요로 하는 능력보유 여부를 판단할 수 있도록 교육·훈련 기관명·기간·시간 및 NCS 능력단위 등을 기재하여 발급

NCS 및 과정평가형 자격에 대한 내용은 NCS국가직무능력표준 홈페이지(www.ncs.go.kr)에서 보다 자세하게 살펴볼 수 있습니다.

CBT 필기시험제도 안내

● 변경된 제도 개요

CBT(컴퓨터 기반 시험) 필기시험제도는 한국산업인력공단 상설시험장(상시시험으로 치러지는 한국기술자격검정원의 경우 검정원 시험장)과 외부기관의 시설 및 장비를 임차하여 시행하기 때문에 시험장 사정에 따라 시험일자가 달라질 수 있으며, 수험생들이 선호하는 시험장은 조기 마감될 수 있으므로 주의하여야 합니다.

● 원서접수 기간 및 접수처

- 한국산업인력공단이 주관 및 시행하는 기능사 정기 CBT 필기시험 및 상시 CBT 필기시험과 관련한 정보는 큐넷 홈페이지(http://www.q-net.or.kr)를 방문하여 확인합니다.
- 기능사 필기시험의 원서접수는 인터넷으로만 가능하며 정기 및 상시시험 모두 큐넷 홈페이지(http://www.q-net.or.kr)에서 접수할 수 있습니다.
- 기능사 상시시험 종목 : 한식조리기능사, 양식조리기능사, 일식조리기능사, 중식조리기능사, 제과기능사, 제빵기능사, 미용사(일반), 미용사(피부), 미용사(네일), 미용사(메이크업), 굴착기운전기능사, 지게차운전기능사, 건축도장기능사, 방수기능사 [14종목]
  ※ 건축도장기능사, 방수기능사 2종목은 정기검정과 병행 시행

● CBT 부별 시험시간 안내

구분	입실시간	시험시간	비고
1부	09:30	09:50 ~ 10:50	
2부	10:00	10:20 ~ 11:20	
3부	11:00	11:20 ~ 12:20	
4부	11:30	11:50 ~ 12:50	
5부	13:00	13:20 ~ 14:20	시험실 입실 시간은 시험시작 20분 전
6부	13:30	13:50 ~ 14:50	
7부	14:30	14:50 ~ 15:50	
8부	15:00	15:20 ~ 16:20	
9부	16:00	16:20 ~ 17:20	
10부	16:30	16:50 ~ 17:50	

※ 시행지역별 접수인원에 따라 일일 시행횟수는 변동될 수 있으며, 지역에 따라 원거리 시험장으로 이동할 수 있습니다.

● 합격자 발표

종이 시험과 달리 CBT 필기시험은 시험이 종료된 후 시험점수와 함께 합격 여부를 확인할 수 있으며, 이 결과는 시험일정 상의 합격자 발표일에 최종 확인할 수 있습니다.

CBT 필기시험 체험하기

01 CBT 필기시험 응시를 위해 지정된 좌석에 앉으면 해당 컴퓨터 단말기가 시험감독관 서버에 연결되었음을 알리는 연결 성공 메시지가 나타납니다.

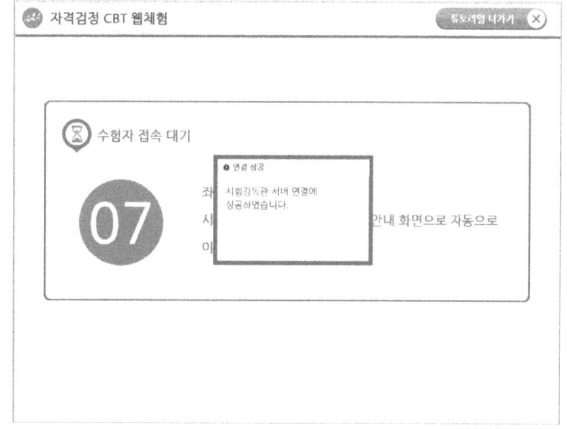

02 수험자 접속 대기 화면에서 좌석번호를 확인합니다. 좌석번호 확인이 끝나면 시험감독관의 지시에 따라 시험 안내 화면으로 자동으로 이동합니다.

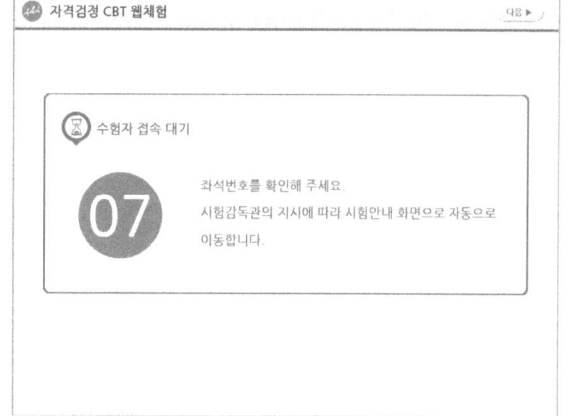

03 수험자 정보를 확인합니다. 감독관의 신분 확인 절차가 진행됩니다. 신분 확인이 모두 끝나면 시험을 시작할 수 있습니다.

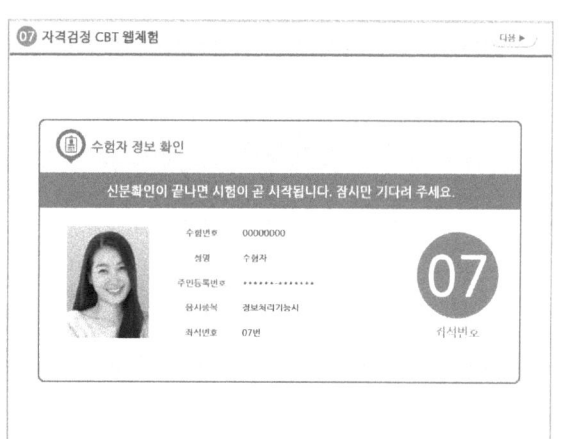

04 CBT 필기시험에 대한 안내사항이 나타납니다. 화면은 예제이며, 실제 기능사 필기시험은 총 60문제로 구성되며, 60분간 진행됩니다.

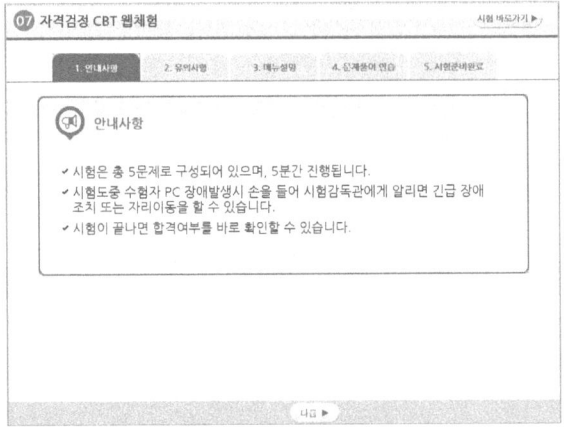

05 다음 항목에서 시험과 관련된 유의사항을 확인합니다. 특히, 시험과 관련한 부정행위 적발 시 퇴실과 함께 해당 시험은 무효처리되어 불합격 될 뿐만 아니라, 이후 3년간 국가기술자격검정에 응시할 수 있는 자격이 정지되므로 부정행위로 인정되는 내용을 꼼꼼히 확인하도록 합니다.

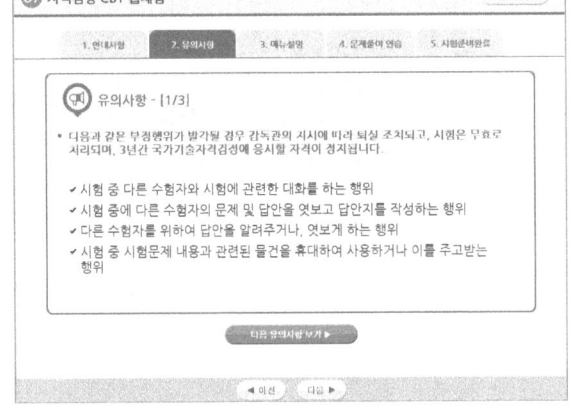

06 메뉴설명 항목에서는 문제풀이와 관련된 메뉴에 대한 설명을 확인할 수 있습니다. CBT 화면에서는 글자 크기를 크게 하거나 작게 할 수 있을 뿐 아니라, 화면 배치를 1단 또는 2단 화면 보기 혹은 한 문제씩 보기로 선택할 수 있습니다.

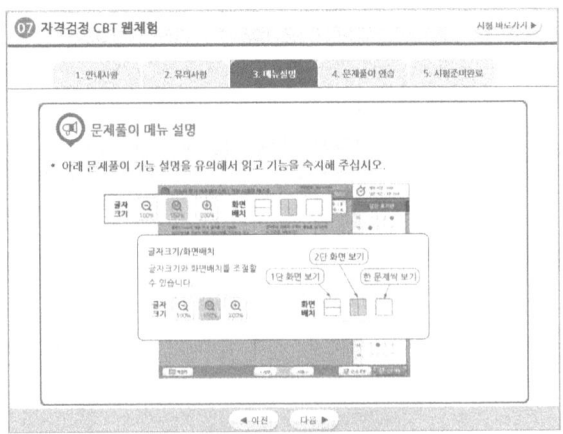

07 문제풀이 연습 항목에서는 실제 문제를 풀어보는 과정을 연습할 수 있습니다. 실제 시험에서 실수하지 않도록 하기 위해 [자격검정 CBT 문제풀이 연습] 버튼을 클릭합니다.

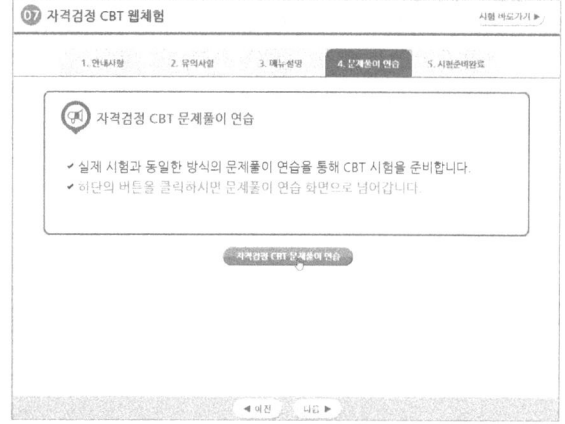

08 보기의 연습 문제는 국가기술자격시험의 정부 위탁기관인 한국산업인력공단의 본부 청사 소재지를 묻는 것입니다. 현재 한국산업인력공단 본부는 울산광역시에 소재하고 있습니다. 문제 아래의 보기에서 번호 항목을 클릭하거나 답안 표기란의 번호 항목에서 해당 답안을 클릭하여 답안을 체크합니다.

09 문제 아래의 보기를 클릭하거나 오른쪽 답안 표기란의 답안 항목을 클릭하면 화면과 같이 선택한 답안이 OMR 카드에 색칠한 것과 같이 색이 채워집니다.

답안을 수정할 때는 마찬가지 방법으로 수정하고자 하는 문제의 보기 항목이나 답안 표기란의 보기 항목에서 수정하고자 하는 답안을 클릭합니다.

10 문제를 풀고 나면 다음 문제를 풀기 위해 화면 하단의 [다음] 버튼을 클릭하여 문제를 계속 풀어나가면 됩니다. 참고로 하단 버튼 중 [계산기]를 클릭하면 간단한 공학용 계산기를 사용하여 계산 문제를 푸는 데 도움을 받을 수 있습니다.

> 계산이 끝나고 계산기를 화면에서 사라지게 하려면 계산기 창의 오른쪽 상단에 있는 닫기 ⊠ 버튼을 클릭합니다.

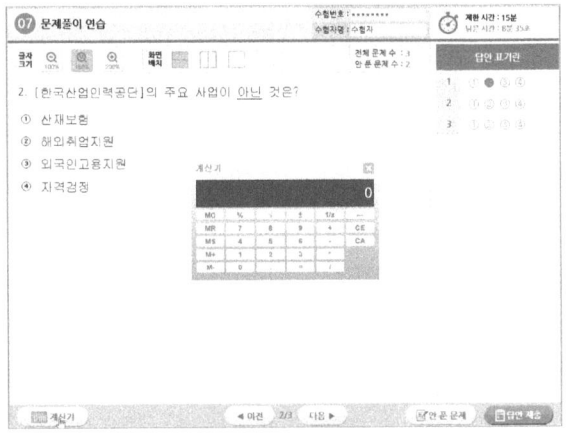

11 문제 풀이 연습이 끝나면 하단의 [답안 제출] 버튼을 클릭하여 답안을 제출합니다.

> 어려운 문제의 경우 하단의 [다음] 버튼을 클릭하여 다음 문제를 풀 수도 있습니다. 단, 이러한 경우 답안을 제출하기 전에 하단의 [안 푼 문제] 버튼을 클릭하여 혹시 풀지 않은 문제가 있는 지 최종적으로 확인하도록 합니다.

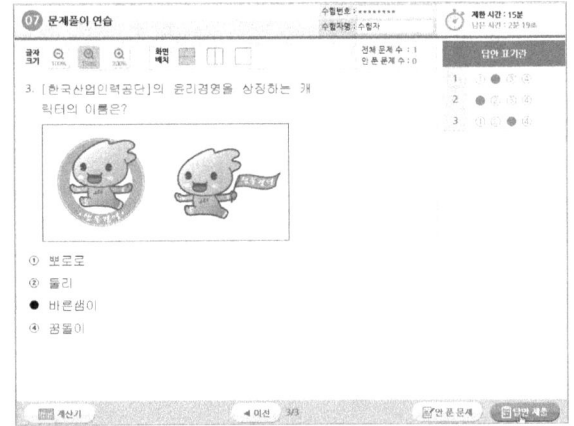

12 답안 제출을 클릭하면 나타나는 화면입니다. 수험생들이 실수로 답안을 모두 체크하지 않고 제출할 수 있는 실수를 방지하기 위해 2회에 걸쳐 주의 화면이 나타납니다. 답안을 제출하려면 [예] 버튼을 누릅니다.

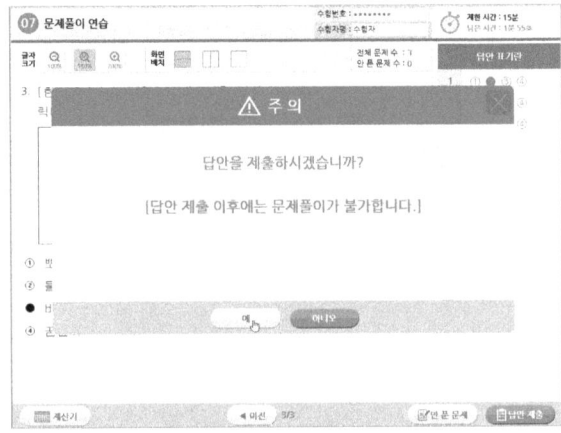

13 문제풀이 연습을 모두 마치면 나타나는 화면에서 [시험 준비 완료] 버튼을 클릭합니다. 이후 시험 시간이 되면 시험감독관의 지시에 따라 시험이 자동으로 시작됩니다.

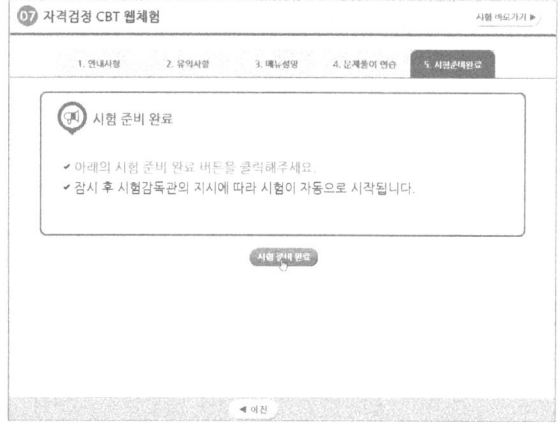

14 본 시험이 시작되면 첫 번째 문제가 화면에 나타납니다. 앞서 문제풀이 연습 때와 마찬가지 방법으로 문제의 보기에서 정답을 클릭하거나 답안 표기란에 해당 문제의 정답 항목을 클릭하여 답을 선택합니다.

15 화면 하단의 [다음] 버튼을 클릭하면 다음 문제를 풀 수 있습니다. 앞서와 마찬가지 방법으로 답안에 체크하고 모든 문제를 풀었다면 [답안 제출] 버튼을 클릭합니다.

> 화면의 상단 오른쪽에 제한 시간과 남은 시간이 표시됩니다. 본 예제는 체험을 위한 것으로 실제 시험시간은 60분이며, 이에 따라 남은 시간도 표시됩니다.

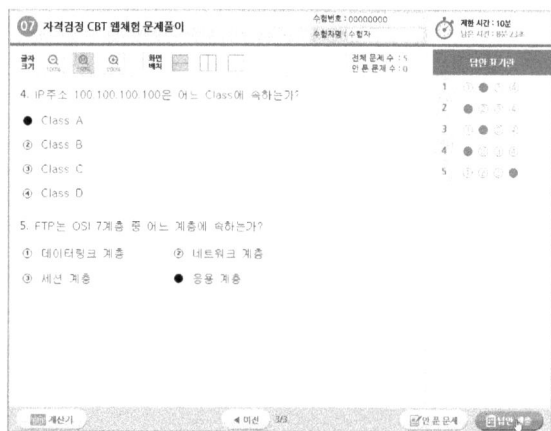

16 수험생의 실수를 방지하기 위해 2회에 걸쳐 주의 문구가 출력됩니다. 모든 문제를 이상없이 풀고 답안에 체크했다면 [예] 버튼을 클릭하여 답안을 제출하고 시험을 마무리합니다.

> 문제 화면으로 다시 돌아가고자 한다면 [아니오] 버튼을 클릭하여 이미 푼 문제들을 다시 확인하고 필요한 경우 답안을 수정할 수 있습니다.

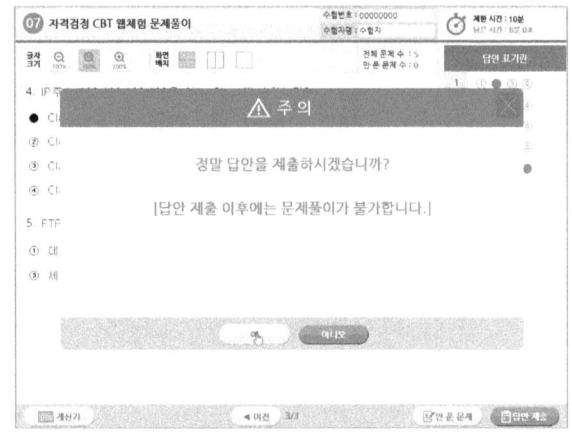

17 답안 제출 화면이 나타납니다. 잠시 기다립니다.

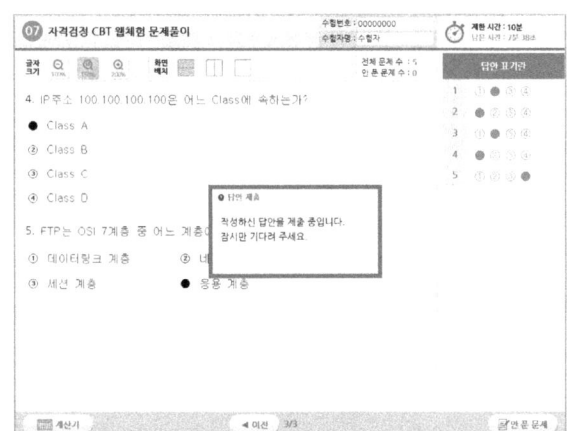

18 CBT 필기시험을 모두 끝내고 답안을 제출하면 곧바로 합격, 불합격 여부를 화면과 같이 확인할 수 있습니다. 독자분들은 꼭 화면과 같은 합격 축하 문구를 볼 수 있기를 기원합니다.

19 앞서의 합격 여부 화면에서 [확인 완료] 버튼을 클릭하면 CBT 필기시험이 종료됩니다. 고생하셨습니다.

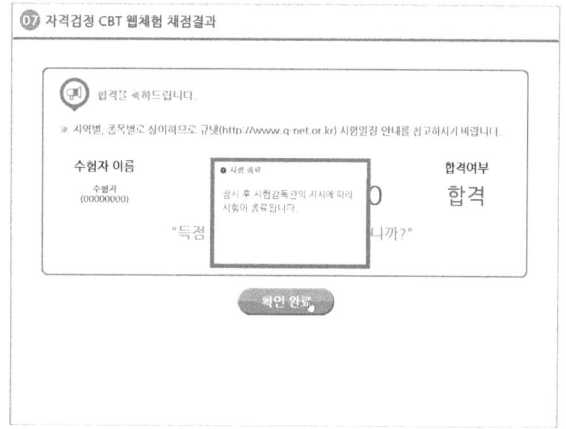

본 도서에 수록된 CBT 필기시험 체험하기 내용은 한국산업인력공단의 CBT 체험하기 과정을 인용하여 구성 및 정리한 것입니다. 직접 한국산업인력공단에서 제공하는 CBT 필기시험을 체험하고자 하는 독자께서는 한국산업인력공단이 운영하는 큐넷 홈페이지(www.q-net.or.kr)를 방문하시기 바랍니다.

Contents

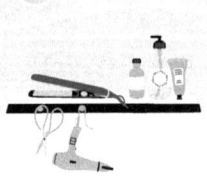

PART 00

머리말
기술검정안내
NCS(국가직무능력표준) 안내
CBT 필기시험제도 안내

PART 01 핵심이론 요약

CHAPTER 01 메이크업 위생관리
- 01 메이크업의 이해 ········· 24
- 02 위생관리 ········· 30

CHAPTER 02 피부의 이해
- 01 피부와 피부 부속기관 ········· 36
- 02 피부 유형 분석 ········· 41
- 03 피부와 영양 ········· 44
- 04 피부와 광선 ········· 47
- 05 피부면역 ········· 50
- 06 피부노화 ········· 52
- 07 피부장애와 질환 ········· 53

CHAPTER 03 화장품 분류
- 01 화장품 기초 ········· 58
- 02 화장품 제조 ········· 62
- 03 화장품의 종류와 기능 ········· 64

CHAPTER 04 메이크업 서비스 기초
- 01 고객 응대 ··· 78
- 02 얼굴특성 파악 ··································· 84
- 03 메이크업 디자인 제안 ······················· 89
- 04 퍼스널 이미지 제안 ··························· 95
- 05 메이크업 기초화장품 사용 ················ 99

CHAPTER 05 베이스 메이크업
- 01 피부표현 메이크업 ··························· 105
- 02 얼굴 윤곽 수정 ······························· 110

CHAPTER 06 색조 메이크업
- 01 아이브로우 메이크업 ······················· 112
- 02 아이 메이크업 ································ 115
- 03 립&치크 메이크업 ·························· 120

CHAPTER 07 속눈썹 연출 및 연장
- 01 속눈썹 연출 ···································· 124
- 02 속눈썹 연장 ···································· 127

CHAPTER 08 본식웨딩 메이크업
- 01 신랑신부 본식 메이크업 ·················· 131
- 02 혼주 메이크업 ································ 133

CHAPTER 09 응용 메이크업
- 01 패션이미지 메이크업 제안 ··············· 136
- 02 패션이미지 메이크업 ······················· 138

CHAPTER 10 트렌드 메이크업
- 01 트렌드 조사 및 메이크업 표현 ········· 142
- 02 시대별 메이크업 ····························· 144

Contents

CHAPTER 11 미디어 캐릭터 메이크업
- 01 미디어 캐릭터 기획 ················· 150
- 02 볼드캡 캐릭터 표현 ················· 153
- 03 연령별 캐릭터 표현 ················· 155
- 04 상처 메이크업 ······················ 158

CHAPTER 12 무대공연 캐릭터 메이크업
- 01 작품 캐릭터 개발 ··················· 160
- 02 무대공연 캐릭터 메이크업 ·········· 162

CHAPTER 13 공중보건
- 01 공중보건학 기초 ··················· 164
- 02 질병관리 ···························· 166
- 03 가족 및 노인보건 ··················· 175
- 04 환경보건 ···························· 177
- 05 식품위생과 영양 ··················· 183
- 06 보건행정 ···························· 191

CHAPTER 14 소독
- 01 소독의 정의 및 분류 ················ 194
- 02 미생물 총론 및 병원성 미생물 ······ 196
- 03 소독방법 및 분야별 위생 · 소독 ···· 202

CHAPTER 15 공중위생관리법규
- 01 공중위생법규 ······················· 208
- 02 벌칙 등 ······························ 216

PART 02 적중모의고사

01회 | 적중모의고사 ………………………… 220
02회 | 적중모의고사 ………………………… 230
03회 | 적중모의고사 ………………………… 240
04회 | 적중모의고사 ………………………… 250
05회 | 적중모의고사 ………………………… 260
06회 | 적중모의고사 ………………………… 270
07회 | 적중모의고사 ………………………… 280
08회 | 적중모의고사 ………………………… 290
09회 | 적중모의고사 ………………………… 300
10회 | 적중모의고사 ………………………… 310
11회 | 적중모의고사 ………………………… 320
12회 | 적중모의고사 ………………………… 330

PART

01

핵심이론 요약

CHAPTER

01. 메이크업 위생관리
02. 피부의 이해
03. 화장품 분류
04. 메이크업 서비스 기초
05. 베이스 메이크업
06. 색조 메이크업
07. 속눈썹 연출 및 연장
08. 본식웨딩 메이크업

09. 응용 메이크업
10. 트렌드 메이크업
11. 미디어 캐릭터 메이크업
12. 무대공연 캐릭터 메이크업
13. 공중보건
14. 소독
15. 공중위생관리법규

CHAPTER 01
메이크업 위생관리

Lesson 01 메이크업의 이해

1. 메이크업의 개념 및 용어

(1) 메이크업의 정의
① 내면의 아름다움을 외면으로 표출하며 외면의 변화를 통한 내면 영향의 예술이다.
② 얼굴이나 신체의 결점을 수정 보완하여 장점을 부각시키고 개성있는 아름다움의 모든 행위를 말한다.
③ 무대 및 미디어 메이크업으로 그 범위가 넓어지며 캐릭터 개발로 예술적 범위가 확대된다.

(2) 메이크업의 목적
① **미화의 목적** : 얼굴의 장점을 살리고 결점을 커버
② **보호의 목적** : 외부의 공기, 온도, 습도, 자외선, 먼지 등으로부터 피부를 보호
③ **사회기능의 목적** : 사회의 관습 및 예의의 표현
④ **심리적 가치추구의 목적** : 개인의 성격이나 사고방식 등 내면의 표현

(3) 메이크업의 용어 정의
① '제작하다', '보완하다'의 사전적 의미로 약점을 감추고 장점을 돋보이도록 한다는 의미이다.
② 17C 메이크업 용어가 처음 사용됨
③ 페인팅(짙은 화장에서 유래), 토일렛(=뜨왈렛뜨), 마뀌아즈

(4) 메이크업의 기원
① **종교설** : 주술적, 종교적 행위
② **보호설** : 외부 위험으로부터 보호하고 은폐시키기 위한 수단
③ **장식설** : 미적 본능과 연관된 장식적인 수단

④ **신분표시설** : 계급, 신분, 성별 등을 구별하기 위한 목적
⑤ **위장설** : 위험으로부터의 보호와 전쟁 또는 사냥에서 승리를 쟁취하기 위한 목적

2 한국 메이크업의 역사

(1) 고대

시대	특징
선사 시대	• 선사 시대 유적지에서 발견된 장신구를 통해 알 수 있다. • 단군신화에 따르면 고대 지배층은 흰 피부를 선호하였다. • 쑥을 끓인 물에 목욕을 하고 빻은 마늘에 꿀을 섞어서 발라 기미, 주근깨, 잡티 제거와 미백에 활용하였다.
부족국가 시대	• 피부미용과 피부보호에 관심이 많았다. • 신분과 계급에 따라 치장을 달리하였으며, 흰 피부를 선호하였다. • 읍루인은 돈고(돼지기름)으로 피부를 보호하고 동상을 방지하였다. • 말갈족은 미백효과를 위해 오줌으로 세안을 하기도 하였다. • 원시치장으로 변한인의 문신 기록이 발견되었다.

(2) 삼국 및 통일신라시대

시대	특징
고구려	• 삼국사기 : 무녀와 악공 등의 연지화장 기록 • 수산리 고분벽화의 귀부인상(5~6C) : 머리에 관을 쓰고 눈썹은 짧고 뭉툭, 뺨과 입술에 연지화장을 하고 있다. • 쌍영총 고분벽화 여인상 : 여관 혹은 시녀 등이 동그랗게 연지화장
백제	• 분은 바르되 연지를 바르지 않음(엷고 은은한 화장을 좋아함) – 시분무주(施粉無朱) • 두발과 화장으로 신분을 나타냄 • 화장품 제조 기술과 화장 기술을 일본에 전파
신라	• 영육일치사상의 영향으로 남·녀 모두 아름다운 외모 가꾸기에 관심이 높음 • 불교의 전래로 화장과 화장품 제조의 발달에 영향 • 일본 고문헌에 신라의 화장품 제조(백분 제조) 기록 • 입술화장 재료로 홍화를 사용
통일신라	• 통일 전 연한 화장을 하였으나 통일 후 중국의 영향으로 화려한 화장을 추구 • 팥, 녹두를 가루로 내어 세제로 사용 • 머리 손질을 위해 동백, 아주까리 기름을 사용 • 얼굴분 사용(분꽃씨 가루나 활석가루 등으로 분을 만들어 물에 개어 사용) • 굴참나무, 너도밤나무 등 나무 재를 물에 섞어서 눈썹 그림

(3) 고려 및 조선시대

시대	특징
고려시대	• 기생 중심의 짙은 화장(분대화장)과 여염집 부인 중심의 옅은 화장(비분대 화장)으로 이원화됨 • 안면용 피부 보호제 겸 미백제인 면약(面約)의 사용 및 염모(染毛)가 행해짐 • 청결 관념 강조로 목욕이 성행(복숭아 꽃물을 우려내서 세수, 난초 삶은 물에 목욕) • 불교의 영향으로 향낭 착용
조선시대	• 유교적 윤리관에 따라 외면의 아름다움보다는 내면의 아름다움을 강조 • 화장의 이원화가 뚜렷해지고 혼인, 연회, 외출 화장 등으로 세분화 • 미용법이 발달함 　- 규합총서에 화장품 제조 기술 및 화장 기술 수록 　- 화장품 행상인 매분구 존재 　- 궁의 화장품 생산을 전담하는 관청인 보염서가 만들어짐

■ 화장의 용어

종류		내용
담장	평상시 화장	피부를 희고 청결하게 하는 정도의 담백한 멋
농장		담장보다 짙은 화장의 상태
염장		짙은 색조화장의 상태
응장	혼례 등 의례화장	농장과 유사하며 섬명하게 꾸민 화장법
응장성식		혼례화장 외의 장신구와 옷치장을 화려하게 꾸밈
야용		인위적으로 아름답게 꾸미는 분장을 의미
성장		요염하거나 화려한 상태
장식		피부 손질, 얼굴 꾸밈, 장신구, 옷차림을 고루 꾸미는 행위

(5) 개화기

시대	특징
1876년	• 강화도 조약으로 새로운 메이크업 테크닉과 화장품이 소개됨
1916~1920년	• 가내수공업으로 박가분을 종로구 연지동에서 제조
1920년 이후	• 한일합방 이후 프랑스 등 유럽에서 화장품 유입 • 크림, 백분, 비누, 향수 등 수입화장품의 인기가 증가
1933년	• 새로운 신식화장품이 유입 • 입술, 연지색이 진해지고 눈썹도 둥근 초승달 모양이 유행

(6) 현대

시대	특징
1940년대	• 현대식 화장법 도입 및 퍼머넌트, 아이롱, 세팅 등 웨이브가 유행됨 • 1945년 해방 이후 일본 패망으로 화장품의 생산 활동이 일시적으로 위축되고 국산화장품 생산 • 1948년에 서울시 위생과 관리 하에 미용사 자격시험 제정 • 기초미용 마사지법이 국내에 보급
1950년대	• 6.25전쟁으로 인해 국산화장품 산업은 위축되고 밀수된 수입화장품이 시장 판도를 바꿈 • 콜드크림의 보급 시작 • 1956년 프랑스와 기술제휴로 코디분을 국산기술로 개발
1960년대	• 국산화장품 생산 본격화 • 크림과 백분의 소비가 감소하고 파운데이션 수요가 증가 • 입술연지 고형화, 아이섀도 등 화장품 생산 시작 • 인조 속눈썹 사용
1970년대	• 패션과 메이크업의 접목으로 토탈 코디네이션이라는 용어 등장 • 1972년 복고풍 화장법 유행, 1976년 동양풍의 화장법 유행 • 1978년 토탈 패션에 미용 추가 의식과 계절별 미용법 정착
1980년대	• 컬러TV 보급과 매스미디어의 영향으로 다양한 색채 사용 • 1986년 화장품 수입 전면 자유화 • 오존층 파괴로 피부에 대한 관심 증가 • 남성 메이크업 보급
1990년대	• 감성세대의 등장으로 화장품의 수요 고급화, 다원화 • 에콜로지풍의 자연스러운 색상 유행 • 1990년 후반 화장법으로 창백한 피부 표현, 검은 아치형 눈썹, 빨간 입술 유행
2000년대	• 멀티 컬러 유행으로 새로운 메이크업이 시도됨 • 기능성 화장품 강화, 한방 화장품의 인기 상승 • 웰빙의 대두와 함께 자연주의 브랜드 유행 • 2000년 7월 화장품이 약사법에서 분리 • 반영구 화장, 속눈썹 연장술 등장

▣ 멀티 컬러

멀티 컬러란 여러 가지 다양한 질감, 다양한 색상, 다양한 톤을 지닌 컬러군들이 한꺼번에 부각되는 것을 의미한다.

3 서양 메이크업의 역사

(1) 고대

시대	특징
이집트 (BC 3000년경)	• 메이크업 기록이 처음 남았던 시대로 미적 표현으로의 메이크업 • 향유, 연고, 화장수 등을 사용하여 피부관리 • 식물성 염료 헤나로 염색하였으며, 남녀 모두 가발 착용 • 눈썹은 검정색 코올(Khol)로 갈매기 형태, 눈화장은 녹청색으로 눈 주위를 표현하였으며, 입술과 볼을 강조하지 않고 연지화장 정도로 표현
그리스 (BC 3000~BC 400)	• 미용 효과보다는 의학적인 측면에 더 관심이 많고 여성의 메이크업을 금기시 • 히포크라테스는 피부병과 관련하여 식이요법, 마사지, 목욕, 일광욕 등을 연구 • 이발소(바버샵)가 출현하고, 갈렌은 현대의 콜드크림을 제조 • 백납 사용으로 흰 피부, 검정색 코올로 눈썹을 강조, 입술과 볼은 적토와 식물성 염료로 붉게 칠함
로마 (BC 8C~3C)	• 남녀 모두가 과도한 화장과 치장으로 얼굴색이 변색되는 등의 부작용 발생 • 헤나로 머리를 염색하였고 브론드색을 선호하였으며, 대중목욕탕 이용 • 초크 원료의 하얀가루나 백연으로 흰 피부, 안티몬으로 검게 표현한 눈화장을 하였으며, 볼 화장은 해초로 붉은색·자주색으로 혈색을 표현

■ 코올(Khol)
불에 구운 아몬드와 황토로 만든 안티몬, 검정 납, 검정 구리, 검정 망간, 철 화합물, 공작석 등을 갈아 만든 것

(2) 중세

시대	특징
비잔틴 시대 (초기 5~10C)	• 메이크업이 경시됨 • 안티몬과 향유 유입, 비누와 목욕용품 제조
로마네스크 시대 (중기 11C~12C)	• 메이크업은 노화된 얼굴을 감추기 위한 수단
고딕시대 (말기 13C~14C)	• 창백하고 흰 피부, 넓은 이마, 아치형태의 눈썹, 장미색의 작은 입술 등이 특징

(3) 근세

시대	특징
르네상스 시대 (14C~16C)	• 문예부흥기로 남녀 모두 화장품을 사용하고 메이크업을 함 • 헤어라인의 머리를 다듬고 머리를 뒤로 넘겨 이마를 넓게 표현함 • 피부의 노화를 관리하기 위하여 화장술 개발

시대	특징
바로크 시대 (17C)	• 남성과 여성 모두 과한 메이크업 유행 • 개인주의와 향락주의로 흐르면서 쾌락을 추구 • 머리를 염색하거나 가발을 사용하였으며, 체취를 감추기 위해 향수가 유행 • 데코레이션 기법의 뷰티점이 유행(패치)
로코코 시대 (18C)	• 화장품 제조가 활발했던 시기로 18C 중기에는 사치스러운 의상, 머리, 화장 • 납과 수은이 들어간 화장품을 무분별하게 사용 • 햇볕으로부터 피부를 보호하기 위하여 부채 사용 • 얼굴의 상처나 잡티를 가리기 위하여 천을 오려서 얼굴에 붙임(뷰티 패치)

(4) 근대

시대	특징
엠파이어 시대 (1798~1815)	• 화장을 하지 않음 • 자연스럽게 늘어뜨린 헤어스타일 유행
로맨틱 시대 (1815~1848)	• 화장품 제조기술이 개선되고, 비누 생산 • 화장은 여성만의 것으로 자리잡음 • 얼굴팩 등 필링 제품 유행, 쌀가루로 얼굴을 하얗게 표현 • 태양으로부터 얼굴을 보호하기 위해 베일 사용
크리놀린 시대 (1848~1870)	• 로코코 양식이 부활됨 • 화장품 대량생산이 합법됨
버슬&S자형 스타일 시대 (1870~1914)	• 색조 화장품 유행 • 붉은색 볼 화장이 유행하였으며, 입술이 진해짐 • 아이라이너, 인조 속눈썹 유행

(5) 현대(20C 이후)

시대	특징
1900년대	• 과학기술의 발달로 교통과 통신의 변화 • 1901년 마사지 크림 생산 및 샴푸, 매니큐어 등 대량생산체제 시작 • 무성영화의 등장으로 영화배우들의 메이크업과 패션에 관심 증가 • 1909년 러시아 발레단의 파리 공연으로 오리엔탈풍이 유행
1910년대	• 여성의 사회참여가 본격화되었고, 뷰티전문가라는 직업이 생김 • 1912년 영화산업의 성행, 매체를 통한 뉴스 전달 일반화 • 공업의 발달로 섬유와 염색기술의 다양화 • 화장품 대량생산이 합법화되고 미용클리닉 및 성형수술 유행
1920년대	• 1차 세계 대전 이후 여성의 사회진출 증가, 경제적으로 자립하는 여성 증가(여성의 참정권 보장, 남녀평등주장, 여성해방실천, 자유연애추구) • 영화가 본격적 대중오락으로 자리 잡음

시대	특징
1930년대	• 경제 대공황이 발생하였으며, 화장품 산업이 새롭게 개발 및 급성장 • TV 방송 시작됨 • 빨간 네일 에나멜 유행
1940년대	• 제2차 세계대전으로 인한 여성의 경제권 증가로 패션, 메이크업 등에 관심 증가 • 전쟁으로 인해 영화산업 발달 • 군인의 영향으로 여성의 성적 매력이 스타일로 등장
1950년대	• 강대국인 미국과 소련의 냉전체제 유지 • 컬러영화, TV, 카메라 등장 • 눈썹용 연필 등 새로운 화장품이 개발되었고, 다양한 색의 색조화장품이 등장
1960년대	• 소비중시의 문화에서 라이프 스타일이 변화하였으며 문화적 진성기 • 베이비 붐 세대들이 청년문화와 개성과 다양성을 강조하며 강력한 영향력을 행사함 • 기성 세대에 반기를 든 히피족의 등장
1970년대	• 석유파동과 인플레이션으로 인한 경제불황의 시기 • 1970년대 초반 어덜트 패션과 히피 스타일의 영향으로 파스텔 계열 색이 유행 • 피부보호 화장품 개발 및 생산이 시작됨
1980년대	• 경제적인 안정과 건강 유지에 관심을 둔 여피족 등장 • 컬러 TV로 인한 컬러의 중요성 인식이 커지면서 미용의 다양성과 개성을 중시함 • 마돈나의 영향으로 자기연출 메이크업이 등장하였으며, 전문뷰티살롱 대중화
1990년대	• 커뮤니케이션과 인터넷의 급속한 발달로 유행이 가속화됨 • 문화, 예술 등에 포스트모더니즘이 전반적으로 영향력을 가짐 • 환경문제가 중시되면서 에콜로지풍 유행 • 개인의 개성을 부각하는 아방가르드식 메이크업 등장
2000년대	• 지구온난화, 기상이변으로 인해 환경에 관심이 증대됨 • 웰빙이라는 새로운 용어 유행 • 히피, 키치, 빈티지, 에콜로지 등 다양한 트렌드 공존

Lesson 02 위생관리

1 메이크업 작업장 관리

(1) 메이크업 작업장 특성

① **메이크업 작업 공간** : 메이크업 작업이 이루어지는 공간으로 안정성과 쾌적함이 조성되어야 한다.
② **메이크업 작업 보조 공간** : 메이크업 작업 전 준비 및 마무리 공간으로 청결해야 한다.
③ **휴식 및 대기 공간** : 고객이 메이크업 작업 전 머무는 공간으로 편안함이 조성되어야 한다.
④ **상담 공간** : 고객과 상담을 하는 공간으로 개별성과 편안함이 조성되어야 한다.

⑤ **카운터와 출입구** : 메이크업 작업장의 첫인상을 결정하는 공간으로 안정성과 편리함이 조성되어야 한다.
⑥ **화장실** : 메이크업 작업장의 청결과 위생관리 상태를 잘 보여주는 공간이다.
⑦ **조명** : 메이크업 작업 시 눈의 피로감이 느껴지지 않는 조명 설치로 편안함이 조성되어야 한다.

(2) 메이크업 작업장 위생관리

① 메이크업 작업장, 상담실, 제품 보관실의 바닥 및 벽을 청결하게 유지한다.
  ㉮ 빗자루를 이용하여 나뭇결 방향대로 쓸어낸다.
  ㉯ 청소기나 스팀 청소기를 이용하여 먼지를 제거한다.
  ㉰ 걸레나 수세미를 이용하여 오염물을 닦아낸다.
  ㉱ 배수구, 환기시설의 오염물은 전용세제나 락스 등을 이용하여 닦아낸다.
② 메이크업 작업대 및 상담 테이블을 청결하게 유지한다.
  ㉮ 메이크업 작업대는 재료를 정리 후 화장품 잔여물은 전용 리무버를 이용해 제거한다.
  ㉯ 마른걸레로 닦고 왁스를 이용하여 광택을 살린다.
  ㉰ 상담 테이블은 물걸레로 닦은 후 왁스를 이용하여 닦아낸다.
③ 거울, 유리창, 창틀 등을 청결하게 유지한다.
  ㉮ 거울은 전용 세척제를 마른걸레에 묻혀 닦아낸다.
  ㉯ 유리창은 세척제를 뿌리고 전용 청소 도구를 이용해 닦은 후 마른걸레로 마무리하고 자연 건조시킨다.
  ㉰ 창틀은 솔이나 붓 등으로 먼지를 제거하고 걸레나 수세미로 닦아낸다.
④ 메이크업 전용 의자 및 상담실 의자 등을 청결하게 유지한다.
  ㉮ 의자의 부위에 따라 스테인리스 부분은 얼룩 제거 전용 도구를 이용해 닦아낸다.
  ㉯ 스틸 광택제를 이용해 닦은 후 마른걸레로 광택을 더해준다.
  ㉰ 가죽재질 부분은 가죽 전용 세제를 이용해 닦는다.
  ㉱ 70% 희석된 알코올을 분무하여 수시로 소독한다.
⑤ 메이크업 제품이 있는 트레이를 청결하게 유지한다.
  ㉮ 트레이 부위에 따라 스테인리스 재질 부분은 전용 도구와 걸레를 이용해 닦아낸다.
  ㉯ 바퀴 부분은 솔이나 정전기 청소포 등을 이용해 오염물을 제거하고 얼룩 전용 세제를 이용하여 닦아낸다.
  ㉰ 철 브러시로 녹이나 때를 제거하고 스틸 광택제로 광택을 유지한다.
  ㉱ 전체적으로 마른걸레로 닦아내고 소독하여 자연건조 시킨다.
⑥ 실내공기가 오염되지 않도록 주기적으로 환기하여 관리한다.
  ㉮ 배기 후드가 잘 작동하도록 수시로 청결하게 유지한다.
  ㉯ 쾌적한 실내 공기를 유지하기 위해 적정 온도 및 습도를 유지한다.
    ㉠ 실내·외 온도차는 5~7℃를 유지하고, 실내온도는 상부·하부의 온도가 일정하도록 한다.
    ㉡ 쾌적함 유지를 위해 40~70% 습도 범위를 유지한다.

⑦ 메이크업 작업장의 기본 위생 규칙을 따른다.
　㉮ 공중위생관리법에 나온 법규를 참고한다.
　㉯ 메이크업 작업장의 벽과 바닥은 자주 청소하고 쓰레기통은 항상 청결하게 유지한다.
　㉰ 고객에게 사용한 모든 제품 및 설비는 알코올을 적신 패드 또는 거즈 등으로 표면을 닦거나 분무기로 분사하여 소독해 준다.
　㉱ 화장실은 항상 청결하게 유지하고 비누, 손 소독제, 종이 수건, 휴지 등을 항상 여유있게 준비해 놓는다.
　㉲ 냉·온수 시설 설비를 갖추고 안정적으로 식수를 공급한다. 건물 내에 쥐, 바퀴벌레, 파리 같은 해충이 없도록 항상 위생적으로 관리한다.

2　메이크업 재료, 도구·기기 관리

(1) 메이크업 재료관리

① **베이스 화장품** : 스킨, 로션, 크림, 선크림, 메이크업 베이스, 파운데이션 등
② **색조 화장품** : 펜슬류, 아이브로, 아이섀도우, 아이라이너, 마스카라, 속눈썹, 치크 및 립스틱 등
　㉮ 메이크업 시행 시 편하도록 같은 제품군 또는 디자이너 동선에 맞추어 배열한다.
　㉯ 아이브로, 립라이너, 컨실러 펜슬 등과 같은 펜슬류는 티슈로 미리 닦아 놓는다.
　㉰ 메이크업 제품의 뚜껑을 사용하기 편리하도록 미리 열어 놓는다.
　㉱ 메이크업 시행 후 뚜껑이 있는 제품은 뚜껑을 닫아 정리하고 뚜껑이 없으면 수건을 덮거나 수납장 안에 위생적으로 보관한다.
　㉲ 메이크업 제품의 유통기한 및 상태를 수시로 체크하여 위생적으로 관리한다.

(2) 메이크업 도구관리

도구	설명
스펀지	• 메이크업 베이스 또는 파운데이션 등을 바를 때 사용하는 도구 • 일회용을 사용하거나 중성세제로 세척하여 위생적으로 사용한다.
퍼프(분첩)	• 파우더를 바르거나 메이크업 시술 시 고객의 얼굴에 손이 닿지 않도록 활용하는 도구 • 중성세제로 세척하고 자외선 소독기를 이용해 사용한다.
브러시	• 피부 표현과 색조 화장품을 바를 때 다양하게 활용되는 도구 • 사용 후 전용 리무버를 이용해 세척하고 자외선 소독기를 이용해 위생적으로 사용한다.
스파츌라 (spatula)	• 베이스 화장품 또는 색조 화장품 등을 위생적으로 덜어 사용하거나 파운데이션이나 컨실러 등을 고객의 맞도록 배합하는 데 사용하는 도구 • 위생 티슈나 알코올이 묻은 천이나 거즈로 표면을 닦아내거나 알코올을 분사한 후 마른 천으로 닦아 위생적으로 사용한다.
족집게	• 눈썹의 잔털을 뽑거나 아이 메이크업 시 인조 속눈썹을 붙일 때 사용하는 도구 • 위생 티슈나 알코올이 묻은 천이나 거즈로 표면을 닦아내거나 알코올을 분사한 후 마른 천으로 닦아 위생적으로 사용한다.

도구	설명
아이래시 컬러 (eyelash curler)	• 마스카라 전 단계에서 속눈썹을 자연스럽게 컬을 만들어 주는 도구 • 위생 티슈나 알코올이 묻은 천이나 거즈로 표면을 닦아내거나 알코올을 분사한 후 마른 천으로 닦아 위생적으로 사용하며, 처음보다 속눈썹이 잘 안 올라가거나 고무가 균열되면 고무를 교체해야 한다.
눈썹 칼	• 눈썹을 정리하거나 눈썹 밑의 불필요한 잔털 제거 시 사용하는 도구 • 위생 티슈나 알코올이 묻은 천이나 거즈로 표면을 닦아내거나 알코올을 분사한 후 마른 천으로 닦아 위생적으로 사용한다.
눈썹 가위	• 눈썹을 정리하거나 인조 속눈썹 길이를 자를 때 사용하는 도구 • 위생 티슈나 알코올이 묻은 천이나 거즈로 표면을 닦아내거나 알코올을 분사한 후 마른 천으로 닦아 위생적으로 사용한다.
연필깎이	• 펜슬류 화장품을 깎을 때 사용하는 도구 • 면봉이나 위생티슈로 칼날 부분에 남아있는 제품 잔여물을 제거하고 사용한다.
화장솜	• 기초 화장품을 바르거나 메이크업 잔여물을 닦아 낼 때 또는 도구나 재료를 소독할 때 사용하는 도구 • 한 번 사용 후 재사용하지 않는다.
면봉	• 메이크업 시술 시 수정하거나 그라데이션을 할 때 사용하는 도구 • 한 번 사용 후 재사용하지 않는다.

(3) 메이크업 기기관리

① **자외선 소독기**
  ㉮ 메이크업에 사용되는 도구 등을 소독하는 기기로서 항상 위생 상태를 점검해야 한다.
  ㉯ 위생 티슈나 알코올이 묻은 천이나 거즈를 이용해 내부를 닦고 물기 제거 후 사용한다.

② **에어브러시**
  ㉮ 리퀴드 제품 등을 분사하여 메이크업을 하는 기기로서 사용 후 남은 잔여물로 인해 막힘이나 고장의 원인이 되지 않도록 분리 세척한다.
  ㉯ 재조립 시 위생 티슈나 알코올이 묻은 천이나 거즈를 이용해 내부를 닦고 물기 제거 후 사용한다.

[자외선 소독기]

[에어브러시]

3 메이크업 도구, 기기 소독

(1) 메이크업 도구 소독

① **라텍스 스펀지**
  ㉮ 미온수(36~38℃)에 라텍스 스펀지를 담근다.
  ㉯ 비누를 묻혀 눌러주며 흐르는 물에 세척한다.
  ㉰ 수건 등에 겹치지 않게 펼쳐 놓고 마른 수건 등으로 누르거나 말아서 남은 물기를 제거한다.

② **퍼프(분첩)**
  ㉮ 폼 클렌징 또는 비누를 미온수에 녹인다.
  ㉯ 내피가 뭉치지 않도록 주의하면서 부드럽게 세척한 후 흐르는 물에 여러번 헹군다.
  ㉰ 물에 유연제를 풀고 담궜다 꺼내 양쪽 손바닥으로 누르며 물기를 제거한다.
  ㉱ 통풍이 잘되는 서늘한 그늘에서 말리거나 세워서 건조시킨다.

③ **스파츌라&믹싱 팔레트**
  ㉮ 화장품의 잔여물을 티슈로 닦아낸다.
  ㉯ 중성세제로 세척하고 알코올을 분사하거나 용액이 묻은 천이나 거즈로 소독한다.
  ㉰ 자외선 소독기에 넣고 소독한다.

④ **족집게, 눈썹 가위, 눈썹칼**
  ㉮ 화장품의 잔여물을 티슈로 닦아낸다.
  ㉯ 알코올을 분사하거나 용액이 묻은 천이나 거즈로 소독한다.

⑤ **메이크업 브러시**
  ㉮ 메이크업 브러시 사용 후에는 매번 털어서 관리하며, 더러워지면 세척한다.
  ㉯ 천연모 브러시는 샴푸와 희석한 물에 넣었다가 꺼내 모의 결대로 세척한다.
  ㉰ 립, 아이라인, 파운데이션, 컨실러 브러시는 중성세제나 전용 리무버를 사용하여 세척한다.
  ㉱ 잔여물이 나오지 않도록 모의 결대로 헹군다.
  ㉲ 손으로 모의 결대로 모양을 잡아주고 뉘거나 모가 아래로 향하도록 매달아서 건조시킨다.

⑥ **아이래시 컬러**
  ㉮ 알코올이나 토너를 묻힌 천이나 거즈로 화장품 잔여물이 묻기 쉬운 프레임 상부와 고무 부분을 깨끗이 닦는다.
  ㉯ 고무를 지지하는 부분은 얼굴과 직접 닿기 때문에 더욱 깨끗이 닦는다.

⑦ 면봉, 화장 솜은 반드시 1회 사용 후 버린다.
⑧ 수건, 가운, 메이크업 케이프 등은 1회 사용 후 오염된 부분은 주방 세제를 사용하여 제거하고 세탁기를 사용하여 세탁한다.
⑨ 메이크업 수행 전·후 메이크업 도구와 제품의 위생 점검표를 점검한다.

■ 스펀지 종류 및 관리

구분	설명
라텍스 스펀지	많이 더러워지면 세척보다 가위로 잘라 사용하는 것이 더 위생적이며, 천연 생고무가 주원료이다.
합성 스펀지	사용 후 비눗물 세척하며, 인조 원료로 만들어져 탄성이 좋아서 형태 보존력이 뛰어나다.
해면	물에 닿으면 부드러워지는 천연 스펀지로 사용 후 미온수에 세척하고 마르면 딱딱한 상태가 된다.

(2) 메이크업 기기 소독

① 자외선 소독기
  ㉮ 젖은 천이나 거즈로 안과 밖을 닦는다.
  ㉯ 마른 천이나 거즈로 물기를 제거한다.
  ㉰ 알코올을 분사하거나 용액을 묻힌 천이나 거즈로 소독한다.

② 에어브러시
  ㉮ 젖은 천이나 거즈로 에어브러시, 컴프레셔, 에어호스 등의 외부를 닦는다.
  ㉯ 마른 천이나 거즈로 물기를 제거한다.
  ㉰ 에어브러시 컵에 알코올을 넣어 작동시키고 알코올을 분사시켜 내부 소독을 한다.

4 메이크업 작업자 위생관리

(1) 메이크업 작업자의 복장 및 손 위생관리
  ① 메이크업 작업 시 방해가 되지 않는 적절한 헤어스타일을 유지한다.
  ② 화장은 너무 진하지 않으면서도 전문성이 돋보이게 표현한다.
  ③ 메이크업 시행 전, 시행 중, 시행 후 손을 수시로 위생적으로 소독한다.
  ④ 복장은 단정하고 청결하게 갖춰 입도록 한다.
  ⑤ 손 씻는 방법과 손 소독제 사용법을 숙지하여 작업자의 개인위생을 철저히 관리한다.
  ⑥ 손톱 길이와 손톱 주변 상태를 수시로 점검한다.
  ⑦ 손의 상처나 위생 상태를 수시로 점검한다.

(2) 메이크업 작업자의 구강 관리
  ① 구강을 청결하게 관리할 수 있는 방법을 숙지한다.
    ㉮ 단시간에 구취 제거에 도움이 될 수 있는 가글 제품을 사용할 수 있다.
    ㉯ 양치 공간이 없을 경우 휴대용 스프레이형 가글을 사용할 수 있다.
  ② 고객 응대 전에 미리 양치 및 가글을 통해 청결 관리를 한다.

피부의 이해

Lesson 01 피부와 피부 부속기관

1. 피부 구조

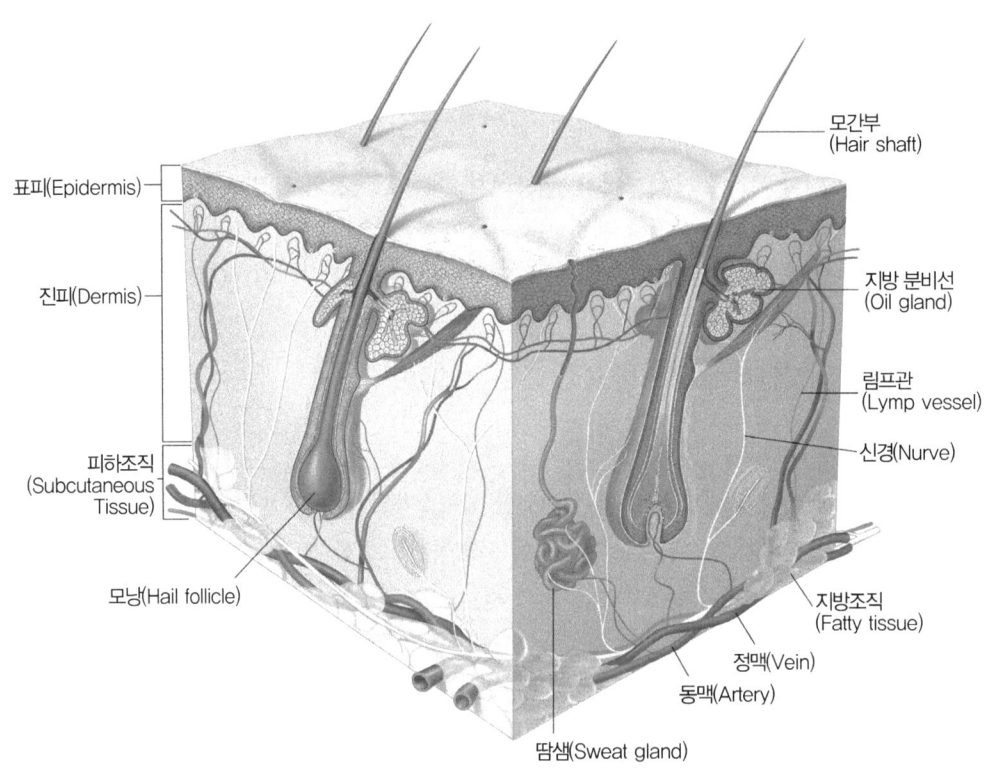

[피부 단면도]

(1) 표피(Epidermis)

피부의 가장 상층부에 존재하며, 모세혈관과 신경이 존재하지 않는다. 표피는 무핵층과 유핵층으로 구분되는데 무핵층은 각질층, 투명층, 과립층으로 되어 있고 유핵층은 유극층, 기저층으로 되어 있다.(각질층 → 투명층 → 과립층 → 유극층 → 기저층으로 구성)

① 각질층
- ㉮ 피부의 가장 바깥층에 존재
- ㉯ 외부의 물리적 자극 및 유해 물질의 침투 방지(보호기능 담당)
- ㉰ 정상 각질층은 약 20층 정도로 외피로 갈수록 편편한 모양
- ㉱ 천연보습인자(NMF)가 있어 정상 피부의 경우 10~20% 수분 함유

② 투명층
- ㉮ 손바닥, 발바닥에만 존재
- ㉯ 엘라이딘이라는 물질이 함유되어 있어 투명하게 보이고 빛과 물을 차단하는 역할

③ 과립층
- ㉮ 3~4층의 유핵의 편평 또는 방추형 세포로 구성
- ㉯ 방어막이 있어 체내의 수분 유출을 방지하고 외부로부터 피부를 보호
- ㉰ 핵이 위축되어 퇴화되면서 실제 각질화 과정 시작

④ 유극층
- ㉮ 표피의 대부분을 차지
- ㉯ 표피 중 가장 두꺼운 층으로 약 70%의 수분을 함유
- ㉰ 세포 사이에 림프액이 흐르고 피부의 영양 공급과 혈액순환에 관여
- ㉱ 피부의 면역 기능을 담당하는 랑게르한스 세포 존재

⑤ 기저층
- ㉮ 표피의 가장 아래층에 위치
- ㉯ 진피와 경계를 이루며 각질 형성 세포 90%, 멜라닌 색소 형성 세포 10%로 구성
- ㉰ 산소와 영양분 흡수 및 이산화탄소와 노폐물 배출
- ㉱ 새로운 세포 생성

(2) 진피(Dermis)

유두층, 망상층으로 구분되어 있으며 피부 전체의 90% 이상을 차지하고 있는 실질적인 피부이다.

① 유두층
- ㉮ 교원섬유와 탄력섬유들이 가늘고 느슨하게 존재
- ㉯ 통각 및 촉각을 감지하는 감각수용체에 위치
- ㉰ 모세혈관을 통해 표피에 영양소와 산소를 공급

② 망상층
- ㉮ 피부의 탄력성을 부여
- ㉯ 그물모양으로 형성
- ㉰ 혈관, 신경관, 림프관, 땀샘, 기름샘, 모발과 입모근 등이 분포
- ㉱ 콜라겐, 엘라스틴(탄력섬유), 무코다당류(히알루론산)로 구성
- ㉲ 온각, 냉각, 압각을 감지하는 감각수용체에 위치

(3) 피하조직(Subcutaneous Tissue)

포도송이 모양을 하고 있으며 지방 조직이 대부분을 차지하며 피부의 가장 아래층에 위치한다.
① 피부의 가장 최하층으로 진피와 근육 사이에 불규칙한 형태로 위치
② 체형 결정 및 보호(쿠션)기능, 체온유지 역할
③ 여성, 젊은 사람, 엉덩이, 유방에 많이 분포
④ 15%의 물과 85%의 지방으로 구성

2 피부의 기능

(1) 보호 기능
① 물리적 자극에 대한 보호기능
② 화학적 자극에 대한 보호기능
③ 세균 침입에 대한 보호기능
④ 태양광선에 대한 보호기능

(2) 체온조절 작용
① 신체에서 발산되는 열량의 70%는 피부를 통해 발산되고 나머지는 호흡을 통해 발산
② 피지막과 모세혈관, 한선이 체온조절에 중요한 역할을 담당

(3) 분비 및 배설 작용
① 피지와 땀이 섞여 피지막을 형성하여 수분증발 억제 및 세균발육 저지 역할
② 한선을 통해 땀 분비로 체내 노폐물 배출 기능

(4) 비타민 D 형성 작용
① 피부 내에 존재하는 프로비타민 D는 자외선에 의해 합성

(5) 기타 작용
① **감각 작용** : 통각, 촉각, 냉각, 압각, 온각 순으로 분포되어 있어 위험을 감지하고 신체를 보호
② **표정 작용** : 얼굴에 있는 표정근을 통해 의사나 감정을 나타냄
③ **재생 작용** : 피부가 상처를 입고 원래로 돌아가고자 하는 재생 작용
④ **면역 작용** : 각질형성 세포, 랑게르한스 세포 등이 면역 반응을 통해 생체 방어기전에 관여

3 피부 부속기관의 기능

(1) 피부 구성 물질
  ① **표피 구성 세포**
    ㉮ 각질 형성 세포
      ㉠ 케라틴을 만들어 내는 세포
      ㉡ 각화주기는 28일이며, 노화된 피부는 각화주기가 길어져 각질층이 두꺼워짐
    ㉯ 멜라닌 세포
      ㉠ 기저층에 위치
      ㉡ 유멜라닌은 동양인, 흑색 또는 적갈색, 입자형 색소가 나타남
      ㉢ 페오멜라닌은 서양인, 적색 또는 노란색, 분사형 색소가 나타남
      ㉣ 멜라닌 색소는 자외선을 흡수 또는 산란시켜 자외선으로부터 피부가 손상 입는 것을 방지
      ㉤ 멜라닌 색소 증가 요인은 자외선, 스트레스, 임신, 내장 장애, 호르몬 변화 등
    ㉰ 랑게르한스 세포
      ㉠ 유극층에 존재
      ㉡ 피부 면역에 관여하며, 외부에서 들어온 이물질인 항원을 면역담당 세포인 림프구로 전달해 주는 역할
    ㉱ 머켈세포
      ㉠ 기저층에 위치
      ㉡ 신경세포와 연결되어 촉각을 감지
  ② **진피 구성 세포 및 물질**
    ㉮ 섬유아세포 : 교원섬유와 탄력섬유 그리고 기질을 만드는 역할
    ㉯ 대식세포 : 외부 침입자가 들어오면 걸러내는 작용
    ㉰ 비만세포 : 진피의 유두층 내 모세혈관 가까이에 위치하며, 염증매개 물질을 생성하거나 분비하는 작용
    ㉱ 표피성장인자(EGF) : 표피와 섬유아세포의 성장을 자극하는 호르몬으로 세포 성장을 촉진
  ③ **콜라겐과 엘라스틴**
    ㉮ 교원섬유(콜라겐)
      ㉠ 진피 성분의 90% 차지
      ㉡ 피부의 수분 창고 역할
      ㉢ 근육, 연골, 혈관벽, 치아 등에 존재
      ㉣ 교원섬유와 탄력섬유가 그물모양으로 짜여져 있어 피부에 탄력성과 신축성을 부여
    ㉯ 탄력섬유(엘라스틴)
      ㉠ 신축성이 강한 섬유 형태의 단백질
      ㉡ 피부 탄력 관장
    ㉰ 지질(무코다당류)
      ㉠ 결합섬유 사이를 채우고 있는 물질

- ⓒ 친수성 다당체로 물에 녹아 끈적끈적한 액체 상태로 존재
  - ⓒ 자기 몸무게의 수백 배에 해당하는 다량의 수분을 보유할 수 있는 성질이 있음
  - ⓔ 히아루론산과 콘드로이친황산 등으로 구성

(2) 피부 부속기관의 구조 및 생리기능

① **피지선**
- ㉮ 피지선의 개요
  - ㉠ 손바닥, 발바닥을 제외한 신체의 대부분에 분포하며 특히 얼굴, 두피, 가슴 등에 발달
  - ㉡ 모공을 통해 피지가 배출되며, 독립피지선(입술)도 있음
  - ㉢ 사춘기에 집중적으로 분비되다가 40세 이후 분비가 줄어들기 시작하며 60세 이후 급격하게 감소
  - ㉣ 남성 호르몬(안드로겐)에 의해 분비가 활성, 여성 호르몬(에스트로겐)에 의해 억제
- ㉯ 피지의 기능
  - ㉠ 피부의 피지막을 형성해 피부를 보호
  - ㉡ 외부의 이물질 침입 방어
  - ㉢ 털의 매끄러운 윤기를 유지
  - ㉣ 체온 저하 방지

② **한선(땀샘)**
- ㉮ 에크린샘(소한선)
  - ㉠ 자율신경의 지배를 받으며 전신에 널리 분포되어 있으며 pH는 3.8~5.6
  - ㉡ 온열성 발한(체온조절 작용)과 정신성 발한(자율신경계(교감 신경)에 영향), 미각성 발한이 있고 체온조절에 관여
  - ㉢ 손바닥, 발바닥, 이마 등의 피부에 밀집
- ㉯ 아포크린샘(대한선)
  - ㉠ 모공을 통해서 분비되는 것으로 갱년기 이후 기능이 저하
  - ㉡ 땀의 pH는 5.5~6.5로 단백질이 함유되어 개인 특유의 체취 함유
  - ㉢ 겨드랑이, 성기 주변, 유두 주변 및 두피에 분포되어 있으며, 흑인이 가장 많고 백인, 동양인 순

▣ 땀의 기능
- 체온 조절
- 피지막 형성, 피부 표면의 산도 유지
- 수분이나 노폐물 배설을 통해 신장의 기능을 도움

Lesson 02 피부 유형 분석

1. 정상피부

(1) 정상피부의 성상 및 특성

① 유분과 수분의 활동이 정상
② 피부 보습 상태가 정상적이며, 피부 표면이 고르고 윤기가 남
③ 피부 표면에 저항을 느낄 수 있는 탄력성이 있음
④ 자외선에 그을린 피부도 곧 회복
⑤ 세안 후 피부 당김이 별로 없음
⑥ 기미, 주근깨 등의 침착된 피부색소가 없고 잡티도 없음
⑦ 각질층의 수분 함유량이 10~20%
⑧ 혈액순환이 원활하고 표피세포의 신진대사가 활발함

(2) 관리 요령

① 규칙적인 피부 관리를 통해 피부의 유·수분 밸런스를 유지하는데 중점
② 계절과 연령에 맞는 적합한 제품을 선택하여 관리
③ 내·외적인 환경 변화에 피부 상태가 변할 수 있으므로 꾸준한 관리가 필요

2. 건성피부

(1) 건성피부의 성상 및 특징

① 모공은 매우 작고 눈에 잘 띄지 않으며, 피부 조직은 비교적 곱고 얇음
② 세안 후 건조한 환경에 놓이면 피부가 심하게 당김
③ 화장이 잘 안 받고 발라도 들떠버림
④ 피부의 노화현상이 급속하게 진행되어 잔주름이 많이 나타남
⑤ 표피의 심한 건조도에 비하여 피부 늘어짐 현상은 의외로 심하지 않음
⑥ 적절한 보습 화장품으로 피부 보습을 지속적으로 해주면 정상상태를 유지 할 수 있음

(2) 관리 요령

① 건성피부의 요인에 따라 수분 또는 유분을 공급
② 알코올 성분의 화장품은 건조를 심화시킬 수 있으므로 가급적 적은 양을 사용함
③ 마사지와 팩 등을 통해 충분한 수분과 유분을 공급

3 지성피부

(1) 지성피부의 성상 및 특징

 ① 각질층의 두께가 두껍고 피부가 거칠며 모공이 넓음
 ② 피부의 투명감이 보이지 않고 탁해 보임
 ③ 외부자극에 대한 저항력이 비교적 강함
 ④ 햇빛에 의한 피부색소 침착 현상이 빨라짐
 ⑤ 화장이 잘 지워지며 시간이 지나면 칙칙하게 보임

(2) 관리요령

 ① 규칙적인 생활 습관을 유지하며, 충분한 수면
 ② 지방과 당분이 다량 함유된 식품, 기호식품의 섭취를 피함
 ③ 적당한 딥클렌징으로 피지와 각질을 제거
 ④ 지성용 특수 파운데이션을 사용하거나 파우더만을 사용
 ⑤ 염증성 여드름과 같은 심한 피부 증세가 있는 경우 전문가에게 의뢰

4 민감성 피부

(1) 민감성 피부의 성상 및 특징

 ① 환경 변화에 예민하여 일반피부에 비해 쉽게 반응을 일으킴
 ② 모세혈관이 피부 표면에 잘 드러나 보이고, 모공이 거의 보이지 않음
 ③ 추운 곳에서 갑자기 따뜻한 곳으로 들어오면 붉어지고 가려움
 ④ 약품이나 화장품에 민감한 반응을 잘 나타내어 피부 부작용이 생김
 ⑤ 피부 건조화가 쉽게 이루어져 피부 당김
 ⑥ 피부색소 침착 현상

(2) 관리요령

 ① 자외선, 물리적 자극 등 외부적 자극으로부터 피부를 보호
 ② 자극이 적고 순한 클렌징 제품을 선택하여 가볍게 문질러 노폐물을 제거
 ③ 알코올이 함유되어 있지 않은 저자극성 제품을 사용
 ④ 피부 면역력 강화를 위해 채소나 과일을 충분히 섭취

5 복합성 피부

(1) 복합성 피부의 성상 및 특징
   ① 한 얼굴에 두 가지 이상의 타입이 공존하는 피부 유형
   ② T-Zone 부위에는 유분기가 많지만, 다른 부분은 건성화되어 세안 후 눈 주위나 뺨 등의 부위가 심하게 당김
   ③ 피부 톤이나 조직이 전체적으로 일정하지 않음
   ④ 볼과 눈 주위는 피지 분비가 적어 잔주름이 생김
   ⑤ 피부에 맞는 기초 화장품의 선택이 어려움

(2) 관리요령
   ① 피부 부위에 따라 차별화된 관리를 시행
   ② 세안과 딥클렌징은 T-Zone 위주로 관리하고, U-Zone 부위는 충분한 수분과 영양분을 공급

6 노화피부

(1) 노화 피부의 성상 및 특징
   ① 피부가 건조해지면서 잔주름이 생김
   ② 콜라겐과 엘라스틴의 조직 약화로 탄력성이 저하되고 모공이 늘어짐
   ③ 색소 침착이 일어남
   ④ 표피와 진피의 경계부가 느슨해짐

(2) 관리요령
   ① 노화를 지연시키는 것을 목적
   ② 비타민 C, E 등이 함유된 영양분을 보충
   ③ 재생 및 탄력증진에 도움이 되는 팩으로 관리

Lesson 03 피부와 영양

1. 3대 영양소

(1) **탄수화물**(Carbohydrate, 당질)

① 신체의 중요한 에너지원으로 단백질 절약작용과 혈당을 유지하는데 관여
② 단당류(포도당, 과당, 갈락토스), 이당류(맥아당, 서당, 유당), 다당류로 구분
③ 과잉 시 혈액의 산도를 높이고 피부 저항력을 감소시켜 접촉성 피부염, 부종을 유발
④ 부족(결핍) 시 체중감소, 에너지 부족

(2) **단백질**(Protein)

① 탄수화물과 같이 에너지원으로 효소와 호르몬 합성, 면역세포와 항체 형성, pH의 평형 유지에 관여
② 신체조직의 구성 성분으로 피부조직의 재생작용에 관여
③ 과잉 시 비만, 신경 예민, 혈압상승 및 불면증 등이 초래
④ 부족(결핍) 시 영양실조, 노화촉진, 체중감소, 면역력 저하 등이 발생

(3) **지방**(Lipids, 지질)

① 세포막의 주성분으로 체온조절, 신체장기보호 등의 기능을 맡고 있으며 지용성 비타민의 흡수를 촉진
② 동물성 지방인 포화지방산과 어류와 식물성 지방에 함유되어 있는 불포화지방산으로 구분
③ 피지 분비를 조절하여 피부의 윤기와 탄력성에 영향
④ 과잉 시 비만, 동맥경화, 심장병 등과 같은 질환이 발생
⑤ 부족(결핍) 시 체중감소, 피지감소로 인한 건조한 피부로 탄력저하

2. 비타민(Vitamin)

(1) **비타민의 특징**

① 3대 영양소의 보조효소 작용
② 질병의 예방 및 질병에 대한 저항력을 증강
③ 세포의 성장 촉진 및 생리대사 기능을 도움
④ 비타민은 기름과 유기용매에 잘 녹는 지용성 비타민(A, D, E, K)과 물에 용해되는 수용성 비타민(B, C, P)으로 구분

(2) 비타민의 종류 및 기능

① **비타민 A** : 상피조직인 피부세포의 분화와 증식에 영향을 주어 죽은 각질세포를 떨어지게 하고 새로운 세포의 생성

② **비타민 D** : 칼슘(Ca)의 체내 흡수를 도와줌, 결핍 시 습진, 피부 건조를 유발

③ **비타민 E** : 강력한 항산화 기능으로 활성산소에 의한 과산화지질을 막아 노화를 방지

④ **비타민 K** : 혈액 응고에 관여하는 항출혈성 비타민으로 모세혈관 벽을 강화하며 장에 서식하고 있는 미생물에 의해서 합성

⑤ **비타민 B_1(티아민)** : 탄수화물의 대사를 촉진하며 피부의 면역력을 증진시켜 민감성 피부, 상처의 치유에 도움

⑥ **비타민 B_2(리보플라빈)** : 피지 분비를 조절하고 피부 보습력을 증가시키며 피부에 탄력 생성

⑦ **비타민 B_3(나이아신)** : 3대 영양소의 산화 과정에 보조효소로 작용하며, 탄력 있는 피부를 유지하는 데 도움을 줌, 결핍 시 펠라그라병, 피부염 및 피부건조를 유발

⑧ **비타민 B_5(판토텐산)** : 피부의 탄력 유지 및 피부조직의 재생에 관여

⑨ **비타민 B_6(피리독신)** : 항피부염성 비타민으로 피지의 과다분비를 억제하여 피부의 염증을 예방하고, 노화를 방지

⑩ **비타민 B_{12}(시아노코발라민)** : 신경조직의 유지와 신진대사를 촉진. 결핍 시 악성빈혈, 거친 피부 등을 유발

⑪ **비타민 C** : 콜라겐 합성에 필요하며 피부 탄력에 도움을 주며 멜라닌 색소의 형성을 억제, 또한 항산화 기능으로 조기노화 및 피부손상을 방지

⑫ **비타민 P** : 감귤류의 색소인 플라보놀의 배당체를 비타민 P라고 총칭한다. 결합조직인 콜라겐을 만드는 비타민 C의 기능을 보강하여 모세혈관을 튼튼하게 하며 순환을 촉진하고 항균작용을 함

3 무기질

(1) 무기질의 기능

① 체조직의 구성성분 ② 수분과 산·염기의 평형을 조절
③ 보조효소의 작용 ④ 신경을 전달
⑤ 근육의 수축에 관여

(2) 무기질의 종류 및 특성

① **칼슘(Ca)** : 인체에 골격과 치아의 구조를 형성하며 근육의 탄성 유지에 관여

② **인(P)** : 세포의 핵산과 세포막을 구성하며, 근육의 수축기능에 관여, 칼슘과 결합하여 비타민의 작용을 원활하게 함

③ **마그네슘(Mg)** : 체액의 산·알칼리 평형을 조절하며, 근육 이완 작용과 삼투압의 조절 작용

④ **나트륨(Na)** : 나트륨과 칼슘 이온이 결합하면 체액과 조직 사이의 삼투압을 조절하여 혈액과 피부 사이의 수분 균형을 유지하며, 산·알칼리 평형을 조절
⑤ **칼륨(K)** : 단백질 합성의 촉매작용을 하며, 뇌에 산소의 공급을 원활하게 하여 사고력을 증진시키고 체내의 노폐물 배출을 촉진
⑥ **황(S)** : 케라틴 합성에 관여하여 모발, 손톱 및 발톱, 피부를 구성
⑦ **철분(Fe)** : 헤모글로빈의 구성 성분으로 적혈구의 주요 구성 물질
⑧ **아연(Zn)** : 결핍 시 면역약화, 상처 회복 악화, 탈모 등 신체기능 저하로 부작용이 생김
⑨ **요오드(I)** : 갑상선과 부신의 기능을 활발히 해주어 피부, 모발, 모세혈관의 기능을 정상화, 부족하면 피부가 거칠고 얼굴과 손에 부종이 생김

4 피부와 영양

(1) 영양소와 피부

① **탄수화물**
㉮ 과잉분은 글리코겐의 형태로 간이나 근육에 저장되고, 그 나머지는 지방으로 저장
㉯ 피부세포에 활력을 부여하고, 보습효과
㉰ 과다 섭취 시 피지 분비가 증가되어 지성피부로 발전

② **지방**
㉮ 과다 섭취하면 지방축적으로 비만으로 연결
㉯ 신체의 체온조절에 관여하며, 피지선의 기능을 조절하여 피부, 모발에 광택을 주고 건조를 방지하여 피부, 모발에 윤기 부여
㉰ 결핍 시 체중 감소 및 피부 노화를 초래

③ **단백질**
㉮ 결핍 시 잔주름이 형성되고 피부, 모발의 탄력성을 상실하게 되며 피부는 건조해지고 빈혈이 생김
㉯ 과잉 시 색소침착의 원인
㉰ 피부, 모발, 손톱, 발톱에 중요한 역할

④ **수분**
㉮ 신체를 구성하는 성분 중 약 70%를 차지, 각질층 수분 함량은 10~20%
㉯ 소화, 흡수를 용이하게 하고 노폐물을 땀과 소변 등으로 배설, 체온을 일정하게 유지, 피부는 윤기 부여

(2) 체형과 영양

① **상체비만형**
㉮ 성인병의 위험이 높음
㉯ 내장지방형으로 장기중심부로 지방이 과다 축적

㈐ 허리둘레에 지방이 축적
② 하체비만형
㈎ 엉덩이 주위에 지방이 몰려 있는 체형
㈏ 복부 아래 중심으로 지방이 몰려 있는 체형
㈐ 허벅지 둘레에 지방이 몰려 있는 체형

Lesson 04 피부와 광선

1 태양광선

(1) 태양광선의 작용
① 태양광선은 에너지의 원천으로, 모든 생명체의 신진대사를 가능하게 하여 생명계를 유지하는데 반드시 필요하나 과도한 노출은 피부에 여러 가지 손상을 입힘
② 전자파의 파장은 나노미터(1억분의 1m)로 표시하며 'nm'이라는 약자를 사용, 파장이 짧을수록 에너지가 강함

(2) 태양광선과 피부
① **자외선**
㈎ 220~400nm의 파장을 가진 태양광선으로 피부에 생물학적 영향을 미치며 반사량이 약 6% 정도 차지
㈏ 자외선에 의한 피부 반응
㉠ 만성반응 : 광노화, 피부암
㉡ 급성반응 : 홍반반응, 색소침착, 광노화
② **가시광선**
㈎ 400~800nm의 중파장으로 눈의 망막을 자극하는 광선으로 눈으로 볼 수 있으며, 반사량은 약 34% 정도
㈏ 파장에 따른 성질의 변화가 각각의 색깔로 나타나며 빨간색으로부터 보라색으로 갈수록 파장이 짧음
③ **적외선**
㈎ 800~1,000,000nm의 장파장으로 태양광선의 약 60% 정도를 차지하며, 피부에 유해한 자극을 주지 않음
㈏ 열을 발생하여 피부의 혈액순환 촉진, 근육의 긴장 이완, 신진대사 촉진, 저항력 강화, 영양 성분이 깊숙이 침투

(3) 자외선의 종류별 특징

① UV A(장파장, 320~400nm)
  ㉮ 오존층에 거의 흡수되지 않으며 진피층까지 침투
  ㉯ 멜라닌 색소 형성, 홍반반응, 광독성, 광알레르기성 반응 유발, 백내장의 발병 원인
  ㉰ 광노화를 촉진하여 피부 탄력 감소, 주름형성의 원인

② UV B(중파장, 290~320nm)
  ㉮ 표피의 기저층까지 침투, 비타민 D를 활성화하여 구루병 예방, 칼슘 수치를 향상
  ㉯ 적당량의 경우 여드름 치유 및 면역력 강화에 도움을 주지만 많은 양의 경우 여드름을 악화
  ㉰ 피부 홍반 형성, 선번(sunburn) 현상, 일시적 시력 상실, 결막염 발생, 피부암 등을 유발

③ UV C(단파장, 290nm 이하)
  ㉮ 대기권의 오존층에 모두 흡수
  ㉯ 자외선 중 가장 에너지가 강하고 살균력이 있어 자외선 소독기에 이용
  ㉰ 피부암 유발

2 색소침착

(1) 색소침착의 원인과 과정

① **색소침착의 개요**
  ㉮ 자외선이 피부에 닿게 되면 피부를 보호하기 위해서 멜라닌을 증가시키는데 이 색소가 분해되지 않고 남아서 기미가 되거나 피부가 갈색을 형성
  ㉯ 멜라닌 색소는 멜라닌 세포의 멜라노좀에서 형성되어 주변의 각질형성 세포로 전달되면서 각질화 과정을 통해 각질층에도 존재

② **멜라닌 형성 과정**

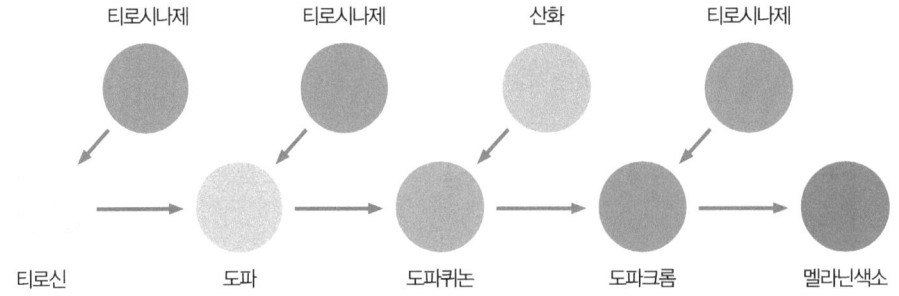

③ **멜라닌 생성 원인**
  ㉮ 자외선   ㉯ 스트레스
  ㉰ 임신 등의 호르몬 변화   ㉱ 유전적 요인
  ㉲ 식품, 의약품 등

(2) 일광에 의한 색소침착의 종류
　① 즉시형
　　㉠ 자외선 A와 가시광선에 의해 발생
　　㉡ 자외선에 노출된 1~2시간 후에 최고조에 달하고 지속 시간도 노출 시간에 비례
　② 지연형
　　㉠ 자외선 B가 주된 작용
　　㉡ 자외선에 노출된 후 48~72시간 경과 시부터 발현하기 시작하여 13~21일에 최고조에 도달하여 수개월까지도 지속

(3) 색소침착의 관리 단계

멜라닌 제어의 메카니즘	미백 활성 물질
피부로 조사되는 자외선 차단	중·단파장 자외선 흡수제, 자외선 차단제(TiO_2, Talc, ZnO)
활성산소의 소거, 생성 저해	SOD, 비타민 C, 비타민 E, 카로틴
티로시나아제의 활성 저해	비타민 C, 코직산, 알부틴, 글루타치온, 상백피, 감초추출물
멜라닌 생성 중간체의 차단	코직산
생성된 멜라닌의 환원	비타민 C, 비타민 E
멜라닌세포에 대한 독성	하이드로 퀴논
각질 형성 세포를 통한 멜라닌 배출 촉진	AHA, 비타민 A

(4) 색소침착의 관리에 사용되는 활성 성분
　① **하이드로퀴논**
　　㉠ 표백크림에 사용, 자극성 및 알레르기 유발
　　㉡ 피부를 영구 탈색
　　㉢ 국가에 따라 화장품 원료로 전면 금지 혹은 함량 한정
　② **비타민 C 및 유도체**
　　㉠ 미백용 및 항산화제로 사용
　　㉡ 안정성 면이나 피부 투과성 또는 미백 효능 면에서 미흡
　③ **코직산**
　　㉠ 누룩곰팡이 발효액으로부터 얻어짐
　　㉡ 티로시나아제의 활성 억제
　④ **알부틴**
　　㉠ 식물(월귤나무, 덩굴월귤잎)에서 추출
　　㉡ 미백작용 우수

Lesson 05 피부면역

1 면역의 개요

(1) 정의

① **면역**
  ㉮ 라틴어의 "immunitas"에서 유래하며 세금, 비용 등의 부과를 면제받는다는 의미
  ㉯ 어떤 질병을 앓고 난 후에 그 질병에 대해 저항성이 생기는 현상
  ㉰ 외부로부터 침입하는 미생물이나 화학물질을 자기가 아니라고 인식하여 공격하여 제거함으로써 생체를 방어하는 기능
  ㉱ 생체가 자기와 비자기를 식별하는 기구

② **항원과 항체**
  ㉮ 항원 : 이물질로 면역계를 자극하여 항체 형성을 유도하고 만들어진 항체와 반응하는 물질
  ㉯ 항체 : 항원에 대하여 형성되며, 항원과 반응하는 물질로 혈액 중에 많은 양이 존재

(2) 면역계

① **면역계의 구성**
  ㉮ 1차 방어계 : 생체를 방어하는 기능으로 외부 침입자에 대해 체내로 침입하지 못하도록 하는 기계적·화학적 방어
  ㉯ 2차 방어계 : 1차 방어계를 뚫고 체내로 들어온 침입자들의 생체 내 확산을 막고 제거하는 각종 식세포로 구성
  ㉰ 3차 방어계 : 체내로 들어온 침입자 각각에 대하여 특이성을 갖는 림프구들로 구성
    ㉠ B 림프구 : 골수에서 생성, 간접적으로 항원을 공격하는 체액성 면역(면역글로불린 항체 생성)
    ㉡ T 림프구 : 흉선에서 유래, 직접적으로 항원을 공격하는 세포성 면역

② **면역계의 구분**

구분	방어인자
1차 방어(자연 저항, 비특이성 저항)	피부, 위장관, 위산, 질 내의 정상 세균층
2차 방어(비특이성 저항)	식세포로 구성된 면역계(중성구, 대식세포)
3차 방어(특이성 저항, 특이성 면역)	림프구로 구성된 면역계

2 면역의 종류와 작용

(1) 선천적 면역(자연면역)
- ① **정의** : 면역체계로 타고난 저항력이나 방어력으로 병의 치유가 이루어지는 면역
- ② **종류**
  - ㉮ 신체적 방어벽 : 신체를 둘러싸고 있는 피부는 세균의 침입이나 상해로부터 인체 내부를 보호하는 기능을 갖음
  - ㉯ 화학적 방어벽 : 인체 내로 침투한 세균들을 몸속에서 입, 코, 목구멍, 위의 산성 내부의 점액질 등의 화학적인 장벽을 만남
  - ㉰ 식균작용과 염증반응
    - ㉠ 식균작용 : 식세포들이 외부물질을 섭취하는 과정
    - ㉡ 염증반응 : 식세포가 몰려서 일어나는 현상, 열, 고름, 부종 동반

(2) 후천적 면역(획득면역)
- ① **능동면역** : 예방접종이나 감염에 의하여 한 개체 내에서 형성된 형태
- ② **수동면역** : 다른 개체에 성립된 면역기능이 한 개체에 전달되는 형태

(3) 면역기관으로서의 피부
- ① **물리적 방어 인자** : 여러 층으로 쌓여 있는 건조한 각질층을 뚫고 침투하기가 힘듦
- ② **화학적 방어 인자** : 피부는 약산성의 천연피지막으로 둘러싸여 미생물이 생존하기 힘듦
- ③ **피부 면역을 담당하는 세포**
  - ㉮ 랑게르한스 세포 : 유극층에 존재하며, 외부의 항원을 면역담당세포인 림프구로 전달하는 항원 인식 기능을 하며, 세포성 면역을 유발
  - ㉯ 각질형성세포 : 면역반응을 조절하는 사이토카인을 비롯한 다양한 생물학적 반응조절 물질을 생성·분비하며, 염증반응 및 면역반응을 매개

(4) 과민반응
- ① 특정한 항원에 의해 감작된 후 2차 접촉 시에 그에 대한 면역반응이 과도하게 또는 부적절하게 일어나서 조직손상을 가져옴
- ② 면역반응의 결과가 생체에 있어 유리하게 작용하는 경우를 좁은 의미의 면역이라 하고 해롭게 또는 불리하게 작용하는 경우를 알레르기 혹은 과민반응이라고 함

Lesson 06 피부노화

1 피부노화의 이론과 원인

(1) 피부노화의 이론

① **프리라디칼 이론(Free Radical Theory)** : 생체 내에서 산소의 불완전한 환원으로 인하여 자유라디칼이 생성되고 이러한 축적의 결과가 세포를 노화시킨다는 이론

② **피부노화와 활성산소**
- ㉮ 공기 중의 안정한 상태의 산소와는 달리 불완전한 활성산소는 높은 반응성을 가지는데, 인체 내에서 과잉으로 생산되면 정상적인 세포를 손상시켜 유해산소라 부르기도 함
- ㉯ 인체에 손상을 입히는 활성산소에는 수퍼옥사이드(Superoxide), 과산화수소(Hydrogen Peroxide), 하이드록시 라디칼(Hydroxy Radical), 싱글렛 옥시젠(Singlet Oxygen)이 있으며, 이를 제거해주는 물질을 항산화제라 하고 대표적인 항산화제로는 비타민 C, 비타민 E, 글루타치온, 코엔자임 Q_{10} 등이 있음
- ㉰ 수퍼옥사이드 디스뮤타제(SOD, Superoxide Dismutase), 카탈라제(Catalase) 등의 항산화효소도 활성산소의 생성을 막아 피부노화를 억제

(2) 피부노화의 원인

① **내인성 노화**
- ㉮ 내적 노화 또는 생리적 노화
- ㉯ 나이가 들어감에 따라 자연적으로 발생하는 피부의 노화 현상

② **외인성 노화**
- ㉮ 광노화, 외적 노화 또는 환경적 노화라고도 하며 주로 자외선에 만성적으로 노출될 때 나타남
- ㉯ 광노화를 일으키는 파장은 자외선 B이지만 자외선 A도 노화를 일으킬 수 있음

2 피부노화의 결과

(1) 자연노화의 결과

① **표피의 변화**
- ㉮ 세포분열의 능력이 저하되어 세포주기가 길어지면서 각질층이 두꺼움
- ㉯ 랑게르한스 세포가 다소 감소
- ㉰ 멜라닌 생성 능력이 저하되어 흰머리가 발생
- ㉱ 멜라닌세포의 수가 감소하여 자외선 방어기능이 떨어짐
- ㉲ 표피의 두께가 얇아짐
- ㉳ 신진대사가 위축되어 손상 시 회복이 늦어지며 면역기능이 감소
- ㉴ 물리적인 자극에 대한 저항력 감소 및 피부 감각기능 감소

② 진피의 변화
- ㉮ 콜라겐이 파괴되고 엘라스틴의 가교가 증가되어 탄력이 저하되고 주름이 생김
- ㉯ 무코다당류도 감소되어 수분 보유능력이 감소
- ㉰ 진피의 두께는 감소
- ㉱ 세포의 증식력 감소
- ㉲ 혈관이 약해지고 수축력이 떨어짐
- ㉳ 피하지방층의 감소와 혈관 분포의 감소로 피부의 온도가 낮아짐
- ㉴ 한선의 수가 감소하여 열 자극에 대한 방어기능이 저하
- ㉵ 피지 분비량의 감소로 인해 피부건조가 심해짐

(2) 광노화의 결과

① 표피의 변화
- ㉮ 표피가 거칠고 두꺼워지며 가죽같이 뻣뻣해짐
- ㉯ 각질층의 두께가 일정치 않고 훨씬 두꺼워짐
- ㉰ 멜라닌 세포가 이상 항진되고 다양한 형태가 되어 노인성반점, 주근깨 등 불규칙한 색소침착이 생김

② 진피의 변화
- ㉮ 탄력섬유의 이상증식으로 가교가 많이 생겨 탄력이 감소
- ㉯ 진피 내 모세혈관의 확장
- ㉰ 콜라겐이 급속히 감소하여 주름이 발생
- ㉱ 섬유아세포가 증가
- ㉲ 광선에 의한 각화현상이나 피부암이 발생

Lesson 07 피부장애와 질환

1 원발진과 속발진

(1) 원발진(Primary Lesion)

종류	객관적 징후
반	여러 형태와 크기의 피부 색조 변화로 피부의 융기나 함몰은 없는 상태이다.
홍반	모세혈관의 울혈에 의한 피부 발적상태를 말한다.
자반	조직 내 출혈에 의한 자색 또는 적갈색의 착색이 표피를 통하여 보이는 상태를 말한다.
종양	직경 2cm 이상의 피부 증식물로 양성과 악성이 있다.

종류	객관적 징후
구진	경계가 뚜렷한 직경 1cm 미만의 피부의 단단한 융기물로 피지선 주위, 한선 혹은 모낭 개구부에 발생한다.
결절	구진보다 크고 종양보다 작은 경계가 명확한 피부의 단단한 융기물로 진피 혹은 피하지방층에 형성되며 치유 후 흉터를 남긴다.
소수포	직경 1cm까지의 액체를 포함한 피부의 융기물로 물리적 충격(마찰)이나 온도(열)의 영향으로 생긴다.
수포	소수포 보다 크며 1cm 이상의 혈액성 내용물을 가진 물집을 말한다.
농포	표피 내 또는 표피 아래의 가시적인 고름의 집합으로 주로 모낭 또는 한선 내에 형성된다.
팽진 (담마진, 두드러기)	표재성의 일시적 부종으로 붉거나 창백하며 수 시간 내에 없어지는 것으로 알레르기 피부 증상, 피부의 기계적 자극에 의해 야기되며 소양감이 나타난다.

(2) 속발진(Secondary Lesion)

종류	객관적 징후
미란, 짓무름	수포가 터진 후 표피의 조직 결손으로 치유 후 반흔을 남기지 않는다.
표피박리, 찰상	기계적 자극, 특히 긁어서 일어나는 표피의 결손을 말한다.
궤양	진피, 피하지방층에 이르는 조직 결손 치유 후 반흔을 남긴다.
인설, 비늘(비듬)	사멸한 표피세포가 떨어져 나가는 것을 말한다.
딱지, 가피	병적기전에 의해 야기된 삼출액이 마른 것으로 혈청, 농, 혈액 및 표피 부스러기 등이 뭉쳐 형성된다.
균열	장기간의 염증과 심한 건조로 인해 피부의 탄력성이 없어져 생기는 틈, 피부가 갈라진 것을 말한다.
흉터, 반흔	진피 또는 심부까지 도달한 조직 결손이 결체조직으로 대치된 상태로 모공, 한공이 없어지며 광택을 보이고, 피부 재생이 되지 않는다.
위축	조기 노화로 인한 많은 주름을 말한다.
태선화	만성적인 자극으로 인해 표피와 진피가 건조하고 가죽처럼 두꺼워지는 상태로 윤기나 유연감이 없으며 피부 주름이 뚜렷하다.

2 피부질환

(1) 물리적 인자에 의한 피부질환

① **열에 의한 피부질환**

㉮ 화상

㉠ 1도 화상(홍반성) : 표피에만 화상을 입는 것으로 홍반, 부종, 통증을 동반

- ⓒ 2도 화상(수포성) : 수포 발생이 특징이며 통증을 동반
- ⓒ 3도 화상(괴사성) : 괴부의 증상이 심하여 궤양을 만들며 자연치유 될 수 없어 피부 이식이 필요함
- ㈃ 한진과 열성 홍반
  - ㉠ 한진 : 땀띠, 고온 다습한 환경의 영향으로 한관이 폐쇄되어 땀이 배출되지 않아 소수포가 발생
  - ㉡ 열성 홍반 : 열에 지속적으로 노출된 후 발생하며 요리사 등 직업적으로 열에 노출 기회가 많은 사람에게 발생
- ② 한랭에 의한 피부질환
  - ㈎ 동창 : 한랭에 의한 국소적 염증반응으로 가벼운 형태
  - ㈏ 동상 : 귀, 코, 뺨, 손가락, 발가락 등 연부조직이 얼어서 혈액공급이 없어져 통증을 느끼지 못하는 상태
- ③ 기계적 손상에 의한 피부질환
  - ㈎ 굳은살 : 각질층이 두꺼워지는 현상으로 손바닥, 발바닥, 관절 주위에 잘 발생
  - ㈏ 티눈 : 발가락, 발바닥에 많이 발생하며 중심핵이 나타나는데 날카롭게 찌르는 듯한 통증을 유발
  - ㈐ 욕창 : 만성적인 질병, 무의식의 환자가 지속적으로 일정하게 압박을 받는 부위에 허혈 상태가 되어 발생하므로 몸의 위치를 자주 바꾸어 줌

(2) 습진성 피부질환
- ① 접촉성 피부염
  - ㈎ 자극성 접촉피부염 : 주부습진, 기저귀 피부염 등
  - ㈏ 알레르기성 접촉피부염 : 알레르기를 유발하는 원인물질인 알레르겐이 특정 사람에게서 피부염을 유발
- ② 아토피 피부염
  - ㈎ 천식, 알레르기성 비염이나 특징적인 피부염 증상을 동시 또는 한 가지 이상 동반
  - ㈏ 피부가 건조하고 예민하며, 바이러스, 세균감염 등에 잘 걸리므로 2차 감염에 주의
  - ㈐ 발생원인은 유전적 인자, 알레르기설, 면역학설, 환경요인설 등
- ③ 지루성 피부염
  - ㈎ 피지선이 풍부한 두피, 안면, 목, 가슴 등에 잘 발생하며, 홍반을 동반한 기름기 있는 인설(비듬)이 특징
  - ㈏ 유전, 호르몬, 스트레스 등이 원인으로 알려져 있고, 두피의 경우 탈모의 원인
- ④ 건성습진
  - ㈎ 겨울철 소양증, 노인성 습진 등으로 표현
  - ㈏ 세정력이 강한 비누로 과다한 세정, 건조한 피부 등의 원인

(3) 감염에 의한 피부질환
　① **세균성 질환**
　　㉮ 감염성 농가진
　　　㉠ 유·소아에서 두피, 안면, 팔, 다리 등에 수포가 생기거나 진물이 나며 노란색을 띠는 가피를 보이는 질환
　　　㉡ 화농성 연쇄상구균이 주 원인균
　　㉯ 절종, 옹종
　　　㉠ 절종 : 모낭과 그 주변 조직에 걸쳐 심재성 괴사를 일으키는 질환
　　　㉡ 옹종(종기) : 수 개의 절종이 뭉쳐서 나타나는 질환
　　㉰ 단독, 봉소염
　　　㉠ 단독 : 세균에 감염되어 피부가 빨갛게 부어오르는 피부질환
　　　㉡ 봉소염 : 피하조직에 세균이 침범하는 화농성 염증 질환
　② **바이러스성 질환**
　　㉮ 전염성 연속증(물사마귀) : 몰루시폭스(molluscipox) 바이러스에 의해 발생하며, 긁어서 번짐
　　㉯ 수두 : 전염력이 강하여 발진 발생 1일 전부터 6일 후까지 기도를 통해 전염
　　㉰ 대상포진 : 편측성의 띠모양으로 홍반이 발생한 후에 수포성 병변이 나타나며, 심한 통증이 동반
　　㉱ 사마귀 : 피부관리 시 주변 피부나 다른 피부로 전염
　　㉲ 단순포진 : 수포성 질환으로 점막이나 피부를 침범하는 질환
　③ **진균성 질환**
　　㉮ 족부 백선(무좀) : 각화형, 지간형, 소수포형으로 구분
　　㉯ 수부 백선 : 무좀과 동시에 발생하는 경우가 많고 주부습진에 이차적으로 발생
　　㉰ 완선 : 사타구니 습진
　　㉱ 체부 백선 : '도장부스럼'이라 하며 체부에 감염된 형태
　　㉲ 조갑 백선 : 손톱이나 발톱에 피부사상균이 침입하여 발생하는 무좀을 말함
　　㉳ 칸디다증 : 백선처럼 가렵고 붉은 반점이 생기며 염증이 더 심한 반면 피부 각질 조각은 작게 생김

(4) 모발의 질환
　① **원형 탈모증** : 원형이나 타원형의 모양으로 탈모가 발생하는 질환으로 스트레스가 원인
　② **휴지기 탈모** : 수술, 열병, 출산 후에 나타나며 자연 치유됨
　③ **남성형 탈모** : 유전적인 소인과 연령, 남성 호르몬의 영향, 노화로 인해 발생하며 두피의 지루성 피부염이 악화요인으로 작용

(5) 색소성 질환
　① **색소결핍 질환**
　　㉮ 백색증 : 선천적으로 멜라닌이 결핍 증상으로 전신, 눈, 피부의 일부, 모발탈색 등의 다양한

형태로 나타남
- ㉯ 백반증 : 후천적으로 나타나는 멜라닌 결핍 증상으로 원인이 불분명하며, 여러 가지 크기와 형태의 백색반이 나타남

② **과색소 침착 질환**
- ㉮ 기미 : 연갈색, 암갈색, 검정색의 불규칙한 색소침착이 얼굴에 대칭적으로 나타나는 증상으로 스트레스, 내분비질환, 내복약, 화장품 등에 의해 발생될 수 있으며, 자외선에 의해 악화됨
- ㉯ 주근깨 : 유전적인 요인으로 얼굴, 목, 어깨 등의 자외선 노출 부위에 발생하며, 여름철에 짙어지고 겨울철에는 옅어지는 경향을 보임
- ㉰ 멜라닌세포 모반 : 검은 점
- ㉱ 선천성 멜라닌세포 모반 : 점보다 더 크며 털이 나 있으며, 20cm 이상의 점은 악성 흑색종으로 전환
- ㉲ 지루성 각화증(검버섯) : 사마귀 모양의 울퉁불퉁한 표면을 가진 갈색 또는 흑갈색의 구진형태로 얼굴이나 흉부 등에 발생하며, 나이가 들면서 점차 병변이 증가
- ㉳ 릴 안면흑피증 : 자외선 노출 부위인 이마, 뺨, 귀 뒤, 목의 측면에 갈색이나 암갈색으로 넓게 나타나며, 원인은 화장품이나 향수, 약제 등의 광감각 성분으로 인한 것으로 추정
- ㉴ 베를로크(광독성) 피부염 : 향수나 오데코롱에 함유되어 있는 베르가못 오일로 인한 광과민 현상으로, 자외선을 쬐면 색소침착이 발생
- ㉵ 오타씨 모반 : 진피 내에 멜라닌세포가 존재하여 청갈색 혹은 청회색의 얼룩진 색소반이 얼굴의 한쪽에 나타나며, 사춘기 이후 진해지는 경향이 있음
- ㉶ 악성흑색종 : 기존의 점이나 악성 흑자에서 발생할 수 있으며 점이 커지거나 진물이 나거나 궤양이 있는 경우 등은 피부과 의사의 진료가 요구됨

(6) **기타 피부질환**

① **섬유조직의 질환**
- ㉮ 섬유종 : 일명 쥐젖으로 불리며 중년 이후에 목, 겨드랑이 등에 나타남
- ㉯ 지방종 : 유전적 원인으로 목과 겨드랑이에 잘 형성이 되며 지방조직에 발생
- ㉰ 켈로이드 : 외상 후 혹처럼 자라며 흉부, 귀, 턱, 어깨, 목 등에 유전이나 결합조직의 증대 및 경직으로 발생

② **조갑감입**
- ㉮ 손톱이나 발톱의 가장자리가 피부에 파고드는 질환
- ㉯ 앞이 좁거나 크기가 맞지 않는 신발을 신는 경우 주로 엄지발톱에 발생

③ **안검 주위의 질환**
- ㉮ 비립종 : 신진대사의 저조가 원인으로 발생하는 표피낭종으로, 동그란 모래알 크기의 백색 구진의 형태로 눈 아랫부분에 발생
- ㉯ 한관종 : 한선관 배출구의 문제로 발생되는 피부색의 작은 구진으로 다발성 발생

CHAPTER 03 화장품 분류

Lesson 01 화장품 기초

1. 화장품의 정의 및 요건

(1) 화장품의 정의

인체를 청결, 미화하여 매력을 더하고 용모를 밝게 변화시키거나 피부, 모발의 건강을 유지 또는 증진하기 위하여 인체에 사용되는 물품으로서 인체에 대한 작용이 경미한 것

(2) 화장품, 의약부외품, 의약품의 구분

구분	화장품	의약부외품	의약품
사용대상	정상인	정상인	환자
사용목적	청결, 미화	위생, 미화	질병 치료 및 진단
사용기간	장기간, 지속적	장기간 또는 단속적	일정기간
사용범위	전신	특정 부위	특정 부위
부작용	없어야 함	없어야 함	어느 정도는 허용

(3) 화장품의 4대요건

구분	내용
안전성	피부에 대한 알레르기, 자극, 독성이 없을 것
안정성	보관에 따른 변질, 변색, 변취, 미생물의 오염이 없을 것
사용성	피부에 사용 했을 때 손놀림 쉽고, 피부에 매끄럽게 잘 스며들 것
유효성	피부에 적절한 보습, 노화억제, 자외선차단, 미백, 세정, 색채효과 등을 부여할 것

2 화장품 성분

(1) 보습제 및 방부제

① **보습제**
㉮ 화장품에 사용되는 보습제는 피부를 촉촉하게 하는 작용
㉯ 보습제의 종류

종류	예
폴리올	글리세린, 프로필렌글리콜, 부틸렌글리콜, 폴리에틸렌글리콜, 솔비톨
천연보습인자	아미노산, 요소, 젖산염, 피롤리돈카르본산염
고분자 보습제	히아루론산염, 콘드로이친 황산염, 가수분해콜라겐
기타	베타인

② **방부제**
㉮ 화장품에는 각종 영양분이 함유되어 있으므로 공기에 노출되거나 불순물이 침투하게 되면 미생물의 작용으로 부패하게 됨
㉯ 방부제는 미생물의 증가를 억제하는 물질로 배합량이 많으면 피부 트러블을 유발시킴
㉰ 화장품에 사용되는 방부제로는 파라옥시안식향산메칠, 파라옥시안식향산프로필, 이미다졸리디닐우레아 등이 있음

(2) 색소

① **염료**
㉮ 물 또는 오일에 녹는 색소로 화장품 자체에 시각적인 색상효과를 부여하기 위해 사용
㉯ FD&C Yellow No 6(수용성), FD&C Red No 4(유용성)

② **안료** : 물과 오일에 모두 녹지 않는 것
㉮ 무기안료 : 색상이 화려하지 못하지만 빛과 산·알칼리에 강함(산화철, ultramarine)
㉯ 유기안료 : 색상이 화려한 반면 빛과 산·알칼리에 약함(D&C Red No 30, D&C Red No 36)
㉰ 착색안료 : 메이크업 화장품에 색상을 부여하는데 이용(산화철, 레이크)
㉱ 백색안료 : 빛을 산란시켜 메이크업 화장품에 커버력을 조절하는데 이용(이산화티탄, 산화아연, 탄산칼슘)
㉲ 체질안료 : 매끄러운 사용감과 부드러운 감촉을 부여(탈크, 마이카, 카올린)
㉳ 펄안료 : 제품에 진주 광택을 부여(운모티탄, 비스무스 옥시클로라이드)

③ **레이크**(lake)
㉮ 수용성 염료에 알루미늄, 마그네슘, 칼슘염을 가해 물과 오일에 녹지 않게 만든 것으로 산, 염기에 약하며, 중성에서도 물에 조금씩 녹는 경우가 있음
㉯ 색상의 화려함은 무기안료와 유기안료의 중간 정도(FD&C Yellow No 6 Al lake)

(3) 미용성분(활성성분)

① 식물추출물

추출물	설명	효과
AHA(α-hydroxy acid)	과일산의 총칭으로 죽은 각질을 제거	피부보습, 각질제거, 미백
감초 추출물	감초 뿌리에서 추출	해독, 소염, 자극완화
카렌듈라	금잔화 꽃에서 추출	소염, 진통, 세정
녹차 추출물	녹차잎에서 추출	항산화, 냄새제거, 세정
라벤더	라벤더 꽃에서 추출	수렴, 살균, 항균
레몬	레몬에서 추출	수렴, 미백
로즈마리	로즈마리 잎 또는 꽃에서 추출	항산화, 미백, 항균
루틴(비타민 P)	모세혈관을 튼튼히 하고 수축시키는 작용	민감한 피부에 효과
멘톨	박하에서 추출하여 상쾌한 냄새와 시원한 느낌	소염, 방부, 살균
사포닌	대두사포닌, 인삼사포닌이 대표적	유화, 가용화, 세정, 항염증
살구씨 추출물	살구씨에서 추출	진정, 유연, 보습, 항균작용
상백피 추출물	뽕나무의 껍질에서 추출	항균, 미백
수세미 추출물	수세미 잎에서 추출	소염, 진정, 보습작용
아줄렌	카모마일에서 추출	항염, 진정, 상처치유
안젤리카 추출물	안젤리카의 잎 또는 줄기에서 추출	진정, 진통, 미백작용
알란토인	밀의 배아, 담배의 종자에 함유	소염, 진정, 항염, 피부유연
알로에 추출물	알로에의 잎에서 추출	보습, 미백, 상처치유 촉진
은행잎 추출물	은행잎에서 추출	유해산소 제거, 혈액순환 촉진
유칼립투스 추출물	유칼리나무에서 추출	살균, 항균, 혈액순환촉진, 수렴
인삼추출물	인삼에서 추출하여 사포닌 성분 함유	피부대사 촉진, 말초혈관 확장, 탈모예방, 항균
주니퍼 추출물	노가주나무의 열매에서 추출	수렴, 지혈, 셀룰라이트 분해
카모마일	카모마일 꽃에서 추출	소염, 살균, 혈행촉진, 진정효과
카페인	커피, 녹차 등에 함유된 알칼로이드 성분	피하지방 축적 억제, 수렴효과
클로로필	식물의 엽록소	탈취, 산소공급효과
해조 추출물	미역, 다시마와 같은 해조류에서 추출	보습효과

② 동물추출물

추출물	설명	효과
실크 추출물	실크에서 추출	보습, 피부유연
키토산	게, 새우의 껍질에서 추출	보습, 피막형성, 중금속 제거
콘드로이친 황산	달팽이 피부와 포유류 연골 함유 무코다당류	보습
플라센타	소의 태반에서 추출	보습, 세포재생, 미백
히아루론산	진피에 존재하는 무코다당류로 닭벼슬에서 추출하였으나 현재는 미생물 발효로 생산	보습

③ 비타민

구분	설명
비타민 A 유도체	레티닐 팔미테이트, 레티놀, 레틴산의 총칭으로 세포 분화를 촉진하여 잔주름 개선 효과
비타민 B_2(리보플라빈)	입 주위의 염증, 지루성 피부염에 좋음
비타민 B_6(피리독신)	피지분비 억제 작용이 있어 지성 피부에 효과적
비타민 C 팔미테이트	비타민 C 유도체로 콜라겐 합성 촉진, 미백 효과
비타민 E(토코페놀)	혈액촉진, 노화억제, 유해산소 제거 등의 효과

■ AHA의 종류와 특징

AHA 종류	특징
글리콜산(Glycolic acid)	사탕수수에 함유, 분자량이 가장 작아 침투력이 뛰어남
젖산(Lactic acid)	쉰우유에 함유, 천연보습인자의 하나로 보습효과
사과산(Malic acid, 능금산)	사과, 복숭아 등에 함유
주석산(Tartaric acid, 포도산)	신포도에 함유
구연산(Citric acid)	오렌지, 레몬에 함유, 화장품의 pH 조절제로 사용

Lesson 02 화장품 제조

1 화장품 제조 기술

(1) 가용화

① 계면활성제를 물에 녹일 때 처음에는 물의 표면으로 계면활성제가 배열되다가 포화농도 이상이 되면 작은 집합체를 형성하게 되는데 이를 미셀(Micelle)이라 부른다.
② 미셀은 물에 녹지 않는 물질을 내부에 용해시킬 수 있는 성질을 갖게 된다.
③ 가용화는 소량의 유성성분을 계면활성제의 미셀작용을 이용하여 투명한 상태로 용해시키는 것을 말하며 주로 화장수, 에센스, 향수 등의 제품 제조에 쓰인다.

(2) 유화

① 다량의 유성성분을 일정기간 동안 안정한 상태로 균일하게 혼합하는 기술로, 분산된 부분이 기름인가 물인가에 따라 물에 기름이 분산된 형태의 수중유적(O/W)형 유화와 기름에 물이 분산되어 있는 형태의 유중수적(W/O)형 유화로 구분된다.
② W/O형 에멀전을 다시 물에 유화시키면 W/O/W 에멀전과 같은 다상 에멀전을 얻을 수 있는데, 다상 에멀전은 보습효과가 뛰어나고 제품을 안정한 상태로 보존시킬 수 있는 장점이 있어 각종 영양크림의 제조에 쓰이고 있다.
③ 유화 후 냉각하는 시간이 짧으면 비교적 점성이 낮은 유화 제품이 얻어지고, 냉각하는 시간이 길면 점성이 높은 유화 제품이 얻어진다.

(3) 분산(dispersion)

① 안료 등의 고체 입자를 액체 속에 균일하게 혼합시키는 것을 분산이라고 한다.
② 기초화장품의 제형 안정화를 위해 사용되는 점증제나 메이크업 화장품에 사용되는 무기, 유기, 펄 안료 등을 여러 종류의 기제에 분산시켜 만들며 파운데이션, 마스카라, 아이라이너, 네일 에나멜 등이 분산 제품에 해당된다.

2 화장품의 원료

(1) 수성원료

① 정제수
㉮ 물은 피부를 촉촉하게 하는 작용을 하며 화장수, 크림, 로션의 기초 화장품에 사용된다.
㉯ 오염된 물과 칼슘, 마그네슘 등의 금속이온이 함유된 물은 피부의 모공을 막거나 모발에 끈끈하게 부착될 수 있으므로 세균과 금속이온이 제거 된 정제수를 사용한다.

② 에탄올(Ethanol)
　㉮ 휘발성이 있으며 피부에 시원한 청량감과 가벼운 수렴효과를 부여한다.
　㉯ 용매의 역할을 하여 다른 원료와 섞어주면 그 원료를 녹이는 효과가 있으며 배합 향이 높아지면 수렴효과 외에 살균, 소독 작용도 나타낸다.
　㉰ 물 다음으로 화장품에 많이 사용되며 화장수, 아스트린젠트, 헤어토닉이나 향수 등에 많이 쓰인다.

(2) 유성원료
① 오일
　㉮ 지용성 용매로서의 작용과 함께 피부의 오염물질에 대한 세정작업, 피부나 모발을 유연하게 하는 것 외에도 보습작용을 한다.
　㉯ 오일의 종류
　　㉠ 식물성오일 : 월견초유, 로즈힙오일, 피마자유, 올리브유
　　㉡ 동물성오일 : 밍크오일, 스쿠알렌
　　㉢ 광물성오일 : 유동파라핀, 바셀린
　　㉣ 합성오일 : 실리콘오일, 미리스틴산 이소프로필
② 왁스
　㉮ 기초화장품이나 메이크업 화장품에 널리 사용되는 고형의 유성 성분으로 고급지방산에 고급알코올이 결합된 에스테르이며 화장품의 굳기를 증가시켜준다.
　㉯ 왁스의 종류
　　㉠ 식물성 왁스 : 카르나우바 왁스, 칸델릴라 왁스 등
　　㉡ 동물성 왁스 : 밀랍(Bees wax), 라놀린(Lanolin) 등

(3) 계면활성제
① 한 분자 내에 물을 좋아하는 친수성기와 기름을 좋아하는 친유성기를 함께 갖는 물질로 묽은 용액 속에서 경계면에 흡착하여 표면장력을 줄이는 성질을 갖고 있다.
② 물과 기름에 대한 친화성 정도를 나타낸 값을 HLB 값이라 한다.
③ HLB 값은 0부터 20까지 있으며, 0에 가까울수록 친유성이 좋고, 반대로 20에 가까우면 친수성이 좋다.
④ 계면활성제의 종류와 특징

종류	특징	제품
양이온성	살균, 소독작용이 크며 정전기 발생을 억제	헤어린스, 헤어트리트먼트
음이온성	세정작용과 기포 형성 작용이 우수	비누, 샴푸, 클렌징폼
비이온성	피부 자극이 적어 기초화장품에 사용	화장수의 가용화제, 크림의 유화제, 클렌징크림의 세정제
양쪽성	세정작용이 있으며 피부 자극이 적음	저자극 샴푸, 베이비 샴푸

⑤ 비이온성 계면활성제의 HLB와 용도

HLB	용도	HLB	용도
1.5~3	소포제	8~18	O/W 유화제
4~6	W/O 유화제	13~15	세정제
7~9	분산제	15~18	가용화제

Lesson 03 화장품의 종류와 기능

1 기초 화장품

(1) 기초화장품의 사용 목적

① **세안** : 피부 표면의 더러움이나 메이크업 찌꺼기 및 노폐물을 제거하여 피부 청결

② **피부 정돈** : 세안에 의해 변화된 피부의 pH를 정상적인 상태로 돌아오게 하고 수분과 유분을 공급하여 피부결을 정돈

③ **피부 보호** : 피부 표면의 건조를 방지해 줌과 동시에 피부를 부드럽게 하고 외부 환경으로부터 피부를 보호하거나 세균의 침입을 방지

(2) 세안 화장품

① 세안 화장품의 제형별 분류

제형	종류	특징
씻어내는 타입 (계면활성제형)	클렌징폼	피부에 자극이 없어 민감하고 약한 피부에 좋으며, 보습제가 함유되어 건조해지는 것을 방지한다.
	스크럽	미세한 알갱이가 함유되어 모공 속 깊숙이 있는 노폐물과 죽은 각질을 제거해주며 세안, 마사지, 각질제거 효과가 있다. 단, 화농성 여드름 피부, 민감한 피부에는 좋지 않다.
닦아내는 타입 (용제형)	클렌징 워터	화장수 타입으로 가벼운 화장을 지울 때 적합하다.
	클렌징 로션	클렌징 크림에 비해 사용감이 산뜻하고 비교적 옅은 화장을 지울 때 적합하다.
	클렌징 크림	짙은 화장이나 피지분비가 많을 때 적당하다.
	클렌징 젤	유성타입은 짙은 화장을 지울 때, 수성타입은 옅은 화장을 지울 때 적합하며, 사용 후 피부가 촉촉해진다.

② 피부의 완충능
    ㉮ 피부의 각질층에는 천연보습인자인 아미노산, 젖산염, 무기염 등이 세포간 지질 성분과 혼합되어 피부의 pH가 약 5.5로 유지되도록 해주는 것을 피부의 완충능이라 함
    ㉯ 건강한 피부의 경우는 세안 후 약 3시간 이후에는 거의 원래 상태의 pH로 되돌림

(3) 화장수(스킨로션)
  ① 개요
    화장수는 정제수, 에탄올, 보습제를 기본으로 하고 사용 목적에 따라 유연 성분, 수렴 성분 등의 기타 성분을 배합
  ② 화장수의 종류
    ㉮ 유연 화장수 : 수분공급과 피부 유연효과를 목적으로 하며 보습제와 유연제가 함유(스킨 소프트너)
    ㉯ 수렴 화장수 : 수분공급과 모공 수축을 목적으로 하며 알코올 배합량이 유연 화장수보다 많으며, 탄닌, 위치하젤과 같은 모공을 수렴하는 성분이나 비타민 B6과 같은 피지 억제 성분을 배합하기도 함(스킨 토너, 아스트린젠트 로션)

(4) 로션, 크림, 에센스
  ① 로션
    ㉮ 피부에 수분과 유분을 공급
    ㉯ 유분 함량이 30% 이하인 O/W형 유화로 피부에 산뜻하게 퍼지고 사용감이 좋음
  ② 크림
    ㉮ 세안 후 소실된 천연 보호막을 보충하여 피부에 촉촉함을 주고 외부 자극으로부터 피부를 보호하기 위해 사용
    ㉯ 유분과 보습제가 다량 함유되어 있어 피부의 보습, 유연 기능을 갖게 됨
    ㉰ 피부를 외부 환경으로부터 보호하고 피부 생리기능을 도와줌
    ㉱ 제형에 따른 구분

제형	특징	제품
O/W형 크림	사용감이 가벼우며, 시원함, 보습성, 촉촉함을 느낄 수 있으나 지속성이 낮음	모이스쳐크림, 베이비크림
W/O형 크림	사용감이 뻑뻑하고 퍼짐성이 낮으나 지속성이 좋음	에몰리언트 크림, 마사지 크림, 클린징 크림
W/S형 크림	오일 대신 실리콘 오일을 사용한 제품	-

  ③ 에센스
    ㉮ 미용 성분을 고농축으로 함유하여 보습 효과가 우수하고 영양물질을 공급하여 피부를 가볍고 매끄러운 상태로 유지

㉯ 사용 목적은 보습, 피부 보호, 영양 공급
　　　㉰ 컨센트레이트 혹은 세럼이라고도 함
　　　㉱ 스킨, 로션, 크림, 젤 타입으로 존재하며, 다량 보습제를 함유할 수 있는 스킨 타입을 가장 많이 사용

(5) 팩

① 개요

　팩은 얼굴에 적당한 두께로 발라 일정 시간 방치해 건조시킨 후 제거하여 피부에 긴장감을 주고 외부 공기를 차단하여 피부 온도를 높여 영양성분의 흡수를 용이하게 하고 혈액순환을 촉진시키며 피부를 청결하게 함

② 팩의 종류

　㉮ 필-오프 타입 : 얼굴에 도포 후 건조된 피막을 떼어내는 타입으로 피막형성제인 폴리비닐알코올이 배합되며, 건조와 피부의 청량감을 부여하기 위해 에탄올을 첨가
　㉯ 워시-오프 타입 : 얼굴에 바른 후 20~30분 정도 지난 후 물로 씻어내며, 피지를 흡착하는 진흙과 고령토 등을 배합
　㉰ 티슈-오프 타입 : 크림 형태로 되어 있으며, 바른 후 10~15분 지난 후 티슈로 닦아내는 타입으로 민감성 피부에 좋음
　㉱ 시트 타입 : 활성 성분이 든 미용액이나 화장수에 적신 시트를 얼굴에 덮어 사용하는 타입으로 사용이 간편하고 자극이 없음
　㉲ 분말 타입 : 한방 재료, 석고, 효소 등을 화장수나 정제수에 개어서 바르는 타입으로 도포 후 10~15분 후 씻음

2 메이크업 화장품

(1) 베이스 메이크업

① 메이크업 베이스

　㉮ 파운데이션이 피부에 흡수되는 것을 막고 파운데이션의 퍼짐성과 밀착감을 좋게 해 주어 화장의 지속성을 높여 줌
　㉯ 피부색을 한 가지 톤으로 정리
　　㉠ 초록색 : 여드름 자국 등 잡티가 있거나 모세혈관이 확장된 피부에 적합
　　㉡ 보라색 : 동양인의 노란 피부를 화사하게 표현
　　㉢ 분홍색 : 창백한 피부에 혈색을 보강하여 화사하고 생기 있게 표현
　　㉣ 푸른색 : 얼굴에 붉은기가 많거나 하얀 피부 표현을 원할 때 효과적
　　㉤ 브론즈색 : 피부를 어둡게 표현하고 싶을 때 효과적

② 파운데이션

　㉮ 피부의 결점을 감추고 원하는 피부색을 조절

㈏ 제형별 파운데이션의 특징

형태	제품	특징
유화형	리퀴드 파운데이션	• 안료가 균일하게 분산되어 있는 형태로 O/W형 유화 타입으로 가벼운 사용감이 있음
	크림 파운데이션	• 안료가 균일하게 분산되어 있는 형태로 O/W형과 W/O형 유화 타입이 있음 • O/W형 유화 타입은 사용감이 가볍고 퍼짐성이 좋으며, W/O형은 사용감이 무겁고 퍼짐성이 낮으나 땀이나 물에 잘 지워지지 않음
분산형	스킨커버 컨실러	• 안료를 오일과 왁스에 골고루 혼합 분산시킨 것으로 밀착감, 내수성 및 커버력이 우수함 • 다량의 안료가 함유되어 있어 커버력이 뛰어남
파우더형	파우더 파운데이션	• 안료에 오일을 스프레이 하여 흡착시킨 후 압축시켜 고형화 시킨 것 • 오일의 양은 10~15% 정도로 얇게 발리고 매트한 느낌
	트윈케이크 (투웨이 케익)	• 안료에 오일을 흡착시킨 후 압축시켜 고형화 시킨 것으로 마른 스폰지, 젖은 스폰지를 사용하여 메이크업 가능 • 친유 처리한 안료가 배합되어 뭉침이 없고 땀에 의해 쉽게 지워지지 않음

③ **파우더**

㈎ 땀과 피지에 의해 화장이 번지거나 지워지는 것을 막고 빛을 난반사시켜 얼굴을 밝고 화사하게 보이도록 함

㈏ 파운데이션의 유분기를 제거하고 파운데이션의 지속성을 높여줌

㈐ 페이스파우더(가루분)와 가루 날림이 없고 휴대가 간편한 고형으로 만들어진 콤팩트파우더가 있음

(2) 포인트 메이크업

① **아이 메이크업(Eye Make-up)**

㈎ 눈의 결점을 커버하고 눈을 입체적으로 보이게 하여 생동감 있고 아름답게 표현

㈏ 눈점막에 대해 안전해야 함

㈐ 눈물, 땀에 의해 지워지거나 자극을 주지 않아야 함

㈑ 사용이 부드럽고 자연스러운 화장의 연출이 가능

㈒ 제품의 종류와 특징

제품	특징
아이브라우 펜슬	• 눈썹의 모양을 그리고 눈썹 색을 조절하기 위해 사용 • 안료, 왁스, 오일 성분으로 구성되어 있으며, 발한현상이나 발분현상이 없어야 함

제품	특징
아이섀도우	• 눈 부위에 색채와 음영을 주어 입체감을 부여하고 눈의 아름다움을 강조하기 위해 사용 • 색채감을 주기 위해 착색안료 배합 • 케이크 타입, 크림 타입, 펜슬 타입이 있음
아이라이너	• 눈의 윤곽을 또렷하게 하며, 결점을 커버 • 건조가 빠르고 그리기가 쉬우며 피막이 유연해야 함 • 리퀴드 타입, 펜슬 타입, 케이크 타입, 크림 타입이 있음
마스카라	• 속눈썹에 도포하여 속눈썹을 짙고 길게 표현 • 적당한 윤기와 건조성이 있어야 하며, 적당한 컬링 효과가 요구됨

② **립스틱**
  ㉮ 유성분(오일과 왁스)에 색소를 분산시킨 제품으로 입술 점막에 사용하므로 자극이 없고, 먹어도 인체에 안전하고 불쾌한 냄새와 맛이 없어야 함
  ㉯ 발한현상이나 발분현상이 없어야 하며, 보관 중 산화가 되지 않아야 함
  ㉰ 적절한 강도를 유지하여 사용 중 부러짐 없이 매끄럽게 발라져야 함
  ㉱ 보습성분을 첨가한 글로스 타입과 잘 지워지지 않는 매트 타입이 있음

③ **블러셔(Blusher)**
  ㉮ 볼 부위에 도포하여 얼굴색을 건강하고 밝게 보이게 하며, 윤곽을 뚜렷하게 하여 얼굴을 입체적으로 만들어줌
  ㉯ 파운데이션과 친화성이 좋고 적당한 커버력, 광택성, 부착성이 있음
  ㉰ 케이크 타입과 크림 타입이 있음

3 모발 화장품

(1) 세발용 화장품

① **샴푸**
  ㉮ 모발 및 두피를 세정하여 비듬과 가려움을 덜어주며, 건강하게 유지하기 위해 사용
  ㉯ 계면활성제의 침투작용과 유화, 분산작용에 의해 오염물을 제거
  ㉰ 섬세하고 풍부한 기포는 세정액이 흘러내리지 않게 하고 모발의 엉클어짐을 방지하는 쿠션 역할을 담당

② **헤어린스**
  ㉮ 모발에 유분을 공급하여 유연성과 자연스러운 윤기를 부여
  ㉯ 양이온성 계면활성제가 함유되어 정전기를 방지하고 자연스러운 광택을 부여

(2) 정발제

① **개요** : 모발을 원하는 형태로 만드는 스타일링의 기능과 모발의 형태를 고정시켜주는 세팅 기능이 있음

② 정발제의 종류와 특징

타입	종류	특징
유성 타입	헤어오일	• 모발에 유분을 공급하여 광택과 유연성을 부여함 • 점성이 적은 유성성분으로 배합
	포마드	• 모발에 광택을 주며 헤어스타일을 단정하게 해주는 제품 • 식물성은 피마자유, 올리브유 등이 배합되어 광택이 있고 점착성과 퍼짐성이 좋아 강모에 적당 • 광물성은 바셀린, 유동 파라핀이 함유되어 끈적임이 없고 산뜻한 느낌으로 가늘고 부드러운 모발에 좋음
유화 타입	헤어로션/헤어크림	• 물과 유성성분을 유화시킨 제품으로 모발을 단정히 정돈해주고 보습효과와 광택을 부여함 • 헤어로션은 대부분 O/W형으로 수분 함유량이 많아 촉촉하고 자연스러운 느낌을 주고 W/O형은 오일감이 있고, 윤기와 정발효과가 있음
고분자 피막타입	세트로션	• 고분자 물질을 에탄올 용액에 녹인 것으로 웨이브를 유지하기 위한 목적으로 사용
	헤어무스	• 거품 형태의 제품이며 원하는 헤어스타일로 손쉽게 정발 가능 • 고분자물질(피막형성제), 계면활성제, 분사제(액화석유가스)가 기본 성분 • 세팅 타입, 트리트먼트 타입, 광택 타입이 있음
	헤어스프레이	• 세팅한 모발에 분무해 헤어스타일을 고정시킬 목적으로 사용 • 주성분으로 피막형성제와 용제로 에탄올이 사용되어 휘발성이 빠르고 건조 후 모발의 세팅효과가 습도에 영향을 받지 않음
	헤어젤	• 정제수에 수용성 고분자를 용해시킨 젤 상태의 투명한 정발제 • 촉촉하고 자연스러운 정발 효과를 부여
액체 타입	헤어리퀴드	• 산뜻하고 끈적임 없으며, 부드러운 정발 효과가 있음 • 점착성을 지닌 보습제인 합성 폴리에테르유를 에탄올에 용해시킨 제품

(3) 헤어트리트먼트

① 개요
㉮ 모발이 손상되는 것을 방지하고 손상된 모발을 복구하는 것을 목적으로 사용
㉯ 모발보호 성분들을 모발 내부에 침투시켜 손상된 모발을 회복시켜주는 제품
㉰ 구성 성분으로 유분, 양이온성 계면활성제, 단백질, 아미노산, 보습제 등을 배합

② 헤어트리트먼트의 형태와 특징

형태	특징
헤어트리트먼트크림	• 손상된 모발에 영양물질을 공급하고 모발의 건강 회복을 목적으로 한 트리트먼트제 • 큐티클의 손상된 부분과 큐티클 사이를 영양물질로 채워 손상된 모발을 건강한 모발로 복구시킴

형태	특징
헤어팩	• 손상모를 회복시키기 위해 사용하는 제품으로 씻어내는 타입 • 다량의 컨디셔닝 성분을 함유
헤어블로우	• 펌프식 스프레이로 컨디셔닝 효과와 헤어스타일링 효과 • 열이나 브러싱에 의한 마찰로부터 모발을 보호하는 목적
헤어코트	• 모발 끝의 갈라진 부위와 손상된 부위를 회복시켜주기 위해 사용하는 제품

(4) 퍼머넌트 웨이브 로션

① 1제(환원제)

㉮ 모발의 시스틴(-S-S-)결합을 절단하여 티올(-SH)기로 환원시킴

㉯ 환원제, 알칼리제, 금속이온봉쇄제(EDTA)로 구성

구분	성분	특징
환원제	티오글리콜릭산 (Thioglycolic acid)	• 환원력이 강하여 건강모, 발수성모에 적합 • pH에 따라서 모발 손상 유발, 냄새 심함
	시스테인(Cysteine)	• 모발을 분해시켜 원료로 사용하므로 손상모발에 적합하고 냄새가 적음
알칼리제	암모니아(Ammonia)	• 모발 손상이 적으나 냄새가 심함
	모노에탄올 아민 (Monoethanol amine)	• 비휘발성으로 냄새가 적으나 모발 손상 유발

② 2제(산화제)

㉮ 1제에 의해 만들어진 티올(-SH)기를 산화시켜 시스틴(-S-S-)결합으로 돌아가게 함

㉯ 산화제로 브롬산나트륨, 브롬산칼륨 및 과산화수소가 사용됨

(5) 염모제

① **영구 염모제** : 색소 형성 물질이 모발 내부의 모피질 또는 모수질층까지 침투하여 화학변화를 일으켜 불용성 색소를 형성하는 것으로 염색의 효과가 장기간에 걸쳐 지속

㉮ 식물성 염모제 : 헤나, 카모마일 등을 이용한 것으로 염색효과가 낮고 본래 모발색보다 밝게 염색하기 어려움

㉯ 금속성 염모제 : 납이 산화될 때 검게 변하는 원리를 이용한 것으로 인체에 유해한 독성이 있음

㉰ 산화형 염모제 : 염색효과가 우수하고 밝은색으로 염색이 가능하며 1제와 2제를 믹스하여 모발에 바른 후 30분 정도 후 염색

구분		특징
1제	염료 중간체	• 산화되면 색소로 변하는 물질 • 성분 : p-페닐렌디아민, p-아미노페놀, p-톨루엔디아민
	염료 수정체	• 염료 중간체와 반응하여 색상을 다양하게 변화시키는 물질 • 성분 : m-아미노페놀, m-페닐렌디아민

구분		특징
1제	알칼리제	• 큐티클을 열고 색소 형성 반응이 빠르게 발생 • 성분 : 암모니아, 모노에탄올아민
	고급지방산	• 염료 중간체와 염료 수정체의 침투를 촉진시키고 세정을 용이하게 함
	겔화제	• 2제와 혼합 시 겔을 형성
	용제	• 염료 중간체, 염료 수정체의 용해를 도움
2제	산화제	• 모발 속의 멜라닌 색소를 파괴하고 염료 중간체와 염료 수정체가 반응을 일으켜 새로운 색소가 만들어짐 • 성분 : 6% 과산화수소
	pH조절제	• 과산화수소를 안정화시키기 위해 pH 4.0 부근으로 조절 • 성분 : 인산

② 반영구 염모제
  ㉮ 탈색된 모발 염색에 적합하며 시간이 지나면 색이 빠짐
  ㉯ 산성 염료와 벤질 알코올, 에탄올 등의 침투제가 배합되어 있음
  ㉰ 정전기적 결합을 통해 염색이 이루어짐

③ 일시 염모제
  ㉮ 모발의 표면에 안료와 같은 불용성 색소를 일시적으로 부착시켜 모발의 색을 교체
  ㉯ 원하는 부분에만 도포하는 데 효과적이며, 특별한 기술이 필요하지 않음

(6) 기타 모발 화장품
  ① 헤어토닉
    ㉮ 살균력이 있어 두피나 모발을 청결히 하고 시원한 느낌과 쾌적함을 주며 두피 혈액순환을 좋게 하고 비듬과 가려움을 제거하여 모근을 튼튼하게 해주는 제품
    ㉯ 에탄올이 50~80% 함유되어 살균 및 소독작용이 있음

  ② 헤어스트레이트
    ㉮ 곱슬머리, 퍼머머리를 곧게 풀고자 할 때 사용
    ㉯ 1제 환원제는 알칼리성의 크림 타입이며, 2제는 산화제로 구성
    ㉰ 1제를 바른 후 20~30분간 빗질을 반복하여 컬을 풀어준 후 2제를 바르고 10~20분 후 씻어줌

  ③ 제모제
    ㉮ 털을 제거하는 방법으로 물리적 제거와 화학적 제거가 있음
    ㉯ 화학적 제모제는 pH 11~13 정도의 강알칼리로 수산화칼슘, 수산화나트륨, 수산화칼륨을 사용

  ④ 헤어블리치
    ㉮ 모발의 탈색을 목적으로 하여 멜라닌 색소를 파괴시켜 모발의 색상을 밝게 하기 위해 사용
    ㉯ 1제는 지방산, 겔화제, 용제, 알칼리제로 구성되어 있고 2제는 과산화수소가 들어있으며, 사용 직전에 혼합하여 사용

4 전신관리 및 네일 화장품

(1) 전신관리 화장품

① **전신에 사용하는 바디화장품**
  ㉮ 세정제품 : 비누, 바디 샴푸, 버블 바스, 바디 솔트
  ㉯ 트리트먼트제품 : 바디 로션, 바디오일, 바디 크림
  ㉰ 방향제품 : 샤워코롱, 파우더
  ㉱ 선케어제품

② **발, 다리에 사용하는 화장품**
  ㉮ 탈색, 제모 제품 : 탈색, 제모 크림, 제모 왁스
  ㉯ 부종 방지 : 레그후레쉬 제품(토너, 크림)

③ **손에 사용하는 화장품** : 트리트먼트제품(핸드로션, 핸드크림)

④ **팔꿈치 및 무릎 부위에 사용하는 화장품** : 유연 제품(각질 연화 로션, 크림, 오일)

⑤ **땀샘 부위에 사용하는 화장품** : 데오드란트 제품(로션, 스프레이, 파우더, 스틱)

(2) 네일 화장품

① **네일 에나멜**
  ㉮ 손톱에 광택과 색채를 주어 아름답게 할 목적으로 사용
  ㉯ 표면에 딱딱하고 광택이 있는 피막을 형성하며, 피막형성제로 니트로셀룰로오즈를 배합
  ㉰ 손톱에 바르기 적당한 점도가 있어야 하며, 가능한 신속히 건조하고 균일한 막을 형성(3~5분)

② **베이스코트** : 손톱의 주름을 메워서 다음에 칠할 네일 에나멜의 밀착성을 좋게 함

③ **탑코트** : 네일 에나멜 피막 위에 덧발라서 광택이나 내구성을 좋으며, 니트로셀룰로오즈의 배합량이 가장 많음

④ **에나멜 리무버** : 피막 형성제를 녹이는 용제로 초산에칠, 초산부칠, 아세톤 등을 사용

5 향수

(1) 향수의 구비요건

① 향에 따른 특징이 있어야 하며 확산성이 좋아야 함
② 향이 적당히 강하고 지속력이 좋아야 함
③ 향의 조화가 잘 이루어져야 함

(2) 향수 사용 시 주의점

① 목욕 후 사용하는 것이 좋다. 체취나 땀 냄새와 혼합되면 불쾌감을 가져다줌
② 외출 시에는 20~30분 전에 뿌리는 것이 좋음

③ 햇빛에 노출되지 않는 부위에 뿌려야 함
④ 상의나 스커트 안쪽 등 움직이는 부위에 바르는 것이 좋음
⑤ 피부가 약할 경우 속옷 위에 바르는 것이 좋음

(3) 향수의 유형

유형	부향률	지속시간	특징
퍼퓸	15~30%	6~7시간	향이 풍부하고 농후한 분위기를 연출
오데퍼퓸	9~12%	5~6시간	퍼퓸에 가까운 지속성과 향의 깊이가 있음
오데토일렛	6~8%	3~5시간	상쾌하면서도 풍부한 향을 느낄 수 있음
오데코롱	3~5%	1~2시간	향수를 처음 사용하는 사람에게 적합
샤워코롱	1~3%	약 1시간	목욕이나 샤워 후에 사용하기 적합하며, 가볍고 시원한 느낌

(4) 향수의 발산 속도에 따른 구분

향수는 여러 가지 향료가 섞여 있어 각각의 휘발성이 달라 시간에 따라 다른 향기를 내는데 향수에서 나오는 후각적인 느낌을 "노트(note)"라고 한다.

노트	특징	예
탑 노트(top note)	향수를 뿌린 후 처음 느껴지는 첫 느낌으로 휘발성이 강한 향료로 구성	시트러스, 그린
미들 노트(middle note)	알코올이 날아간 다음 느껴지는 향취 탑 노트와 베이스 노트를 연결해 주는 향	플로럴, 프루티
베이스 노트(base note)	여러시간이 지난 뒤 자신의 체취와 섞여서 나는 향취로 잔류성이 강한 향으로 구성되며 라스트 노트라고도 함	무스크, 우디

6 아로마 오일 및 캐리어 오일

(1) 아로마테라피

① **아로마테라피의 개요**
  ㉮ 향 또는 향기를 의미하는 'Aroma'와 치료를 의미하는 'Therapy'의 합성어
  ㉯ 식물에서 추출한 아로마오일에 함유되어 있는 생리활성 성분을 마사지, 목욕, 증기 호흡 등을 통해 체내에 침투시키거나 흡입시켜 생체 내 호르몬의 분비를 조절하고 생체 리듬을 정상화하여 미용을 증진시키고 질병의 치료와 예방에 사용하는 것으로 방향요법 또는 향기요법이라고 함

② **아로마테라피의 효과**
  ㉮ 면역기능 향상, 내부 장기·분비선·호르몬의 기능에 영향, 박테리아·바이러스·세균에 대한 저항력 향상

- ㉯ 신경 자극, 근육 강화시키거나 이완시켜 마음을 안정시킴
- ㉰ 질병 치유 효과, 중독의 위험이 없음
- ㉱ 혈액과 림프액을 통해 체내 순환
- ㉲ 감기 및 호흡기 장애 완화 등

(2) 에센셜 오일

① **개요**
- ㉮ 에센셜 오일은 식물이 지니고 있는 독특한 향을 증류시키거나 압착 또는 용매를 사용하여 추출한 휘발성 농축액으로 원액을 희석하거나 화장품, 비누, 식품 등에 첨가하여 사용
- ㉯ 식물의 세포와 세포 사이에 존재
- ㉰ 호르몬과 같은 역할(생리적 기능을 조절, 세포 사이의 정보를 전달, 스트레스를 치유하는 작용)
- ㉱ 생화학적 반응을 촉매하고, 병이나 해충으로부터 보호
- ㉲ 성장과 번식에 중요한 역할(식물이 외부 환경에 적응할 수 있도록 기능을 발휘하는 물질)

② **에센셜 오일 추출방법**
- ㉮ 수증기 증류법
  - ㉠ 식물의 향기 부분을 물에 담가 가온하면 향기 물질이 수증기와 함께 기체로 증발되며, 증발된 기체를 냉각하면 물 위에 향 물질이 뜨는데 이것을 분리하여 순수한 천연향 얻음
  - ㉡ 열에 의해 성분이 파괴될 수 있는 향료식물에는 적합하지 않음
- ㉯ 압착법
  - ㉠ 감귤류 등을 압착하여 얻는 방법
  - ㉡ 향기 성분이 파괴되는 것을 막기 위해 냉동 압착법을 사용하기도 함
- ㉰ 추출법
  - ㉠ 휘발성 용매추출법 : 휘발성 용매에 식물을 일정기간 냉암소에서 침적시킨 후 향기성분을 녹여내는 방법으로 왁스, 색소 등도 함께 추출
  - ㉡ 비휘발성 용매추출법 : 유리판에 식물유를 얇게 바르고 식물의 꽃을 따 올려두면 발산된 향기성분을 포집할 수 있음

(3) 캐리어 오일

① **개요**
- ㉮ 아로마 오일을 피부에 효과적으로 침투시키기 위해 사용하는 식물성 오일
- ㉯ 아로마테라피에 사용되는 캐리어 오일은 매우 다양하고 각각의 오일은 점도, 색상 및 효능이 다르기 때문에 사용 목적에 알맞은 캐리어 오일을 선택하는 것은 아로마 오일을 선택하는 것 못지않게 중요

② **캐리어 오일의 종류**
- ㉮ 그레이프시드 : 유분이 적고 비타민, 미네랄 풍부, 지성피부에 좋음
- ㉯ 보라지 : 세포재생 효과가 좋음, 냉장 보관
- ㉰ 아몬드 : 가려움, 피부건조, 염증성 질환에 효과

㉯ 호호바 : 습진개선, 여드름 치료 등에 사용
㉰ 윗점 : 항산화 효과 (캐리어 오일에 10% 사용), 건성 피부나 알레르기성 피부에 효과적
㉱ 올리브, 아보카도, 카놀라, 캐롯 등

(4) 아로마 오일의 사용

① **일반적인 사용**
㉮ 아로마 오일은 식물성 오일(캐리어 오일)로 희석해서 사용하며, 캐리어 오일에 맥아오일을 10% 혼합시키면 오일 변질을 억제할 수 있음
㉯ 얼굴은 1~2%, 바디용은 2~3%로 희석하여 사용할 수 있음
㉰ 브랜딩한 아로마 오일은 반드시 갈색병에 담아 냉장고에 보관
㉱ 사용하기 1~2일 전에 브랜딩 해두면 에센셜 오일이 캐리어 오일과 충분히 섞여 더욱 효과적
㉲ 브랜딩한 오일은 6개월 정도 사용 가능

② **아로마 오일 사용 시 주의점**
㉮ 희석해서 사용해야 하며, 희석되지 않은 상태에서는 두통, 메스꺼움, 불쾌감 등 나타날 수 있음. 단 라벤더와 티트리는 부분적으로 직접 사용할 수 있음
㉯ 패치테스트 실시한 후 사용하며, 눈 부위에 닿지 않도록 해야 함
㉰ 공기와 빛에 의해 분해되므로 갈색병에 담아 냉장고에 보관해야 함
㉱ 임산부, 간질, 고혈압 등의 질환이 있는 사람은 주의해서 사용해야 함
㉲ 3개월 미만 유아는 사용을 금하며 7세까지는 어른의 1/4, 16세까지는 1/2로 희석하여 사용해야 함
㉳ 짧게는 3주, 길게는 3개월 이상 같은 오일의 사용을 금지하거나 1주일 이상 휴지기를 가져야 함

(5) 주의해야 할 아로마 오일

항목	아로마 오일
임산부에게 사용을 피해야 하는 것	클라리세이지, 펜넬, 쟈스민, 주니퍼, 마죠람, 미르, 페퍼민트, 로즈, 로즈마리, 타임, 멜리사, 시더우드
고혈압 환자에게 피해야 하는 것	타임, 로즈마리
간질 환자에게 피해야 하는 것	로즈마리, 페퍼민트
자극 또는 알러지를 유발하는 것	티트리, 페퍼민트, 펜넬, 멜리사, 타임
일광 알러지를 유발할 수 있는 것	오렌지, 베르가못, 레몬, 그레이프프루트

(6) 아로마오일의 사용방법

구분	사용방법
목욕법	따뜻한 욕조에 아로마 오일을 6~8방울 떨어뜨리고 깨끗이 씻은 몸을 20분 정도 담금

구분	사용방법
흡입법	초보자에게 적합한 방법으로 손수건, 티슈에 아로마 오일을 1~2방울 떨어뜨리고 심호흡을 한다. 라벤더 등 진정효과가 있는 아로마 오일을 티슈에 묻혀 베개 위에 두고 자면 숙면을 취할 수 있음
마사지법	아로마 오일을 호호바 오일 등에 1~3% 희석해서 전신을 부드럽게 마사지, 이때 심장에서 먼 곳부터 가볍게 마사지하는 것이 좋음
족욕법	차가운 물에 아로마 오일을 넣어 족욕을 하면 심신이 안정되며, 따뜻한 물일 때는 긴장을 완화, 대개 3~10방울의 에센셜 오일을 넣고 15분 정도 발을 담금
확산법	아로마 램프(증발접시), 스프레이 등을 이용하여 향기를 확산시켜 줌
습포법	물 1리터 정도에 아로마 오일 5~10방울을 떨어뜨리고 수건을 담그어 적신 후 피부에 붙임. 더운 습포는 피부염에 좋고, 찬 습포는 통증, 부어오른 피부를 가라 앉히는데 효과적임

7. 기능성 화장품

(1) 기능성 화장품의 구분

효능과 효과가 강조된 전문적인 기능을 갖는 제품으로 화장품과 의약부외품의 중간적인 성격으로 다음 세 가지가 있다.

① 미백 화장품
② 자외선 차단제품
③ 주름개선 및 노화억제 제품

(2) 미백 화장품

① **멜라닌 색소의 생성과정** : 기저층의 멜라닌세포에서 생성 멜라닌 색소가 생성되는 과정으로 아래의 과정을 통해 생성된 멜라닌 색소는 각질 형성세포에 전달되어지고 각화과정을 통해 각질층까지 도달함

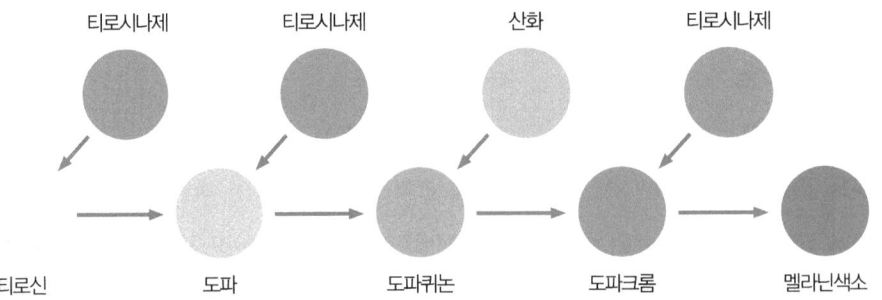

② **미백의 원리 및 성분**
  ㉮ 티로신의 산화를 촉매하는 티로시나아제의 작용을 억제하는 물질 : 알부틴, 코직산, 상백피 추출물, 닥나무추출물, 감초 추출물
  ㉯ 도파의 산화를 억제하는 물질 : 비타민 C

㉰ 각질 세포를 벗겨내서 멜라닌 색소를 제거하는 물질 : AHA
㉱ 멜라닌 세포 자체를 사멸시키는 물질 : 하이드로퀴논
㉲ 자외선을 차단하는 물질 : 자외선 차단제

(2) 자외선 차단제품

유해한 자외선의 침투를 막아 피부를 보호하기 위한 제품으로 자외선 산란제와 자외선 흡수제로 구성되어 있다.

① **자외선 산란제(물리적 차단제)**
㉮ 자외선을 산란, 반사시켜 피부내로 침투하지 못하도록 하는 것
㉯ 이산화티탄, 산화아연, 탈크, 카올린

② **자외선 흡수제(화학적 차단제)**
㉮ 자외선을 흡수하여 화학적인 방법으로 열과 진동으로 변환시켜 피부 침투를 막음
㉯ 옥틸디메틸 파바(octyl-dimethyl paba), 옥틸메톡시 신나메이트(Octyl-Methoxy cinnamate), 벤조페논(benzophenone), 캄퍼(campher), 파라아미노벤조산(para-aminobenzoic acid) 등

③ **자외선차단지수(SPF ; Sun Protection Factor)**

$$SPF = \frac{\text{자외선 차단제품을 사용했을 때 홍반이 생기는 자외선 최소량}}{\text{자외선 차단제품을 사용하지 않았을 때 홍반이 생기는 자외선 최소량}}$$

$$= \frac{\text{자외선 차단제품을 사용했을 때 홍반이 생기는 시간}}{\text{자외선 차단제품을 사용하지 않았을 때 홍반이 생기는 시간}}$$

(3) 주름 예방 및 노화 방지 제품

① **주름 완화 성분**
㉮ AHA : 각질제거
㉯ 비타민 A(레티노이드) : 세포 생성을 촉진

② **보습 성분** : NMF(천연보습인자), 세라마이드, 무코다당류(히아루론산, 콘드로이친 황산)

③ **항산화제** : 비타민 C, 비타민 E

■ 팩과 마스크

- 핫 오일 마스크 팩 : 건성피부에 사용
- 머드 팩 : 카올린, 벤토나이트 성분이 있어 피지 제거에 사용
- 에그 팩 : 주름 완화
- 파라핀 팩 : 주름 완화
- 고무마스크 : 여드름 피부, 민감성 피부에 사용
- 콜라겐 벨벳 마스크 : 모든 피부에 사용 가능, 피부 탄력 증진, 주름 완화
- 석고 마스크 : 건성피부, 노화피부에 사용
- 왁스 마스크 : 주름 완화

메이크업 서비스 기초

Lesson 01 고객 응대

1 고객 관리

(1) 고객 분류에 따른 고객관리

① **신규 고객** : 기업의 긍정적 이미지 전달 및 고객 만족도 조사
② **일반 고객** : 고객에 대한 인지 및 친밀감 유발, 적극적인 서비스 정보 및 이벤트 제공, 고객 우대 정책 소개, 이탈 방지 프로그램 시작
③ **단골 고객** : 고객 우대 정책 및 통합 관리 시작, 고객별 차별화 및 맞춤형 서비스 제공, 소개 고객 유치에 따른 우대 정책 전달, 이탈 방지 프로그램 시작

(2) 신규 고객 관리

① **고객 개인 정보 보호 숙지**
   ㉮ 개인정보의 중요성에 대해 인지한다.
   ㉯ 고객의 개인정보가 유출되지 않도록 보안을 철저히 유지한다.
② **신규 고객(회원) 신청서 작성**
   ㉮ 신규 고객(회원) 신청서의 항목을 바탕으로 신청서를 만든다.
   ㉯ 고객이 신청서를 작성하면 DB에 입력한다.
③ **메이크업 시행 차트로 만들어서 DB 작업**
   ㉮ 고객용 차트에 기록할 항목을 정한다.
   ㉯ 고객의 메이크업 시행 내용을 입력한다.
④ **고객 DB 기초 자료 분류**
   ㉮ 서비스 분류 기준을 정하고 데이터 구분 기준 항목을 설정한다.
   ㉯ 고객 DB의 관리 방법을 선정한다.
⑤ **스프레드시트 작성**
   ㉮ 스프레드시트 개념을 인지한다.
   ㉯ 스트레드시트를 일자별이나 가나다순으로 작성한다.

⑥ 신규 방문 고객에게 해피콜 서비스 만족도를 조사
  ㉮ 스케줄 확인 후 당일 해피콜 서비스의 대상 고객을 선정한다.
  ㉯ 고객에게 전화하여 불편사항 및 요구사항 등을 묻는다.
  ㉰ 만족도 조사 후 감사 인사 후 해피콜을 끊는다.

(3) 고정 고객 관리
 ① 메이크업 사업장 고객관리
  ㉮ 청결하고 깔끔한 분위기의 사업장으로 관리한다.
  ㉯ 고객을 위한 다양한 서비스를 제공한다.
  ㉰ 고객이 입점했을 때부터 나갈 때까지 제공할 수 있는 서비스를 개발한다.
  ㉱ 벤치마킹을 통해서 더 나은 서비스와 새로운 서비스를 개발한다.
  ㉲ 고객에게 새로운 서비스를 적용하고 피드백을 통해 개발한 서비스의 장단점에 대해 나누고 개선방향을 찾는다.
  ㉳ 개선된 서비스를 고객에게 제공한다.
 ② 메이크업 사업장의 마케팅 전략
  ㉮ 다중매체를 통한 마케팅을 기획한다. (기념품, 할인, 쿠폰 등)
  ㉯ 연령대에 맞는 서비스를 기획한다.
  ㉰ 기획한 서비스를 목적에 맞춰 적극적으로 홍보 및 추천한다.
 ③ 고객 만족도를 높이는 고객관리
  ㉮ 트렌드에 적합한 메이크업 제공을 위해 지속적인 개발과 교육을 한다.
  ㉯ 단골고객을 확보하기 위해 프로그램, 우대방안, 불만처리 방안 등의 방법을 개발한다.
  ㉰ 다양한 소셜 미디어를 활용하여 1:1 맞춤으로 고객 관리를 한다.

(4) 이탈 고객 관리
 ① 이탈 고객의 개인 정보 파일을 확인하고 관리
  ㉮ 고객의 개인 정보 보호 원칙을 지킨다.
  ㉯ 고객의 개인 정보 정정 및 삭제 등에 관한 필요사항을 확인한다.
 ② 이탈 고객을 유형에 맞게 관리
  ㉮ 유형별로 나뉘어 이탈 고객에게 서비스를 제공한다.
  ㉯ 실망 이탈 고객을 다양한 시스템과 서비스를 제공하여 관리한다.
  ㉰ 경쟁 이탈 고객을 차별화를 통해 관리한다.
  ㉱ 자격 이탈 고객을 알맞은 서비스를 제공하여 관리한다.
 ③ A/S 관리 지침서 확인
  ㉮ 고객 상담 차트와 A/S후 처리 결과를 확인한다.
  ㉯ 고객의 성격 유형에 따른 이탈 유형을 파악한 후 관리한다.

④ **고객의 소리(VOC)에 신속히 대처**
  ㉮ 고객 관리 데이터를 확인 후 유형을 분류하고 처리한다.
  ㉯ 고객의 소리를 바탕으로 효과적으로 설득한다.
  ㉰ 고객의 소리에 대한 보고서를 작성 후 상담한다.

■ 상담 시 설득의 성공 원칙
- 비판보다 먼저 이해하고, 신뢰성을 구축한다.
- 고객의 이익을 생각하며 상담자는 항상 일관된 언행을 하도록 한다.
- 고객의 관심사를 파악하며 고객 입장에서 상담하도록 한다.
- 진심으로 칭찬하고 항상 미소를 잃지 않도록 한다.
- 긍정적으로 답변을 할 수 있는 질문을 선택한다.

2 고객 응대 기법

(1) 방문 고객 응대

① **고객응대**
  ㉮ 고객의 특징 : 고객은 메이크업 서비스에 관해 여러 가지를 요구할 수 있으며 고품질의 기술과 서비스를 받고 싶어 한다.
    ㉠ 기술적 측면의 기대 : 전문적, 노련함, 적정한 시간과 시술 등
    ㉡ 서비스적 측면의 기대 : 신뢰성, 청결함, 쾌적함 등
  ㉯ 인사 방법 : 목례, 보통례, 정중례

② **고객 상담**
  ㉮ 예약하는 방법 : 대기시간 없이 서비스를 받을 수 있도록 날짜와 시간을 지정하는 서비스로 말하는 사람과 듣는 사람이 갖추어야 할 점을 잘 이해하고 적용한다.
  ㉯ 예약 카드 작성 방법 : 예약에 필요한 사항들과 부가적인 정보를 기록한다.(이름, 성별, 연락처, 예약시간, 목적지 장소, 도착 시간, 성향, 스타일, 특징 및 요구사항 등)

(2) 전화 상담 고객 응대

① **전화 상담 방법**
  ㉮ 장점 : 고객이 궁금한 부분에 즉각적으로 피드백이 되고 섬세한 부분을 직접적으로 문의가 가능하다. 시간이 없거나 이동 중에 신속하게 처리 가능하며 사업장에 대한 다양한 정보를 알 수 있다.
  ㉯ 단점 : 통화 내용에 착오나 오해가 생길 수 있으며 분쟁이 생겼을 경우 책임소재를 명확하게 판단하기가 어렵다.

② **전화 예약 방법** : 전화 받기 → 고객 신분 확인 → 예약 내용 확인 → 예약 내용 확정 → 마무리 인사 → 전화 끊기

(3) 온라인 상담 고객 응대
  ① **고객 상담**
    ㉮ 대상 : 고객 및 소비자
    ㉯ 목표 : 신규고객 확보 및 정보제공, 예약 및 불만사항 접수, 서비스 질 향상
    ㉰ 상담의 내용 : 정보제공 및 의사 결정에 도움, 서비스 구매에 대한 지침 제시, 소비자 의견 반영
  ② **상담방법**
    ㉮ 인터넷 상담 방법 : 다양한 내용을 파악, 고객이 원하는 자료를 빠르게 제공 가능한 반면 전문 상담사 부재 시 시간 지연, 실시간 업데이트가 힘들며 그로 인해 소비자에게 혼란을 줄 수 있다.
    ㉯ SNS 상담 방법 : 시간과 장소에 구애를 받지 않고 실시간 상담 가능, 자료가 남아 예약 오류 확인 가능, 고객이 원하는 정보제공으로 신뢰감 부여, 마케팅 효과를 낼 수 있는 반면 잘못된 메시지 수정이 불가, 자칫 사생활 침해가 될 수 있으며 부정적 이미지나 불만이 순식간에 퍼져나갈 수 있다.
  ③ **온라인 고객 응대 시 주의 사항**
    ㉮ 온라인 특성상 신속한 대응이 필요하며 정보 전달이나 고객의 궁금증을 빠르게 피드백을 해야 한다.
    ㉯ 고객입장에서 친절함이나 신뢰를 못느꼈을 때는 부정적인 의견을 직접 온라인상에 유포할 가능성이 있다.
    ㉰ 온라인상에서 고객의 개인 정보 유출 또는 고객의 개인 초상권 등의 사고는 방지해야 한다.

(4) 불만 고객 응대
  ① **불만 고객 응대**
    ㉮ 불만 고객의 특성 파악
    ㉯ 불만 고객의 행동 유형 파악
    ㉰ 불만 고객의 감정 단계 이해
  ② **불만 사항 처리**
    ㉮ 불만 발생의 요인 : 불쾌한 언행, 불확실하거나 잘못된 정보의 전달, 약속 불이행, 불친절한 태도, 서비스 본질에 대한 불만족 등
    ㉯ 불만 사항 접수 : 관리 책임자 확인, 관련 담당자 통보
    ㉰ 불만 사항 처리법 : 불만 사항 처리(경청 - 상황 파악 - 감사 표시), 사후 처리법(환경적 부분, 시술적 부분)

3 고객 응대 절차

(1) 방문 고객 응대 절차

① 사업장을 방문하는 고객에게 바른 자세로 인사를 한다.

② 고객의 소지품과 의복 등을 받아서 보관한다.

③ 고객의 방문 사유를 확인 후 서비스 공간으로 안내한다.

④ 대기 고객에게는 다과 및 책자 등을 제공한다.
  ㉮ 차와 음료는 받침과 함께 쟁반에 세팅하여 운반한다.
  ㉯ 고객의 선호에 맞는 종류의 책자들을 준비하여 제공한다.

⑤ 상담 후 예약을 원할 경우 예약 카드를 작성한다.
  ㉮ 고객에게 말할 때는 명확하게 말한다.(요령있게 말하기, 적절하게 맞장구치기)
  ㉯ 고객의 말을 들을 때는 바르게 집중해서 듣는다.(집중해서 듣는 태도 및 경청, 요령있는 화법)

⑥ 작업 종료 후 고객에게 서비스 내역과 요금을 고지한 후 정산한다.
  ㉮ 요금 정산 전에 고객의 서비스 내역을 확인 후 요금을 안내한다.
  ㉯ 현금 또는 카드의 결제 수단을 이용하고 할인, 쿠폰, 적립 등의 여부를 확인 후 정산 후 마지막으로 영수증을 고객에게 전달한다.

⑦ 고객에게 배웅 인사를 한다.
  ㉮ 기분 좋은 인상이 남도록 '감사합니다. 안녕히 가십시오.'라는 인사말을 한다.
  ㉯ 고객이 출입구를 나가면 고객의 뒷모습을 마지막까지 확인한다.
  ㉰ 자동차 이용 고객의 경우는 고객이 차량에 탑승하고 출차를 확인한다.

(2) 전화 상담 고객 응대 절차

① 전화 예절을 습득한다.
  ㉮ 전화 서비스의 특성을 파악
  ㉯ 전화 응대 방법을 습득
    ㉠ 전화 받기
    ㉡ 고객 신분 확인
    ㉢ 예약 내용 확인
    ㉣ 예약 내용 확정
    ㉤ 끝인사
    ㉥ 전화 끊기

② 메이크업 사업장으로 걸려온 고객의 전화를 받는다.
  ㉮ 신호음이 3번 울리기 전에 지체 없이 받는다.
  ㉯ 사업장 내부의 전화 응대 매뉴얼에 따라 인사말을 한 후 사업장 명칭과 본인의 이름을 말한다.

③ 고객을 확인하고 인사한다.
  ㉮ 기존 고객인지 신규 고객인지 확인 후 상황에 맞는 인사를 한다.

㈕ 전화 응대에 따라 신규고객 방문 여부가 결정될 수 있으므로 친절하고 불편함 없이 상담을 한다.
④ 고객이 상담을 원하는 내용을 파악하고 정확하게 기록하여 예약을 확정한다.
　㈎ 상담기록지에 기본사항과 상담 내용을 작성한다.
　㈏ 상담기록지가 다른 곳에 유출되지 않도록 주의한다.
　㈐ 전화 내용이 확실하지 않은 경우 메모, 상담 내용을 재확인 후 내용을 확실하게 전달한다.
　㈑ 예약 내용을 재확인하여 실수가 생기지 않도록 주의한다.
　㈒ 통화 후 예약 프로그램에 입력해서 예약을 확정한다.
⑤ 전화를 끊기 전에 마무리 인사를 한다.
⑥ 고객 상담이 종료되면 고객이 전화를 끊은 후 전화를 끊는다.

(3) 온라인 상담 고객 응대 절차

① **메이크업 사업장 홈페이지 관리**
　㈎ 홈페이지 회원가입 서비스를 한다.
　㈏ 홈페이지 회원 탈퇴 서비스를 한다.
　㈐ 홈페이지에 사업장 관련 최신 정보를 업데이트 해 놓는다.
② **인터넷으로 상담 및 서비스를 예약한 경우 상담 내용이 회신될 때까지 담당자를 지정 후 처리 상황을 안내**
　㈎ 인터넷 상담을 시행한다.
　㈏ 인터넷 예약을 확인 후 예약장에 작성한다.
③ **SNS 상담을 실시**
　㈎ 답변과 처리를 신중히 한다.
　㈏ 불확실한 내용이나 과장된 내용은 자제한다.
　㈐ 타인이나 타사업장 비방글은 삼간다.

(4) 불만 고객 응대 절차

① 고객의 성격 유형을 분석한다.
　㈎ 성향 항목별 점수를 파악하고 항목별로 합산
　㈏ 분석 결과를 확인(주도형, 사교형, 안정형, 신중형)
② 고객이 제기하는 불만 및 불평에 대처한다.
　㈎ 고객의 성향에 맞춰 적절한 방법으로 불만사항을 대처한다.
　㈏ 고객이 제기하는 불만사항을 고객 응대 8단계 순서에 맞춰 대처한다.
　　㉠ 사과
　　㉡ 경청
　　㉢ 공감
　　㉣ 원인 분석
　　㉤ 해결책 제시

ⓑ 대안 제시
　　　ⓢ 감사 표시
　③ 불만 사항을 접수 후 처리한다.

Lesson 02 얼굴특성 파악

1 얼굴의 비율, 균형, 형태 특성

(1) 얼굴의 비율 및 균형

① **얼굴의 균형도**

　㉮ 가로 3등분
　　　㉠ 1등분 : 헤어라인~눈썹
　　　㉡ 2등분 : 눈썹~코끝
　　　㉢ 3등분 : 코끝~턱끝
　㉯ 세로 5등분
　　　㉠ 1등분 : 한쪽 헤어라인~눈꼬리
　　　㉡ 2등분 : 눈꼬리~눈앞머리
　　　㉢ 3등분 : 눈앞머리~반대편 눈앞머리
　　　㉣ 4등분 : 눈앞머리~눈꼬리
　　　㉤ 5등분 : 눈꼬리~반대편 헤어라인

② **눈썹의 위치** : 콧볼에서 눈썹 앞머리에 수직으로 올라간 선과 눈썹 꼬리에서 사선으로 콧방울 방향으로 만나는 지점으로, 대략 45°의 각도이다.

③ **눈의 거리** : 눈은 눈과 눈 사이에 눈이 하나 들어갈 정도의 거리에 위치한다.

④ **입술의 크기** : 윗입술과 아랫입술의 비율이 대략 1 : 1.5이다.

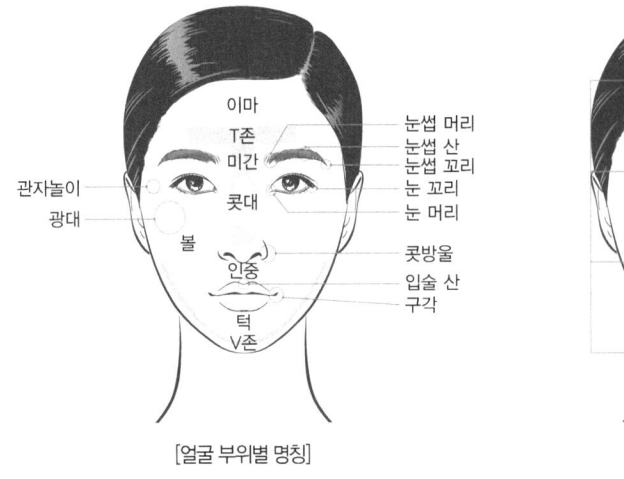

[얼굴 부위별 명칭]

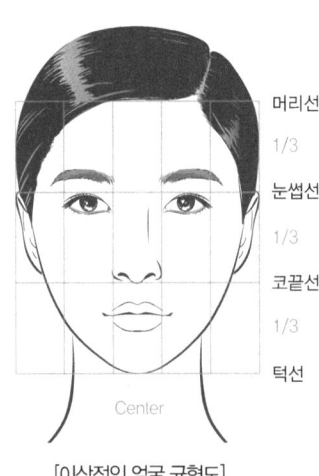

[이상적인 얼굴 균형도]

(2) 얼굴의 형태 특성

얼굴형	특징
계란형 	• 가장 이상적인 얼굴형이다. • 온화하고 부드러운 이미지이다. • 가로폭, 세로길이의 각 부분이 이상적인 비율이다. • 가로 1, 세로 1.5의 비율이다. • 볼과 턱선이 부드러우며 살이 잘 찌지 않는 형태의 얼굴이다.
둥근형 	• 한국인에 가장 많은 얼굴형이다. • 귀여운 이미지이다. • 이마, 헤어라인, 볼선, 턱선이 모두 둥근 형태이다. • 가로와 세로의 길이가 거의 비슷한 형태이다. • 얼굴이 크고 윤곽이 없어 보이는 둔한 얼굴형이다.
역삼각형 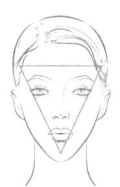	• 도시적, 현대적인 얼굴형이다. • 지적이고 세련된 이미지이다. • 이마가 넓은 편이고 턱이 뾰족한 형태이다.
사각형 	• 남성적인 얼굴형이다. • 활동적 이미지이다. • 이마, 헤어라인의 선이 직선적이다. • 이마, 턱이 각진 형태이다. • 세로보다 가로가 넓어 보이는 평면적 이미지이다.
긴형 	• 마른 얼굴형이다. • 성숙하고 우아한 이미지 → 나이 들어 보이고 우울한 얼굴 단점 • 가로의 폭이 좁고 세로의 길이가 긴 형태이다.
마름모형 	• 마른 얼굴형이다. • 날카로운 이미지이다. • 볼뼈가 나온 형태로 중간 부분이 넓고 윗부분과 아랫부분이 매우 좁은 형태이다. • 대체로 길고 각진 얼굴 형태이다.

2 피부톤, 피부유형 특성

(1) 정상(중성) 피부 유형의 특성

　　① 유분과 수분의 균형이 잘 잡혀 있다.
　　② 피부 결이 매끄러우며 피부톤이 좋다.
　　③ T존 부위에는 약간의 번들거림이 있다.
　　④ 혈색이 좋고 메이크업이 잘 표현된다.

(2) 건성 피부 유형의 특성

　　① 피지와 땀의 분비가 부족해서 유분과 수분의 균형이 정상적이지 못하다.
　　② 피부가 대체로 얇고, 모공이 작으며 보기에는 피부 결이 부드러워 보인다.
　　③ 피부 탄력 저하와 당김 현상으로 주름이 형성되기 쉽다.
　　④ 세안 후 전반적으로 당기며 잔주름이 많이 보이고 화장 후 잘 뜬다.
　　⑤ 각질층의 수분이 10% 이하이다 (정상일 경우 15~30%).

(3) 지성 피부 유형의 특성

　　① 피지와 땀 분비량이 많고 피부가 두껍고 거칠어 보인다.
　　② 과도한 피지분비로 인하여 피부 번들거림이 심하고 피부 결이 곱지 못하다.
　　③ 모공이 넓고 왕성한 피지분비로 여드름, 뾰루지 등 피부 트러블이 잘 생긴다.
　　④ 블랙 헤드(black head)가 생성되기 쉽다.

(4) 복합성 피부 유형의 특성

　　① 부분적으로 두 가지 이상의 서로 다른 피부 유형이 있어 그 특성이 같이 공존한다.
　　② 눈가에는 잔주름이 생기며, T-존 부위는 지성화되기 쉽다.
　　③ 중년 이후에 많이 나타나는 피부 유형이다.
　　④ 피부에 맞지 않을 때는 면포가 잘 형성된다.

(5) 문제성 피부 유형의 특성

　　① **민감한 피부**
　　　　㉮ 피부가 매우 약해서 약한 자극에도 민감한 반응이 일어나 피부톤이 붉다.
　　　　㉯ 피부가 얇아서 붉어지기 쉽고 알레르기 등이 잘 생기기 쉬운 피부이다.
　　　　㉰ 노화가 빠르게 오는 편이며 피부염이 발생하기 쉽다.

　　② **여드름 피부**
　　　　㉮ 여드름은 사춘기에 호르몬에 의해 피지분비가 왕성해지면서 나타나는 질환으로 비염증성, 염

증성 피부 발진으로 나뉜다.
ⓑ 30대 이후에는 호르몬의 변화로 인해 차츰 사라지지만 재발하는 경우도 흔하다.
ⓒ 피지분비가 증가하는 반면 다양한 원인으로 모공 입구가 막히면 피지 배출이 잘 되지 않아 발생한다.

③ **노화 피부**
ⓐ 노화로 인해 피하 지방의 감소와 진피의 탄력이 저하되어 모공이 넓어진다.
ⓑ 잔주름과 굵은 주름이 있으며 피부 재생이 느리고 피부톤이 탁하다.

④ **모세 혈관 확장 피부**
ⓐ 코와 뺨 부위를 중심으로 붉거나 피부 표면에 붉은 실핏줄이 보이는 피부다.
ⓑ 외부의 온도에 민감하며 피부 결이 얇고 피부톤이 투명한 경우가 많다.

3 메이크업 고객 요구와 제안

(1) 고객 관찰, 얼굴 형태 및 특성 파악

① 얼굴 특성의 장점과 단점을 파악한다.
ⓐ 고객 스스로 생각하는 본인의 얼굴의 장점과 단점에 대해 파악한다.
ⓑ 고객이 편안하게 이야기를 할 수 있도록 경청한다.
ⓒ 장점 부분에 대해서는 적극적으로 공감해 주고 단점 부분에 대해서는 불쾌함을 느끼지 않도록 주의하고 배려한다.

② 객관적으로 얼굴 형태를 파악한다.
ⓐ 얼굴의 균형도를 참고하여 고객 얼굴을 측정하여 정확하고 객관적인 얼굴 형태를 파악한다.
ⓑ 얼굴 균형도와 고객의 얼굴 균형비율을 자세히 관찰하고 파악하여 수정 메이크업 시 활용한다.
ⓒ 가로 분할 균형이 맞지 않는 얼굴형
   ㉠ 긴 형 : 이마가 넓어 보이거나 전체적으로 코가 길어 보이거나 턱이 발달된 형태이다.
   ㉡ 마름모형 : 이마가 넓어 보이거나 턱이 발달된 형태이며 세로 분할의 광대 부분이 발달하여 폭도 넓다.
ⓓ 세로 분할 균형이 맞지 않는 얼굴형
   ㉠ 둥근형 : 볼 부분의 폭이 넓고 둥근 형태이다.
   ㉡ 역삼각형 : 광대가 발달된 형태로 가로 분할의 이마나 코의 길이가 짧다.
   ㉢ 사각형 : 광대 및 하악골이 발달된 형태로 가로 분할의 코와 턱의 길이가 짧다.

(2) 파악한 내용을 상담일지에 기록

① 파악한 얼굴의 특성을 기록한다.
ⓐ 두 가지의 얼굴형이 섞이는 경우 부분적으로 특성을 기록한다.
ⓑ 얼굴형과 함께 특징을 상세히 기록한다.
ⓒ 얼굴의 좌·우 비대칭이 심한 경우 특이 사항에 기록하여 메이크업 시 참고한다.

② 개인 선호도 및 스타일을 평가하여 기록한다.
    ㉮ 고객의 선호하는 스타일에 대해 연예인이나 정치인 등 특정 인물을 중심으로 파악할 수 있다.
    ㉯ 개인 스타일을 평가하고 고객이 생각하는 본인의 스타일에 대한 만족도 및 개선사항 등을 기록할 수 있다

(3) 메이크업 디자인 시안을 고객에게 제안

① **계란형 얼굴**
   ㉮ 하이라이팅 : 눈 밑, 이마와 턱 중앙, 콧대 부위에 표현
   ㉯ 섀딩 : 귀 위에서 사선 방향으로 자연스럽게 표현
   ㉰ 눈썹 : 본래의 형태를 살려 자연스럽게 표현
   ㉱ 블러셔 : 볼 뼈 부분만 가볍게 감싸주는 정도로 표현

② **둥근형 얼굴**
   ㉮ 하이라이팅 : 이마, 턱, 콧대 부위를 길게 표현
   ㉯ 섀딩 : 양 볼의 뒷부분에 자연스럽게 표현
   ㉰ 눈썹 : 자연스럽게 표현하되 약간 사선으로 표현
   ㉱ 블러셔 : 광대뼈 쪽에서 입꼬리를 향하도록 사선으로 표현

③ **긴 형 얼굴**
   ㉮ 하이라이팅 : 눈 밑과 이마에 가로로 표현
   ㉯ 섀딩 : 헤어라인 부분과 턱 끝 쪽을 표현
   ㉰ 눈썹 : 길이는 짧은 듯 눈썹 산을 낮춰 일자 형식으로 표현
   ㉱ 블러셔 : 광대뼈 쪽에서 수평이 되도록 표현

④ **역삼각형 얼굴**
   ㉮ 하이라이팅 : 이마와 양쪽 아랫볼 부위에 표현
   ㉯ 섀딩 : 광대뼈 뒤쪽과 턱 끝에 표현
   ㉰ 눈썹 : 눈썹 산을 약간 밖으로 빼고 눈썹꼬리의 길이를 빼주며 처지지 않게 표현
   ㉱ 블러셔 : 넓은 광대뼈를 부드럽게 감싸면서 표현

⑤ **사각형 얼굴**
   ㉮ 하이라이팅 : 눈 밑, 이마와 턱 중앙, 콧대에 길게 표현
   ㉯ 섀딩 : 각진 양쪽 턱선과 광대뼈, 이마의 양쪽 끝에 표현
   ㉰ 눈썹 : 눈썹 산을 약간 높게 잡으면서 눈썹꼬리까지 둥글게 아치형으로 표현
   ㉱ 블러셔 : 광대뼈 밑에서 사선으로 광대뼈를 자연스럽게 감싸면서 표현

⑥ **마름모형 얼굴**
   ㉮ 하이라이팅 : 눈 밑과 이마 양쪽 끝부위에 표현
   ㉯ 섀딩 : 양 볼 바깥쪽 부분에 표현
   ㉰ 눈썹 : 길이는 길지 않게 최대한 평평하게 표현
   ㉱ 블러셔 : 광대뼈 밑에서 입꼬리 쪽으로 사선 느낌으로 양 볼을 감싸듯 표현

Lesson 03 메이크업 디자인 제안

1 메이크업 색채

(1) 색의 정의
① 우리말은 색, 한자어는 色(빛 색)으로 동양에서는 빛은 색이라 정의한다.
② 넓은 의미에서 색은 빛, 빛깔, 색깔과 같은 의미이다.
③ 영어로는 컬러이며, Color(미), Colour(영)으로 쓴다.
④ 빛이 눈에 닿아 느껴지는 감각이다.

> **빛의 스펙트럼**
> 빛의 파장의 길이에 따라 여러 가지 특성을 가지며 색은 파장이 380nm~780nm의 가시광선을 말한다.

(2) 색의 개념
① **색**
  ㉮ 빛이 인간의 눈을 자극하여 발생하는 물리적 현상이다.
  ㉯ 물리적인 의미로서 색이란 물리적인 색이 인간의 눈을 통해 감지되는 현상이다.
  ㉰ 색 지각의 3요소 : 빛, 물체, 눈
② **색채**
  ㉮ 색을 배색 또는 형상화시킨 것으로 인간에게 감정효과를 줄 때 사용된다.
  ㉯ 심리적인 의미로 인간의 주관적 감정이나 상징, 연상 등 경험적인 효과로 작용한다.

(3) 색의 기본성질
색은 유채색과 무채색으로 나뉜다. 무채색은 색상과 채도가 없는 흰색, 회색, 검정으로 명도만으로 구별된다. 유채색은 무채색을 제외한 모든 색을 의미한다.

① **색의 3속성** : 색의 3요소로는 색상, 명도, 채도가 있으며, 색을 구별하고 배색하는데 가장 고려해야 할 요소는 명도이다.
  ㉮ 색상
    ㉠ 빨강, 노랑, 파랑 등의 색을 말한다.
    ㉡ 유채색에만 존재하고 무채색에는 없다.
  ㉯ 명도
    ㉠ 빛의 반사 양에 따라 색상의 밝고 어두운 정도를 나타낸다.
    ㉡ 유채색과 무채색에 모두 있다.
    ㉢ 명도가 가장 높은 단계는 흰색(10)이고, 가장 낮은 단계는 검정색(0)이다.

ⓒ 완전한 하양과 검정은 존재하지 않고 실제 명도단계는 N1.5~9.5이다.
㉰ 채도
   ㉠ 색상의 맑고 탁한 정도를 나타낸다.
   ㉡ 유채색에만 존재한다.
   ㉢ 맑고 탁한 정도에 따라 14단계로 나뉜다.
   ㉣ 채도가 가장 높은 색상을 순색이라 한다.
   ㉤ 무채색은 색상이 존재하지 않음으로 채도도 없다.

③ **색상환과 톤**
   ㉮ 색상환 : 색의 변화를 계통적으로 표기한 둥근 모양의 배열로 색상을 기준으로 배열하므로 색상환이라고 한다.
   ㉯ 톤 : 명도와 채도를 합친 개념이다.

④ **색의 혼합**

가법혼색	감법혼색
• 빛의 3원색 : R(레드), G(그린), B(블루) • 혼색할수록 밝아지며 3원색(R, G, B)을 혼색하면 백색광이 된다. • 보색간의 혼색도 백색광이다. • 혼색수록 명도가 높아지고 채도가 낮아진다. • TV, 컴퓨터 모니터, 무대조명 등	• 색의 3원색 : C(시안), M(마젠타), Y(옐로우) • 혼색할수록 어두워지며 3원색(C, M, Y)을 혼색하면 검정이 된다. • 보색간의 혼색도 검정이 된다. • 혼색할수록 명도와 채도가 낮아진다. • 물감, 프린터 잉크 등

(4) 배색

① **배색의 정의 및 목적** : 두 가지 이상의 색을 서로 어울려 한 가지 색보다 높은 효과를 나타내는 것을 배색이라 하며, 배색은 색채조화를 목적으로 한다.

② **배색 조건**
   ㉮ 기능, 목적에 부합해야 한다.
   ㉯ 색의 심리작용, 유행성, 면적의 효과를 고려해야 한다.
   ㉰ 실생활에 적용 가능해야 한다.
   ㉱ 미적 충족, 안정감을 주어야 한다.
   ㉲ 주관적인 배색을 피하며 광원을 고려해야 한다.
   ㉳ 색 적용 시 재질을 파악해야 한다.

③ **배색 용어**

용어	용어의 정의
동일배색	동일한 색상에서 채도와 명도의 변화를 주는 배색으로 통일감과 자연스러움을 준다.
유사배색	색상환에서 가장 가까운 색상 간의 배색으로 색상이 무난하며 조화감이 높다.
대조배색	색상환에서 가장 멀리 있는 색상간의 배색으로 화려하다.
보색배색	색상환에서 건너편(180°)에 있는 색상간의 배색으로 역동적이고 강조의 이미지를 준다.

용어	용어의 정의
그라데이션 배색	색상, 명도, 채도가 단계적으로 변하는 배색으로 리듬감을 준다. 예를 들어 채도를 일정하게 하면서 명도를 변화하거나 명도를 일정하게 하고 채도를 변화하게 하는 배색이라 할 수 있다.
분리배색 (세퍼레이션 배색)	배색이 모호하거나 과도하게 강렬할 경우 사이에 무채색을 삽입하여 리듬감과 생동감을 준다.
강조배색 (액센트 배색)	단조로운 색상 배색에 반대색상이나 반대 색조를 사용하여 생기와 포인트를 주는 배색이다.
톤온톤 배색	동일 색상 또는 유사 색상에 반대되는 색조(톤, 특히 명도차)의 배색으로 '톤이 겹치다'라는 의미를 지닌다.
톤인톤 배색	동일 색상 또는 유사 색상에 유사한 색조(톤)의 배색으로 미묘한 변화를 주는 것이 특징이다.

2 메이크업 이미지

(1) 스타일의 종류와 이미지

① **로맨틱 스타일(romantic style)** : 사랑스럽고 귀여운 소녀 같은 스타일, 화사하고 화려한 장식으로 공주 같은 이미지

② **페미닌 스타일(feminine style)** : 여성적이고 단아하며 부드러운 스타일, 평범하고 단정하면서도 깔끔한 이미지

③ **엘레강스 스타일(elegance style)** : 고상하고 우아하며 여성스러운 스타일, 품격이 느껴지면서도 세련되고 고급스러운 이미지

④ **클래식 스타일(classic style)** : 품위와 격식이 있으며 차분하며 지적인 스타일, 유행을 타지 않으면서도 깔끔하고 단정한 이미지

⑤ **에스닉 스타일(ethnic style)** : 토속적이며 이국적인 느낌과 자유로움이 느껴지는 스타일, 전통 복식과 민족 특성이 가지는 화려하지만 편안한 이미지

⑥ **모던 스타일(modern style)** : 현대적이고 도시적인 스타일, 차가우면서도 세련되고 시크한 이미지

⑦ **매니시 스타일(mannish style)** : 남성적인 느낌의 품격과 개성이 강한 스타일, 독립성이 강하면서도 세련된 여성 이미지

⑧ **액티브 스타일(active style)** : 경쾌하고 활동적이며 에너지가 느껴지는 스타일, 활발하고 동적인 감성이 느껴지는 이미지

(2) 스타일에 따른 메이크업 이미지 특징

① **로맨틱 콘셉트(romantic concept)**
㉮ 메이크업 색상 : 핑크, 피치, 옐로 계열의 색상, 밝고 화사한 색상

㉯ 메이크업 디자인
　　　　㉠ 베이스 : 한 톤 정도 밝고 깨끗하고 촉촉한 피부 표현과 화사한 색상계열로 표현한다.
　　　　㉡ 포인트 : 펄 또는 화사한 색조로 둥글고 귀엽게 눈매를 표현하고 글로시하게 입술에 포인트를 준다. 블러셔로 귀여움을 더해준다.
② **페미닌 콘셉트**(feminine concept)
　　㉮ 메이크업 색상 : 부드럽고 은은한 파스텔 톤의 핑크, 코랄, 보라 계열의 색상
　　㉯ 메이크업 디자인
　　　㉠ 베이스 : 화사하고 깨끗한 피부 표현과 파스텔 계열의 색상으로 표현한다.
　　　㉡ 포인트 : 선적인 느낌보다는 전체적으로 자연스럽고 부드럽게 표현한다.
③ **엘레강스 콘셉트**(elegance concept)
　　㉮ 메이크업 색상 : 부드러운 톤의 퍼플, 와인, 버건디, 브라운 계열의 색상
　　㉯ 메이크업 디자인
　　　㉠ 베이스 : 본래의 피부톤과 같거나 또는 한 톤 밝은 톤의 피부 표현과 깊이감 있는 계열의 색상으로 표현한다.
　　　㉡ 포인트 : 미세한 펄감이 느껴지는 색조로 포인트를 준다.
④ **클래식 콘셉트**(classic concept)
　　㉮ 메이크업 색상 : 차분하고 깊이 있는 톤의 브라운, 골드, 와인, 그린, 카멜 계열의 색상
　　㉯ 메이크업 디자인
　　　㉠ 베이스 : 피부톤과 비슷한 커버력 있는 피부 표현과 차분한 베이지 계통의 색상으로 표현한다.
　　　㉡ 포인트 : 깊이와 차분함이 느껴지면서 전체적으로 비슷한 톤으로 편안하면서도 고급스럽게 표현한다.
⑤ **에스닉 콘셉트**(ethnic concept)
　　㉮ 메이크업 색상 : 차분하고 진한 톤의 오렌지, 레드, 바이올렛, 그린계열의 색상
　　㉯ 메이크업 디자인
　　　㉠ 베이스 : 피부톤과 비슷하거나 한 톤 어두운 자연스러운 피부표현과 자연에서 볼 수 있는 나무, 흙과 같은 계열의 색상으로 표현한다.
　　　㉡ 포인트 : 너무 강렬한 포인트보다는 전체적으로 자연스럽게 컬러감을 표현해 주고 매트한 느낌을 주면서 부드럽게 표현한다.
⑥ **모던 콘셉트**(modern concept)
　　㉮ 메이크업 색상 : 선명한 톤의 블루, 레드, 블랙, 화이트, 와인계열의 색상
　　㉯ 메이크업 디자인
　　　㉠ 베이스 : 본래보다 한 톤 밝고 깨끗한 피부 표현과 차가운 계열의 색상으로 표현한다.
　　　㉡ 포인트 : 강하고 선적인 아이라인이나 한 곳에 포인트를 주는 절제된 원 포인트(one point)로 세련되게 표현한다.
⑦ **매니시 콘셉트**(mannish concept)
　　㉮ 메이크업 색상 : 어두운 톤의 그레이, 브라운, 블루 계열과 밝은 톤의 핑크, 베이지, 옐로, 블

루 계열의 색상
- ㉯ 메이크업 디자인
  - ㉠ 베이스 : 본래보다 한 톤 어두운 자연스럽고 건강미 있는 피부표현과 무채색 계열의 색상으로 표현한다.
  - ㉡ 포인트 : 컬러감보다는 음영을 주면서 이목구비를 또렷하게 살려 주고 눈썹은 강하고 개성이 느껴지게 표현한다.
- ⑧ **액티브 콘셉트**(active concept)
  - ㉮ 메이크업 색상 : 선명하고 화려한 톤의 옐로, 레드, 마젠타, 블루 계열에 블랙과 화이트, 네이비, 그레이계열의 색상
  - ㉯ 메이크업 디자인
    - ㉠ 베이스 : 본래보다 비슷하거나 한 톤 어두운 건강미 있는 피부표현과 화려하고 화려한 계열의 색상으로 표현한다.
    - ㉡ 포인트 : 아이라인으로 선명하고 강하게 눈매를 표현하고 선명한 컬러의 립스틱으로 경쾌하게 표현한다.

3 메이크업 기법

(1) 로맨틱한 메이크업 디자인
① **피부** : 한 톤 정도 밝게, 깨끗하고 촉촉하게 표현
② **눈썹** : 본래의 눈썹결을 살려 최대한 자연스럽게 표현
③ **눈** : 펄감이 있는 화사한 아이섀도로 둥글고 귀여운 눈매로 표현, 선적인 느낌 없이 자연스럽게 아이라인을 표현, 속눈썹은 마스카라를 발라 풍성하게 연출
④ **입술과 볼** : 글로시한 질감의 립스틱으로 표현, 블러셔는 볼 중앙에서 둥글게 연출

(2) 페미닌한 메이크업 디자인
① **피부** : 투명하고 광택 있는 질감으로 표현
② **눈썹** : 본래의 눈썹결을 살려 최대한 자연스럽게 표현
③ **눈** : 깨끗함이 느껴지는 밝은 섀도컬러로 부드럽게 펴주고 선적인 느낌 없이 자연스럽게 아이라인을 표현, 속눈썹은 마스카라를 발라 풍성하게 연출
④ **입술과 볼** : 촉촉하게 입술을 표현, 블러셔는 혈색이 느껴질 정도로 가볍게 연출

(3) 엘레강스한 메이크업 디자인
① **피부** : 촉촉한 질감으로 건강함이 느껴지게 자연스럽게 표현
② **눈썹** : 본래의 눈썹 형태를 유지하면서 빈 곳을 메워 깔끔하면서도 자연스럽게 연출
③ **눈** : 퍼플 계열의 펄 감이 있는 아이섀도로 그윽함과 깊이 감이 느껴지도록 연출, 선명하게 아이라인을 표현, 속눈썹은 풍성하게 컬링이 되도록 꼼꼼하게 마스카라를 표현

④ **입술과 볼** : 립스틱은 퍼플이나 와인 계열로 선명하고 볼륨감이 느껴지도록 표현, 블러셔는 컬러감 보다는 윤곽선을 자연스럽게 잡아주면서 연출

(4) 클래식한 메이크업 디자인

① **피부** : 차분함이 느껴지도록 매트하고 커버력 있게 표현
② **눈썹** : 곡선의 형태로 빈 곳을 메꾸며 풍성하게 표현
③ **눈** : 스모키 느낌으로 눈매 전체를 그라데이션 시켜 그윽함이 느껴지도록 표현, 속눈썹은 충분히 컬링 후 인조 속눈썹으로 풍성함을 더해 연출
④ **입술과 볼** : 립스틱은 입술 중앙에 밝은색을 발라서 볼륨감을 표현, 블러셔는 두 가지 톤을 믹스하여 선석인 느낌 없이 광대뼈 전체를 부드럽게 감싸듯 표현

(5) 에스닉한 메이크업 디자인

① **피부** : 원래의 피부톤에 맞추어 두껍지 않게 자연스럽게 표현하면서 인위적으로 보이지 않도록 표현
② **눈썹** : 눈썹 숱을 풍성해 보이고 약간 두껍게 표현
③ **눈** : 아이섀도보다 라인을 강조하는 느낌으로 표현
④ **입술과 볼** : 입술은 매트한 질감의 오렌지나 붉은 갈색계통으로 소박함이 느껴지도록 표현, 블러셔는 벽돌색 계열로 볼 부분을 강조하여 연출

(7) 모던한 메이크업 디자인

① **피부** : 한 톤 밝은 톤으로 깨끗하고 촉촉함이 느껴지도록 표현
② **눈썹** : 깔끔하고 정돈되면서도 약간 각이 진 스타일로 표현
③ **눈** : 스모키 패턴으로 강렬하게 표현하거나 아이라인을 선적인 느낌으로 선명하게 표현, 여러 컬러를 사용하지 않는 원 포인트(One-point)메이크업으로 절제되면서 세련된 느낌으로 연출
④ **입술과 볼** : 입술은 가벼운 누드 베이지나 핑크 베이지로 표현하고 립글로스로 마무리를 하여 광택감과 볼륨감 있게 표현, 블러셔는 생략하거나 베이지 계열로 자연스럽게 연출

(8) 매니시한 메이크업 디자인

① **피부** : 본래 피부톤이나 한 톤 어둡게 하여 자연스럽고 가볍게 표현
② **눈썹** : 직선의 형태로 눈썹 숱은 풍성하고 눈썹 앞머리를 세워 개성있게 표현
③ **눈** : 회색 톤을 가미된 카키나 브라운 계열로 눈매에 음영을 주어 연출, 아이라인으로 눈매를 또렷하게 보이게 표현
④ **입술과 볼** : 입술은 누드 컬러로 자연스럽게 표현하거나 짙은 버건디 계열로 강하게 표현하여 이미지를 부각, 블러셔는 브라운 계열로 강하게 윤곽을 표현

(9) 액티브한 메이크업 디자인

① **피부** : 같은 톤 또는 한 톤 어둡게 그을린 듯 건강미가 느껴지게 표현
② **눈썹** : 각진 눈썹 형태로 강한 인상을 연출
③ **눈** : 선명하고 경쾌한 색으로 상큼한 느낌을 주면서 전체적으로 넓게 표현, 아이라인으로 눈매를 강하게 표현
④ **입술과 볼** : 입술은 자연스러 광택감 있게 표현, 블러셔는 아이섀도와 비슷한 계열로 발랄함이 느껴지도록 연출

Lesson 04 퍼스널 이미지 제안

1 퍼스널컬러 파악

(1) 퍼스널 컬러 개요

퍼스널컬러는 사람 고유의 신체색을 따뜻한 느낌의 옐로우 베이스와 차가운 느낌의 블루 베이스로 나누고, 톤에 따라 라이트(light)와 딥(deep)으로 구분하여 4계절(봄, 여름, 가을, 겨울)의 유형으로 진단하는 것이다.

(2) 퍼스널컬러 유형별 신체 색상의 특징

① **봄 유형(spring type) 신체 색상**

㉮ 노르스름한 피부에 옐로 베이지 빛이 띠는 피부이다.
㉯ 사계절 유형 중에서 피부색이 가장 밝은 편이다.
㉰ 피부 결이 섬세하고 복숭아 빛의 혈색이 특징이다.
㉱ 피부톤이 투명하고 쉽게 붉어지는 경향이 있다.
㉲ 머리카락 색은 밝은 황색이 띠는 비교적 밝은 편이다.
㉳ 눈동자 색은 골든 브라운, 밝은 갈색 등 비교적 밝은 편이다.
㉴ 신체 색상 간에 콘트라스트(대비)가 적으며 전체적으로 여성스럽고 귀여우며 어려보이는 이미지이다.

② **여름 유형(summer type) 신체 색상**

㉮ 붉그스름한 피부에 로즈 베이지 빛이 띠는 피부이다.
㉯ 피부톤이 중간색의 밝기가 많으며, 붉은 경향을 띠는 편이다.
㉰ 자외선에 노출되었을 때 쉽게 붉어졌다가 원래 상태로 돌아오는 편이다.
㉱ 머리카락 색은 중간색이며 로즈 브라운, 밝은 회갈색, 흑갈색이 많다.
㉲ 눈동자 색은 회색이 가미된 로즈 브라운, 그레이 브라운이 많다.
㉳ 신체 색상 간의 콘트라스트(대비)가 적으며 전체적으로 부드럽고 여성스러운 이미지이다.

③ 가을 유형(autumn type) 신체 색상
  ㉮ 노르스름한 피부에 골든 베이지 빛이 띠는 피부로, 봄의 피부색보다 짙은 경향이 있다.
  ㉯ 멜라닌 색소가 많아 쉽게 태닝이 되며 잡티, 기미가 짙고 혈색이 없는 것이 특징이다.
  ㉰ 머리카락 색은 어두운 편으로 짙은 적갈색이거나 불투명한 검은색이 많다.
  ㉱ 눈동자 색은 검정, 다크 브라운 계열로 어두운 편이다.
  ㉲ 신체 색상 간에 콘트라스트(대비)가 적으며 전체적으로 차분하고 고상하며 성숙한 이미지이다.

④ 겨울 유형(winter type) 신체 색상
  ㉮ 푸르스름하고 핑크 베이지 빛이 띠는 피부로, 유독 희고 푸른빛의 창백한 피부이다.
  ㉯ 올리브 계열로 회색이나 흑색이 느껴지는 짙은 피부인 경우도 있다.
  ㉰ 홍조를 띠지 않고 피부가 얇고 혈관이 비칠 정도의 투명함이 특징이다.
  ㉱ 머리카락 색은 푸른빛이 느껴지는 어두운 색으로 블루 블랙이나 회갈색이 많다.
  ㉲ 눈동자 색은 유난히 검거나 밝은 회갈색의 선명한 톤이 많은 편이다.
  ㉳ 신체 색상 사이에 유일하게 콘트라스트(대비)가 있어 전체적으로 선명하고 명쾌하며 도시적인 이미지이다.

(3) 퍼스널컬러 진단
  ① 모델을 준비시킨다.
    ㉮ 화장기가 없는 맨 얼굴인 상태로 준비한다.
    ㉯ 안경이나 액세서리 같은 빛을 반사시켜 진단에 방해를 줄 수 있는 것은 착용하지 않도록 한다.
  ② 적절한 진단 환경을 조성한다.
    ㉮ 오전 11시부터 오후 3시 사이에 진단하는 것이 효과적이다.
    ㉯ 조명을 사용할 경우 95~100w의 중성 광이 적당하다.
  ③ 드레이핑 진단 도구를 준비한다.
    ㉮ 4계절에 따라 톤이 구성되어 있는지 확인한다.
    ㉯ 메이크업, 헤어, 의상에 활용하기 적합한 색상인지 확인한다.
    ㉰ 천의 재질상 적절한 반사도를 가지고 있는지 확인한다.
  ④ 드레이핑 진단 천을 모델에 진단한다.
    ㉮ 드레이핑 진단 천을 모델 어깨 부위에서 목 밑 부분에 대준다.
    ㉯ 한 장씩 넘기면서 얼굴색과 형태 변화를 살핀다.
    ㉰ 조화와 부조화 원인을 분석하고 유형을 진단한다.
  ⑤ 1차 진단을 하고 분석한 신체 색상을 진단지에 기록한다.
    ㉮ 육안으로 모델의 손바닥, 팔목 안 쪽, 뒷머리 두피, 모근, 눈동자 홍채 색을 분석한다.
    ㉯ 옐로 베이스와 블루 베이스의 유형을 나누어 진단지에 기록한다.

⑥ 2차 진단을 하고 퍼스널 유형 차트의 해당 항목에 체크한다.
  ㉮ 손을 금색과 은색의 진단 천위에 놓고 색상 및 형태 변화를 분석한다.
  ㉯ 진단 결과를 퍼스널 유형으로 나누어 진단지에 기록한다.
⑦ 3차 진단을 하고 퍼스널 유형 차트의 해당 항목에 체크한다.
  ㉮ 얼굴 밑에 금색과 은색의 진단 천을 놓고 색상 및 형태 변화를 분석한다.
  ㉯ 따뜻한 유형의 브라운과 아이보리 진단 천, 차가운 유형의 블랙과 화이트 진단 천을 놓고 색상 및 형태 변화를 분석한다.
  ㉰ 진단 결과를 퍼스널 유형으로 나누어 진단지에 기록한다.
⑧ 4차 진단을 하고 퍼스널 유형 차트의 해당항목에 체크한다.
  ㉮ 사계절 유형 중 따뜻한 유형 또는 차가운 유형에 해당하는 진단 천을 얼굴 밑에 대고 색상과 형태의 변화를 분석한다.
  ㉯ 진단 결과를 퍼스널 유형으로 나누어 진단지에 기록한다.
⑨ 5차 진단을 하고 퍼스널 유형 차트의 해당항목에 체크한다.
  ㉮ 사계절 유형의 결과에 따라 어울리는 톤을 분석한다.
  ㉯ 사계절 유형의 색상별 라이트 톤와 딥 톤의 진단 천을 이용하여 얼굴의 색상과 형태의 변화를 분석한다.
  ㉰ 진단 결과를 퍼스널 유형으로 나누어 진단지에 기록한다.
⑩ 메이크업 시 활용도에 따라 따뜻한 유형과 차가운 유형의 컬러 팔레트를 만든다.
  ㉮ 컬러 칩 또는 색종이와 풀, 가위를 준비한다.
  ㉯ 빨강, 주황, 노랑, 초록, 파랑, 보라, 핑크, 브라운, 베이지 색상을 따뜻한 유형과 차가운 유형으로 나누어 사계절 유형의 컬러 팔레트를 만든다.

2 퍼스널 이미지 제안

(1) 퍼스널 컬러 이미지

① **봄 유형의 컬러 이미지**
  ㉮ 생동감이 있으며 따뜻함이 느껴진다.
  ㉯ 경쾌하면서 활동적인 이미지이다.
  ㉰ 밝은 옐로 계열, 피치 계열, 그린 계열로 화사하고 로맨틱한 이미지이다.

② **여름 유형의 컬러 이미지**
  ㉮ 맑고 산뜻함이 느껴진다.
  ㉯ 여성스럽고 부드러운 이미지이다.
  ㉰ 블루, 퍼플, 핑크 계열의 파스텔 톤으로 자연스럽고 소프트한 이미지이다.

③ **가을 유형의 컬러 이미지**
  ㉮ 포근하면서 차분함이 느껴진다.

㉯ 클래식하고 고급스러운 이미지이다.
㉰ 골드, 브라운, 카키, 코랄 핑크, 와인 계열로 중후하고 에스닉한 이미지이다.

④ **겨울 유형의 컬러 이미지**
㉮ 차가운 느낌과 강렬함이 느껴진다.
㉯ 도시적이면서 액티브한 이미지이다.
㉰ 블랙과 화이트, 네이비, 마젠타, 와인 계열의 모던하면서 현대적인 이미지이다.

(2) 컬러 코디네이션 제안

① **봄 유형에 어울리는 코디네이션**
㉮ 메이크업 스타일 : 전체적으로 색조를 진하지 않게 가볍게 표현하며 옐로가 가미된 색상의 베이지, 코랄 핑크, 오렌지 계열의 중간톤으로 부드럽고 자연스럽게 표현한다.
㉯ 헤어 스타일 : 굵은 웨이브의 단발머리 스타일로 발랄하고 경쾌한 이미지를 연출하는 것이 효과적이다. 옐로 브라운, 코랄 브라운, 오렌지 브라운 등 밝은 브라운 계통이 잘 어울린다.
㉰ 패션 스타일 : 아이보리, 핑크베이지, 피치, 오렌지 브라운, 그린 블루 그린 등 경쾌한 색상으로 밝고 귀여운 이미지를 연출한다.

② **여름 유형에 어울리는 코디네이션**
㉮ 메이크업 스타일 : 화사하고 깨끗한 느낌으로 연출한다. 화이트 핑크, 아쿠아 블루, 베이지 핑크, 퍼플, 바이올렛 등 파스텔 톤의 색조와 펄을 사용하여 부드럽게 연출하며 아이라인과 눈썹은 자연스럽게 표현한다.
㉯ 헤어 스타일 : 긴 스트레이트 형이나 굵은 웨이브로 여성스럽고 우아한 스타일을 연출하는 것이 효과적이다. 로즈 브라운, 그레이 브라운, 와인 블랙 등의 헤어컬러가 잘 어울린다.
㉰ 패션 스타일 : 크림 베이지, 인디언 핑크, 라벤더, 블루 그린, 그레이 등 부드러운 색상계열로 우아하고 세련된 이미지를 연출한다.

③ **가을 유형에 어울리는 코디네이션**
㉮ 메이크업 스타일 : 내추럴하면서도 성숙하게 연출한다. 황색이 가미된 베이지, 코랄 핑크, 코랄 베이지, 카키, 올리브 그린, 브라운과 같은 깊이감이 느껴지는 색조로 자연스럽게 그라데이션 해주고 한 쪽으로 치우치는 원 포인트 메이크업보다 전체적으로 같은 톤의 색상으로 표현하는 것이 좋다.
㉯ 헤어 스타일 : 굵은 웨이브나 긴 머리에 볼륨감을 주어 분위기 있고 지적인 스타일을 연출하는 것이 효과적이다. 레드 브라운, 골든 브라운, 블랙 브라운, 구릿빛 골드 등 투톤의 염색의 그라데이션으로 깊이감을 주는 스타일도 좋다.
㉰ 패션 스타일 : 골드, 오렌지, 베이지, 머스터드, 카키, 올리브 그린과 같은 온화하고 톤 다운된 색상으로 차분하고 고급스러운 이미지를 연출한다.

④ **겨울 유형에 어울리는 코디네이션**
㉮ 메이크업 스타일 : 깔끔하고 선명한 느낌으로 연출한다. 눈매나 입술 둘 중 하나에 절제된 원 포인트(One-point) 메이크업으로 표현해 대비가 강하게 느껴지게 표현하는 것이 좋다. 흰색, 푸른색, 검은색이 가미된 화이트 핑크, 퍼플, 그레이. 코코아 브라운 계열 등이 잘 어울린다.

㉯ 헤어 스타일 : 심플하고 라인이 깨끗하게 떨어지는 쇼트커트나 포니테일로 깔끔하고 세련된 스타일로 연출하는 것이 효과적이다. 블루 블랙, 그레이 브라운, 실버 그레이와 같은 헤어컬러가 잘 어울린다.
㉰ 패션 스타일 : 푸른빛이 띠는 핑크, 블루, 버건디, 블루 그린, 마젠타, 화이트, 블랙, 블루 그레이, 레드와인 등과 같은 차갑고 강렬한 선명한 대비가 느껴지는 색상으로 모던하고 세련된 이미지를 연출한다.

Lesson 05 메이크업 기초화장품 사용

1 피부 유형별 기초화장품의 선택

(1) 피부 분석법

① **문진** : 고객에게 나이, 환경, 가족력, 사용하는 화장품 등을 직접 묻고 피부에 대해 진단하는 분석법이다.
② **견진** : 육안 또는 확대경이나 우드 램프 같은 분석 기구를 사용하여 피부 주름, 피부 결, 모공 크기, 수분 상태 등을 관찰하여 진단하는 분석법이다.
③ **촉진** : 피부를 직접 만져 보거나 눌러서 자극에 대한 민감도, 피부의 탄력, 부드러움과 거친 정도, 피부 두께 등을 진단하는 분석법이다

(2) 클렌징의 종류

피부 표면의 메이크업 잔여물, 먼지, 피부 분비물 등을 닦아내어 피부 호흡을 원활히 하여 건강하고 아름다운 피부를 유지시켜 준다.

① **워터 타입**
㉮ 끈적임이 없고 수분 함량이 많아 대체로 지성, 여드름 피부에 적합하다.
㉯ 메이크업을 전에 피부 청결용으로도 사용할 수도 있다.
② **젤 타입**
㉮ 자극이 없고 사용감이 부드러우며 세정력이 우수하다.
㉯ 예민한 피부, 모공이 넓은 피부, 여드름 피부에 적합하다.
③ **로션 타입**
㉮ 친수성이며 부드럽고 피부에 자극이 적다.
㉯ 건성, 지성, 민감성, 노화 피부 등 모든 피부에 사용 가능하다.
④ **크림 타입**
㉮ 친유성으로 진한 메이크업 제거에 효과적이며, 중성, 건성 피부에 알맞다.
㉯ 티슈나 해면 등으로 1차적으로 제거한 다음 폼 클렌징 등으로 이중 세안을 해야 한다.

⑤ 오일 타입
  ㉮ 자극이 적고 남은 색조 화장이나 포인트 화장을 지울 수 있으며 건성, 민감성, 수분 부족 피부에 적합하다.
  ㉯ 지성이나 복합성 피부는 폼 클렌저를 사용해 이중세안 하는 것이 좋다.
⑥ 거품 타입
  ㉮ 물과 함께 거품을 내어 사용하며 모든 피부에 적합하다.
  ㉯ 자극이 적고 남은 색조 화장이나 포인트 화장을 지울 수 있으며 건성, 민감성, 수분 부족 피부에 적합하다.
⑦ 스크럽 타입
  ㉮ 알갱이가 함유되어 있어 각질제거와 노폐물을 제거에 효과적이며, 특히 T-zone 부위에 사용하면 효과적이다.
  ㉯ 건성, 민감성 피부에는 자극이 갈 수 있으므로 주의한다.

(3) 피부 유형별 클렌징 선택
  ① 정상피부
    ㉮ 피부 수분량과 피지 분비 상태가 적당하고 세안 후 피부 당김이 거의 없다.
    ㉯ 로션, 워터, 크림 타입이 적합하다.
  ② 건성피부
    ㉮ 세안 후 피부가 많이 당기며 주름이 잘 형성된다.
    ㉯ 로션, 크림, 오일, 거품 타입이 적합하다.
  ③ 지성피부
    ㉮ 각질층이 두껍고 피지 분비가 많아 피부가 번들거리며 칙칙해 보인다.
    ㉯ 젤, 로션, 워터 타입이 적합하다.
  ④ 복합성피부
    ㉮ T-zone 부위는 유분이 많고 세안 후 눈가, 뺨 등의 부위는 당긴다.
    ㉯ 젤, 로션, 워터, 거품 타입이 적합하다.
  ⑤ 민감성피부
    ㉮ 피부 조직이 섬세하고 얇아서 건조하기 쉽고 당김이 심하고 외부 자극에 민감하다.
    ㉯ 로션, 오일, 거품 타입이 적합하다.

(4) 기초화장품의 종류
  ① **화장수** : 피부의 pH 균형을 조절하여 세안 후 피부에 보습을 주어 피부를 보호하고 모공 수축과 피부결 정돈을 위해 사용된다.
    ㉮ 정상 및 혼합 피부용 화장수 : 수렴 및 보습 효과
    ㉯ 지성 및 여드름 피부용 화장수 : 피지 조절 및 수렴 효과
    ㉰ 민감성 피부용 화장수 : 진정 및 보습 효과

㉔ 건성 피부용 화장수 : 각질 유연 효과 및 보습 효과.
　② 로션
　　　㉮ 피부의 유·수분 밸런스를 조절하고 피부의 항상성을 유지한다.
　　　㉯ 유분 함량에 따라 건성용, 지성용, 모든 피부용 등으로 분류한다.
　③ 에센스
　　　㉮ 보습, 영양 공급을 위한 고농축 미용액으로 앰풀(ampule), 세럼(serum)이라고도 한다.
　　　㉯ 토너 타입, 유화 타입, 오일 타입, 젤 타입으로 나뉜다.
　④ **크림** : 세안 후 천연 보호막을 빠르게 형성해주어 피부에 빠른 보습 부여와 외부 자극으로부터 피부 보호효과, 유효 성분으로 피부의 문제점 개선 및 영양 공급을 위해 사용한다.
　　　㉮ 에몰리언트 크림 : 친유성으로 수분 증발 억제, 건조방지 효과.
　　　㉯ 마사지 크림 : 친유성 크림으로 마사지할 때 손동작의 유연성 부여.
　　　㉰ 데이 크림 : 낮에 바르며 수분 공급 및 자외선이나 환경으로부터 피부를 보호
　　　㉱ 나이트 크림 : 밤에 바르며 피부 유연 및 재생 효과
　　　㉲ 영양 크림 : 영양공급, 재생 효과, 보습효과 및 성분에 따른 문제 개선효과
　⑤ **자외선 차단제**
　　　㉮ 자외선 산란제 : 이산화티탄, 산화아연과 같은 무기 물질로 물리적인 산란 작용을 통해 자외선을 차단한다. 시간이 경과함에 따라 차단 효과의 저하가 없고 안전성이 높으나 백탁 현상이 있어 메이크업 화장품에 사용된다.
　　　㉯ 자외선 흡수제 : 옥틸디메틸파바(octyl-dimethyl PABA) 등의 유기 물질로 화학적인 방법을 통해 자외선을 흡수시켜 자외선 침투를 막는다. 백탁 현상이 없고 사용감은 좋으나 접촉성 피부염을 일으킬 수 있어서 배합 한도를 엄격히 규제하고 있다. 주로 크림과 로션에 사용한다.

(5) **피부 유형별 기초화장품의 선택**
　① **정상 피부** : 피부의 pH 밸런스를 맞추기 위해 정상 피부용 화장수, 수분 크림 등을 위주로 사용하고 노화 방지 관리를 한다.
　　　㉮ 아침 : 세안 시 미온수로만 헹구고 보습 크림을 얼굴 및 목 전체에 바른 후 자외선 차단제로 마무리한다.
　　　㉯ 저녁 : 로션이나 젤 클렌저를 사용하여 메이크업 잔여물을 제거한다. 주기적으로 각질을 정리하고 수분 에센스와 보습 크림을 얼굴과 목 전체에 사용한다.
　② **건성 피부** : 피부 표면에 유·수분 밸런스를 맞춰주어 피부를 촉촉하고 윤기 있게 가꾸어 줄 수 있도록 보습 효과가 높은 화장수와 영양 성분이 높은 건성용 기초화장품을 사용한다.
　　　㉮ 아침 : 세안 시 미온수로만 세안하며, 건성 피부용 토너, 보습 및 보호 크림, 자외선 차단제를 사용한다.
　　　㉯ 저녁 : 보습과 영양공급 효과가 뛰어난 에센스와 크림을 얼굴과 목 전체에 사용한다.
　③ **지성 피부** : 모공 속 피지와 노폐물을 제거하기 위해 수렴 작용이 있는 화장수와 수분 함량이 높은 크림, 특히 젤 타입의 기초화장품을 사용한다. 과도한 피지 분비로 인해 발생할 수 있는 피부 트러블 예방관리를 한다.

㉮ 아침 : 세안 시 젤 타입의 클렌징으로 세안하며 보습 크림, 피지 조절 크림을 사용한다.
㉯ 저녁 : 세안 시 이중 세안을 하여 피부 트러블을 예방하고 수분 위주의 화장수와 보습 크림을 얼굴과 목 전체에 사용한다.

④ **복합성 피부** : 부위별 피부 타입에 맞도록 T존 부위에는 수렴 화장수와 수분 함량이 높은 크림을 사용하고, U-zone 부위에는 유연 화장수와 영양 성분이 높고 보습 효과가 있는 건성용 크림을 사용한다.
㉮ 아침 : 세안 시 미온수로만 헹구고 부위별 알맞은 화장수와 수분 크림을 얼굴 및 목 전체에 바른 후 자외선 차단제로 마무리 한다.
㉯ 저녁 : 로션이나 오일 클렌저를 사용하여 메이크업 잔여물을 깨끗이 제거하고 수분 에센스와 보습 크림을 얼굴과 목 전체에 사용하고 T존 부위는 모공관리를, U존 부위는 영양 공급 위주의 화장품을 추가적으로 사용한다.

⑤ **민감성 피부** : 무알코올 화장수를 사용하고, 식물성 보습 크림 등 자극이 없는 화장품 위주로 사용하도록 한다. 제품 사용 전 테스트를 한다.
㉮ 아침 : 세안 시 미온수로만 헹구고 저자극 화장수와 수분 크림을 얼굴 및 목 전체에 바른 후 자외선 차단제로 마무리 한다.
㉯ 저녁 : 로션이나 젤 클렌저를 사용하여 메이크업 잔여물을 깨끗이 제거하고 수분 에센스와 보습 크림을 얼굴과 목 전체에 사용한다.

2 피부 유형별 클렌징 및 기초화장품의 활용방법

(1) 클렌징 활용

1차 클렌징(색조화장 지우기) → 2차 클렌징(클렌징 제품으로 얼굴, 목 부위 닦기) → 3차 클렌징(폼 클렌징)

① **1차 클렌징하기** : 아이섀도, 아이라인, 마스카라 지우기 → 눈썹 지우기 → 입술메이크업 지우기
㉮ 아이섀도, 아이라인, 마스카라 지우기
㉠ 적당한 크기의 수분이 있는 화장솜으로 아이메이크업 리무버를 묻혀 눈 위에 1분 이내로 얹은 후 닦아낸다.
㉡ 마스카라는 밑방향으로 밀어내면서 마스카라를 닦는다.
㉢ 면봉으로 속눈썹 뿌리와 점막을 한 번 더 닦아낸다.
㉯ 눈썹 지우기
㉠ 화장솜에 아이메이크업 리무버를 묻혀 눈썹 위에 1분 이내로 얹은 후 닦아낸다.
㉡ 눈썹결을 따라 부드럽게 닦아낸다.
㉰ 입술 메이크업 지우기 : 입술 메이크업 시 화장솜에 리무버를 묻혀 입술 위를 꾹 누르듯 좌우로 2회 닦은 후 윗입술은 위에서 아래로 닦고 아랫입술은 밑에서 위로 닦는다.

② 2차 클렌징하기
　㉮ 이마, 볼, 코, 턱 순으로 제품을 조금씩 찍어 놓는다.
　㉯ T존 → U존 → 눈가·입가 순으로 지운다.
　㉰ 과도한 클렌징 마사지는 피부에 부담을 주므로 1분 이내로 끝낸다.
　㉱ 눈가, 콧방울은 둥글게 원을 그리며 마사지하듯 녹여낸다.
　㉲ 거즈나 티슈 페이퍼로 닦아낸다.

③ 3차 클렌징하기
　㉮ 폼 클렌징으로 충분히 거품을 낸 후 마사지하듯 얼굴을 세안한다.
　㉯ 충분한 거품으로 문지를 때 손가락에 과도하게 힘을 주지 않는다.

■ 세안 시 유의사항
- 피부가 얇은 눈가와 입술 주위에 힘을 가할수록 자극을 받아 잔주름이 생길 수 있으므로 주의하여 세안한다.
- 세안 시 마지막에는 찬물로 세안한다.
- 찬물 세안은 클렌징으로 열려있는 모공을 닫아주는 역할을 한다.

■ 기초화장의 순서
클렌징제 → 유연화장수 → 수렴화장수 → 로션 → 에센스 → 마무리 크림 → 자외선 차단제

(2) 기초화장품 활용
① 화장수(토너) 바르기
　㉮ 화장솜에 묻혀 가운뎃손가락에 끼우고 피부 결에 맞게 이마, 양 볼, 턱, 코 부분을 가볍게 두드리며 닦아내듯 바른다.
　㉯ 남은 양은 피부를 가볍게 두드려 흡수시킨다.

② 로션(에멀전) 바르기
　㉮ 양 볼, 이마, 턱, 코에 적당량 찍고 안쪽에서 바깥쪽으로 펴 바른 후, 손바닥으로 얼굴을 감싸 가볍게 눌러 흡수시킨다.
　㉯ 건조한 계절이나 건성 피부의 경우 필요시 로션을 바르기 전후로 에센스를 추가해 바른다.

③ 아이케어 제품 바르기
　㉮ 눈가는 피부가 얇고 주름이 쉽게 생기므로 섬세한 관리를 한다.
　㉯ 주름을 예방하는 제품, 탄력을 예방하는 제품, 화이트닝 효과가 있는 제품 등을 선택할 수 있다.
　㉰ 셋째, 넷째 손가락을 이용하여 앞머리에서 눈꼬리 쪽으로 아이케어 제품을 가볍게 두드리듯 펴 바른다.

④ 에센스 및 크림 바르기
　㉮ 에센스 바르기 : 피부 효과의 집중 케어를 해야 할 때 필요한 제품으로 제품 제형에 따라 가볍게 두드리거나 펴 바른다.

⑭ 크림 바르기 : 이마, 양쪽 볼, 코, 턱에 적당량 찍고 안에서 밖을 향해 부드럽게 바르며 흡수하도록 1~2분 정도 가볍게 두드려준다.

⑤ **자외선 차단제 바르기**
㉮ 너무 많은 양을 한 번에 바르지 않도록 하며 흡수시킨다는 느낌보다 얹어주듯이 부드럽고 꼼꼼하게 펴 발라 준다.
㉯ 외부 활동 시 자외선 차단제는 1~2시간마다 덧바르는 것이 바람직하다.
㉰ 화장을 한 경우에는 자외선 차단제를 덧바르기가 어려우므로 SPF의 성분이 함유된 수정용 콤팩트 등의 제품을 이용하여 자외선을 차단하도록 한다.

화장솜의 사용

화장수를 손에 덜어 쓰면 손바닥에 흡수되거나 알코올 성분이 날아가 버리고, 손바닥의 세균이 침투할 가능성이 있어서 화장솜을 사용한다.

베이스 메이크업

Lesson 01 피부표현 메이크업

1 베이스제품 활용

(1) 메이크업 베이스(make-up base)

① **메이크업 베이스 기능**
  ㉮ 피부톤을 보정한다.
  ㉯ 파운데이션의 지속력을 높여주고 밀착력과 퍼짐성을 좋게 한다.
  ㉰ 피지막 형성으로 자외선으로부터 피부를 보호해 준다.
  ㉱ 파운데이션의 색소가 침착되는 것을 막아준다.

② **메이크업 베이스 종류**
  ㉮ 리퀴드 타입 : 수분이 많이 함유된 제품으로 가장 많이 사용하며 유형이다.
  ㉯ 크림 타입 : 피부의 커버력을 높이고자 할 때나 사용되는 제품이다.
  ㉰ 에센스 타입 : 보습성분이 필요한 건성피부, 건조해지기 쉬운 가을 및 겨울에 적합한 유형이다.

③ **피부 타입별 메이크업 베이스 색상**

색상	적합한 피부
연핑크색	창백하거나 혈색이 없는 피부 등에 사용한다.
그린색	피부가 붉거나 모세혈관이 확장되거나 울긋불긋한 피부나 잡티가 많은 피부에 사용. 일반적으로 많이 사용한다.
흰색	피부가 깨끗하고 밝게 표현하고자 할 때 사용한다.
블루색	붉은 피부나 피부를 더욱 하얗게 표현하고자 할 때 사용한다.
보라색	노란 피부나 피부색을 화사하게 표현하고자 할 때 사용한다.
오렌지색	선탠한 피부를 표현하고자 할 때 사용한다.

■ 베이스 메이크업(base make-up)
피부톤을 정돈하는 메이크업 베이스, 피부색을 표현하는 파운데이션, 피부의 결점을 커버하는 컨실러, 마무리하는 파우더의 단계로 이루어진 피부 메이크업 진행 과정을 말한다.

(2) 파운데이션(Foundation)

① **파운데이션 기능**
  ㉮ 피부톤을 균일하게 정리해준다.
  ㉯ 부분화장으로 피부의 잡티, 주근깨 등 결점을 커버한다.
  ㉰ 얼굴의 윤곽을 수정하고 입체감을 준다.
  ㉱ 자외선, 먼지 등 외부오염 물질로부터 피부를 보호한다.

② **파운데이션의 성질**
  ㉮ 제품을 도포했을 때 피부톤과 차이가 있어서는 안 된다.
  ㉯ 균일한 부착성과 사용감이 좋아야 한다.
  ㉰ 유분과 물에 잘 지워지지 않고 시간이 지나도 변색되지 않아야 한다.
  ㉱ 사용 시 안정성이 높아야 한다.

③ **파운데이션의 제형(종류)**

종류	내용
리퀴드 타입	• 일반적으로 많이 사용하는 제품이다. • 수분함량이 많고 유분량이 적어 바르면 가벼운 느낌이 있다.(수분 〉 안료 〉 유분) • 퍼짐성이 좋고 투명감이 높다. • 피부결점이 없는 피부에 적합하다.
크림 타입	• 리퀴드 타입에 비해 유분 함량이 많아 중년층 또는 건성피부에 적합하다.(유분 〉 안료 〉 수분) • 피부 커버력이 높고 부착성과 퍼짐성이 좋다. • 두껍게 표현되며 무거운 느낌을 준다.
스틱 타입	• 커버력, 지속력이 우수한 고체화된 제품이다.(안료 〉 유분 〉 수분) • 피부톤이 두꺼워지므로 주로 분장용으로 사용된다.
케이크 타입	• 물 또는 스킨과 함께 사용하는 제품으로 지속성이 높고 건조가 빠르다. • 방수효과가 있어 주로 여름철에 사용한다.

④ **파운데이션 색상 선택**

종류	내용
베이스 컬러	• 얼굴 전체에 도포하는 컬러이다. • 자신의 피부톤과 비슷한 톤이나 색을 사용한다.
섀딩 컬러	• 자신의 피부톤보다 1~2톤 어두운 톤을 사용한다. • 턱, 코 옆 등 감추고 싶은 부위에 어두운 색을 사용하여 얼굴에 입체감과 작아 보이는 효과를 준다.
하이라이트 컬러	• 자신의 피부톤보다 1~2톤 밝은 톤을 사용한다. • T존, Y존, 눈썹뼈 등 밝아 보이거나 돌출되어야 하는 부위에 효과가 있다.

⑤ 파운데이션 적용 기법

종류	내용
블렌딩 기법	하이라이트와 섀딩 등 얼굴의 경계가 생길 수 있는 부위를 자연스럽게 연결해 주는데 효과적이다.
라이닝 기법	섀딩 컬러 파운데이션으로 노우즈 섀도 부분에 직선적으로 표현하는 방법으로 낮은 코를 높이는 효과가 있다.
패팅 기법	얼굴을 두드리는 기법으로 피부상태가 좋지 않거나 파운데이션이 잘 펴지지 않을 경우에 적합하다.
슬라이딩 기법	얼굴 표면을 미끄러지듯 문지르는 기법으로 눈가 주변 등 자극을 적게 주는 곳에 효과적이다.

■ 파운데이션 표현법

베이스 컬러 → 하이라이트 컬러 → 섀딩 컬러

(3) 컨실러(Concealer)

① 컨실러 기능 및 표현법

㉮ 기미나 주근깨, 점, 흉터 등 피부 결점을 커버하려고 할 때 자신의 피부톤보다 1~2톤 밝은 색을 사용한다.
㉯ 파운데이션의 색상보다 1~2톤 밝은색을 사용하는 것이 좋다.
㉰ 컨실러의 색상, 질감, 양을 잘 선택하여 커버하고자 하는 부위에 피부톤과의 경계를 잘 처리해야 한다.

② 컨실러 종류

종류	내용
리퀴드 타입	수분함량이 많아 커버력은 적으나 자연스럽게 펴 발라진다.
크림 타입	주로 사용하는 제품. 유분함량이 많아 커버력이 있으며 쉽게 도포가 가능하고 부드럽다.
스틱 타입	커버력이 가장 우수한 제품. 기미, 주근깨, 점 등 넓은 부위 커버에 효과적이다.
펜슬 타입	점 등 작은 부위를 감추는데 효과적이다.

(4) 파우더

① 파우더 기능

㉮ 페이스 메이크업의 마무리 단계로 피부의 유·수분을 흡수하여 파운데이션을 고정시키는 역할을 한다.
㉯ 자외선 등으로부터 피부를 보호하고 피부에 탄력과 투명감을 준다.

㉥ 파운데이션의 유분기를 제거하여 외부의 오염물질로부터 피부를 보호한다.
　　㉦ 메이크업의 밀착력과 지속성을 높여준다.
　　㉧ 메이크업이 번지지 않고 부분화장이 가능하다.
② 파우더에 필요한 특성

분류	파우더의 특성
피복성	피부의 결정을 커버하고 피부색을 조절한다.
신전성	부드럽게 펴지는 성질을 말한다.
흡수성	유·수분을 흡수하여 화장의 지속성을 높인다.
부착성	피부에 오래도록 붙어있는 성질을 말한다.
착색성	피부의 색을 조절하는 성질을 말한다.

③ 파우더 표현법
　㉮ 색상 선택하기 → 하이라이트 부분 → 베이스 부분 → 섀딩 부분
　㉯ 파운데이션의 색상에 따라 파우더의 색을 선택하여 얼굴색을 수정, 보완한다.
　㉰ 얼굴의 넓은 부분부터 시작하여 얼굴 중심부에서 바깥쪽으로 가볍게 누르며 발라준다.
　㉱ 남은 여분은 팬 브러시로 제거한다.

2 베이스제품 도구 활용

(1) 피부 표현 도구

① 스펀지
　㉮ 스펀지의 기능
　　㉠ 탄력이 있어야 하며 부드러워야 한다.
　　㉡ 파운데이션의 흡수력과 밀착력이 높아야 한다.
　　㉢ 세척 후 형태가 변하지 않아야 한다.
　　㉣ 형태 복원력이 높아야 한다.
　㉯ 스펀지의 종류

종류	내용
라텍스 스펀지	• 리퀴드, 크림, 스틱 타입 등 파운데이션을 펴줄 때 사용하는 도구이다. • 코 옆이나 눈 가까이 등 세밀하게 바를 때 사용하기 편리한 도구이다. • 사용 후에는 반드시 폐기처분해야 하며 물로 세척이 불가능하다.
합성 스펀지	• 합성섬유로 된 스펀지로 파운데이션을 펼 때 사용한다. • 사용 후에 물로 세척이 가능한 반영구적 도구이다.
해면 스펀지	• 리퀴드 파운데이션을 사용할 때, 화장을 지울 때 사용하는 도구이다. • 물기가 없을 시에는 딱딱한 형태로 물에 적셔 사용하는 도구이다. • 스펀지가 완전히 젖으며 물기를 짜낸 후에 종이타월에 물기를 제거 후 사용한다. • 사용 후에는 깨끗이 세척 및 건조하여 보관한다.

㉰ 스펀지의 사용 : 코를 중심으로 얼굴을 안에서 바깥쪽으로, 넓은 부위에서 좁은 부위로, 평평한 부분에서 굴곡진 부분으로, 아래에서 위쪽의 순서로 바른다.

② **파우더 퍼프(Powder Puff)**
㉮ 파우더를 바를 때 사용하는 도구이다.
㉯ 면 퍼프를 2개 정도 분비하여 퍼프 사이사이에 파우더가 고르게 묻도록 비벼준 후 얼굴에 꾹꾹 눌러서 바른다.
㉰ 파우더 퍼프의 기능
  ㉠ 촉감이 부드럽다.
  ㉡ 분말 파우더의 뭉침이 없어야 하며 퍼짐성이 좋아야 한다.
  ㉢ 세척 후에도 면 퍼프의 뭉침 현상이 없이 형태가 유지되어야 한다.

■ 퍼프, 합성스펀지 세척법
면퍼프, 합성스펀지는 미지근한 물에 샴푸나 저자극성 비누로 문질러 비벼서 세척한 다음, 형태를 유지시키기 위하여 종이 타월이나 수건 위에 말려준다.

(2) **피부 표현 브러시**(Make-up Brush)
① **피부 표현 브러시의 기능**
㉮ 털의 촉감이 부드러워야 하며 탄력이 있어야 한다.
㉯ 브러시의 털이 빠지지 않아야 하며 제품의 잔여물이 쉽게 떨어져야 한다.
㉰ 세척 후에도 형태가 유지되어야 한다.
㉱ 팬 브러시는 다른 브러시에 비해 뻣뻣한 느낌이 있어야 한다.

② **피부 표현 브러시의 종류**

종류	내용
파우더 브러시	• 브러시 중에서 가장 큰 것으로 피부 안쪽에서 바깥 방향으로 가볍게 쓸어주듯이 펴 바르는 도구이다.
팬 브러시	• 부채꼴 모양 브러시로 파우더를 바른 후 여분의 가루를 털어낼 때 사용하는 도구이다. • 아이섀도를 하고난 후 떨어진 여분의 가루를 털어낼 때 사용한다.
파운데이션 브러시	• 파운데이션을 펴 줄 때 사용하는 브러시이다. • 얼굴에 광택 느낌을 표현할 때 사용되는 도구이며 파운데이션 도포 시 붓자국이 생기지 않도록 하여야 한다. • 코를 중심으로 안에서 바깥쪽으로 여러 번 붓질을 해야 한다. • 사용 후에는 세척하여 건조시킨다.
컨실러 브러시	• 매트한 컨실러 제품에 사용되는 도구로 가늘고 작은 브러시이다. • 점, 잡티, 흉터 등의 커버를 필요한 부위에 사용되는 도구이다.

Lesson 02 얼굴 윤곽 수정

1 얼굴 형태 수정

얼굴형	특징	수정기법
둥근형	이마가 좁고 얼굴 윤곽이 둥글며 광대뼈가 넓고 얼굴 길이가 짧은 얼굴형	• 하이라이트 : 이마와 콧대 눈밑과 턱선 부위 밝은색으로 세로로 길게 준다. • 섀딩 : 양볼 뒷부분, 코벽을 어둡게 표현한다.
역삼각형	이마가 넓고 턱이 좁은 얼굴형	• 하이라이트 : 양 볼 아래쪽에 밝게 표현하여 통통하게 보이도록 한다. • 섀딩 : 헤어라인 부분, 이마주위, 뾰족한 턱선에 어둡게 표현한다.
사각형	이마와 헤어라인 선이 직선적이고 이마와 턱이 각진 얼굴형	• 하이라이트 : T존에 하이라이트를 준다. • 섀딩 : 양쪽 이마와 턱에 어둡게 표현한다.
삼각형	이마가 좁고 양턱이 발달한 얼굴형(살이 찌거나 턱뼈가 발달한 형태)	• 하이라이트 : 양쪽 이마 끝을 밝게 표현한다. • 섀딩 : 턱을 어둡게 표현한다.
긴형 (장방형)	가로폭이 좁고 세로로 긴 얼굴형	• 하이라이트 : 양볼 바깥부분을 가로 느낌으로 밝게 표현하여 볼이 통통해 보이도록 한다. • 섀딩 : 헤어라인과 턱선 부분에 어둡게 표현한다.
마름모형	이마와 턱이 좁고 광대뼈가 나온 얼굴형	• 하이라이트 : 이마와 턱을 밝게 하여 볼이 통통해 보이도록 한다. • 섀딩 : 광대뼈 부분에 어둡게 표현한다.
육각형	이마가 좁고 광대뼈가 높아 보이며 턱이 좁은 얼굴형	• 하이라이트 : 이마 중심에 하이라이트를 주고 관자놀이와 뺨 아랫부분을 밝게 처리해서 볼이 통통해 보이게 한다. • 섀딩 : 튀어나온 광대뼈를 어둡게 처리하고 턱을 어둡고 부드럽게 처리한다.

2 얼굴 윤곽 수정

(1) 얼굴 윤곽 수정의 일반적 절차

메이크업 베이스 바르기 → 컨실러 제품 사용(결점이 있는 경우) → 파운데이션 바르기(베이스 → 하이라이트 → 섀딩) → 파우더 바르기

(2) 수행 순서

① **메이크업 베이스 바르기**

㉮ 모델의 피부 상태에 따라 메이크업 베이스의 제형을 선택하고, 피부 톤을 보정할 수 있는 메이크업 베이스 컬러를 선택한다.

㉯ 뭉치지 않도록 적은 양으로 펴 바른다.

② 컨실러 제품 선택(결점이 있는 경우)
- ㉮ 컨실러 제형 선택 : 눈 밑 다크서클을 밝게 표현하기 위해 얇고 부드럽게 커버할 수 있는 리퀴드 타입이나 크림 타입을 선택하고, 기미·주근깨 등의 피부 잡티에는 좀 더 커버력이 있는 펜슬 타입이나 스틱 타입을 사용하면 좋다.
- ㉯ 컨실러 색상 선택 : 눈 밑 다크서클을 커버하려면 파운데이션보다 밝은 크림 타입의 색상을 선택하고 피부 부분의 결점을 커버하기 위해서는 파운데이션 컬러와 비슷한 색을 선택하여 파운데이션과 경계가 생기지 않도록 한다.
- ㉰ 컨실러 바르기 : 스팟 부분에 적은 양을 발라서 경계가 생기지 않도록 붓으로 펴바르거나 손가락으로 톡톡 발라 준다.

③ 파운데이션 바르기
- ㉮ 베이스 파운데이션
  - ㉠ 적당량의 베이스 파운데이션을 양 볼, 이마, 턱, 코에 찍어 묻힌다.
  - ㉡ 스트로크 기법으로 파운데이션을 얼굴 전체에 펴 바른다.
- ㉯ 하이라이트용 파운데이션을 바른다.
  - ㉠ 적당량의 하이라이트용 파운데이션을 얼굴에 찍어 묻힌다.
  - ㉡ 패트 기법으로 파운데이션을 얼굴 전체에 두드려 바른다.
  - ㉢ 경계선 그라데이션을 한다.
- ㉰ 섀딩 파운데이션을 바른다.
  - ㉠ 적당량의 섀딩 파운데이션을 얼굴에 찍어 묻힌다.
  - ㉡ 패트 기법으로 파운데이션을 얼굴 전체에 두드려 바른다.
  - ㉢ 경계선 그라데이션을 한다.

④ 파우더 바르기
- ㉮ 퍼프 한 장에 파우더를 묻힌 다음 다른 퍼프를 맞대어 가볍게 묻힌 후 파우더의 양을 조절한다.
- ㉯ 피지 분비량이 많은 T존부터 바르며, 얼굴 외곽에서 중심부로 가볍게 두드리며 바른다.
- ㉰ 눈두덩, 눈꼬리 아랫부분, 코 볼의 끝부분은 퍼프의 끝을 이용해 세심히 바른다.

CHAPTER 06 색조 메이크업

Lesson 01 아이브로우 메이크업

1. 아이브로우 메이크업 표현

(1) 아이브로우(Eye-brow) 기능

　① 얼굴형과 눈매의 단점을 보완하고, 인상을 결정짓는다.
　② 이미지에 따른 개성을 연출할 수 있다.
　③ 좌우 균형을 이루게 하여 안정감을 준다.

(2) 아이브로우 조건

　① 제품의 발색이 선명하고 디테일한 표현이 가능해야 한다.
　② 사용하기 쉬워야 하며 건조가 빠르며 쉽게 지워져서는 안 된다.
　③ 미생물에 오염되지 않아야 한다.

(3) 형태에 따른 아이브로우 이미지

종류	어울리는 얼굴형	이미지	눈썹 모양
표준형 눈썹	모든 얼굴형	가장 무난한 이미지	
직선형 눈썹	긴형, 장방형	활동적이며 남성적인 이미지	
각진형 눈썹	둥근형, 삼각형	세련되며 지적인 이미지	
아치형 눈썹	역삼각형, 사각형, 마름모형 ※역삼각형의 눈썹산은 2/1정도로 안쪽으로 그려야 얼굴의 폭이 좁아 보이는 효과를 준다.	여성스럽고 우아한 이미지	
상승형 눈썹	둥근형, 각진형 ※눈썹을 짧게 그려줘야 한다.	동적이며 개성있는 이미지	

■ 아이브로우 주의사항
- 눈썹의 길이는 눈의 길이보다 짧지 않아야 한다.
- 눈썹의 머리와 꼬리는 일직선상에 놓여야 한다.
- 좌우눈썹이 대칭이 되어야 한다.
- 모발의 색상과 비슷한 계열이어야 한다.

2 아이브로우 수정 보완

(1) 아이브로우 수정 방법

① 얼굴형에 어울리는 아이브로우 형태를 고르고 스크루 브러시로 눈썹결대로 빗는다.
② 아이브로우 빗으로 눈썹을 아래 방향으로 내려 눈썹 가위를 이용하여 라인 밖으로 나온 부분을 자른다.
③ 아이브로우 아랫 부분은 눈썹 칼을 이용하여 눈썹 반대 방향으로 밀어준다.
④ 아이브로우 윗 부분은 아이브로우 가위로 자른다.
⑤ 화장솜에 화장수를 묻혀 정리한 부위를 진정시킨다.
⑥ 스크루 브러시로 눈썹결을 빗어 정리한다.

(2) 아이브로우 수정 도구

종류	내용
에보니 펜슬 (Ebony Pencil)	• 눈썹의 형태를 잡아줄 때 사용하는 도구이다. • 양면을 납작하게 깎아 주어야 눈썹 그리기가 편리하다.
면봉(Cotton)	• 아이섀도가 뭉쳤을 때, 아이라이너나 마스카라가 묻었을 때, 립라인이나 립스틱이 입술선 밖으로 나왔을 때 사용한다.
펜슬깎이(Shapener)	• 눈썹, 입술 등 펜슬로 사용하는 도구를 미세하게 깎아주는 도구이다. • 항상 청결을 유지한다.
족집게(Tweezers)	• 눈썹 정리 시 사용하고 심는 인조 속눈썹을 붙일 때 사용하는 도구이다.
눈썹가위(Clipper)	• 눈썹의 길이를 조절하거나 정리할 때 사용한다.

(3) 아이브로우 특징에 따른 수정 메이크업

① **숱이 두꺼운 눈썹** : 자신의 얼굴형에 맞게 자신의 얼굴형에 맞게 자연스럽게 손질하여 갈색과 회색을 믹싱한 아이섀도로 정리한 후 나머지 눈썹 부분은 제거한다.
② **숱이 적은 눈썹** : 아이브로 펜슬로 본래의 눈썹 라인을 최대한 살려 자연스러운 형태로 그려준다.

③ **아래로 처진 눈썹** : 아래로 처진 눈썹을 정리하고 아이브로 펜슬로 형태를 잡아 그려준다.
④ **올라간 눈썹** : 눈썹의 올라간 눈썹을 정리하고 아이브로 펜슬로 형태를 잡아 그려준다.
⑤ **눈썹모가 불규칙한 눈썹** : 불규칙한 눈썹을 정리하고 아이브로 팬슬로 형태를 그려준다.

3 아이브로우 제품 활용

(1) 아이브로우 제품 종류 및 특징

종류	특징
펜슬 타입(Pencil Type)	• 일반적으로 가장 많이 사용한다. • 진하고 선명하게 그려지는 반면 인상이 강해 보이고 인위적으로 보일 수 있다. • 짙은 화장을 할 때 주로 사용한다.
섀도 타입(Shadow Type)	• 자연스럽게 표현하고자 할 때 사용한다.

(2) 아이브로우 제품의 선택조건

① 피부에 안전성, 안정성이 높아야 한다.
② 부드러운 촉감으로 균일하고 선명하게 그려져야 한다.
③ 미세한 선이 그려져야 하며 지속성이 높아야 한다.
④ 부러지지 않아야 하며 발한현상, 발분현상이 없어야 한다.
⑤ 번지지 않아야 하며 보관 시에도 색이 변하지 않아야 한다.

■ 발한 및 발분현상
• 발한현상 : 높은 온도에서 오일이 스며 나오는 현상
• 발분현상 : 낮은 온도에서 뿌옇게 변하는 현상

(3) 아이브로우 브러시

종류	내용
사선 눈썹 브러시 (Slant Eyebrow Brush)	• 눈썹의 빈 공간을 채우거나 짙게 만들기 위한 브러시로 각진 사선 형태가 가장 이상적이다. • 사용법 : 눈썹연필 + 아이섀도, 아이섀도만 그릴 때 사용한다.
스크루 브러시 (Screw Brush)	• 눈썹 정리용의 도구로 진한 눈썹의 경우 자연스럽게 만들어 준다. • 마스카라가 뭉쳤을 경우 아래에서 위로 빗어주는 브러시이다.
아이브로우 콤 브러시 (Eyebrow Comb Brush)	• 눈썹의 형태와 길이의 조절을 만들어 주는 도구이다. • 마스카라의 뭉친 부위를 펴주거나 진한 눈썹의 경우 솔을 이용하여 자연스럽게 만드는 도구이다.

Lesson 02 아이 메이크업

1 눈의 형태별 아이섀도

(1) 아이섀도 기능 및 제품의 선택요령

① **아이섀도 기능**
　㉮ 눈매에 음영을 주고 입체감을 표현한다.
　㉯ 섀도의 테크닉에 따라 눈의 모양을 수정·보완하는 효과가 있다.

② **아이섀도 제품의 선택요령**
　㉮ 제품의 안전성, 안정성이 높아야 한다.
　㉯ 눈에 자극이 없어야 하며 색상의 변화가 없어야 한다.
　㉰ 밀착력이 높아야 하며 번지지 않아야 한다.
　㉱ 피부에 착색되지 않아야 한다.

■ 아이섀도 색상에 따른 기능

분류	기능	분류	기능
갈색 계열	차분함, 자연스러움, 부드러움	보라색 계열	우아함, 신비로움, 화려함
오렌지색	건강함	무채색 계열	도시적, 모던함, 세련됨
청색 계열	차가움, 시원함	핑크 계열	여성스러움, 귀여움
녹색 계열	젊음, 싱그러움		

(2) 아이섀도 제형별 타입 및 컬러 명칭

① **아이섀도 제형별 타입**
　㉮ 케이크 타입 : 가장 일반적으로 사용하는 제품으로 다양한 색상과 발색력이 좋지만, 색이 잘 지워지고 가루가 날린다.
　㉯ 크림 타입 : 유분이 들어 있어 끈적임이 있으며 밀착감과 지속성이 높으나 번지기가 쉽다.
　㉰ 펜슬 타입 : 휴대성이 좋고 간편하게 그리기 쉬우나 쉽게 뭉치거나 경계가 생기기 쉽다.
　㉱ 파우더 타입 : 펄을 함유한 가루 타입은 광택 질감으로 화려한 느낌을 주기 때문에 하이라이트용 등의 부분 표현에 주로 사용된다.

② **아이섀도 컬러 명칭**
　㉮ 베이스 컬러 : 가장 넓은 부위에 바르는 색상으로 메인 컬러색을 보조한다.
　㉯ 메인 컬러 : 주된 컬러로 전체적인 섀도의 분위기를 좌우한다.
　㉰ 포인트 컬러 : 눈두덩이에 진하게 음영을 주며 쌍꺼풀 라인에 표현하여 입체감을 준다.
　㉱ 하이라이트 컬러 : 밝은 색을 사용하여 눈 부위 중 가장 높게 표현한다.
　㉲ 언더 컬러 : 눈두덩이와 연결하여 자연스럽게 표현한다.

(3) 아이섀도 수행 순서

> 베이스 컬러 바르기 → 메인 컬러 바르기 → 포인트 컬러 바르기 → 언더 컬러 바르기 → 하이라이트 컬러 바르기

① 아이섀도는 계절, 모델의 의상색, 메이크업의 분위기, 모델이 선호하는 색 등을 고려하여 색상을 선택한다.
② 브러시의 섀도 양 조절은 손등이나 티슈에 문질러 조절한다.
③ 섀도는 조금씩 여러 번에 걸쳐 색을 펴준다. 한 번에 많은 양을 묻히면 얼룩질 수 있다.
④ 메인 컬러나 베이스 컬러는 부드럽고 자연스러운 색상이므로 넓은 부위는 큰 브러시로 그리고 좁은 부위는 작은 브러시로 그려준다.
⑤ 섀도 브러시는 세게 표현하지 않고 힘을 빼고 사용하여야 얼룩과 뭉침이 생기지 않는다.

(4) 눈 형태에 따른 아이섀도 표현

분류	수정법
눈과 눈 사이가 좁은 경우	눈꼬리 부분에 포인트 컬러를 넣어주고 눈앞머리는 밝은 색으로 표현한다.
눈과 눈 사이가 먼 경우	눈 앞머리 부분에 포인트 컬러를 넣어준다.
눈꼬리가 내려간 경우	눈꼬리 부분의 포인트 컬러를 자연스럽게 올려 그라데이션 한다.
눈꼬리가 올라간 경우	눈꼬리 부분의 포인트 컬러를 최대한 아래쪽으로 그라데이션 하며 색상은 진하지 않도록 한다.
눈이 부어있는 경우	붉은 계열, 펄, 광택의 섀도는 피한다. 어두운 색으로 눈 전체를 자연스럽게 펴준다.
눈이 움푹 들어간 경우	밝은 색, 펄, 광택이 있는 섀도로 그라데이션한다.
눈이 작은 경우	눈매 전체를 어두운 포인트 컬러를 이용하여 넓게 그라데이션한다.
눈이 큰 경우	자연스럽고 연한 포인트 컬러를 이용하여 그라데이션한다.
쌍꺼풀이 없는 경우	쌍꺼풀 라인을 만들고 그 부위에 포인트 컬러로 그라데이션한다.
눈이 짝눈인 경우	눈을 뜬 상태의 좌우 대칭으로 섀도를 그라데이션한다.

2 눈의 형태별 아이라이너

(1) 아이라이너 기능 및 선택요령

① **아이라이너 기능**
  ㉮ 눈매를 또렷하게 표현한다.
  ㉯ 눈 모양을 수정하고 보완한다.

② **아이라이너 선택요령**
  ㉮ 눈에 자극이 없어야 하며 안전성, 안전성이 있어야 한다.
  ㉯ 그리기 편리하고 빨리 건조되어야 한다.
  ㉰ 발색력과 농도가 번지거나 뭉치지 않고 균일하게 그려져야 한다.
  ㉱ 그려진 아이라인이 벗겨지거나 갈라지지 않아야 한다.
  ㉲ 땀과 피지에 쉽게 지워지지 않아야 하며 제품이 가라앉거나 뭉치지 않아야 한다.

(2) 아이라이너 제품의 종류

종류	내용
펜슬 타입	• 사용이 간편하고 수정하기 편리하다. • 라인의 지속력이 떨어지고 잘 지워진다.
리퀴드 타입	• 지속성, 방수성, 내수성이 있다. • 빠르게 건조하며 수정이 어렵고 진하게 발라짐으로 양 조절을 잘해야 한다.
케이크 타입	• 물 또는 스킨과 함께 사용한다. • 물의 양에 따라 농도가 달라지므로 농도 조절에 유의해야 한다.
젤 타입	• 크림 타입의 제항으로 펜슬 타입과 리퀴드 타입의 장점을 모은 제품이다. • 케이크 타입보다 간편하며 리퀴드 타입보다 속눈썹 가까이 잘 그려진다.
붓펜 타입	• 색상이 진하고 자연스럽게 그리기 편하며 휴대가 간편하다. • 사용 후 반드시 뚜껑을 완벽하게 덮지 않으면 붓끝이 말라 재사용이 불가능하다.

(3) 아이라이너 수행 순서

눈썹점막 메꾸기 → 아이라인 그리기 → 언더라인 그리기

① 모델의 시선을 아래로 처리한다.
② 아이라인 펜슬 타입으로 윗눈꺼풀의 점막이 보이지 않도록 속눈썹 사이사이를 메꾼다.
③ 눈을 뜬 상태에서 눈의 모양을 보고 아이라인의 선 모양과 굵기를 정한다.
④ 아이라인을 눈의 가장 높은 부위에서 눈꼬리 쪽으로 가늘게 그려준다.
⑤ 눈앞 머리에서 눈중앙 쪽으로 이어준다.
⑥ 아이라인은 한 번에 그리지 않고 2~3번에 나눠서 그리며 깨끗하게 처리한다.
⑦ 언더라인은 펜슬이나 섀도로 그리며 눈꼬리부터 그리되 1/3 지점부터는 나머지 여분으로 밀어주듯 그라데이션한다.

  ▣ 아이라이너 수정방법
  • 아이라이너가 튀었을 경우 : 아이라이너가 마를 때까지 기다린 후 면봉 등으로 털어낸다.
  • 아이라인을 다시 그릴 때 : 면봉에 스킨을 묻혀 닦아 낸 후 파운데이션, 파우더 처리를 한다.

(4) 눈 형태에 따른 아이라인 표현

분류	수정법
쌍꺼풀 눈	속눈썹 가까이 가늘게 그린다.
홑꺼풀 눈	눈을 떴을 때 아이라인이 보이도록 두껍게 그린다.
처진 눈	눈꼬리로 가면서 두껍게 올려 그린다.
올라간 눈	아이라인을 눈머리와 중앙까지 그린 후 눈꼬리 부분은 그리지 않고 언더라인의 눈꼬리 부분을 그려 눈앞 머리와 수평이 되도록 한다.
들어간 눈	아이라인을 가늘게 그려준다.
부은 눈	라인을 전체적으로 진하게 그려준다.
큰 눈	아이라인을 가늘게 그려주거나 생략한다.
작은 눈	눈의 위, 아래 라인을 모두 두껍게 그려주고 눈앞 머리와 눈꼬리도 길게 그려준다.

3 속눈썹 유형별 마스카라

(1) 마스카라 기능 및 제품의 선택요령

① **마스카라 기능**
㉮ 속눈썹이 길고 풍성해 보인다.
㉯ 눈이 커 보이며 눈매가 그윽하고 깊이가 있어 보인다.

② **마스카라 제품의 선택요령**
㉮ 눈에 자극이 없어야 하며 안전성, 안전성이 있어야 한다.
㉯ 내용물이 뭉치지 않고 가라앉지 않아야 한다.
㉰ 건조가 빨라야 하며 방수효과가 있어야 한다.
㉱ 윤기가 있어야 하며 컬링효과가 있어야 한다.
㉲ 벗겨지거나 갈라지지 않아야 한다.

(2) 마스카라 종류

종류	내용
투명 마스카라	• 자연스러운 눈썹 표현 시 사용한다. • 눈썹을 올려 주는 역할로 신랑 메이크업 시 사용한다. • 인조 속눈썹 사용 시, 마스카라가 눈 밑에 묻어날 경우 사용한다.
베이스 마스카라	• 마스카라를 사용하기 전에 시용하는 기능성 마스카라이다. • 마스카라를 손쉽게 표현하며 속눈썹의 분리, 컬링 상태를 오래 유지 시켜주는 효과가 있다.
탑코트 마스카라	• 마스카라를 하고 난 후 바르는 형태이다. • 유분기가 많거나 마스카라가 묽은 경우 번지지 않으며 장시간 컬을 유지시켜 준다.

종류	내용
마스카라 픽서	• 오래도록 컬을 유지시켜 준다.
볼륨 마스카라	• 숱이 많아 보이는 효과로 깊이 있는 눈매 연출에 효과적이다.
컬링업 마스카라	• 강도가 뛰어나서 오래도록 컬을 유지하는데 효과적이다.
롱래쉬 마스카라	• 섬유소가 들어있는 마스카라로 길어 보이며 숱이 많아 보이는 효과가 있다.
워터프루프 마스카라	• 땀이나 물에 지워지지 않고 내수성이 좋아서 여름철 메이크업에 적합하다. • 반드시 전용 리무버로 제거해야 한다.
고형 마스카라	• 케익 타입에 스킨이나 물을 스크류 브러시에 묻혀 사용한다. • 사용감이 불편하고 뭉침 현상과 눈물 등에 쉽게 지워져 사용감이 떨어진다.

(3) 마스카라 수행 순서

속눈썹 컬링하기 → 마스카라로 윗표면 칠하기 → 마스카라로 아래쪽 표면 칠하기 → 언더 속눈썹 칠하기

① 모델의 시선을 아래로 향하게 한다.
② 아이래시 컬러(eyelash curler) 등을 이용하여 컬을 잡아준다.
③ 마스카라를 속눈썹 윗부분을 흔들면서 좌우로 솔질하고 아래 속눈썹을 흔들면서 좌우로 솔질한다.
④ 언더 속눈썹은 마스카라 솔을 세로로 세워서 발라준다.
⑤ 스크로우 브러시로 마스카라가 뭉치지 않게 한번 더 쓸어준다.

(4) 마스카라 브러시 형태에 따른 기법

형태	특징
총알형	끝이 가늘고 촘촘하여 마스카라 액이 잘 묻어나고 볼륨감있는 속눈썹을 연출
일자형	속눈썹 뿌리까지 밀착하여 뿌리까지 액이 묻어날 수 있는 형태
럭비공형	솔의 중간부분이 불룩하게 나와 있는 형태로 눈매를 또렷하게 만들어 줌
땅콩형	솔 부분이 촘촘하게 되어 있어 속눈썹을 풍성하게 만들어줌.
바나나형	솔 부분이 구부러져 있어서 속눈썹 뿌리까지 솔이 닿으므로 컬링 효과와 속눈썹을 구석구석까지 바를 수 있음.

Lesson 03 립&치크 메이크업

1 립&치크 메이크업 컬러

(1) 립 메이크업 컬러

① 립 메이크업 특징

㉮ 입술의 모양을 수정‥보완한다.
㉯ 입술에 음영을 주고 입체감을 부여한다.
㉰ 추위나 건조한 입술에 영양을 공급하고 입술을 보호한다.

② 립 메이크업의 색상에 따른 이미지 및 기능

분류	이미지	피부톤	적용
레드 계열	엘레강스, 정열, 매혹, 세련된 이미지	전반적으로 피부색에 구애받지 않는다. 예) 흰 피부, 노르스름한 피부	• 파티 메이크업 시 주로사용 • 주로 젊은층(선명한 레드), 중년층(립포인트 메이크업 시) 사용
핑크 계열	귀여운, 소녀, 여성스러움, 부드러운 이미지	피부색이 밝은 경우에 주로 사용 예) 흰 피부	• 신부 메이크업 시 주로 사용 • 주로 젊은층의 메이크업 시 연한 핑크를 사용
오렌지 계열	건강, 발랄, 스포티한 이미지	피부색이 어두운 경우 주로 사용 예) 노르스름한 피부	• 스포츠메이크업 시 주로 사용
브라운 계열	성숙, 차분, 점잖은 이미지	피부색이 어두운 경우 주로 사용 예) 노르스름한 황갈색 피부	• 젊은층(베이지 색상), 중년층이 주로 사용
퍼플 계열	로맨틱, 우아, 신비로운 이미지	피부색이 밝은 경우 주로 사용 예) 흰 피부, 붉은 피부	• 젊은층이 주로 사용

③ 립 메이크업 제품 종류

종류	내용
립스틱	가장 일반적인 제품으로 다양한 색상과 질감표현을 할 수 있다.
립크림	색이 선명하고 젤 타입으로 촉촉하게 표현할 수 있다.
립라이너	펜슬타입으로 가장 매트하며 입술의 윤곽 표현이나 입술선의 수정 시 사용한다. 립라이너는 립스틱보다 1~2단계 어두운 색을 사용한다.
립글로스	오일 타입으로 입술에 윤기와 광택을 표현하며 입술보호 효과가 있다.
립밤	보습효과가 뛰어나며 입술 건조 시 효과적이다.
립크레용	오일 성분이 적은 제품으로 립 펜슬보다 두꺼운 형태로 사용감과 휴대가 간편하다.

④ 제품선택요령
  ㉮ 입술에 자극이 없어야 하며 안전성과 안정성이 있어야 한다.
  ㉯ 색상 얼룩지지 않고 매끈하게 묻고, 스며 나오지 않고 필요시간을 유지해야 한다.
  ㉰ 착색되지 않아야 한다.
  ㉱ 향, 맛이 강하지 않아야 한다.
  ㉲ 사용이나 보관 중에 부러지거나 형태의 변형, 연화되지 않고 스틱의 형태를 유지해야 한다.
  ㉳ 지속력이 높아야 하며 보관 시에 색, 향, 맛이 변하지 않아야 한다.
  ㉴ 발한, 발분 등 시간의 경과에 변화가 없어야 한다.
  ㉵ 보관 중 산화되어 분해가 일어나지 않아야 하며 깨끗하게 형태가 유지되어야 한다.

(2) 치크 메이크업 컬러

① 치크 메이크업 특징
  ㉮ 혈색을 주어 건강해 보인다.
  ㉯ 붉은 계통의 색을 사용하면 여성스러워 보인다.
  ㉰ 얼굴형을 수정해준다.

② 이미지에 따른 기능

분류	색상	위치	적용
여성스러운 이미지	핑크	광대뼈를 중심으로 눈 주위 및 관자놀이에 펴 준다.	피부가 어두운 경우에 명도가 어두운 핑크에 적합
지적인 이미지	브라운	볼뼈 위쪽으로는 밝은색으로 그 아래는 어두운색으로 펴 준다.	음영을 주어 입체감을 강조(흑백 사진 메이크업에 활용)
귀여운 이미지	핑크	눈밑 부분을 둥근 형태로 펴준다.	혈색이 없는 하얀 피부에 적합
활동적인 이미지	오렌지	선적인 느낌을 살려 광대 아래쪽에 진한 색으로 표현한다.	어둡거나 노르스름한 피부톤에 활용

③ 치크 메이크업 종류

종류	내용
케이크 타입	압축한 파우더 타입으로 간편하게 사용이 가능하며 자연스럽게 연출하기 용이하다.
크림 타입	파우더 전에 사용하며 그라데이션이 잘 된다.
파우더 타입	자연스럽게 표현할 수 있다.

④ 제품선택요령
  ㉮ 피부 밀착력과 지속력이 높아야 한다.
  ㉯ 적당한 피복력과 광택이 있어야 한다.
  ㉰ 제품의 안전성과 안정성이 높아야 한다.

㉮ 뭉침 현상이 없어야 하며 부드럽게 발라져야 한다.
㉯ 색의 변화가 없어야 한다.
㉰ 쉽게 닦이고 피부에 착색되지 않아야 한다.

2 립&치크 메이크업 표현

(1) 립 메이크업 표현

① **입술의 기본 형태**

종류	형태	설명
스트레이트 커브(직선)		도시적이고 활동적인 이미지로 지적인 느낌을 준다.
인커브		안쪽으로 들어간 형태로 귀엽고 여성스러운 이미지이다.
아웃커브		입술을 밖으로 볼륨감 있게 늘려준 형태로 관능적이고 성숙한 이미지를 준다.

② **립 메이크업 순서**

㉮ 입술 유연제 바르기 → 본인 립라인 지우기 → 립라인 그리기 → 립색상 입히기 → 립글로스 하기
㉯ 립을 바르기 전에 립밤 등으로 입술을 부드럽게 만들어준다.
㉰ 아이섀도의 색상을 고려하여 립의 색을 선택한다.
㉱ 파운데이션으로 입술라인과 색상을 지워준다.
㉲ 립라이너로 입술 선을 만들어준다.
㉳ 립 브러시로 색상을 채워준다.
㉴ 립글로스 등으로 입술에 윤기를 부여한다.
㉵ 티슈 등으로 가볍게 입술을 물어주고 파우더 처리 후에 다시 한번 덧그린다.

③ **입술형태에 따른 립 메이크업 표현법**

분류	수정법
얇은 입술	• 본인의 입술보다 위, 아래 높이 1~2mm 정도 늘려준다. • 밝은 색, 펄이 들어간 색, 광택이 있는 제품을 사용하는 것이 효과적이다.
두꺼운 입술	• 본인의 입술보다 위, 아래 높이 1~2mm 정도 작게 그려준다. • 진한 색이나 어두운 색의 립스틱으로 입술이 작게 보이도록 한다.
작은 입술	• 본인의 입술보다 위, 아래, 좌우 1~2mm 정도 크게 그려준다. • 파스텔 계통의 밝고 연한 색을 이용하여 표현한다.
큰 입술	• 본인의 입술보다 위, 아래, 좌우 1~2mm 정도 작게 그려준다.

분류	수정법
구각이 처진 입술	• 구각을 1~2mm 올려 그려준다(너무 올려 그려주면 자연스럽지 않으므로 주의한다).
윗입술이 두꺼운 입술	• 윗입술 높이를 1~2mm 정도 작게 그려준다. • 윗입술을 아래 입술보다 약간 밝은 색으로 표현한다.

(2) 치크 메이크업 표현

① **치크의 위치** : 눈동자 중앙을 일직선으로 내리고 코끝을 수평을 하여 만나는 지점으로 치크의 위치를 잡는다.

② **치크 메이크업 순서**
㉮ 치크 위치 잡기 → 색상표현하기 → 치크 양 조절하기
㉯ 브러시에 치크의 양이 많은 경우는 손등에서 양을 조절한 후 얼굴에 표현한다.
㉰ 치크는 입체감을 주기 위하여 광대뼈 부위는 진하게 표현하고 광대뼈 위는 밝은 색상으로 표현한다.
㉱ 광대뼈를 감싸듯이 표현하며 웃을 때 가장 높은 부분을 중심으로 그라데이션 한다.
㉲ 선으로 남지 않도록 그라데이션 한다.
㉳ 너무 진하게 표현되었을 경우에는 퍼프로 누르듯이 조절한다.

③ 얼굴형에 따른 치크 메이크업 표현법

얼굴형	치크의 위치
둥근형	입꼬리를 향하도록 사선으로 펴준다.
긴형	볼뼈를 중심으로 가로 형태로 펴준다
사각형	치크 부위를 넓게 하여 각진 부분이 강조되지 않게 하고 턱 끝을 향해 펴준다.
역삼각형	치크의 위치를 약간 높게 하고 코끝 방향으로 펴준다.

[얼굴형에 따른 치크(블러셔)]

CHAPTER 07
속눈썹 연출 및 연장

Lesson 01 속눈썹 연출

1 인조속눈썹 디자인

(1) 메이크업 목적에 따른 인조 속눈썹의 종류

① **기본 내츄럴 인조 속눈썹** : 길이가 10~11mm 정도 내외이며 속눈썹 숱이 자연스러운 형태의 속눈썹이다.

② **결혼, 파티용 인조 속눈썹** : 신부 화장이나 다양한 행사 등에서 드레스나 한복같은 패션과 어울리는 메이크업 시 사용되는 10~12mm 정도의 속눈썹이다.

③ **무대 인조 속눈썹** : 공연, 연극, 뮤지컬 등의 다양한 무대 공연에 맞추어 캐릭터에 맞는 메이크업 시 눈매를 더욱 강조하기 위한 15~16mm 정도의 길이의 속눈썹으로 대극장, 소극장, 패션쇼 등 무대 장소나 캐릭터 컨셉에 따라 여러 종류가 있다.

(2) 인조 속눈썹의 종류 및 디자인

① **스트립 래시(Strip Lashe)**
　㉮ 눈 모양의 곡선띠에 인조 속눈썹이 붙어있는 형태로 눈 길이에 맞게 잘라서 사용한다.
　㉯ 속눈썹의 길이, 모양, 색상 등이 다양하며 메이크업 디자인과 이미지에 맞춰서 사용한다.

② **인디비주얼 래시(Individual Lashe)**
　㉮ 인조 속눈썹 1~3가닥이 한 올을 이루는 형태로 본래의 속눈썹 사이사이에 붙여서 사용한다.
　㉯ 양을 조절할 수 있고 자연스럽게 표현할 수 있는 장점이 있다. 또한 스트립 래시(Strip Lashe) 인조 속눈썹을 몇 가닥씩 잘라 사용할 수도 있다.

③ **연장용 래시 (Extension Lashe)**
　㉮ 기존 속눈썹에 인조 속눈썹을 한 올씩 붙여서 연장하는 방식으로 사용한다.
　㉯ 짧은 속눈썹의 경우 자연스럽게 길어 보이며 2~4주 정도 지속 가능하다는 장점이 있다.

[스트랩 래시]

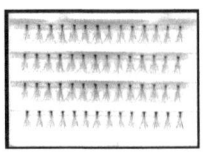
[인디비주얼 래시]

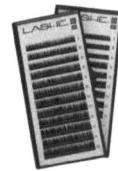
[연장용 래시]

(3) 인조 속눈썹 디자인하기

① **손과 도구 등 소독** : 손은 청결히 하고, 소독제나 자외선 소독기를 이용하여 핀셋, 눈썹 가위 등 필요한 도구를 소독한다.

② **인조 속눈썹 재료 및 도구 준비** : 눈썹 가위, 눈썹용 접착액, 인조 속눈썹 등의 재료 및 도구 등을 준비한다.

③ **인조 속눈썹 디자인 파악**

㉮ 스트립 래시(Strip Lashe) 디자인 : 모델의 눈 가로 길이와 세로 길이를 고려해서 인조 속눈썹을 준비하고 눈의 가로 길이에 맞추어 재단한다. 인조 속눈썹을 통째로 붙일 때는 눈 앞머리로부터 약 5mm 정도 뒤, 눈꼬리로부터 약 2mm 정도 앞까지 붙일 수 있도록 하며 눈의 길이보다 너무 길거나 짧게 자르지 않도록 주의한다.

㉯ 커팅(Cutting) 속눈썹 디자인 : 스트립 래시 디자인의 속눈썹을 눈의 길이 및 형태에 맞추어 재단해서 사용한다. 눈의 형태에 따라 3~6등분 정도로 디자인해서 준비한다.

㉰ 인디비주얼 래시(Individual Lashe) 디자인 : 눈의 형태를 파악하고 여분을 포함 15개 이상 준비한다.

④ **인조 속눈썹 재단**

㉮ 눈의 길이와 형태에 따라 장단점을 보완할 수 있도록 인조 속눈썹을 재단한다.

㉯ 스트립 래시는 눈의 형태에 따라 3등분 또는 5등분으로 잘라서 사용하면 더욱 자연스러운 속눈썹을 연출할 수 있다.

⑤ **눈매별 인조 속눈썹 적용**

㉮ 쌍꺼풀이 없고 눈매의 지방층이 두꺼우며 강한 아이 메이크업을 선호하는 경우 : 일반적인 길이보다 1~2mm 정도 길게 재단한다.

㉯ 눈의 길이가 짧고 미간이 좁은 경우 : 눈 뒷부분의 길이를 길게 표현하여 속눈썹 숱에 포인트를 준다.

㉰ 눈의 길이가 길고 눈의 크기가 작으며 미간이 넓은 경우 : 눈 뒷부분을 짧게 하고 눈 앞부분부터 눈 중앙까지를 길이감을 주며 눈매가 답답해 보이지 않도록 한다.

2 인조 속눈썹 작업

(1) 인조 속눈썹 부착 도구

① **아이래시 컬러(Eyelash Curler)**

㉮ 인조 속눈썹 부착 전 속눈썹 컬링을 할 때 사용한다.

㉯ 속눈썹의 컬링이 좋아야 하며 고무의 탄력과 복원력이 좋아야 한다.

㉰ 속눈썹이 빠지지 않고 잘리지 않아야 한다.

㉱ 스테인레스 스틸 재질이 좋으며 사용 후 소독이 간편해야 한다.

㉲ 고무마킹에 속눈썹을 여러 번에 걸쳐 올려 주어야 자연스런 컬링이 된다.

② **핀셋** : 인조 속눈썹을 부착하거나 제거할 때 사용되며 케이스에서 속눈썹을 떼어 낼 때도 사용한다.

③ **속눈썹 접착제** : 인조 속눈썹을 붙일 때 사용한다.
④ **눈썹 가위** : 인조 속눈썹을 눈의 크기나 연출에 맞춰 자를 때 사용한다.
⑤ **면봉이나 스틱** : 인조 속눈썹 부착 시 활용하거나 접착제의 양을 조절 및 위생관리시 사용한다.
⑥ **아이라이너와 마스카라** : 인조 속눈썹 부착 후 부착 부위에 아이라이너를 사용해 부자연스러움을 감추고 마스카라는 인조 속눈썹 부착 전 또는 후에 사용해 눈매를 또렷하고 자연스럽게 해준다.

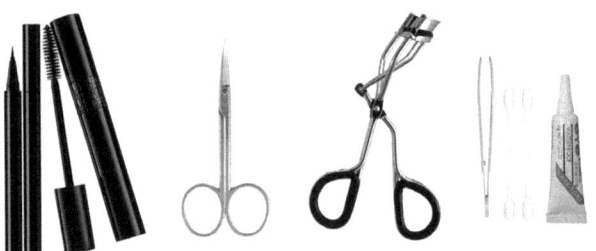

[인조 속눈썹 부착을 위한 제품과 도구]

■ 아이래시 컬러(eyelash curler)의 종류

종류	특징
스테인레스 스틸형	튼튼하고 소독이 간편하다.
플라스틱형	가볍지만 고장나기 쉽다.
속눈썹 고데기형	컬링 완성도가 높으나 화상에 주의해야 한다.

(2) 인조 속눈썹 부착 및 제거·관리

① **부착 방법**
㉮ 인조 속눈썹 부착 방법 : 면봉이나 스틱으로 접착 부위를 지그시 눌러 부착을 시킬 수 있으며 나무 면봉의 경우, 사선으로 잘라서 그 부위에 접착제를 발라 인조 속눈썹에 바르면 접착제 양 조절이 되어 깔끔하게 붙일 수 있다.
㉯ 언더 인조 속눈썹 부착 방법 : 언더라인에 인조 속눈썹을 붙일 경우, 앞 부분까지 꽉 채워서 붙이면 인위적이고 부자연스러우므로 정면을 봤을 때 눈동자 앞 부분 언더부터 붙이면 자연스럽다.
㉰ 인조 속눈썹 부착시 유의점 : 인조 속눈썹 작업 완성 후 모델의 속눈썹이 아래로 처져 있을 경우, 아이래시 컬러를 사용해 기존 속눈썹과 인조 속눈썹을 같이 컬링해준 후 마스카라를 발라 자연스럽게 서로 연결되도록 한다.

② **인조 속눈썹 제거와 관리**
㉮ 인조 속눈썹 제거 : 메이크업 리무버를 이용해 눈 부위에 대고 진정시키면서 눈꼬리에서 눈 앞머리 쪽으로 잡고 떼어낸다.
㉯ 리무버에 담그기 : 제거한 인조 속눈썹에 묻어 있는 접착액과 마스카라가 충분히 리무버에 불려지도록 하루 정도 담가 놓는다.

㉰ 손으로 접착액을 제거 : 담가 놓았던 인조 속눈썹을 핀셋을 이용하여 꺼내서 티슈에 댄 후 접착액과 마스카라 여분 및 유분기를 손으로 제거한다.
㉱ 핀셋을 이용하여 접착액을 제거 : 핀셋을 이용해 담가 놓았던 인조 속눈썹을 꺼내서 화장솜에 댄 후 접착액 여분을 핀셋으로 제거한다.
㉲ 케이스에 담아 보관 : 인조 속눈썹을 보관할 시 속눈썹의 양 끝부위에 속눈썹 접착액을 약간 발라 원래 케이스에 고정시켜 보관한다.

Lesson 02 속눈썹 연장

1 속눈썹 연장

(1) 속눈썹 위생관리

① 시술 전 반드시 시술자의 손과 도구 및 재료를 철저히 소독한다.
② 가모(연장 모)는 직사광선을 피하고 그늘이 있는 서늘한 곳에 위생적으로 보관한다.
③ 속눈썹 글루(접착제)는 안전성이 검증된 제품을 선택하여 사용한다.
④ 속눈썹 글루(접착제)는 뚜껑을 닫아 서늘한 곳에서 세워서 보관한다.
⑤ 전처리제는 무향 무취로 자극이 없고 향이 강한 제품은 피한다.
⑥ 핀셋은 반드시 알코올로 닦아 자외선 소독기로 소독하고 사용 후 고무마개를 닫아 보관한다.
⑦ 스킨 테이프는 저자극 제품으로 사용한다.

(2) 속눈썹 연장 제품 및 도구

종류		특징	
가모(가속눈썹)		속눈썹의 길이와 숱을 풍성하게 하기 위하여 한 올씩 분리되어 있는 가짜 속눈썹	
속눈썹 글루		속눈썹에 가모를 붙이는 접착제로서 공인 인증기관에서 자가 번호를 부여받은 제품	
글루 리무버	액상 타입	고객이 앉은 상태에서 작업	인조 속눈썹을 떼어 내거나 글루를 제거할 때 사용
	젤 타입	고객을 눕혀서 작업 가능	
	크림 타입	고객을 눕혀서 작업	
핀셋	특수 X자 핀셋	속눈썹을 연장할 때 가모를 잡아주는 도구	
	일자핀셋	가모와 속눈썹을 분리하거나 제거시 주로 사용	
	곡선핀셋	속눈썹을 연장할 때 가모를 잡아주는 도구	

종류		특징
글루판(옥돌판)		글루를 덜어서 쓰는 판
스킨테이프		아랫 속눈썹이 붙지 않게 할 때와 작업시 핀셋으로부터 피부보호
전처리제	액상 타입	시술 전 노폐물, 이물질 등을 제거
	패드 타입	
속눈썹 건조기		연장된 글루를 말릴 때 사용(속눈썹용 드라이기, 손풍기, 송풍기)
속눈썹 브러시		속눈썹을 빗어주거나 쓸어 올릴 때 사용
유리판(속눈썹 판)		시술이 용이하도록 가모의 길이에 따라 구분하여 놓는 판
아이 패치		눈가 피부와 아래 속눈썹을 보호하기 위해 사용
팬 브러시		시술 전과 후 이물질이나 잔여물을 털어 내기 위해 사용
마이크로 브러시		글루 리무버를 묻혀 가모를 제거할 때 사용
우드 스파츌라		전처리제나 글루 리무버 사용 시 눈썹 아래쪽에 대고 사용
기타 용품		일회용 속눈썹, 정리가위, 마스크, 흰가운, 알코올 솜통, 터번, 소타월, 쟁반, 면봉 등

(3) 가모의 굵기 및 컬 등의 종류

구분	종류	특징
굵기	0.07mm	짧은 속눈썹이나 언더래쉬에 사용
	0.1mm	속눈썹과 가장 비슷한 굵기로 가장 자연스러운 속눈썹
	0.15mm	중간 굵기의 속눈썹으로 볼륨감 있는 속눈썹 표현
	0.2mm	눈매를 강조하는 속눈썹
컬	J컬	가장 일반적으로 사용하는 컬(대략 25° 각도)로 일반적이고 평범한 눈매에 적용
	JC컬	J컬과 C컬의 중간형태로 J컬에 볼륨을 더한 컬(약 35° 각도)
	C컬	J컬에 비해 강하게 휜 컬(약 45° 각도)로 세련되고 화려한 형태
	CC컬	C컬보다 더 강한 컬로 볼륨감과 컬링감이 풍성(약 90° 각도)
	L컬	C컬보다 자연스러운 컬을 연출
래시	Y래시	가모의 끝부분이 2가닥인 컬로 속눈썹 숱이 적은 경우 적합
	W래시	가모의 끝부분이 3가닥인 컬로 시술시간 단축

(4) 속눈썹 연장 방법

① 재료 및 도구를 소독한다.
② 고객의 머리를 터번으로 감싼다.
③ 아이패치를 붙인다.
④ 전처리 작업으로 유분기를 제거한다.
⑤ 가모와 글루를 준비한다.
⑥ 눈매 기준점을 잡는다
⑦ 가모를 부착한다.
⑧ 속눈썹 연장을 마무리하여 완성한다.
⑨ 불편여부를 확인한 후 가모관리 및 주의사항을 안내한다.

2 속눈썹 리터치

(1) 속눈썹 리터치의 개요

① **속눈썹 리터치의 정의 및 목적**
㉮ 정의 : 속눈썹 연장 시술 후 시간이 지남에 따라 글루의 접착력 일부가 떨어지면서 자연인모에서 탈락하려는 가모는 제거하고 새로운 가모를 재접착하는 것
㉯ 목적 : 눈매의 아름다움을 지속시키고 속눈썹의 모근 부분이 흔들리지 않도록(모근 보호) 재시술하여 자연인모의 손상을 줄임

② **속눈썹 상태에 따른 리터치**
㉮ 정상적인 속눈썹의 경우 : 일반적인 리터치 주기는 4주가 기본이며 그 이후는 전체 제거 후 재시술하는 것이 좋다.
㉯ 모발이 얇아진 경우(노화 등) : 모발이 얇아진 경우 글루의 탈부착이 잦아질수록 속눈썹 상태가 불안정할 수 있기 때문에 리터치의 주기가 빠른 것은 바람직하지 않다.
㉰ 외부 자극으로 인해 약해진 경우(견인성 탈모 등) : 외부 자극에 의해 탈락할 경우 탄성이 좋은 모나, 건강모 위주로 시술하며 시술하지 않은 약한 자연인모가 성장할 수 있는 시간을 제공한다.

(2) 속눈썹 제거를 위한 재료와 도구

① **위생 도구** : 연장 시술 시 필요한 도구와 같다.
② **전용 리무버**
㉮ 젤 타입 : 점도가 적당하고 사용이 용이하다.
㉯ 액상 타입 : 침투성이 높으나 눈에 들어갈 위험이 있어 초보자에게 부적합하다.
㉰ 크림 타입 : 넓게 도포하기가 쉬워 전체적으로 제거할 때 적합하다.

③ **마이크로 브러시(미세 면봉)** : 면봉보다 솜의 크기가 작아 섬세한 시술이 용이하고 전처리제를 바르거나 가모를 제거할 때 사용한다.

(3) 속눈썹 제거 방법

① 재료와 도구를 소독 후 손소독을 한다.
② 터번을 고객의 머리에 감싸 고정한다.
③ 속눈썹 연장 제거에 필요한 재료와 도구를 준비한다.
④ 연장된 가모를 제거한다(부분 제거 방법).
　㉮ 눈 밑 라인 곡선에 맞춰 아이 패치를 붙인다.
　㉯ 눈 점막에 닿지 않도록 주의하고 불편여부를 체크한다.
　㉰ 제거할 모 양쪽을 핀셋으로 벌려준다.
　㉱ 리무버를 묻힌 마이크로 브러시로 부드럽게 쓸어주며 가모를 제거한다.
　㉲ 면봉과 마이크로 브러시에 정제수를 묻혀 남은 리무버 잔여물을 깨끗이 제거한다.
　㉳ 영양제를 발라 마무리한다.
⑤ 연장된 가모를 제거한다(전체 제거 방법).
　㉮ 눈 밑 라인 곡선에 맞춰 아이 패치를 붙인다.
　㉯ 눈 점막에 닿지 않도록 주의하고 불편여부를 체크한다.
　㉰ 속눈썹과 가모의 접착 부위 전체에 크림 타입의 리무버를 도포한다.
　㉱ 접착력을 떨어지도록 5분가량 놔둔다.
　㉲ 마이크로 브러시를 이용하여 끝부분 쪽으로 쓸어주며 조심스럽게 가모를 제거한다.
　㉳ 속눈썹이 빠지지 않도록 주의하며 적당히 힘을 가한다.
　㉴ 면봉과 마이크로 브러시에 정제수를 묻혀 남은 리무버 잔여물을 깨끗이 제거한다.
　㉵ 영양제를 발라 마무리한다.

본식웨딩 메이크업

Lesson 01 신랑신부 본식 메이크업

1 웨딩 메이크업 연출

(1) 웨딩 연출 기법

웨딩구분	컨셉	메이크업 연출	특징
본식	자연스러운 메이크업	화사한 피부 표현과 라인을 강조해 뚜렷한 인상 연출	바디 메이크업과 조화로운 피부 톤 연결
촬영	포토제닉한 메이크업	하이라이트와 섀이딩으로 윤곽 수정 및 눈매 교정	지속력을 좋게 연출

(2) 웨딩 이미지별 특징

① **클래식 이미지** : 단아하며 깔끔한 이미지로 성숙하고 기품있게 연출하는 클래식 메이크업으로 표현한다.
② **로맨틱 이미지** : 여성스럽고 낭만적인 이미지로 귀엽고 사랑스러운 메이크업으로 표현한다.
③ **내추럴 이미지** : 청순하고 사랑스러운 이미지로 자연스럽고 과하지 않은 메이크업으로 표현한다.
④ **엘레강스 이미지** : 우아하면서도 고급스러운 이미지로 지적이고 여성스러운 분위기의 메이크업으로 표현한다.
⑤ **트렌드 이미지** : 시크하면서도 모던한 이미지로 트렌디하고 세련된 눈매를 강조한 메이크업으로 표현한다.

2 신랑신부 메이크업 표현

(1) 신부 메이크업 표현법

분류	귀여운 이미지	우아한 이미지	성숙한 이미지
특징	발랄한 이미지를 부각시킨다.	클래식하고 우아한 이미지를 표현한다.	개성이 강하고 섹시한 이미지를 표현한다.
준비과정(1차 과정)	소독 및 얼굴 잔여물 제거하기		

분류			귀여운 이미지	우아한 이미지	성숙한 이미지
기초화장(2차 과정)			유·수분 공급(화장수-로션-크림), 자외선 차단제		
색조화장(3차 과정)	베이스 메이크업	메이크업 베이스	신부에게 맞는 색상을 선택한다.		
		파운데이션	핑크나 베이지 색상으로 표현하고 컨실러로 완벽하게 잡티를 커버한다.	베이지 계열 색상으로 얼굴을 입체감 있게 표현한다.	펄이 있는 파운데이션으로 화려함을 표현한다.
			하이라이트와 섀딩으로 얼굴형에 맞게 윤곽수정한다.		
		파우더	핑크나 투명파우더로 두껍지 않고 표현한다.	핑크, 베이지 계열을 사용한다.	펄+투명파우더를 사용한다.
	포인트 메이크업	아이브로우	최대한 자연스러운 눈썹을 표현한다.(기본형)	브라운이나 다크 브라운으로 아치형으로 표현하되 부드러움과 우아함을 강조한다.	약간 각진 형태로 그레이 혹은 다크브라운으로 개성 있게 표현한다.
		아이섀도 — 메인 컬러	핑크, 옐로우 등 파스텔 계열 그라데이션한다.	베이지, 브라운, 골드색을 그라데이션한다.	바이올렛 계열의 색상으로 그라데이션한다.
		아이섀도 — 포인트 컬러	너무 진하지 않게 핑크+브라운 등으로 표현한다.	그레이, 다크 브라운 등으로 깊이 있는 눈매를 연출한다.	짙은 그레이, 바이올렛 색상으로 표현한다.
		아이섀도 — 하이라이트	밝은 핑크, 밝은 베이지로 눈썹뼈를 감싸준다.	밝은 베이지, 골드 등의 색을 표현한다.	밝은 베이지로 표현한다.
		아이섀도 — 언더 컬러	핑크, 베이지 등을 살짝 넣어준다.	베이지, 브라운 골드 등의 색을 연결해 준다.	바이올렛, 그레이 등으로 눈꼬리 부분에 연결한다.
		아이라이너	브라운이나 블랙으로 선명하게 그려준다. 화이트 컬러로 눈 점막을 채워준다.	아이라이너를 길게 빼주어 눈매를 그윽하게 표현한다.	아이라이너를 길게 그려 시원하고 그윽한 눈매를 만든다.
		속눈썹	심는 속눈썹이나, 한 개로 연결된 속눈썹으로 자연스럽게 붙여준다.		
		마스카라	아이라이너와 같은 색상으로 여러 번 덧바른다.		
		립 메이크업	립펜슬로 입술선을 수정하고 핑크계열로 입술을 채운 후 립글로스로 마무리한다.	브라운 혹은 오렌지 계열로 립을 그린 후 골드펄로 입술에 입체감을 부여한다.	레드, 와인, 퍼플 등의 컬러로 입술전체를 표현한 후 입술 중앙에 밝은 색으로 하이라이트를 표현하고 립글로스를 표현한다.
		치크	핑크계열로 동그랗게 귀엽게 표현한다.	브라운 혹은 오렌지 계열로 사선 형태의 치크를 표현한다.	광대뼈 바로 밑 부분에 퍼플 계열 색상을 펴주며 얼굴에 입체감을 부여한다.

(2) 신랑 메이크업 표현법

분류			특징
준비과정(1차 과정)			신부 메이크업과 동일하다.
기초화장(2차 과정)			
색조화장(3차 과정)	베이스메이크업	메이크업 베이스	소량의 메이크업 베이스를 바른다.
		파운데이션	• 크림 타입의 파운데이션을 소량 사용하여 얼굴 전체에 자연스럽게 도포한다. • 하이라이트와 섀딩으로 얼굴형에 맞게 윤곽수정한다. ※너무 밝지 않고 신부와 피부색의 차이가 크지 않게 표현한다.
		파우더	중간톤의 파우더를 사용한다.
	포인트메이크업	아이브로우	브라운, 그레이 계열로 눈썹의 빈 공간을 메꾸는 형식으로 자연스럽게 표현해준다.
		아이섀도 - 메인 컬러	베이지, 브라운 계열로 눈두덩에 펴준다.
		아이섀도 - 포인트 컬러	눈매가 또렷하지 않은 경우 진한 그레이, 브라운으로 표현한다.
		아이섀도 - 하이라이트	아이보리 등의 색상으로 하이라이트를 준다.
		아이섀도 - 언더 컬러	브라운으로 음영을 주듯 눈꼬리와 자연스럽게 연결해준다.
		아이라이너	펜슬타입으로 브라운색상으로 눈매를 살려준다.
		마스카라	투명 마스카라로 속눈썹을 올려준다.
		립 메이크업	입술선이 무너진 부분만 채우는 형식으로 펜슬로 그려주고 연한 브라운색 립스틱으로 자연스럽게 그려준다.
		치크	브라운 계열의 색으로 윤곽을 수정하듯 표현한다.

Lesson 02 혼주 메이크업

1 혼주 메이크업 표현

(1) 혼주 메이크업 시 주의사항

① 유·수분 밸런스를 위하여 기초 제품을 충분히 발라 준다.
② 베이스 단계에서 파운데이션 제품은 눈가와 입가는 최대한 얇게, 기미나 잡티가 두드러진 뺨 부분은 두껍게 하여 커버한다.

③ 파우더는 볼, 눈두덩, 콧방울 등 유분이 발생하기 쉬운 부위에 소량만 사용한다.
④ 눈썹은 좌우 밸런스가 맞지 않기 때문에 대칭을 생각하여 눈썹을 정리해야 한다.
⑤ 노화로 인한 눈 처짐은 쌍꺼풀 테이프를 이용해 보완한다.
⑥ 리프팅 메이크업을 위해 색조는 자제하고 음영을 주어 눈매가 처져 보이지 않게 하며, 좌우 밸런스를 교정해 준다.
⑦ 얼굴 윤곽이 처져 보이지 않게 눈뼈와 눈 밑이 연결되는 C존을 밝은 핑크색으로 화사하게 연출한 후 사선으로 치크하여 얼굴이 리프팅 되어 보이도록 연출한다.

(2) 혼주 메이크업 표현법

분류				로맨틱 이미지	단아한 이미지
준비과정(1차 과정)				소독 및 얼굴 잔여물 제거하기	
기초화장(2차 과정)				유·수분 공급(화장수-로션-크림), 자외선 차단제	
색조화장(3차 과정)	베이스 메이크업	메이크업 베이스		혼주의 피부톤과 적합한 메이크업 베이스를 사용하여 한 톤 밝게 표현	
		파운데이션		• 밝은 베이지나 핑크 계열의 파크림 파운데이션으로 자연스럽고 밝게 표현하고 컨실러로 잡티를 커버한다. • 하이라이트와 섀딩으로 얼굴형에 맞게 윤곽 수정한다.	• 밝은 베이지 계열의 크림 파운데이션으로 꼼꼼히 펴바르고 컨실러로 잡티를 커버한다. • 하이라이트와 섀딩으로 얼굴형에 맞게 윤곽 수정한다.
		파우더		피부톤에 맞는 파우더를 소량 바른다.	
	포인트 메이크업	아이브로우		• 눈썹 정리 후 브라운이나 다크 브라운 아이섀도로 눈썹 사이사이를 메꾼다. • 원래 눈썹의 모양을 살려 자연스럽게 표현	• 눈썹 정리 후 그레이시 톤 브라운이나 브라운 아이섀도로 눈썹 사이사이를 메꾼다. • 일자형 또는 둥근형으로 약간 길게 표현
		아이섀도	메인 컬러	핑크 계열로 자연스럽게 펴준다.	차분한 베이지 계통으로 자연스럽게 펴준다.
			포인트 컬러	• 엷은 바이올렛 색상으로 자연스럽게 그러데이션 한다.. • 옐로우 골드 색상을 눈 앞머리에 생기있게 표현한다.	• 오렌지나 브라운 색상으로 은은하게 그러데이션 한다. • 골드 펄 등으로 우아한 이미지를 더한다.
			하이라이트	펄 화이트 색상으로 눈동자 중앙과 눈썹뼈 부분에 하이라이트를 준다.	아이보리 색상으로 눈동자 중앙과 눈썹뼈 부분에 하이라이트를 준다.
			언더 컬러	메인컬러로 자연스럽게 연결한다.	
		아이라이너		눈매에 맞게 자연스럽게 그려준다.	
		속눈썹		자연스러운 속눈썹이나 눈꼬리 쪽이 긴 반쪽 속눈썹을 사용한다.	
		마스카라		뭉침 없이 마스카라를 표현한다.	

분류	로맨틱 이미지	단아한 이미지
립	연핑크 계열로 라인을 강하게 표현하지 않고 부드럽게 바른 후 립글로스를 덧발라 화사하게 마무리 한다.	브라운, 오렌지 계열로 깔끔한 립 라인을 살려주고 립글로스로 여성스럽게 표현한다.
치크	엷은 핑크나 살구색 계열로 둥근 느낌으로 펴 발라 혈색을 표현한다.	엷은 오렌지 색상계열로 짧은 사선 느낌으로 혈색을 표현한다.

응용 메이크업

Lesson 01 패션이미지 메이크업 제안

1 패션 이미지 유형

이미지 유형	특징
내추럴(natural)	• 자연스럽고 편안한 느낌이 들며 소박하고 온화한 이미지를 지닌 스타일이다. • 색상, 디자인, 소재 등이 전체적으로 자연스럽고 전원적인 특징을 가지고 있다. 천연소재 사용으로 따뜻하고 편안한 느낌이다.
클래식(classic)	• 유행을 타지 않는 패션 스타일로 고유의 전통성을 유지하며 지속적으로 유지되어 온 고전적인 스타일이다. • 테일러드슈트와 같은 유행과 관계없는 전통적인 패션 스타일로 몸의 독특하거나 장식이 강하지 않는 것이 특징이다.
엘레강스(elegance)	• '우아한', '고상한'이라는 뜻을 가진 엘레강스는 성숙하면서도 품위 있는 여성의 아름다움을 이미지를 가진 스타일이다. • 부드러운 품격이 느껴지는 패션 스타일의 디자인이나 소품이 어울리며 흘러내리는 듯한 우아한 드레이핑 형태가 특징이다.
로맨틱(romantic)	• 로맨틱은 달콤하고 낭만적인 이미지를 가진 스타일로 소녀 같은 사랑스럽고 밝은 이미지로 여성스러움을 강조한다. • 밝고 부드러운 색조와 플레어스커트, 프릴 같은 주름 있는 원피스, 블라우스 등으로 표현한다.
모던(modern)	• 현대적이고 진보적인 스타일로 유행을 앞서가는 개성적인 이미지가 많다. • 도시적이고 이지적인 이미지로 차갑고 딱딱한 느낌의 세련되고 도회적인 디자인의 패션 스타일로 줄무늬나 기하학적인 무늬 등으로 표현한다.
매니시(mannish)	• 매니시는 남성적인 특징이 드러나는 자립심 강한 여성의 이미지이다. • 현대 사회에서는 남성적인 이미지의 딱딱함과 격조를 갖춘 특징인 패션 스타일로 넥타이나 남성 맞춤 정장 등으로 세련된 남성적 이미지로 표현한다.
액티브(active)	• 젊음, 생동감이 느껴지는 이미지로 활동적이고 경쾌하며 밝은 분위기가 특징이다. • 티셔츠, 면바지, 카디건 등 활동적인 스타일로 간편하고 친밀하게 코디네이션 한 패션 스타일이다.
아방가르드(avant-garde)	• 기존의 예술사적 전통을 거부하고 극단적 새로움을 추구하는 것이 특징이며 매우 자유롭게 표현한 급격한 진보적 스타일이다. • 아방가르드 스타일은 독특한 재단과 스타일, 비대칭적이고 과장된 실루엣 등으로 혁신적인 이미지로 유머와 재미를 더해 주는 특징이 있다.

이미지 유형	특징
에스닉(ethnic)	• 에스닉은 '민족 특유의', '민속'이란 뜻으로 현대 문명에 대조되는 민속 문화와 관습을 강조하는 이미지이다. • 특정 지역의 생활 풍습, 민속 의상, 장신구 등에서 볼 수 있는 독특한 색이나 소재 등을 넣어 소박한 느낌을 강조한 전원적인 스타일로 인도의 사리, 중국의 차이나칼라, 유럽의 자수 문양, 아프리카의 토속 의상 등이 있다.

2 패션 이미지 디자인 요소

(1) 색(color)

① 메이크업 시 피부를 돋보이게 하며 얼굴의 형태를 수정 및 보완해 준다.

② 의상 및 헤어 스타일과의 조화로 개성을 부각시킴으로써 메시지를 표현한다.

③ 색상, 명도, 채도, 톤의 조화를 통해 아름다움을 표현한다.

(2) 형(형태, shape)

① **선** : 눈썹 라인, 입술 라인, 아이라인 등

㉮ 상향선 : 활동성이 느껴지나 차갑고 사나워 보일 수 있다.

㉯ 하향선 : 부드러워 보이지만 우울하고 노화되어 보일 수 있다.

㉰ 수평선 : 무난하고 차분해 보이지만 지루해 보일 수 있다

② **면** : 얼굴형, 아이섀도, 볼, 입술 등

㉮ 넓은 면 : 얼굴에서 볼이나 이마와 같은 부분으로 전체적인 크기를 결정한다.

㉯ 좁은 면 : 눈이나 입술 같은 부분으로 포인트가 되는 부분이다.

㉰ 돌출된 면 : 광대뼈 부분, 이마, 코와 같은 튀어나와 있는 부분으로 주로 하이라이트로 표현하는 부분이다.

㉱ 들어간 면 : 헤어라인, 페이스라인과 같은 부분으로 주로 섀딩으로 표현하는 부분이다.

(3) 질감(texture)

① **매트** : 광택이 없는 질감으로 그러데이션이 쉽고 지속력이 좋다.

② **글로시** : 윤기와 광택이 있는 질감으로 반짝이는 효과의 파우더 광택과 번들거리는 효과의 오일 광택이 있다.

(4) 착시

① 크기나 모양이 같아도 선이나 색의 표현에 따라 다르게 보일 수 있다.

② 메이크업에서는 착시 효과로 단점을 수정하여 개성있는 원하는 이미지로 표현할 수 있다.

③ 대비, 가로선, 세로선, 색, 질감에 따른 착시가 있다.

Lesson 02 패션이미지 메이크업

1 TPO 메이크업

(1) T.P.O의 개념

① **시간**(Time)
   ㉮ 시간에 따른 메이크업으로 낮과 밤의 구분에 따른 메이크업이다. 낮의 자외선의 영향과 밤의 조명에 의한 메이크업으로 시간에 따라 메이크업이 조절되어야 한다.
   ㉯ 데이 메이크업, 나이트 메이크업 등

② **장소** (Place)
   ㉮ 장소에 따른 분위기와 의상색과의 조화를 이루는 메이크업이다.
   ㉯ 실내 메이크업, 실외 메이크업 등

③ **목적**(Occasion)
   ㉮ 목적에 맞는 메이크업으로 파티, 결혼식 등 특별한 메이크업을 말한다.
   ㉯ 웨딩 메이크업, 파티 메이크업 등

(2) T.P.O 메이크업의 특징

분류			특징
데이 메이크업			• 햇볕의 노출이 많은 낮시간의 메이크업을 의미한다. • 일상생활에 자외선, 피부오염, 피부건조 등으로부터 피부를 보호하는 제품을 바른다(자외선 차단제, 미스트 등). • 좁은 의미에서 내추럴 메이크업보다 약간 진한 메이크업이라 할 수 있다. • 데이 메이크업은 파운데이션, 아이섀도, 립을 모두 표현하지만 색상이 진하지 않는 것을 의미한다.
소셜 메이크업 (나이트 메이크업)			• 파티나 모임 등의 장소에 토탈 메이크업을 표현하는 화장을 말한다. • 조명 아래 보이는 진한 메이크업으로 밝고 화려한 느낌을 표현한다. • 색상과 형태 등을 고려하여 메이크업을 입체적으로 표현한다. • 펄이나 글로스를 이용할 수 있으며 다소 베이스를 두껍게 표현할 수 있다. • 목적에 따라 귀여운 이미지나 성숙한 이미지를 표현할 수 있다.
계절 메이크업			• 봄, 여름, 가을, 겨울 메이크업을 의미한다. • 계절에 맞는 색상과 분위기에 맞게 메이크업한다.
웨딩 메이크업	실내	예식장	• 가장 많이 이용하는 장소로 백열조명이 많이 설치되어 있으므로 따뜻한 색상을 위주로 메이크업해야 신부의 부드럽고 화사한 이미지를 연출할 수 있다.
		호텔	• 화려한 인테리어, 조명으로 우아하고 화사한 신부를 표현한다.
	야외예식장		• 자연광에서의 밝은 분위기인 넓은 예식장 분위기에서 실내에 비해 화려함이 덜하지 않도록 메이크업의 색상을 따뜻한 색으로 표현한다. • 눈매는 또렷하게 하고 실내에 비해 화사한 분위기를 표현해 준다.

분류		특징
파티 메이크업	야외	• 자연광의 밝은 조명으로 얼굴 색이 칙칙하게 보이지 않도록 펄 제품을 사용한다. • 자외선 차단제를 꼼꼼히 바르고 건조해 보이지 않도록 광택이 나는 제품으로 피부를 표현한다.
	실내	• 조명의 색상을 고려하여야 한다. • 백열등의 경우에는 따뜻한 색상을 피하고 노란기의 조명에서는 따뜻한 색상을 선택해야 화려하면서도 부드러운 메이크업이 유지된다.
포토 메이크업	컬러	• 명도, 채도를 고려하여 의상, 헤어, 메이크업을 세심하게 표현해야 한다.
	흑백	• 색상의 의미는 존재하지 않고 명도에 의해서만 색이 표현되는 메이크업이다. • 무채색에서의 흑백의 농도가 어느 정도 변화하는지를 잘 파악해서 메이크업한다. • 펄이나 글로스 제품은 자칫 사진에 얼룩지므로 유의하여 사용한다.
썬번 메이크업		• 자외선으로부터 피부의 화상이나 멜라닌화를 막아주는 목적으로 사용되는 메이크업이다.

2 패션이미지 메이크업 표현

(1) 내추럴 이미지 메이크업

① **피부** : 광택 느낌의 베이스 제품과 리퀴드 파운데이션을 이용하여 자연스럽고 촉촉한 피부로 표현한다.

② **눈썹** : 얼굴형에 어울리는 눈썹형태를 잡고 가벼운 브라운색으로 눈썹 결을 살려 부드럽게 표현한다.

③ **아이섀도** : 베이지, 핑크, 피치 같은 소프트한 색상으로 자연스럽게 표현한다.

④ **아이라인** : 아이라인은 연하게, 속눈썹은 마스카라로 자연스럽게 표현한다.

⑤ **립** : 누드 톤이나 생기 있어 보이는 색상으로 촉촉하게 립을 표현한다.

⑥ **섀딩** : 하이라이트와 섀딩은 가볍게 표현하여 얼굴형을 수정, 보완한다.

⑦ **치크** : 핑크 또는 피치 색상으로 혈색있고 부드럽게 표현한다.

(2) 클래식 이미지 메이크업

① **피부** : 파운데이션을 이용하여 피부 표현을 해주고 컨실러로 잡티나 결점을 커버한 후 파우더를 발라 매트하게 표현한다.

② **눈썹** : 약간 각진 형태로 잡고 브라운색으로 깔끔하게 표현한다.

③ **아이섀도** : 차분한 색 톤 위주로 베이스에서 포인트 색상까지 그러데이션을 잘 시켜 입체적으로 보일 수 있도록 표현한다.

④ **아이라인** : 검정색 아이라인으로 선명하게 그려주고 마스카라로 볼륨감 있는 속눈썹을 표현한다.

⑤ **립** : 립 라인으로 선명하게 윤곽을 그려주고 레드나 레드 브라운 계열의 립스틱으로 립라인을 포함해서 발라주어 경계가 없게 깨끗하게 표현한다.
⑥ **섀딩** : T존은 하이라이트를, 헤어라인과 턱 라인은 섀딩을 하여 입체적으로 표현한다.
⑦ **치크** : 핑크 브라운 색상으로 광대뼈 부위에서 사선 방향이 되도록 표현한다.

(3) 엘레강스 이미지 메이크업
① **피부** : 파운데이션을 이용하여 부드러운 피부 표현을 하고 컨실러 결점 및 잡티를 커버한다.
② **눈썹** : 그레이 브라운 색상으로 부드러운 아치형 눈썹을 표현한다.
③ **아이섀도** : 소프트한 색상이나 샤이니한 질감의 아이섀도로 눈두덩이에 광택을 주고 포인트 색상으로 선명하게 눈매를 표현한다.
④ **아이라인** : 아이라인은 자연스럽게 표현하고 마스카라로 마무리한다.
⑤ **립** : 소프트한 핑크 베이지 또는 레드 색상의 립스틱으로 부드럽게 표현한다.
⑥ **섀딩** : 하이라이트와 섀딩을 부드럽게 표현한다.
⑦ **치크** : 피치 색상으로 볼 부위를 혈색있게 표현한다.

(4) 로맨틱 이미지 메이크업
① **피부** : 한 톤 밝은 색상의 파운데이션으로 화사하면서 깨끗하게 피부 표현을 한다.
② **눈썹** : 약간 둥근 형태로 잡고 브라운 색상으로 자연스럽게 표현한다.
③ **아이섀도** : 화이트와 파스텔 같은 소프트 색상계열로 사랑스러운 눈매를 표현한다.
④ **아이라인** : 부드럽고 동그란 눈매가 되도록 표현한다.
⑤ **립** : 핑크 또는 오렌지 색상으로 촉촉하게 표현한다.
⑥ **치크** : 립 색상과 같은 계열로 볼 중앙 부위를 부드럽게 둥글리며 상기된 듯하게 표현한다.

(5) 모던 이미지 메이크업
① **피부** : 결점을 커버하고 깨끗하고 매트한 느낌의 피부를 표현한다.
② **눈썹** : 각진 형태를 잡아주고 그레이 브라운을 이용하여 표현한다.
③ **아이섀도** : 펄감이 있는 무채색 계열의 색상으로 도회적이고 이지적인 눈매를 표현한다.
④ **아이라인** : 선적인 느낌의 아이라인을 표현하고 마스카라로 마무리 한다.
⑤ **립** : 누드 톤 또는 와인 색상의 립스틱으로 입술을 표현한다.
⑥ **치크** : 베이지 브라운으로 사선 방향으로 볼 터치하여 표현한다.

(6) 매니시 이미지 메이크업
① **피부** : 파운데이션을 이용해 선의 느낌으로 얼굴 윤곽을 잡아주고 매트하게 남성적인 이미지를 표현한다.

② **눈썹** : 각진 상승형의 형태를 잡아주고 다크 그레이 색상으로 표현한다.
　③ **아이섀도** : 무채색 계열의 색상으로 눈매를 강조하여 표현한다.
　④ **아이라인** : 선적인 느낌이 나타나도록 검정 아이라인으로 표현한다.
　⑤ **립** : 입술라인을 각지게 표현하고 누드 톤 또는 상반된 색상으로 입술 색을 표현한다.
　⑥ **치크** : 베이지 브라운을 이용하여 사선 방향으로 표현한다.

(7) 액티브 이미지 메이크업
　① **피부** : 피부 톤을 글로시하게 표현해 활발한 이미지를 표현한다.
　② **눈썹** : 각진 기본형이나 상승형 형태를 잡고 브라운 색상으로 표현한다.
　③ **아이섀도** : 밝은 오렌지, 핑크, 블루 같은 경쾌한 색상으로 눈매를 강조한 원 포인트 메이크업을 표현한다.
　④ **립** : 입술은 자연스러운 글로스로 표현하되 눈 메이크업이 소프트하면 비비드한 레드, 핑크 색상으로 입술을 표현한다.
　⑤ **치크** : 핑크, 피치, 브라운 색상으로 사선 방향으로 역동성 있게 표현한다.

(8) 에스닉 이미지 메이크업
　① **피부** : 민족풍 종류에 따라 매트하거나 촉촉하게 피부를 표현한다.
　② **눈썹** : 레드 브라운 또는 다크 브라운 색상으로 일자형 눈썹 형태를 표현한다.
　③ **아이섀도** : 아이라인을 중심으로 눈매를 강조하거나 스머지 효과를 주면서 아이섀도를 표현한다.
　④ **아이라인** : 아이라인은 강하게 하고 볼륨 마스카라로 눈매를 또렷하게 표현한다.
　⑤ **립** : 투명 립글로스나 레드 브라운 색상으로 입술을 표현한다.
　⑥ **치크** : 넓게 수평으로 발라 주거나 사선으로 강하게 볼터치를 표현한다.

(9) 아방가르드 이미지 메이크업
　① **피부** : 이미지에 따라 매트 또는 글로시하게 피부 질감을 표현한다.
　② **눈썹** : 상승형 눈썹으로 블랙 색상을 이용해 진하고 선명하게 표현 준다.
　③ **아이섀도** : 아이섀도의 패턴이나 색상을 과감하고 과장되게 표현하고 색상은 어두운 무채색이나 강렬한 원색계열, 펄 입자 등으로 표현한다.
　④ **아이라인** : 라인이 강조되게 그려주고 마스카라로 눈매를 강조한다.
　⑤ **립** : 아이섀도의 정도에 따라 입술은 누드 톤 또는 다크 톤으로 매치시켜 표현한다.
　⑥ **치크** : 브라운 색상을 이용해 사선의 느낌으로 표현한다.

트렌드 메이크업

Lesson 01 트렌드 조사 및 메이크업 표현

1. 트렌드 조사

(1) 메이크업 트렌드 자료수집 및 분석
　① 패션 또는 메이크업 관련 서적 등을 수집하여 메이크업 트렌드 정보를 분석할 수 있다.
　② 영상 매체나 뉴미디어 자료, 인쇄매체, 패션쇼 또는 헤어쇼와 같은 각종 컬렉션 및 박람회, 화장품 회사 브랜드의 시즌별 자료 등 다방면으로 수집하고 분석하면 더욱 정확한 결과를 얻을 수 있다.
　③ 컬러 트렌드 자료와 시즌별 메이크업 컬러 정보를 수집하여 메이크업 색상의 변화 분석을 할 수 있다.

(2) 메이크업 산업의 자료수집 및 분석
　① 최근 4년간 메이크업 산업 및 화장품 산업의 유행 동향을 조사하고 분석하여 연도별 최신 메이크업의 트렌드의 변화의 주요 흐름을 분석할 수 있다.
　② 시대별 메이크업 트렌드 유행 사례를 조사하여 국내 메이크업 산업의 특징을 분석할 수 있다.
　③ 각종 메이크업 트렌드 분석 자료를 통해 트렌드의 변화와 흐름을 이해하고 향후 메이크업 트렌드를 예측하는 데 도움이 될 수 있다.

(3) 메이크업 트렌드 분석
　① 수집한 자료를 토대로 트렌드를 흐름에 맞게 정리한다.
　② 유형별로 분류한 자료는 텍스트를 넣어 적절히 배치한다.
　③ 자료 분석 후 구체적인 최신 트렌드를 파악한다.
　④ 최신 메이크업 트렌드를 시각적으로 정리 후 일러스트로 표현할 수 있다.
　⑤ 최신 트렌드 메이크업을 적용할 수 있다.

2 트렌드 메이크업 표현

(1) 세미스모키 메이크업

① **베이스** : 파운데이션을 얇게 펴 발라 피부 결을 깨끗하게 표현하고 소량의 파우더를 발라 유분기를 잡아 준다.
② **눈썹** : 모발 색상에 맞추어 자연스러운 갈색으로 진하기 않게 그려 준다.
③ **아이 메이크업** : 브라운, 블랙, 베이지, 캐멀, 골드 등의 색상으로 자연스럽게 그러데이션을 해주고 아이보리나 크림색이 가미된 색상으로 하이라이트를 해주어 눈매를 부드럽게 강조한다.
④ **입술** : 핑크 베이지나 코럴 베이지 색상을 사용하여 입술은 연하게 표현하는 것이 좋다.
⑤ **블러셔** : 전체적으로 가벼운 코럴이나 라이트 핑크, 브론즈 색상의 블러셔로 가볍게 터치해 준다.

(2) 원 포인트 립 메이크업

① **베이스** : 커버력이 있는 파운데이션과 컨실러로 잡티를 커버하여 깨끗한 피부표현을 하고 파우더로 유분기를 조절해 준다.
② **눈썹** : 모발과 눈동자 색상과 같은 색으로 아이브로 섀도를 이용하여 자연스럽게 표현한다.
③ **아이 메이크업** : 눈두덩이 전체에 펄감이 없는 내추럴 베이지나 스킨 베이지 컬러를 발라 주고 한 톤 진한 컬러로 포인트를 주어 명암을 표현한다.
④ **입술** : 스트레이트 커브 립 라인을 그려 주고 퍼플 레드 계열로 매트하고 깔끔하게 완성하여 세련되고 차분한 분위기로 표현한다.
⑤ **블러셔** : 광대뼈 아래 뉴트럴 계열이나 베이지 브라운 계열로 섀딩하고 헤어라인과 페이스 라인을 자연스럽게 표현한다.

(3) 글로시 메이크업

① **베이스** : 톤업 베이스나 펄감이 함유된 베이스와 리퀴드 파운데이션을 이용하여 얇고 촉촉한 피부 톤을 표현해주며 투명 파우더로 가볍게 자연스럽게 마무리한다.
② **눈썹** : 브라운, 연그레이 색상의 아이브로 섀도를 섞어 눈썹 사이사이를 자연스럽게 표현한다. 눈썹 두께가 너무 얇지 않게 표현한다.
③ **아이 메이크업** : 베이지 컬러로 베이스를 하고 브라운 계열로 포인트를 주어 자연스럽게 그러데이션을 주어 부드러운 눈매를 연출한다.
④ **입술** : 투명 립글로스를 사용하여 촉촉한 느낌을 표현한다.
⑤ **블러셔** : 광대뼈를 감싸듯이 발라 애플 치크 형태를 표현한다. 이때 크림이나 리퀴드 타입 블러셔를 사용하여 피부 광택감을 표현한다.

Lesson 02 시대별 메이크업

1 시대별 메이크업 특징

(1) 1900년대 메이크업

① 부드러우면서도 관능적인 매력이 느껴지는 릴리언 러셀(Lillian Russell)을 최고의 미인으로 여겼다.
② 피부는 희고 깨끗하고 표현하였고 깔끔하게 정리된 듯한 눈썹은 펜슬로 짙게 표현하고 눈의 윤곽이 잘 보이도록 모양을 잡았다.

(2) 1910년대 메이크업

① 무성 영화배우 테다 바라(Theda Bara)와 폴라 네그리(Pola Negri)의 팜므 파탈 스타일이 대표적인 화장법이었다.
② 창백한 피부 표현과 검정색 펜슬로 일자형의 눈썹으로 그리고 눈 주위에 음영을 강하게 표현한 콜(kohl) 메이크업이 유행하였다.

(3) 1920년대 메이크업

① 클라라 보우(Clara Bow), 글로리아 스완슨(Gloria Swanson), 루이스 브룩스(Louise Brooks)가 대표적인 배우였다.
② 창백하게 피부 표현을 하였고 눈썹을 가늘게 다듬었고 눈매를 깊고 어둡게 음영을 준 메이크업과 졸린 듯한 게슴츠레한 눈이 특징이었고 입술은 검붉은 립스틱으로 작게 앵두같이 표현하였다.

(4) 1930년대 메이크업

① 대표적인 스타로는 그레타 가르보(Greta Garbo), 마를렌느 디트리히(Marlene Ditrich), 진 할로(Jean Harlow), 존 크래포드(Joan Crawford) 등이 있다.
② 밝은 피부톤에 여성스러움을 강조한 아치형의 둥근 눈썹과 아이홀 부위에 깊은 음영을 넣어 움푹 꺼진 느낌에 속눈썹을 길게 표현하였고 입술은 붉은색으로 표현하였다.

(5) 1940년대 메이크업

① 대표적인 배우로는 리타 헤이워드(Rita Hayworth), 베로니카 레이크(Veronica Lake), 베티 그레이블(Betty Grable), 잉그리드 버그만(Ingrid Bergman) 등이 있다.
② 핀업걸 같은 성적 매력을 부각시키는 스타일로 두껍고 또렷한 곡선 형태의 눈썹과 강조된 속눈썹이 특징이었고 입술은 섹시한 느낌으로 크고 선명하게 표현하였다.

(6) 1950년대 메이크업

① 사랑스럽고 소녀 같은 이미지의 오드리 헵번과 빨간 입술과 밝은 금발로 관능미를 강조한 메릴린 먼로(Marilyn Monroe)가 이 시대 대표적인 배우이다.
② 오드리 헵번 영향으로 전체적으로 흰 피부 표현과 굵고 각진 눈썹과 눈꼬리가 올라간 형태의 아이라인, 또렷하고 붉은 입술표현이 특징이다.
③ 메릴린 먼로 영향으로 밝은 피부톤과 가늘면서 각진 눈썹과 아이홀을 강조한 눈화장, 끝이 올라간 아이라인 등 성적 매력을 나타내는 아웃 커브형의 글로시한 입술 표현이 특징이다.

(7) 1960년대 메이크업

① 관능미와 야성미의 브리짓 바르도, 인형 같은 눈과 주근깨의 트위기(Twiggy) 메이크업이 대표적이다.
② 자연스러우면서도 거친 느낌의 눈썹 표현과 음영감 있는 아이섀도우, 눈꼬리를 강조한 아이라인, 자연스러운 입술표현으로 야성미와 섹시함을 강조한 것이 특징이다.
③ 트위기의 영향으로 인조 속눈썹으로 커다랗게 강조한 눈과 누드 립 표현으로 눈매를 상대적으로 더욱 강조시킨 것이 특징이다.

(8) 1970년대 메이크업

① 자연스러운 건강미를 살린 파라 포셋(Farrah Fawcett) 메이크업과 펑키 메이크업이 유행하였다.
② 자연스럽게 정리된 눈썹과 펄감이 있는 파스텔 색상의 아이섀도우, 자연스러운 아이라인과 볼륨감이 느껴지는 입술 등이 특징이다.
③ 펑키 메이크업은 주로 무채색 계열의 스모키(smoky)한 컬러와 라인으로 아이 메이크업을 강조하였고 다크 브라운 레드 계열로 각진 입술 또한 강조되었다.

(9) 1980년대 메이크업

① 대표적으로 마돈나, 브룩 실즈, 소피 마르소 등의 스타일이 유행하였다.
② 두껍고 진한 눈썹 표현과 다양한 색상과 화려한 펄감의 아이섀도우, 선명하고 진한 입술의 섹시하고 화려한 메이크업이 유행하였다.
③ 80년대 후반으로 갈수록 건강한 피부를 선호하여 부드럽고 청순한 이미지의 메이크업이 유행하였다.

(10) 1990년대 메이크업

① 다양한 메이크업 스타일이 공존하였고 내추럴 메이크업, 사이버 메이크업 등 개성 있는 메이크업을 선호하였다.
② 투명한 피부 표현과 자연스러운 눈썹 표현, 가벼운 색조 및 글로시한 입술표현 등이 특징이다.

③ 90년대 후반에는 세기말에 대한 동경과 두려움이 메이크업에도 나타나면서 펄(pearl)과 글리터(glitter)로 표현한 미래주의가 등장하였다.

2 시대별 메이크업 표현법

(1) 1900년대 메이크업 표현
① **피부 표현** : 광택 없이 창백하게 표현한다.
② **눈썹** : 눈매에 맞게 눈썹을 깔끔하게 다듬고 펜슬로 짙게 또렷하게 눈썹 모양을 표현한다.
③ **아이섀도 및 아이라인** : 베이지 브라운 색상 아이섀도로 눈에 음영을 표현하고 눈에 윤곽을 더하도록 검정 아이라인과 속눈썹을 올려 신하고 두껍게 표현한다.
④ **립 및 치크** : 붉은 색상의 립스틱과 핑크 계열로 볼 전체에 혈색을 표현한다.

(2) 1910년대 메이크업 표현
① **피부 표현** : 하얗고 창백하게 표현한다.
② **눈썹** : 눈썹 끝부분이 다소 처지게 검정 펜슬로 진하고 길게 그려 우울한 이미지로 표현한다.
③ **아이섀도 및 아이라인** : 검정과 다크 브라운 색상으로 눈 주위에 강하게 음영을 표현하고 마스카라와 인조 속눈썹을 붙여 깊이 있고 그윽한 눈매로 표현한다.
④ **립 및 치크** : 붉은 색상의 립스틱으로 입술보다 얇고 작게 표현하고 핑크 계열로 혈색을 표현한다.

(3) 1920년대 메이크업 표현
① **피부 표현** : 밝은색 파운데이션으로 밝고 창백하게 표현하고 컨실러로 잡티를 커버 후 파우더로 마무리한다.
② **눈썹** : 검정 펜슬로 눈썹 앞머리를 수평으로 그리며 눈썹꼬리 부분은 처지게 표현한다.
③ **아이섀도 및 아이라인** : 눈꼬리가 올라가 보이지 않도록 하면서 아이홀 부분에 음영을 넣어주고 눈매 전체에 검정 아이라인을 강조하며 표현한다. 마스카라와 인조 속눈썹으로 깊이감 있게 표현한다.
④ **립 및 치크** : 붉은 립스틱으로 꽃봉오리 같은 인커브 형태의 립을 표현한 후 뺨 위에 넓고 둥글게 혈색을 준다.

(4) 1930년대 메이크업 표현
① **피부 표현** : 창백하고 밝게 표현하고 하이라이트와 섀딩으로 얼굴에 음영을 준 후 파우더로 매트하게 마무리한다.
② **눈썹** : 더마 왁스 등을 이용해 본래의 눈썹을 완벽하게 커버한 후, 가는 아치형으로 눈썹을 표현한다.

③ **아이섀도 및 아이라인** : 눈이 움푹 들어가 보이도록 눈두덩이에 펄 없는 브라운 색상으로 자연스럽게 그러데이션 해서 아이홀을 표현한다. 아이라인과 인조 속눈썹으로 눈매를 더욱 강조하고 그윽하게 표현한다.

④ **립 및 치크** : 유분감이 느껴지는 레드 브라운 컬러로 인커브 형태로 입술을 표현하고 브라운 컬러로 광대뼈 아래쪽을 강하게 표현한 후 핑크 톤으로 얼굴을 가볍게 쓸어준다.

(5) 1940년대 메이크업 표현

① **피부 표현** : 하얀 피부 표현을 위해 파운데이션과 컨실러를 이용하여 깨끗하게 잡티를 커버한 후 하이라이트와 섀딩으로 입체감을 주고 파우더로 마무리한다.

② **눈썹** : 두껍고 또렷한 아치형의 곡선 형태로 표현한다.

③ **아이섀도 및 아이라인** : 베이지 색상으로 눈두덩이에 음영을 주고 인조 속눈썹과 마스카라로 눈매를 깊이 있게 표현한다.

④ **립 및 치크** : 크고 선명한 입술 라인을 표현하고 레드 브라운 색상으로 채워준다. 광대뼈 아래쪽에서 사선 느낌으로 치크를 표현한다.

(6) 1950년대 메이크업 표현

① **오드리 헵번 메이크업**

㉮ 피부 표현 : 희고 밝게 피부 표현을 하고 컨실러로 잡티를 커버한 후 파우더로 매트하게 마무리한다.

㉯ 눈썹 : 다크 브라운 컬러 아이섀도를 이용해 각지고 굵게 표현한다.

㉰ 아이섀도 및 아이라인 : 베이지 브라운 색상으로 음영을 표현하고 밝은 색상으로 눈썹산 아래 하이라이트를 준다. 아이라인은 두껍고 끝부분이 살짝 위로 올라가게 표현하고 마스카라와 인조 속눈썹을 붙여 강조한다.

㉱ 립 및 치크 : 붉은 색상으로 입술을 볼륨있게 표현하고 핑크 계열로 광대뼈 중앙부분과 얼굴 윤곽선을 감싸듯 표현한다.

② **메릴린 먼로 메이크업**

㉮ 피부 표현 : 밝은 핑크톤의 파운데이션과 컨실러로 잡티를 커버하여 깨끗하게 피부 표현을 한다. 섀딩과 하이라이트로 윤곽 수정 후 파우더로 매트하게 마무리한다.

㉯ 눈썹 : 각진 형태로 가늘지 않게 그려주고 미간 부분이 좁지 않게 표현한다.

㉰ 아이섀도 및 아이라인 : 눈두덩이를 중심으로 핑크와 베이지 컬러로 아이홀을 강조하여 표현하고 그러데이션을 해 준다. 아이홀 안쪽 부분에 화이트 색상으로 표현하고 언더에는 베이지 계열의 색상을 발라준다. 눈꼬리 부분에 아이라인을 굵고 길게 그려주고 인조 속눈썹을 길게 위로 올려붙여 끝이 치켜 올라간 느낌으로 표현한다.

㉱ 립 및 치크 : 아웃커브 형태의 입술을 붉은 컬러로 윤기있게 표현하고 치크는 핑크톤으로 광대뼈 아래쪽에서 사선으로 표현한다. 메릴린 먼로의 개성 있는 점을 표현하며 마무리한다.

(7) 1960년대 메이크업 표현

① **브리짓 바르도 메이크업**
  ㉮ **피부 표현** : 컨실러와 파운데이션으로 피부를 자연스럽게 커버한 후 하이라이트와 섀딩을 한 후 파우더로 마무리한다.
  ㉯ **눈썹** : 눈썹은 결을 따라서 자연스럽게 표현한다.
  ㉰ **아이섀도 및 아이라인** : 녹색 아이섀도를 눈두덩이에 바르고 아이라인으로 눈꼬리를 길게 강조하여 표현한 후 인조 속눈썹과 마스카라를 붙여 마무리한다.
  ㉱ **립 및 치크** : 누드 톤의 색상으로 볼륨감 있게 입술을 표현하고 핑크나 피치 색상으로 치크를 표현한다.

② **트위기 메이크업**
  ㉮ **피부 표현** : 리퀴드 파운데이션을 이용해 얇고 자연스럽게 피부 표현을 한다.
  ㉯ **눈썹** : 자연스러운 색상으로 눈썹산을 살짝 올려 진하지 않게 표현한다.
  ㉰ **아이섀도 및 아이라인** : 화이트 베이스 컬러와 핑크, 네이비, 그레이 컬러 등을 사용하여 쌍꺼풀 라인을 크고 둥글게 인위적으로 강조하며 표현한다. 아이라인은 검은색으로 눈꼬리 방향으로 길게 표현하고 화이트 색상으로 쌍꺼풀 안쪽과 눈썹산 아래에 하이라이트를 준다. 언더 속눈썹도 그려 과장된 속눈썹 표현으로 눈매를 더욱 강조하고 인조 속눈썹과 마스카라로 마무리한다.
  ㉱ **립 및 치크** : 자연스러운 누드톤의 핑크 입술을 표현한다. 핑크톤으로 치크를 표현한 후 브라운 섀도 또는 펜슬을 이용해 주근깨를 표현해 마무리한다.

(8) 1970년대 펑크 메이크업 표현

① **피부 표현** : 화이트 베이스를 바른 후 파운데이션과 컨실러로 커버하여 창백하고 밝게 피부를 표현한 후 투명 파우더나 화이트 파우더를 이용해 마무리한다.
② **눈썹** : 검정 펜슬로 직선의 상승형으로 표현한다.
③ **아이섀도 및 아이라인** : 화이트, 그레이, 블랙 색상으로 눈꼬리가 올라가 보이도록 그러데이션을 하여 강하고 날카로운 눈매를 표현하고 인조 속눈썹과 마스카라로 마무리한다.
④ **립 및 치크** : 검정 펜슬로 각진형태의 립 모양을 그려주고 다크 레드 브라운 색상으로 그러데이션하며 채워준다. 블랙과 그레이 컬러를 섞어 직선적이고 사선으로 표현한다.

(9) 1980년대 메이크업 표현

① **피부 표현** : 피부톤에 맞는 파운데이션으로 자연스럽게 피부 표현을 하고 윤곽을 표현하여 얼굴에 입체감을 주며 매트하게 마무리한다.
② **눈썹** : 눈썹은 브라운 색상으로 자연스럽게 표현한다.

③ **아이섀도 및 아이라인** : 블루 또는 퍼플 같은 강한 색상으로 눈두덩이와 언더라인까지 연결해 그러데이션 해주고 검정 아이라인으로 눈매를 더욱 선명하게 표현한다. 펄이 있는 밝은 색상으로 하이라이트를 주어 더 화려하게 표현하고 인조 속눈썹과 마스카라로 눈매를 선명하고 풍성하게 마무리한다.

④ **립 및 치크** : 붉은 색상으로 볼륨감 있는 입술을 표현하고 피치 색상을 이용해 혈색을 주어 생기있게 표현한다.

(10) 1990년대 메이크업 표현

① **피부 표현** : 피부에 맞는 자연스러운 색상의 파운데이션과 컨실러로 잡티만 가볍게 커버하여 투명하고 내추럴하게 피부 표현을 한다.

② **눈썹** : 눈썹결을 살려 얼굴형에 맞는 형태의 눈썹을 부드럽고 자연스럽게 표현한다.

③ **아이섀도 및 아이라인** : 베이지, 핑크 베이지, 브라운 색상같은 가벼운 색조 위주로 눈두덩이를 자연스럽게 표현하여 음영을 주고, 아이라인은 속눈썹 뿌리 부분만 채우듯이 진하지 않게 눈매를 표현해주고 마스카라로 가볍게 마무리한다.

④ **립 및 치크** : 핑크 베이지나 베이지 브라운 같은 자연스러운 색상의 립스틱이나 립글로스를 이용하여 촉촉하고 내추럴하게 입술을 표현하고 핑크 또는 피치 색상으로 생기있게 치크를 표현한다.

미디어 캐릭터 메이크업

Lesson 01 미디어 캐릭터 기획

1 미디어 특성별 메이크업

(1) 미디어 메이크업의 분류

① 스트레이트 메이크업
  ㉮ 출연자의 피부 표현 시 결점을 최소화하고 조명에 의한 반사를 방지하는 기본적인 메이크업이다.
  ㉯ 시청자나 관객이 매체를 통해 볼 때는 메이크업을 하지 않은 듯 최대한 자연스럽게 연출하는 것이 특징이다.
  ㉰ 메이크업을 시술 시 표현방식 및 제품선택에서 자연스럽게 연출되도록 해야 한다.

② 캐릭터 메이크업
  ㉮ 대본에서 요구하는 극 중 등장인물의 캐릭터에 맞도록 연기자의 외형적 변화를 주는 것이 특징이다.
  ㉯ 캐릭터의 연령, 직업, 성격, 건강 등을 표현해 주기 위해 적합한 분장 디자인을 구상하고 시행해야 한다. 예로서 연령별 메이크업, 대머리, 상처 메이크업, 수염 등이 이에 속한다.
  ㉰ 경우에 따라 특수 분장을 시행한다.

(2) 영화 메이크업

① 영화 시나리오 분석에 따라 등장인물에 맞는 메이크업이 필요하며 대형 스크린을 통해 전달되기 때문에 사실적이고 자연스럽게 표현되어야 한다.
② 장르에 따라 특수 분장 및 특수 효과를 함께 실행하기도 한다.
③ 영화 시나리오를 분석하여 메이크업 세부 디자인을 설정한다.
④ 작품에서 나타나는 시대배경, 환경 및 인물의 연령, 성격 등을 분석한다.
⑤ 의상 및 헤어 소품, 촬영 장소, 세트장의 조명 밝기 등을 고려하여 메이크업 방향을 제시한다.

(3) 드라마 메이크업

① 목적에 따라 보도, 교양, 교육, 연예, 오락, 드라마 등으로 분류되며 프로그램의 특성과 조명에 따라 메이크업이 시행되어야 한다.
② 시놉시스 분석에 따른 메이크업 디자인 계획을 세운다.
③ 작품 속에 설정된 인물들의 성격, 직업, 연령, 시대적 배경 등을 분석한다.
④ 극의 성격과 장르를 파악하고 종합해서 성격 분석표를 작성한다.
⑤ 미디어 제작 환경을 파악하여 특성에 적합하게 준비한다.
⑥ 시대극 또는 현대극 제작 시 세트장 크기, 전체적 배경, 시대별 특징과 색감, 생활 디자인 요소들을 파악한다.
⑦ 메이크업 시행 시 고려해야 할 사항을 숙지하고 소품을 준비한다.
⑧ 낮 신, 밤 신, 시대극에 따라 메이크업 시행 시 고려사항을 확인한다.
⑨ 드라마 캐릭터에 적합한 메이크업을 표현하고 수정·보완한다.

(4) 광고 메이크업

① 광고의 종류
  ㉮ 동영상(CF) : 커머셜 필름(commercial film)의 약자로서 상품 특성과 모델의 이미지를 최대한으로 자연스럽게 조합시키고 광고 목적을 파악하고 콘셉트에 맞추어 적절한 메이크업을 하는 것이 중요하다.
  ㉯ 지면 광고 : 신문, 잡지, 카탈로그, 포스터, DM(direct marketing) 등 인쇄 매체로 표현되는 광고로서 매체 특성과 콘셉트에 맞도록 메이크업이 시행되어야 한다.
② 광고의 목적 및 광고 대상의 특성과 전체적인 광고 콘셉트를 파악한다.
③ 트렌드를 분석하여 적합한 이미지를 정하고 모델에 적합한 메이크업 디자인을 시행한다.
④ 콘티를 참조하여 광고 메이크업을 시행한다.
⑤ 촬영 현장에서의 세트의 색감, 밝기, 카메라 움직임, 모델의 동선 등을 파악한다.
⑥ 분장실의 밝기, 환기, 청결 등을 확인하고 모델이 도착하기 전에 준비해 둔다.

2 미디어 캐릭터 표현

(1) 미디어의 캐릭터

① 영화나 드라마 작품 속에 등장하는 모든 인물들을 캐릭터라고 한다.
② 캐릭터는 작가 또는 연출가의 의도된 기획에 의해 창조되고 연기자에 의해 캐릭터 이미지로 표현된다.
③ 대본 이외에 메이크업, 헤어, 의상, 소품 등을 활용하여 극 중 캐릭터의 성격과 특성 등이 표현된다.

(2) 미디어 캐릭터 기획

① 작품의 장르와 성별, 연령, 시대, 상황 등의 분석을 바탕으로 등장인물들의 캐릭터를 파악한다.

② 캐릭터와 관련된 시대별, 문화적, 캐릭터별 사진 자료를 수집한다.

③ 특정한 캐릭터를 만들기 위해 연기자의 이미지를 파악하고 효과적인 캐릭터 메이크업을 시행한다.

④ 캐릭터 이미지를 표현할 때 영향을 주는 요소
  ㉮ 인상학적 요소 : 연기자의 외모, 육체적인 특징 등이 영향을 준다.
  ㉯ 환경적 요소 : 캐릭터의 피부 타입이나 피부색 등이 영향을 준다.
  ㉰ 건강적 요소 : 피부 상태, 눈 주위의 음영, 입술의 상태 등 캐릭터의 건강 상태를 표현할 때 특성 질병 증상은 정확한 사실에 기반을 두고 표현한다.
  ㉱ 상처적 요소 : 유전적 원인, 싸움, 수술, 자상 등은 캐릭터의 외형적 표현에 영향을 준다.
  ㉲ 시대적 요소 : 캐릭터를 표현하고자 하는 시대에서 대중적으로 유행하는 요소들을 고려한다.

⑤ 부가적인 소품 활용
  ㉮ 가발
    ㉠ 인모(자연모) : 실제 사람의 모발을 이용하여 만든 가발이다. 자연스러운 스타일링과 시술 연출이 가능하며 관리가 쉬운 편이다. 가격이 비싼 것이 단점이다.
    ㉡ 인조모 : 인모에 비해 가격이 저렴하며 속이 빈 형태이기 때문에 무게가 가볍고 세척 후 건조가 빠르다. 염색 및 시술이 어려우며 잘 엉키는 것이 단점이다.
  ㉯ 콘택트렌즈, 틀니 등 기타 소품 : 다양한 컬러의 콘택트렌즈, 캐릭터의 외형적 이미지 변신을 위해서 틀니 등의 소품을 활용하여 작품 속 캐릭터를 표현할 수 있다.

(3) 미디어 캐릭터 표현

① 시나리오 분석을 통하여 캐릭터의 성격, 인물간의 역학 관계, 질병 또는 사고, 이야기 전개에 따른 메이크업의 변화 등을 전체적으로 꼼꼼하게 분석하고 파악한다.

② 캐릭터의 성격 및 특징을 시간 흐름에 따라 분석하여 이미지의 변화를 파악한다.

③ 연출자, 배우, 스태프 등 관계자와 회의에서 파악한 내용을 바탕으로 분장 디자인을 기획하고 각 캐릭터별 메이크업 디자인을 구상한다.

④ 종합적인 상황을 분석하고 캐릭터 메이크업에 적합한 재료와 표현 방법을 구상한다.

⑤ 기획 의도와 목적에 알맞은 메이크업 디자인 기획안을 작성한다.
  ㉮ 작품의 장르와 기획 의도를 중심으로 성격 분석표를 작성한다.
  ㉯ 이미지에 적합한 시안을 선별하여 스크랩한다.
  ㉰ 구체화된 캐릭터의 이미지를 콘셉트에 적합하게 다양한 메이크업 스타일을 구상한다.
  ㉱ 파악한 콘셉트를 바탕으로 등장인물의 이미지를 메이크업 디자인으로 완성한다.
  ㉲ 조명과 조도에 따른 색감 변화를 파악하여 정확한 메이크업 스타일로 표현되도록 한다.
  ㉳ 배우와 미팅을 통해 디자인을 함께 검토하고 배우에게 접목된 메이크업 디자인을 완성한다.

⑥ 기획안에 맞게 메이크업 시안을 프리젠테이션 자료로 만든다.
  ㉮ 시안에 적합한 이미지 파일을 선별하여 준비한다.
  ㉯ 콘셉트에 맞는 배경과 스타일링에 적합한 메이크업 시안을 순서대로 프레젠테이션 자료로 만든다.
  ㉰ 메이크업 시연 방법에 적절한 시안을 첨부한다.
  ㉱ 프레젠테이션 자료의 순서 및 내용을 확인한다.
⑦ 메이크업 시안을 발표한다.

Lesson 02 볼드캡 캐릭터 표현

1 볼드캡의 특성 및 유형

(1) 볼드캡의 유형

① **대머리 캐릭터** : 유전적 요인으로 머리카락이 없거나 적은 상태의 대머리 캐릭터 표현은 유전, 직업, 환경 등의 요소를 고려하여 표현한다.

② **특수 효과 캐릭터** : 일반적인 캐릭터 메이크업으로 표현이 안되는 얼굴 화상이나 질병으로 인한 탈모, SF 영화 속의 캐릭터, 괴물, 외계인 등 외형적 변화 및 캐릭터 특징 표현을 위해 볼드캡을 먼저 시행 후 그 위에 특수 효과로 표현한다.

(2) 볼드캡 재료

① **라텍스 캡**(latex cap)
  ㉮ 라텍스는 천연고무에 황과 암모니아 등을 섞어 만든 것이다.
  ㉯ 쉽게 마르고 가격이 저렴하며 특수 효과를 위한 메이크업 재료로 많이 사용된다.
  ㉰ 가장 오래 된 피부용 특수 분장 재료이다.
  ㉱ 단단하고 두꺼울수록 투명도가 떨어져 채색 시 주의가 필요하다.
  ㉲ 가장자리 이음새가 표시가 잘 난다.

② **플라스틱 캡**(plastic cap)
  ㉮ 액체 플라스틱에 아세톤을 첨가하여 농도를 조절하여 제작한 것이다.
  ㉯ 라텍스 캡에 비해 제작이 까다로우나 표현의 완성도가 높은 것이 장점이다.
  ㉰ 가장자리 마무리는 아세톤으로 녹여서 하며 표시가 잘 나지 않아 자연스럽다.
  ㉱ 제작비용이 비싸다.
  ㉲ 신축성이 없어서 모델의 두상에 맞는 사이즈가 필요하다.

■ 볼드캡 : 볼드캡은 캐릭터 표현, 특수 분장 작업 시 준비 단계로 시행되는 메이크업이다.

2 볼드캡 제작 및 표현

(1) 볼드캡 제작

> 재료 : 레드헤드, 바세린, 라텍스 or 글라짠, 스펀지, 베이비파우더, 분첩, 브러시, 드라이기

① 레드헤드의 이음새를 사포로 문질러 매끈하게 만든다.
② 배우의 두상 크기에 맞춰 유성펜으로 헤어라인을 표시한다.
③ 레드헤드와 라텍스 or 글라짠이 잘 분리되기 쉽도록 바세린을 바른다.
④ 스펀지 또는 브러시를 이용해 라텍스 또는 글라짠을 중앙에서 가장자리로 바른다.
⑤ 헤어 드라이기로 건조시킨다.
⑥ 바르고 건조시키기를 3~8회 반복하면서 두께감을 준다.
⑦ 완성된 볼드캡 위에 분첩으로 파우더를 골고루 바른다.
⑧ 볼드캡 밑 부분부터 안쪽과 바깥쪽에 파우더를 골고루 바르며 벗겨낸다.

(2) 볼드캡을 이용한 대머리 캐릭터 메이크업 표현

> 재료 : 플라스틱 볼드캡, 전용 접착제, 아세톤, 가위, 빗, 프로세이드, 파우더, FX 팔레트, 에어브러시, 컴프레서, 메이크업 재료 세트 등

① 모델의 머리에 물을 묻혀 고르게 빗질한다.
② 모델의 피부를 깨끗하게 닦아 준다.
③ 머리를 고르게 한 후 볼드캡을 씌우고 좌우 앞뒤의 균형을 확인하고 위치를 정한다.
④ 이마를 중심부위를 접착제로 고정시키고 전체적으로 볼드캡을 씌운다.
⑤ 귀 테두리 부분을 제외하고 이마 중심과 옆면 쪽을 접착제로 부착해 준다.
⑥ 귀 부분을 가위로 조심스럽게 내어주고 접착제로 부착한다.
⑦ 피부와의 경계면은 아세톤을 사용하여 녹여 자연스럽게 마무리한다.
⑧ 두꺼운 부위는 프로세이드를 사용하여 메꾸어 준 후 파우더로 마무리한다.
⑨ 에어브러시, 브러시, 스펀지 등을 사용하여 피부색에 맞추어 채색한다.
⑩ 스펀지를 사용하여 두피의 모공을 자연스럽게 표현한다.
⑪ 대머리 연출이 완성된 후 머리와 얼굴의 피부 톤을 맞추어 메이크업을 시행한다.

Lesson 03 연령별 캐릭터 표현

1 연령대별 캐릭터 표현

(1) 연령대별 캐릭터 표현의 종류

① **명암법**
  ㉮ 파운데이션의 밝고 어두운 정도를 조절하는 방법으로 보편적으로 가장 많이 사용하는 방법이다.
  ㉯ TV에서 가장 효과적으로 사용하며 평면적인 표현이 쉽고 마른 사람에게 가장 효과적인 방법이다.
  ㉰ 정면에 비해 측면은 평면이기 때문에 클로즈업 시 부자연스럽다.

② **라텍스 빌드 업**
  ㉮ 라텍스를 부분 또는 전체에 사용하여 피부의 주름을 사실적으로 만들어 주는 방법이다.
  ㉯ 주름의 깊이에 맞춰 덧발라주므로 명암법에 비해 입체적이고 자연스러운 연출이 가능하다.
  ㉰ 영화와 같이 화면이 크고 섬세한 연출이 필요한 경우에 효과적이다. 명암법에 비해 과정이 힘들어 배우의 협조가 필요하다.

③ **플라스틱 빌드 업**
  ㉮ 액체 플라스틱에 아타겔(파우더)을 사용하여 농도를 조절한 후 주름을 연출하는 방법이다.
  ㉯ 라텍스 빌드 업에 비해 사실적이며 시간이 적게 걸린다.
  ㉰ 명암법에 비해 사실적으로 표현할 수 있으며 영화같이 스크린이 큰 화면에서 미세한 주름을 표현해야 할 때 효과적이다.

④ **어플라이언스 메이크업**
  ㉮ 핫폼이나 실리콘으로 제작된 슬랩 등을 피부에 부착하는 방법으로 미리 제작된 어플라이언스를 활용하여 연출하는 방법이다.
  ㉯ 영화나 극사실적인 분장이 필요할 때 효과적이나 비용이 많이 들고 분장 시간이 길다.

(2) 연령대별 캐릭터 표현 특징

① 20~30세
  ㉮ 20대 초중반은 노화 진행이 거의 나타나지 않는다.
  ㉯ 20대 후반부터 건조해지고 눈가와 팔자 주름 부위에 노화가 진행되기 시작한다.

② 30~40세
  ㉮ 피부톤이 탁해진다.
  ㉯ 아이백이 앞부분에 생기기 시작한다.
  ㉰ 팔자 주름(스마일 라인)이 조금씩 생기기 시작한다.

③ 40~50세
   ㉮ 아이백과 팔자 주름(스마일 라인)이 더욱 깊어진다.
   ㉯ 아이홀 윤곽이 깊어지기 시작한다.
   ㉰ 얼굴의 골격이 드러나기 시작한다.
④ 50~60세
   ㉮ 이마, 미간, 아이백, 눈꼬리, 팔자 주름 등 전체적으로 주름이 잡힌다.
   ㉯ 흰 머리가 나타나며 머리숱이 적어진다.
   ㉰ 볼이 꺼지기 시작하고 콧방울 옆 볼 주름이 생긴다.
⑤ 60~70세
   ㉮ 얼굴 전체적으로 주름이 깊어진다.
   ㉯ 피부 톤이 탁해지고 탄력이 떨어진다.
   ㉰ 검버섯 등이 두드러지게 나타나고 머리숱이 적어지고 흰머리가 많아진다.
⑥ 70세 이후
   ㉮ 이마, 팔자 주름(스마일 라인), 아이백에 깊은 주름이 생긴다.
   ㉯ 전체적으로 근육이 처지고 피부가 거칠어진다.
   ㉰ 머리색과 수염색이 하얗게 변하고 검버섯 등 잡티가 많이 생긴다.

2 수염 표현

(1) 수염 분장의 종류

① **직접 붙이는 방법**
   ㉮ 분장 디자인에 적합한 털의 종류 및 색을 선택하고 수염 접착제를 이용하여 피부에 직접 붙이는 방법이다.
   ㉯ 제작된 수염에 비해 분장 시간이 오래 걸리고 신의 연결이 힘든 것이 단점이다.
   ㉰ 제작된 수염에 비해 가격이 저렴한 장점이 있다.

② **미리 제작된 수염**
   ㉮ 수염 망 또는 액체 플라스틱을 바탕으로 미리 제작된 것이다.
   ㉯ 현장에서 분장 시간이 절약되고 재사용이 가능하며 모양의 변형 없이 신의 연결에 효과적이다.
   ㉰ 사전 제작 기간이 오래 걸리며 제작비용이 높은 것이 단점이다.

(2) 수염 분장에 사용되는 털의 종류

① **생사**
   ㉮ 누에고치에서 생산된 실크를 염색하여 만들어진 것이다.
   ㉯ 실제 수염과 가장 비슷한 느낌이며 오랜 시간 착용해도 부담이 없다.

㉰ 인모보다 얇고 가벼워 바람에 잘 날려 인조사와 섞어 사용하기도 한다.
㉱ 인조사에 비해 가격이 비싼 편이다.

② **인조사**
㉮ 인조사는 플라스틱 베이스의 원사로서 주로 가발에 사용된다.
㉯ 수염 분장 시 분장에 용이하도록 가공하는 손질 과정이 필요하다.
㉰ 생사에 비해 저렴한 가격이 장점이다.

③ **인모**
㉮ 인모는 사람의 머리카락으로 다른 종류에 비해 무겁고 두껍다.
㉯ 망 수염에 적합하고 열에 강해 다양한 수염 디자인이 가능하다.
㉰ 모발이 비교적 얇은 북유럽, 인도인들의 인모가 많이 사용된다.
㉱ 알코올과 아세톤 등에 녹지 않기 때문에 수염 제거 시 망 수염이 망가지지 않는다.

④ **야크 헤어**
㉮ 야생 들소의 털을 뜻하며 인모와 비슷한 성질을 가지고 있다.
㉯ 수염 및 가발의 재료로 많이 사용된다.
㉰ 털이 두껍고 뻣뻣해서 가루 수염, 짧은 수염, 망 수염 제작에 적합하다.

⑤ **크레이프 울**
㉮ 크레이프 울은 양털을 가공하여 만든 것으로 얇고 가벼워 부착하기 쉽다.
㉯ 동양인보다는 서양인의 수염 표현에 적합하며 스팀다리미를 이용해 웨이브를 조절할 수 있다.

(3) 수염 분장 형태

① **선비 수염** : 모양이 가지런하고 차분한 모양의 부드러운 질감을 가진 수염 형태이다.
② **간신 수염** : 수염의 양은 적고 수염의 모양이 짧게 끊어져 있는 형태이다.
③ **산적 수염** : 양이 많으며 질감이 거칠고 정리가 되지 않는 느낌의 형태이다.
④ **무관 수염** : 활동적인 인상을 줄 수 있도록 비교적 길이가 짧고 거친 질감의 형태이다.
⑤ **평민 수염** : 수염의 양은 적게 하며 나이와 관계없이 짧은 길이로 표현하는 형태이다.
⑥ **왕 수염** : 중간 정도 길이에 콧수염과 턱수염을 연결하여 차분하면서 근엄한 느낌이 연출되는 수염 형태이다.
⑦ **산신령 수염** : 수염의 양이 많고 길며 백모의 형태이다.

Lesson 04 상처 메이크업

1 상처 표현의 종류

(1) 타박상

　① 외부의 충격으로 피부 내 조직과 근육에 손상을 입어 출혈이 생기고 부종이 보이는 상태로 멍이라고도 한다.

　② **타박상 진행에 따른 색상의 변화**

　　㉮ 1시간~3일 정도 : 붉은색을 띤다.

　　㉯ 3일~2주 정도 : 머룬 ~ 퍼플 색을 띠며 진해진다.

　　㉰ 2주~회복 : 외곽 부분을 중심으로 그린과 옐로우색을 띠며 점차 붉은색이 빠지고 바랜 느낌으로 변화된다.

(2) **찰과상**

　① 긁히거나 마찰에 의해 피부나 점막 표면에 상처가 발생한 상태이다.

　② 외상으로 긁힌 상처를 말하며 정도에 따라 출혈이 있을 수 있다.

　③ 다친 강도와 원인 물질의 표면 형태에 따라 상처의 정도 차이를 고려하여 표현한다.

(3) **절상**

　① 칼, 금속기, 유리 파편 등의 예리한 날을 가진 물건에 의해서 잘렸을 때 상처가 발생한 상태이다.

　② 조직 내의 혈관이 손상되기 때문에 다량의 출혈이 수반된다.

　③ 원인이 되는 물건의 종류에 따라 상처의 모양에 차이를 고려하여 표현한다.

(4) **그 외 상처**

　① **봉합상처** : 꿰맨 상처

　② **흉터** : 손상된 피부의 흔적

　③ **총상** : 총기류에 손상을 입은 상처

　④ **절상** : 끝이 예리한 물체로 인해 잘린 상처

　⑤ **자상** : 끝이 예리하고 날카로운 물체(칼, 유리, 파편 등)에 의해 찔려 생긴 상처

　⑥ **열상** : 칼이나 둔기 등으로 피부가 찢겨 생긴 상처로 주로 열과 피를 동반

　⑦ **화상** : 열에 의해 손상된 피부

2 상처 표현 방법

(1) 타박상 상처 표현법

　　재료 : 크림 라이너 또는 글레이징 젤, FX 팔레트, 오렌지 스펀지, 브러시 등

① 멍이 생성된 시간에서 나아가는 시간까지 경과에 따른 색상 변화를 파악하고 그에 알맞은 색감을 표현하도록 한다.(레드 → 머룬 → 퍼플 → 그린 → 옐로우)
② 스펀지나 브러시를 이용하여 사실감을 부여하며 단계별로 색을 표현한다.

(2) 찰과상 상처 표현법

　　재료 : 크림 라이너, FX 팔레트, 블랙 스펀지, 왁스, 인조 피, 에틸알코올 등

① 찰과상을 표현할 부위를 알코올로 깨끗하게 정돈한다.
② 블랙 스펀지에 레드, 머룬, 퍼플 등의 크림 라이너(또는 FX 팔레트)를 묻혀서 연출하고자 하는 방향으로 스치듯 긁어 사실감 있게 표현한다. 깊이 있는 상처 표현 시 부드러운 왁스를 먼저 적용해 준 후 표현한다.
③ 상처 위에 인공 피를 발라 사실감을 부여한다.

(3) 절상(cut) 상처 표현법

　　재료 : 왁스 또는 3rd degree, 크림 라이너, FX 팔레트, 인조 피, 에틸알코올, 스파츌라 등

① 절상을 표현할 부위를 알코올로 깨끗하게 정돈한다.
② 스파츌라를 사용하여 왁스 또는 3rd degree를 펴 바른다.
③ 가장자리를 자연스럽게 만들어 준다.
④ 스파츌라를 이용하여 컷 모양을 표현한다.
⑤ 레드 스펀지를 이용하여 텍스처를 표현한다.
⑥ 크림 라이너 또는 FX 팔레트(알코올 베이스 화장품)로 붉은 색상을 표현한다.
⑦ 컷 안쪽에 짙은 색상을 칠해 상처의 깊이감을 표현한다.
⑧ 인조 피를 발라 사실감을 더해준다.

무대공연 캐릭터 메이크업

Lesson 01 작품 캐릭터 개발

1 공연 작품 분석

(1) 작품(시나리오) 분석
  ① **지문** : 대사 외에 괄호 안의 지시문으로 캐릭터의 속마음 또는 행동들을 파악할 수 있다.
  ② **대화** : 배우가 하는 말로서 줄거리 및 캐릭터의 성격, 인물 관계도를 파악할 수 있다.
  ③ **액션** : 비언어적인 요소로 캐릭터의 감정을 표현하는 다른 방법이다.
  ④ **배경** : 작품의 배경이 되는 시대적 상황이나 환경으로 무대의 전체적인 분위기, 의상, 소품 등을 파악할 수 있다.

(2) 작품(시나리오) 캐릭터 분석
  ① **캐릭터 직업 분석**
      ㉮ 작품 캐릭터의 직업에 따라 나타나는 특징을 분석한다.
      ㉯ 캐릭터의 직업을 정확히 파악하고 메이크업을 설정한다.
  ② **캐릭터의 연령 분석**
      ㉮ 20-30대 : 얼굴에 굴곡이 생기기 시작
      ㉯ 40~50대 : 얼굴 톤의 변화, 이마, 눈과 입 주위, 콧등 위 주름 형성
      ㉰ 50~60대 : 피부가 얇아지고 늘어짐, 검버섯과 잡티 형성, 주름이 깊어짐
      ㉱ 70대 이후 : 눈 밑 깊은 주름, 지방이 꺼지고 광대뼈가 두드러짐, 많은 잡티 등
  ③ **얼굴 특성에 따른 캐릭터의 성격 특징 분석**
      ㉮ 눈썹의 형태에 따른 성격 특징
      ㉯ 눈의 형태에 따른 성격 특징
      ㉰ 코의 형태에 따른 성격 특징
      ㉱ 입의 형태에 따른 성격 특징

2 작품 캐릭터 메이크업 디자인

(1) 작품 분석표 작성
① 시나리오(대본)을 읽고 등장인물의 나이, 성격, 직업, 환경 등을 파악한다.
② 메이크업 디자인을 위한 기본 계획서를 작성한다.

(2) 의상 디자인 자료를 수집하여 메이크업 결정
① 의상 디자인을 참고해서 메이크업 색상을 미리 결정한다.
② 의상 디자인이 고증에 따른 사실적 표현인지, 현대적으로 재해석된 표현인지를 파악하고 메이크업 방향을 결정한다.
③ 의상 디자이너와 함께 캐릭터의 헤어 장신구에 대해서 미리 협의한다.
④ 모든 요소들을 종합하여 메이크업을 결정한다.

(3) 무대 디자인 분석
① 무대 디자인은 시각적 비중이 가장 큰 요소이며 관객이 가장 먼저 만나게 되는 무대 예술이다.
② 작품의 시대적 배경 및 주인공의 환경 등을 미리 예측하게 해주며, 연출자의 의도와 배우의 동선을 보여준다.
③ 공연 전체의 분위기와 색을 알게 해주어 메이크업 아티스트, 조명, 의상 디자이너에게 영감을 주는 중요한 부분이다.

(4) 무대 공연 메이크업 디자인
① 캐릭터를 표현하거나 실제 메이크업을 하기 전에 메이크업을 디자인한다.
② 등장인물의 연령에 따른 골격의 변화, 성격에 따른 눈썹의 건강, 형태에 따른 피부색 표현, 직업, 인종, 환경, 시대적 배경에 따른 헤어스타일 등 많은 것을 파악하고 분석한다.

(5) 계획서 발표 및 피드백을 통한 디자인 수정
① 성격 분석표와 분장 작업표를 참고하여 프레젠테이션 자료를 미리 준비한다.
② 캐릭터 메이크업 디자인의 특징을 상세히 설명한다.
③ 연출자와 관계자들의 요구 사항을 파악 및 분석한 후 필요에 따라 메이크업 디자인을 수정한다.

Lesson 02 무대공연 캐릭터 메이크업

1 공연용 가발 및 수염

(1) 공연용 가발

① 가발은 배우가 이미지를 효과적으로 바꿀 수 있는 소품으로, 작품의 시대성과 등장인물의 신분, 직업, 성격, 인종, 환경, 신상의 변화 등을 관객들이 알기 쉽게 해준다.
② 일반적으로 머리를 핀컬(pin curls)한 후 가발망을 쓴 후에 착용하며, 종류가 매우 다양하다.

(2) 공연용 제작 수염

① 대부분 인모를 사용하여 제작하며 열기구로 모양 변형이 가능해 다양한 스타일로 연출 가능하다.
② **공연용 제작 수염의 종류**
　㉮ 벤틸레이티드 수염
　　㉠ 육각 모양의 망에 수염을 한 가닥씩 떠서 만들며 반복 사용이 가능하다.
　　㉡ 망이 두껍거나 뻣뻣하면 피부에서 쉽게 떨어지므로 망 선택 시 주의해야 한다.
　　㉢ 사용 후 알코올을 이용하여 망에 남은 접착제를 제거하고 깨끗하게 말려 모양을 잡아서 보관한다.
　㉯ 라텍스백 수염
　　㉠ 얼굴 모형 마네킹에 여러 겹 라텍스를 발라 형태를 만들고 그 위에 수염을 붙이는 방법이다.
　　㉡ 접착제를 사용하지 않아 극 전환 시 시간을 절약하기 위해 사용한다.
　㉰ 플라스틱백 수염
　　㉠ 라텍스백 수염 방식처럼 얼굴 모형 마네킹에 액체 플라스틱을 바른 후 수염을 붙이는 방법이다.
　　㉡ 다양한 맞춤형 수염 제작이 가능하며, 주로 영상 매체에서 사실적인 수염 표현을 위해 제작되지만, 제작 시간이 많이 걸린다.
　　㉢ 1~2회 밖에 사용이 안되어서 극의 연결성이 떨어지기 때문에 공연에서는 잘 사용하지 않는다.

2 무대 공연 캐릭터 메이크업 표현

(1) 무대 메이크업 표현(마술피리 중 밤의 여왕)

① 피부의 먼지와 유분기를 제거하여 피부결을 깨끗이 하고 기초화장품을 바른다.
② 필요한 부위에 어두운 파운데이션으로 섀딩을 표현한다.
③ 캐릭터에 맞는 베이스를 선택하여 바르고 돌출되어야 할 부위에 하이라이트를 표현하고 큰 주름을 그린다.

④ 파우더를 사용하여 유분기를 제거한다.
⑤ 눈썹을 그리고 아이라인을 먼저 그린 후 그러데이션 한다.
⑥ 캐릭터에 맞는 아이 메이크업을 펄과 글리터를 이용하여 화려하게 표현한다.
⑦ 블랙 색상으로 입술을 바르고 화이트 펄의 립글로스로 볼륨감을 준다.
⑧ 가발을 씌우고 캐릭터에 알맞은 장신구와 의상을 더해서 캐릭터 메이크업을 완성한다.

(2) 공연용 가발 메이크업 시 유의사항

① 가발 착용 전에 배우의 머리 크기를 확인하고 맞는 가발을 선택한다.
② 배우가 땀이 많은 경우 가발 착용 전 머리카락을 잘 고정하고 두피에 파우더 등으로 땀을 흡수시키도록 한다.
③ 가발 착용 시 머리망 위에 지나치게 핀을 많이 꽂지 않는다.
④ 머리망 착용 후 가발을 씌우고 벗겨지지 않도록 고정핀을 적절한 위치에 꽂고 배우가 불편한지 반드시 확인한다.

(3) 공연용 수염 메이크업 시 유의사항

① 수염을 붙이기 전 면도를 깨끗이 한다.
② 수염분장 시 움직임이 많아 입 주변은 잘 떨어질 수 있으므로 배우에게 알리고 주의시킨다.
③ 수염분장 시 배우가 알코올 알러지가 있는 경우, 스프릿 검 사용을 자제하고 대체 접착제를 사용한다.
④ 여분의 수염을 준비해 붙인 수염 가장자리에 덧붙여 자연스럽게 표현한다.
⑤ 수염부착 후 땀이 많이 나는 경우, 가제수건을 이용하여 조심스럽게 땀을 닦아낸다.
⑥ 근육 움직임이 많은 경우, 망수염에 가위집을 넣어 움직임을 편안하게 해준다.
⑦ 수염 전체에 라텍스를 발라 형태를 고정하기도 한다.

(4) 무대공연 메이크업 수정·보완 시 유의사항

① 공연 중 메이크업이 지워진 경우, 파우더 타입의 제품으로 빠르게 수정 및 보완한다.
② 립 메이크업이 쉽게 지워지지 않도록 하기 위해 립스틱 위에 파우더를 바른 후 다시 립스틱을 발라 유지시키도록 한다.
③ 장면 전환 시 퍼프에 파우더를 묻혀 땀이나 기름진 피부에 덧발라 분장을 수정·보완한다.
④ 배우 개개인의 파우더 퍼프를 사용하도록 한다. 좋다.
⑤ 여러 명의 배우를 담당해야 할 경우, 메이크업 도구를 반드시 소독제로 닦아 위생에 주의하여야 한다.

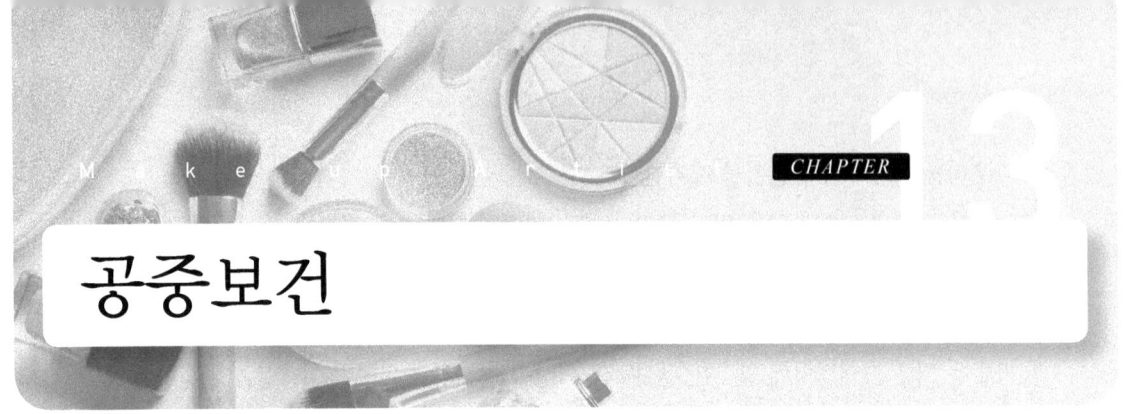

CHAPTER 13 공중보건

Lesson 01 공중보건학 기초

1. 공중보건학의 개념

(1) 공중보건학의 개요

① 공중보건학의 정의 및 목표
  ㉮ 윈슬로우(Winslow)에 따르면 공중보건학은 체계적인 지역사회의 노력을 통하여 질병을 예방하고 수명을 연장하며, 신체적·정신적 효율을 증진시키는 기술 과학으로 정의된다.
  ㉯ 특히 체계적인 지역사회의 노력으로 환경위생, 감염병 관리, 개인위생에 관한 보건교육, 예방적 치료, 의료 및 간호서비스의 조직화, 생활수준의 적합화를 위한 사회적 기반의 개발을 포함해야 한다고 강조한 바 있다.

② 공중보건의 범위
  ㉮ 환경관리 분야 : 환경위생, 식품위생, 환경오염, 산업보건
  ㉯ 질병관리 분야 : 감염병관리, 역학, 기생충 관리, 성인병 관리
  ㉰ 보건관리 분야 : 보건행정, 보건교육, 의료보장제도, 영유아 보건, 가족계획 등

(2) 공중보건의 목적과 대상

① 공중보건의 목적
  ㉮ 질병예방
  ㉯ 수명(생명)연장
  ㉰ 신체적, 정신적 건강 및 효율의 증진

② 공중보건학의 대상
  개인이 아닌 지역사회의 인간집단, 더 나아가 국민전체를 대상으로 한다.

2. 건강과 질병

(1) 건강의 정의와 수준

① 세계보건기구(WHO)의 건강의 정의
  건강이란 '단지 질병이 없거나 허약의 부재상태만을 뜻하는 것이 아니라 신체적, 정신적 및 사회

적으로 완전히 안녕한 상태'라고 정의하였다.
② 건강의 수준
㉮ 종합건강지표 : 비례사망지수, 평균수명, 보통 사망률이 사용된다.
㉯ 특수건강지표 : 영아 사망률, 감염병 사망률이 사용된다.
㉰ 보건봉사활동지표 : 의료봉사자수 및 병상수 등의 평가지표가 이용된다.

(2) 질병의 개념과 예방
① 질병의 개념
㉮ 인체의 조직 또는 기관에 이상이 생겨 정상적인 생리기능을 하지 못하는 상태를 질병이라고 한다.
㉯ 질병은 인간의 연령, 병에 대한 저항력, 영양상태, 생활습관 등과 같은 병원체의 균형이 깨어짐으로 생기는 것으로, 인체의 저항력이 높고 영양상태가 좋을 때는 병원균이 침범하더라도 병이 발생하지 않는다.
② 질병 예방 단계
㉮ 1차 예방(질병 발생 전 단계) : 환경개선, 건강관리, 예방접종 등
㉯ 2차 예방(질병 감염 단계) : 조기검진, 건강검진, 악화방지 및 치료 등
㉰ 3차 예방(불구 예방 단계) : 재활 및 사회복귀, 적응 등

3 인구보건 및 보건지표

(1) 인구보건
① 양적문제 및 질적문제
㉮ 양적문제
㉠ 3P : 인구(Population), 공해(Pollution), 빈곤(Poverty)
㉡ 3M : 기아(Malnutrition), 질병(Morbidity), 사망(Mortality)
㉯ 질적문제 : 열성 유전인자의 전파와 역도태 작용, 연령별, 성별, 계층별간의 인구구성 등의 문제를 일으킨다.
② 인구 연령별 구성형태
㉮ 피라미드형(증가형) : 유소년층이 큰 비중을 차지하는 형으로 출생률과 사망률이 모두 높은 다산다사의 저개발국가나 출생률이 높고 사망률이 낮은 다산소사의 개발도상국에서 나타나는 구성형태
㉯ 종형(정체형) : 출생률과 사망률이 모두 낮은 형으로 노령화 현상에 따른 노인복지 문제가 대두된다.
㉰ 방추형(감소형) : 사망률은 낮고 평균수명이 길어지지만 출생률이 낮아 인구가 줄어드는 감소형으로 항아리형이라고도 하며, 현재 우리나라의 경우가 해당된다.
㉱ 도시형(유입형) : 출생 및 사망 이외에 지역간 인구이동에 의해 나타나는 형태이며, 생산연령 인구가 유입되는 형태로 별형이라고도 한다.

㉤ 농촌형(유출형) : 도시형과 반대로 생산연령 인구가 유출되는 형태로 호로형 또는 표주박형이라고도 한다.

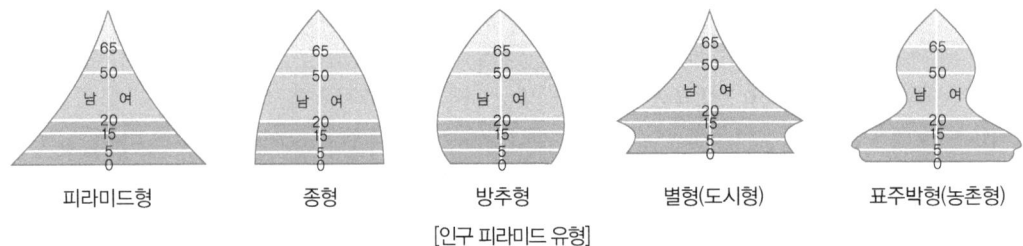

[인구 피라미드 유형]

(2) 보건지표

① 보건 및 건강지표의 개념적 차이
  ㉮ 보건지표의 정의 : 여러 단위 인구집단의 건강상태 뿐만 아니라 이에 관련되는 보건정책, 의료제도, 의료자원 등 여러 내용의 수준이나 구조 또는 특성을 설명할 수 있는 광의의 수량적 개념이다.
  ㉯ 건강지표의 정의 : 개인이나 인구집단의 건강수준이나 특성을 설명하는 수량적 내용으로 협의의 개념이다.

② 보건 수준 평가의 지표
  ㉮ 비례사망지수 : 전체 사망자수에 대한 50세 이상의 사망자수의 구성 비율로 수치가 높을수록 사망자 중 고령자수가 많다는 것을 의미한다.
  ㉯ 평균수명 : 생명표상에서 생후 1년 미만(0세) 아이의 기대여명을 말한다.
  ㉰ 조사망률 : 인구 1,000명당 1년간의 발생 사망자수 비율로 보통사망률 또는 일반사망률이라고도 한다.
  ㉱ 영아사망률 : 출생아 1,000명당 1년간 생후 1년 미만 영아의 사망자수 비율로 한 국가의 건강수준을 나타내는 가장 대표적인 지표로 사용된다.

$$영아사망률 = \frac{연간\ 생후\ 1년\ 미만\ 사망자\ 수}{연간출생아\ 수} \times 1{,}000$$

Lesson 02 질병관리

1 역학

(1) 역학의 정의 및 범위

① 역학이란 특정 인구집단이나 특정 지역에서 환경유해인자로 인한 건강피해가 발생하였거나 발생할 우려가 있는 경우에 질환과 사망 등 건강피해의 발생 규모를 파악하고 환경유해인자와 질환 사이의 상관관계를 확인하여 그 원인을 규명하기 위한 활동을 말한다.(환경보건법)

② 역학은 감염성질환 및 비감염성질환 모두를 포함하여 연구한다.

(2) 감염병의 유행양식 및 역학 현상

① 감염병의 유행양식
㉮ 지역의 유행양식 : 범세계적 유행, 전국적 유행, 지방적 유행
㉯ 질병의 유행형태 : 다발적 유행, 산발적 유행, 현성 유행, 불현성 유행

② 역학의 4대 현상
㉮ 순환 변화 : 3~4년을 주기로 발생하는 감염병(홍역, 백일해, 유행성뇌염)
㉯ 추세 변화 : 10~15년을 주기로 발생하는 감염병(장티푸스, 디프테리아 등)
㉰ 계절적 변화 : 1년을 주기로 발생하는 감염병(여름 : 소화기계, 겨울 : 호흡기계)
㉱ 불규칙 변화 : 외래 전파에 의한 감염병(인플루엔자, 콜레라, 페스트, 황열 등)

2 감염병 관리

(1) 감염병 발생원인과 발생단계

① 감염병 발생의 3대 요인
㉮ 병인(Agent) : 질병을 일으키는 데 필요한 요소로 세균, 바이러스, 곰팡이, 기생충 등의 생물학적 인자와 대기, 수질오염, 화학물질, 냉·과열 등의 물리화학적 인자 그리고 정서적 및 정신적 긴장과 관습 등의 사회적 인자가 있다.
㉯ 숙주(Host) : 감염병은 숙주 개인이 병인에 대한 저항성 혹은 면역성을 갖고 있다면 발생되지 않는다. 즉, 숙주란 병원체의 기생으로 영양물질의 탈취 및 조직손상 등을 당하는 생물을 말한다.
㉰ 환경(Environment) : 질병 발생에 영향을 미치는 외적 요인이다. 물리적 요인, 사회경제적 요인, 생물학적 요인에 의해 질병의 발생이 결정된다.

② 감염병 발생단계(생성 과정)
감염병이 발생되는 과정에는 일반적으로 다음과 같은 6개 요인이 반드시 연쇄적으로 상호관계가 유지됨으로써 생성(병원체 → 병원소 → 병원소로부터 병원체의 탈출 → 병원체의 전파 → 신숙주에의 침입 → 숙주의 감수성 및 면역성)되며, 이 중 어느 한 가지라도 성립되지 못하면 감염병의 전파가 발생되지 않는다.

③ 병원체

병원체	소화기계	호흡기계	피부점막계
세균 (Bacteria)	장티푸스, 파라티푸스, 콜레라, 파상열, 세균성 이질	결핵, 나병, 디프테리아, 성홍열, 백일해, 수막구균성, 수막염, 폐렴 등	매독, 임질, 연성하감, 파상풍, 야토병, 페스트 등
바이러스 (Virus)	소아마비, 간염 등	두창, 인플루엔자, 홍역, 유행성이하선염 등	AIDS, 트라코마, 일본뇌염, 광견병, 황열 등
리케차	Q열	Q열	발진티푸스, 발진열, 양충병(쯔쯔가무시병)
원충류	아메바성 이질	–	말라리아

④ 병원소
- ㉮ 인간병원소
  - ㉠ 회복기 보균자(발병 후 보균자) : 병에 걸린 후 치료가 되었으나 병원균이 몸 안에 남아있는 보균자를 말한다.
  - ㉡ 잠복기 보균자(발병 전 보균자) : 병원체에 감염되었으나 병의 증상이 없는 보균자를 말한다.
  - ㉢ 건강 보균자 : 병원체에 감염된 증상이 없이 몸안에 병원균을 가지고 있어 병원체를 배출하는 사람으로 감염병 관리에 있어 가장 관리가 어렵다.
- ㉯ 동물병원소
  - ㉠ 동물이 감염된 질병 중에서 2차적으로 인간 숙주에게 감염되어 질병을 일으킬 수 있는 감염원으로 작용하는 경우를 말한다.
  - ㉡ 소(살모넬라), 돼지(일본뇌염), 개(공수병), 쥐(쯔쯔가무시병)
- ㉰ 토양 : 파상풍이 대표적인 질병이다.

⑤ 감수성 지수(접촉감염지수)
- ㉮ 감수성이 있다는 것은 숙주에 침입한 병원체에 대항하여 감염 또는 발병을 막을 수 있는 능력이 안 되는 상태를 말한다.
- ㉯ 질병별 감수성 지수 : 두창·홍역(95%) 〉 백일해(60~80%) 〉 성홍열(40%) 〉 디프테리아(10%) 〉 폴리오(유행성소아마비, 0.1%)

⑥ 병원소로부터 병원체의 탈출
- ㉮ 호흡기 계통으로 탈출 : 대화, 기침, 재채기를 통해 전파(폐결핵, 폐렴, 백일해, 홍역, 수두, 천연두 등)
- ㉯ 소화기 계통으로 탈출 : 위 장관을 통한 탈출로 분변이나 토사물에 의해 탈출(이질, 콜레라, 장티푸스, 소아마비 등)
- ㉰ 비뇨·생식기 계통으로 탈출 : 소변이나 분비물을 통해 탈출
- ㉱ 개방병소로 탈출 : 상처 또는 발병부위에서 병원체가 직접 탈출(농양, 피부병 등)
- ㉲ 기계적 탈출 : 모기, 이, 벼룩 등의 흡혈성 곤충에 의한 탈출 또는 주사기 등을 통한 탈출(발진티푸스, 발진열, 말라리아 등)

■ 발생률과 유병률
만성 감염병은 발생률이 낮고 유병률이 높으나, 급성 감염병은 발생률이 높고 유병률이 낮다.

(2) 감염병의 종류 및 전파
① 감염병의 종류
- ㉮ 소화기계 감염병 : 장티푸스, 콜레라, 세균성이질, 폴리오(유행성소아마비), 유행성간염, 파라티푸스 등
- ㉯ 호흡기계 감염병 : 디프테리아, 홍역, 백일해, 천연두(두창), 풍진, 성홍열, 결핵, 수두, 유행성이하선염 등

- ㉰ 동물매개 감염병 : 공수병(광견병), 탄저병, 페스트(흑사병), 파상열(브루셀라), 발진티푸스, 말라리아, 유행성일본뇌염 등
- ㉱ 만성 감염병 : 결핵, 나병(한센병, 문둥병), 성병(매독), AIDS(후천성면역결핍증), B형간염, 임질 등

② 직접전파와 간접전파
- ㉮ 직접전파
    - ㉠ 병원체가 전파체 없이 숙주에서 다른 숙주로 접촉이나 기침, 재채기 등에 의해 전파되는 것을 말한다.
    - ㉡ 성병, 결핵, 홍역, 파상풍, 탄저, 렙토스피라증, 사상균증, 구충증 등
- ㉯ 간접전파
    - ㉠ 병원체와 숙주간에 밀접한 관계없이 중간매체를 통해 숙주에게 전파되는 경우이며, 대부분이 세균감염이다.
    - ㉡ 간접전파가 일어나기 위해서는 병원체가 병원소 밖에서 어느 기간 동안 생활할 수 있는 능력이 있어야 하며, 병원체를 운반하는데 필요한 매개체가 있어야 한다.

(3) 면역과 질병
① 면역의 분류
- ㉮ 선천성 면역 : 종족, 인종, 풍토, 개인 등에 따른 차이
- ㉯ 후천성 면역(능동면역)
    - ㉠ 자연능동면역 : 감염병에 감염된 후 성립되는 면역
    - ㉡ 인공능동면역 : 예방접종 후 생성된 면역
- ㉰ 수동면역(피동면역)
    - ㉠ 자연수동면역 : 모체 면역, 태반 면역
    - ㉡ 인공수동면역 : 혈청제제(백신 등) 접종 후 얻게 되는 면역

② 백신의 종류와 질병
- ㉮ 생균 백신 : 홍역, 결핵, 황열, 폴리오(소아마비), 탄저, 두창, 공수병(광견병) 등
- ㉯ 사균 백신 : 콜레라, 백일해, 장티푸스, 파라티푸스, 일본뇌염 등
- ㉰ 순화독소(toxoid) : 디프테리아, 파상풍 등

③ 감염 경로에 따른 감염병의 분류
- ㉮ 직접 접촉 : 매독, 임질
- ㉯ 간접 접촉
    - ㉠ 비말 감염 : 기침이나 재채기에 의해 감염되는 것(디프테리아, 인플루엔자, 성홍열)
    - ㉡ 진애 감염 : 먼지에 의해 감염되는 것(결핵, 천연두, 디프테리아)
- ㉰ 개달물 감염 : 의복, 수건에 의해 감염(결핵, 트라코마, 천연두)
- ㉱ 수인성 감염 : 이질, 콜레라, 파라티푸스, 장티푸스
- ㉲ 음식물 감염 : 이질, 콜레라, 파라티푸스, 장티푸스, 소아마비, 유행성간염

- ㉥ 절족동물(해충) 감염
  - ㉠ 이 : 발진티푸스, 재귀열
  - ㉡ 모기 : 일본뇌염, 황열(말레이), 말라리아, 사상충증, 뎅구열
  - ㉢ 벼룩 : 페스트, 재귀열, 발진열
  - ㉣ 바퀴 : 콜레라, 장티푸스, 이질, 소아마비
  - ㉤ 파리 : 파라티푸스, 이질, 콜레라, 결핵, 장티푸스, 디프테리아
  - ㉥ 쥐 : 재귀열, 발진열, 페스트, 서교증, 와일씨병, 유행성출혈열
- ㉦ 토양감염 : 파상풍

④ **잠복기를 갖는 감염병**
  - ㉮ 1주일 이내 : 콜레라(호열자), 이질, 성홍열, 뇌염(유행성일본뇌염), 파라티푸스, 황열, 디프테리아, 인플루엔자(겨울독감)
  - ㉯ 1~2주일 : 발진티푸스, 백일해, 홍역, 두창(천연두), 풍진, 유행성이하선염(볼거리), 장티푸스, 수두, 폴리오(소아마비, 급성회백수염)등
  - ㉰ 잠복기가 긴 감염병 : 나병(한센병, 문둥병), 결핵, 공수병(광견병) 등은 잠복기가 특히 길다.

■ 감염병의 잠복기
잠복기가 가장 긴 감염병은 결핵이며, 가장 짧은 감염병은 콜레라이다.

(4) **법정감염병과 인수공통감염병**
  ① **법정감염병의 종류**
    ㉮ 제1급 감염병
      - ㉠ 정의 : 생물테러감염병 또는 치명률이 높거나 집단 발생의 우려가 커서 발생 또는 유행 즉시 신고하여야 하고, 음압격리와 같은 높은 수준의 격리가 필요한 감염병
      - ㉡ 종류 : 에볼라바이러스병, 마버그열, 라싸열, 크리미안콩고출혈열, 남아메리카출혈열, 리프트밸리열, 두창, 페스트, 탄저, 보툴리눔독소증, 야토병, 신종감염병증후군, 중증 급성호흡기증후군(SARS), 중동호흡기증후군(MERS), 동물인플루엔자 인체감염증, 신종인플루엔자, 디프테리아
    ㉯ 제2급 감염병
      - ㉠ 정의 : 전파가능성을 고려하여 발생 또는 유행 시 24시간 이내에 신고하여야 하고, 격리가 필요한 감염병
      - ㉡ 종류 : 결핵, 수두, 홍역, 콜레라, 장티푸스, 파라티푸스, 세균성이질, 장출혈성대장균 감염증, A형간염, 백일해, 유행성이하선염, 풍진, 폴리오, 수막구균 감염증, b형헤모필루스인플루엔자, 폐렴구균 감염증, 한센병, 성홍열, 반코마이신내성황색포도알균(VRSA) 감염증, 카바페넴내성장내세균속균종(CRE) 감염증, E형간염

- ㉰ 제3급 감염병
  - ㉠ 정의 : 그 발생을 계속 감시할 필요가 있어 발생 또는 유행 시 24시간 이내에 신고하여야 하는 감염병
  - ㉡ 종류 : 파상풍, B형간염, 일본뇌염, C형간염, 말라리아, 레지오넬라증, 비브리오패혈증, 발진티푸스, 발진열, 쯔쯔가무시증, 렙토스피라증, 브루셀라증, 공수병, 신증후군출혈열, 후천성면역결핍증(AIDS), 크로이츠펠트-야콥병(CJD) 및 변종크로이츠펠트-야콥병(vCJD), 황열, 뎅기열, 큐열(Q열), 웨스트나일열, 라임병, 진드기매개뇌염, 유비저, 치쿤구니야열, 중증열성혈소판감소증후군(SFTS), 지카바이러스 감염증, 매독
- ㉱ 제4급 감염병
  - ㉠ 정의 : 제1급 감염병부터 제3급 감염병까지의 감염병 외에 유행 여부를 조사하기 위하여 표본감시 활동이 필요한 감염병
  - ㉡ 종류 : 인플루엔자, 회충증, 편충증, 요충증, 간흡충증, 폐흡충증, 장흡충증, 수족구병, 임질, 클라미디아감염증, 연성하감, 성기단순포진, 첨규콘딜롬, 반코마이신내성장알균(VRE) 감염증, 메티실린내성황색포도알균(MRSA) 감염증, 다제내성녹농균(MRPA) 감염증, 다제내성아시네토박터바우마니균(MRAB) 감염증, 장관감염증, 급성호흡기감염증, 해외유입기생충감염증, 엔테로바이러스감염증, 사람유두종바이러스 감염증

② **인수공통감염병**
  - ㉮ 정의 : 인수공통감염병이란 감염병 가운데 사람과 사람 이외의 동물 사이에서 동일한 병원체에 의해서 발생하는 질병이나 감염상태를 말한다.
  - ㉯ 인수공통감염병의 종류
    - ㉠ 결핵 : 소
    - ㉡ 공수병(광견병) : 개
    - ㉢ 페스트 : 쥐
    - ㉣ 탄저 : 양, 소, 말, 돼지
    - ㉤ 살모넬라 : 고양이, 돼지, 쥐
    - ㉥ 돈단독, 선모충, 일본뇌염, 유구조충 : 돼지
    - ㉦ 페스트, 발진열, 와일씨병, 양충병, 서교증 : 쥐
    - ㉧ 야토병 : 산토끼
    - ㉨ 파상열(브루셀라) : 돼지, 양, 개, 사람(열병), 동물(유산)
    - ㉩ 황열 : 원숭이

■ 검역감염병의 검사기간

다음의 검역감염병 검사기간은 다음의 시간을 초과할 수 없다.
- 콜레라 : 120시간
- 페스트, 황열 : 144시간

3 기생충 질환관리

(1) 기생충 관리

① **기생충의 종류**
- ㉮ 선충류 : 회충, 요충, 편충, 구충, 동양모양선충, 사상충, 아니사키스충 등
- ㉯ 흡충류 : 간흡충, 폐흡충, 요꼬가와흡충(횡천흡충), 이형흡충 등
- ㉰ 조충류 : 유구조충, 무구조충, 광절열두조충, 만손열두조충 등
- ㉱ 원충류 : 이질아메바원충, 말라리아원충 등

② **기생충 질환의 예방대책**
- ㉮ 위생상태의 개선 : 파리, 모기 등을 구제하고 위생관리를 철저히 하도록 한다.
- ㉯ 식생활 개선 : 수육, 어육의 생식을 금하도록 해야 하며, 요리한 기구를 위생적으로 청결하게 보관하도록 해야 한다.
- ㉰ 소독 실시 : 음식물의 가열소독 및 냉동처리 등으로 기생충 질환을 예방할 수 있으며, 야채를 씻을 때 염소 소독된 상수를 사용하는 것이 기생충 질환을 예방하는 데 바람직하다.

(2) 숙주와 기생충

① **채소류 매개 기생충 및 질환**
- ㉮ 회충 : 분변으로 탈출한 회충 수정란이 감염형이 되어 오염된 야채, 불결한 손, 파리의 매개로 오염된 음식물을 통해 경구침입을 한다.
- ㉯ 구충 : 인체의 소장에 기생하면서 감염 4~7주 후 산란을 해서 분변으로 배출되며 자연환경에서 부화한다.
- ㉰ 요충 : 성숙한 충란이 불결한 손이나 음식물을 통해 경구침입하여 소장 상부에서 맹장에 이르러 성충이 된다.
- ㉱ 말레이 사상충 : 매개체인 모기가 감염자의 혈류에서 사상충의 자충을 흡혈하고 2~3주 후 말라리아형으로 되어 건강인을 흡혈할 때 감염시킨다.

② **어패류 매개 기생충(중간숙주가 2개인 기생충)**

기생충	제1중간숙주	제2중간숙주
간흡충(간디스토마)	다슬기류	민물고기
폐흡충(폐디스토마)	두창, 인플루엔자, 홍역, 유행성 이하 선염 등	가재, 게
요꼬가와흡충(횡천흡충)	다슬기류	민물고기
유극악구충	물벼룩	민물고기
긴촌충(광절열두조충)	물벼룩	반 민물고기
아니사키스	크릴새우 등 바다갑각류	해산어류

③ 육류 매개 기생충(중간숙주가 1개인 기생충)
  ㉮ 무구조충(민촌충) : 소 → 사람
  ㉯ 유구조충(갈고리촌충) : 돼지 → 사람
  ㉰ 선모충 : 돼지, 개 → 사람
  ㉱ 톡소플라스마 : 돼지, 개, 고양이, 생달걀 → 사람
  ㉲ 만소니열두조충 : 닭 → 사람

■ 중간숙주와 기생충
- 중간숙주가 없는 기생충 : 회충, 구충, 요충, 편충 등(매개식품은 주로 채소)
- 사람이 중간숙주 구실을 하는 기생충 : 말라리아병원충

4 성인병 관리와 정신보건

(1) 성인병 관리

① 동맥경화와 심장병
  ㉮ 동맥경화 : 혈관에 지방, 콜레스테롤, 중성지방 등이 침착되어서 혈관의 내경이 좁아져 탄력성을 잃어 혈액의 운반이 원활하게 일어나지 못하게 되는 병명을 말한다.
  ㉯ 위험인자 : 연령, 성, 유전, 체질, 비만증, 내분비이상, 경구용 피임제 복용, 스트레스, 운동부족 등이 있다. 그 중 고지혈증, 고혈압, 흡연은 동맥경화를 유발시키는 3대 요인 이다.
  ㉰ 예방 : 과도한 스트레스, 과로, 자극을 피하고 규칙적인 생활습관을 가지며 채소, 과일을 많이 섭취하고 동물성 지방은 제한하며, 적절한 운동을 통하여 적절한 체중을 유지한다.

② 고혈압
  ㉮ 고혈압 : 성인의 경우 최고혈압 150~160mmHg 이상, 최저혈압 90~95mmHg 이상을 고혈압으로 보고 있다.
  ㉯ 원인 : 신장질환, 대혈관의 변화, 호르몬 이상에 의한 질환이나 극도의 정신불안이나 긴장상태에서 유래한다고 볼 수 있다. 그밖에 과도한 지방섭취, 운동부족 등 잘못된 생활습관으로 인하여 고혈압이 생기기도 한다.
  ㉰ 예방 : 채식 위주의 식사와 소식, 동물성 지방을 제한하고, 콜레스테롤은 고혈압을 진행시키는 원인이므로 콜레스테롤을 많이 함유한 식품을 제한하며, 식염을 1일 1g 이상은 섭취하지 않도록 제한하는 것이 중요하다.

③ 뇌졸중
  ㉮ 뇌졸중 : 머리 속의 뇌동맥이상으로 혈관이 파괴되어 발생한다. 파괴부위에 따라 말을 못하거나 손발을 못쓰게 된다.
  ㉯ 원인 : 고혈압, 동맥경화, 협심증, 술, 짠 음식, 과로와 스트레스, 흡연 등이다.
  ㉰ 예방 : 뇌졸중의 원인이 되는 고혈압, 당뇨병, 심장병의 예방이 중요하다. 콜레스테롤이 많은 음식, 단 음식, 식염이 많은 음식의 섭취 제한, 규칙적인 운동 등도 매우 중요하다.

④ 당뇨병
  ㉮ 당뇨병 : 췌장에서 분비되는 인슐린의 부족에 의해 생기는 대사장애로 당뇨병은 혈액 중의 포도당 수치가 지나치게 높은 것이다.
  ㉯ 원인 : 인체의 혈당을 조절하는 인슐린의 분비가 감소되거나 조직에서 인슐린의 작용이 저하되어 고혈당과 요당을 나타낸다.
  ㉰ 예방 : 정상 체중 유지를 위해 식생활 및 운동 등의 관리를 생활화하고 조기 발견, 조기 치료가 중요하다.

⑤ 암
  ㉮ 암 : 정상세포와 달리 비정상적인 세포가 성장·증식하여 조직을 파괴하고, 원발부위에서 다른 부위로 이전하여 그 조직을 파괴시키는 질환을 말한다.
  ㉯ 원인 : 흡연, 음주, 자외선, 잘못된 식생활습관, 오염된 공기 등을 원인으로 본다.
  ㉰ 예방 : 비타민 C, 비타민 E 등을 비롯한 항산화제 섭취, 동물성 지방은 피하고 채소와 과일을 많이 섭취, 규칙적인 적절한 운동과 더불어 과음, 과식, 흡연, 과도한 자외선 노출과 과도한 스트레스를 피하도록 한다.

(2) 정신보건

① 정신보건의 개념
  ㉮ 심리적 안녕과 정신질환의 개념을 모두 포함하는 광의의 개념이다.
  ㉯ 정신보건은 개인의 정신적 장애를 예방하고 치료하여 개인은 물론 사회를 정신적으로 건강하게 유지·증진시키는 데 목적이 있다.

② 정신보건사업의 목표
  ㉮ 정신장애를 예방한다.
  ㉯ 건전한 정신 기능의 유지를 증진시킨다.
  ㉰ 정신병을 조기에 발견한다.
  ㉱ 치료자의 사회복귀를 돕는 일을 실현한다.

③ 정신질환의 종류
  ㉮ 정신분열증 : 청소년기에 많이 발생하는 정신병의 일종으로 환청, 망상 등의 증세를 주로 보인다.
  ㉯ 조울병 : 우울, 희열과 같은 인간의 내적 기분상태에 지속적으로 장애가 일어나는 병을 말한다.
  ㉰ 진성간질 : 경련발작, 정신발작, 불쾌증을 수반하는 정신질환이다. 원인은 알코올 중독증, 뇌막염, 매독감염 등에 의한 외적 요인에 의한 경우가 많다.
  ㉱ 인격장애 : 유전적, 체험, 기질적, 심리적, 사회문화적 요인 등이 모두 관여하는 것으로 편집성 인격장애는 모든 것을 의심하며, 어떤 상황에서도 사람과 환경에 대하여 경계하고 의심한다.
  ㉲ 신경증 : 노이로제라고 더 알려진 것으로, 정신적 원인에 의해 일어나는 정신적 또는 신체적 이상 증상을 일으키는 질병이다.
  ㉳ 정신박약 : 선천적 또는 생후 비교적 조기에 중추신경계에 장애를 받아 그로 인해 지능발달이 항구적으로 저지되어 있는 상태를 말한다.

④ 정신보건 관리
- ㉮ 지역사회 정신보건
  - ㉠ 일정 지역 내의 인구집단을 대상으로 정신장애의 예방과 정기 건강증진을 위하여 정신건강 전문가들에 의해 행해지는 활동을 말한다.
  - ㉡ 지역사회보건의 방향은 예방과 조기발전, 조기치료 및 사회복귀이다.
- ㉯ 예방정신보건
  - ㉠ 1차 예방 : 새로운 환자의 발생을 감소시키는 예방활동이다.
  - ㉡ 2차 예방 : 효과적인 조기조정을 통하여 장애의 기간을 단축시키는 활동이다.
  - ㉢ 3차 예방 : 장기적인 합병증을 예방하고 만성 정신질환의 합병증을 감소시키는데 주된 목표를 둔다.

Lesson 03 가족 및 노인보건

1 가족보건

(1) 모자보건과 가족계획

① **모자보건의 목적과 대상**
- ㉮ 모자보건의 목적과 분류 : 모성의 생명과 건강을 보호하고 건전한 자녀의 출산과 양육을 도모함으로써 국민보건향상에 기여함을 목적으로 하며, 분만보호, 산전보호, 산욕보호 모성보건과 영유아보건으로 나뉜다.
- ㉯ 모자보건의 대상 : 임신, 출산, 육아를 담당하는 모성집단과 출생, 성장, 발달이라는 일련의 성숙과정을 거치는 어린이 집단을 대상으로 한다.

② **가족계획의 의의와 필요성**
- ㉮ 가족계획의 의의 : 가족계획은 원치 않는 아이의 출산을 방지하는 것이다.
- ㉯ 가족계획의 필요성 : 모체의 건강상태, 경제력, 자녀 터울 등을 고려하여 임신의 시기를 조절하여 우수하고 튼튼한 자녀를 갖도록 해야 한다.
- ㉰ 모자보건의 3대 사업 : 분만보호, 산전보호, 산욕보호

(2) 모성의 주요 질병과 이상

① **임신중독증**
- ㉮ 임신 8개월 이후에 주로 발생하고, 임산부 사망의 최대 원인이 되며, 유산, 조산, 사산 등의 주요 원인이며, 또한, 임신중독증에 따른 미숙아 출생률이 높다.
- ㉯ 부종, 고혈압, 단백뇨의 3가지가 임신중독증의 3대 증상이 되고 경련, 태반조기박리, 폐수종 등을 수반하는 증후군을 말한다.

② **자궁외 임신**
   ㉮ 자궁외 임신의 대부분은 난관 임신이며, 난소 및 복강 임신이 있을 수도 있다.
   ㉯ 임신의 원인은 임균성 및 결핵성 난관염이나 인공유산 후의 염증 등이 원인이 되는 경우가 다수이며, 난관 및 자궁파열 등에 의해 출혈과 극심한 하복통을 수반하는 것이 특징이다.

■ 영유아와 신생아
- 영유아 : 출생 후 6년 미만인 사람
- 신생아 : 출생 후 28일 이내의 영유아

2 노인보건

(1) 노인보건의 목적과 중요성

① **노인보건의 목적**
   ㉮ 65세 이상 노인에게 적합한 각종 운동프로그램을 통하여 신체적 기능상태를 제고시킨다.
   ㉯ 노인에게 적합한 건강검진사업을 통하여 신체적 및 정신적 기능상태의 하락, 위험요소를 조기에 발견, 제거시킴으로써 전반적인 건강수준을 제고시킨다.

② **노인보건의 중요성**
   ㉮ 고령화 사회로의 진입
   ㉯ 노인인구의 증가에 따라 노화의 기전이나 유전적 조절 등에 관한 관심 고조
   ㉰ 노인인구의 급증에 따라 만성, 비감염성 질환의 비중이 점차 증가
   ㉱ 국민 총 의료비의 관점이나 개인의 관점에서 볼 때 의료비가 현저하게 증가

(2) 노화와 질병예방

① **노화의 정의화 특성**
   ㉮ 노화의 정의 : 연령이 증가함에 따라 발생하는 점진적인 구조적 변화로서 궁극적으로는 사망을 초래하는 것
   ㉯ 노화의 특성 : 보편성, 내인성, 점진성, 쇠퇴성

② **노인의 질병예방**
   ㉮ 1차 예방 : 상담, 예방접종 및 화학적 예방이 있으며, 흡연, 신체적 비 활동, 영양, 음주 및 사고예방, 구강검진, 우울증 등에 대하여 실시한다.
   ㉯ 2차 예방 : 선별과 치료가 주요 요소이다. 선별은 문진에 의한 확인, 이학적 검사에 의한 확인 및 선별검사에 의한 확인이 있다.
   ㉰ 3차 예방 : 노인재활의 가장 중요한 목적은 일상생활 활동에 있어 잃었던 독립성을 다시 획득하는 것이다.

Lesson 04 환경보건

1 환경보건의 개요

(1) 환경보건의 정의와 개념

① **환경보건의 정의**

환경보건이란 환경오염과 유해화학물질 등(환경유해인자)이 사람의 건강과 생태계에 미치는 영향을 조사·평가하고 이를 예방·관리하는 것을 말한다.

② **환경오염과 유해화학물질**

㉮ 환경오염 : 사람의 활동에 따라 발생되는 대기오염, 수질오염, 토양오염, 해양오염, 방사능오염, 소음·진동, 악취, 일조방해 등으로서 사람의 건강이나 환경에 피해를 주는 상태를 말한다.

㉯ 유해화학물질 : 유독물, 관찰물질, 취급제한물질 또는 취급금지물질, 사고대비물질, 그밖에 유해성 또는 위해성이 있거나 그러할 우려가 있는 화학물질을 말한다.

(2) 환경위생의 정의와 분류

① **환경위생의 정의(WHO)**

인간의 신체발육, 건강 및 생존에 유해한 영향을 미치거나 미칠 가능성이 있는 인간의 물리적 생활환경에 있어서의 모든 요소를 통제하는 것이다.

② **환경위생의 분류**

㉮ 자연적 환경 : 공기, 토지, 광선, 물, 음향 등
㉯ 생물학적 환경(생리적 환경) : 설치류, 모기, 파리 등의 위생해충 등
㉰ 사회적 환경
  ㉠ 인위적 환경 : 의복, 식생활, 주거위생 등
  ㉡ 사회적 환경 : 정치, 경제, 종교, 교육, 문화예술 등

2 대기환경

(1) 공기의 조성과 유해성분

① **공기의 조성**(0℃, 1기압 하에서)

성분	질소(N_2)	산소(O_2)	아르곤(Ar)	이산화탄소(CO_2)	기타
함유비율	78%	21%	0.93%	0.03%	0.04%

② **구성 성분**

㉮ 산소(O_2)

㉠ 호흡에 가장 중요하며 성인 1일 산소 소비량은 500~700ℓ 정도이다.

ⓒ 산소의 양이 10% 이하가 되면 호흡곤란, 7% 이하가 되면 질식사한다.
　　　ⓒ 산소가 결핍된 상태에서는 저산소증이, 고농도 상태에서는 산소중독증이 발생한다.
　　㉯ 질소(N_2)
　　　㉠ 공기 중 가장 많은 양을 차지(78%)하고 있다.
　　　ⓒ 정상기압 하에서 인체에 피해는 없지만, 고압환경에서 감압시 잠함병(잠수병)을 유발하게 된다.
　　㉰ 이산화탄소(CO_2)
　　　㉠ 실내공기 오염의 지표로 위생학적 허용한계는 0.1%(=1,000ppm) 정도이다.
　　　ⓒ 실내에 사람의 밀집도가 높아질수록 CO_2는 증가한다.
　　　ⓒ CO_2가 7% 이상이면 호흡곤란을 유발하며, 10% 이상이면 질식사하게 된다.

③ **공기의 유해성분**
　㉮ 군집독
　　㉠ 실내에 다수인이 밀집해 있을 때 공기의 물리적·화학적 변화(CO_2의 증가)에 의해 초래된다.
　　ⓒ 주요 증상으로 불쾌감, 권태감, 현기증 등의 생리적 이상현상 등이 있다.
　㉯ 일산화탄소(CO)
　　㉠ 물체의 불완전 연소 시 발생하는 무색, 무취, 무미, 무자극성 가스이다.
　　ⓒ 헤모글로빈(Hb)과의 친화성이 산소에 비하여 높아 조직 내 산소결핍증을 초래한다.
　　ⓒ 일산화탄소의 최고 허용한도는 8시간을 기준으로 0.01%(100ppm)이며, 0.1%(1,000ppm) 이상이면 생명이 위험해진다.
　㉰ 아황산가스(SO_2)
　　㉠ 중유의 연소 시 다량 발생하며 도시 공해의 주범(자동차 배기가스)이다.
　　ⓒ 실외 공기오염(대기오염)의 지표로 사용된다.
　　ⓒ 식물의 고사(농작물 피해), 호흡기계 점막의 염증, 호흡곤란 등을 유발시키고 금속을 부식시킨다.

(2) 일광

① **자외선(태양광선의 약 5%)**
　㉮ 파장 범위 200~400nm(2,000~4,000Å)
　㉯ 260nm(2,600Å) 부근의 파장인 경우 살균작용이 가장 강함
　㉰ 비타민 D 형성을 촉진시켜 구루병을 예방
　㉱ 피부의 홍반, 색소침착 및 피부암 유발
　㉲ 신진대사 촉진, 적혈구생성 촉진, 혈압강하 작용

② **가시광선(태양광선의 약 34%)**
　㉮ 망막을 자극하여 인간에게 색채와 명암을 부여
　㉯ 파장 범위 400~700nm(4,000~7,000Å)

③ 적외선(열선, 태양광선의 약 52%)
  ㉮ 지상에 복사열을 주어 온실효과와 백내장, 일사병 등을 유발
  ㉯ 3부분 중 파장이 가장 길며, 파장 범위는 780nm(7,800Å) 이상

■ 기온역전현상
- 대기층의 온도는 100m 상승 때마다 1℃ 정도 낮아지나, 상부기온이 하부기온보다 높을 때 발생한다.
- 기온역전일 때 대기오염이 크게 나타나며, 예로 LA스모그, 런던스모그 등이 있다.

(3) 기후
  ① 기온(온도)
    ㉮ 100m 상승시 약 1℃씩 낮아지며, 지상 1.5m에서의 건구온도를 측정
    ㉯ 쾌감온도 : 18±2℃
    ㉰ 일교차 : 내륙 〉해안 〉산림지대
    ㉱ 연교차 : 한대 〉온대 〉열대
  ② 기습(습도)
    ㉮ 인체에 쾌적한 습도는 40~70%이며, 습도가 높으면 피부질환, 낮을 때는 호흡기질환에 잘 걸림
    ㉯ 상대습도(비교습도, 일반적인 습도) = $\dfrac{\text{절대습도(현 공기중에 함유된 수증기량)}}{\text{포화습도(현 기온하에서 함유된 수증기량)}} \times 100$
  ③ 기류(공기의 흐름)
    ㉮ 무풍 : 0.1m/sec
    ㉯ 불감기류 : 0.2~0.5m/sec로 실내나 의복 내에 항상 존재하며 인체 신진대사 촉진
    ㉰ 쾌감기류 : 1m/sec
  ④ 복사열
    ㉮ 대류를 통해서 열이 전달되지 않고, 열이 직접 이동하는 것
    ㉯ 거리의 제곱에 비례해서 온도가 감소
    ㉰ 측정은 흑구온도계로 15~20분간 측정

■ 기후의 3요소와 4대 온열인자
- 기후의 3요소 : 기온, 기습, 기류
- 4대 온열인자 : 기온, 기습, 기류, 복사열

(4) 불쾌지수와 체온 조절

① **불쾌지수(D.I)**
  ㉮ 정의 : 습도와 온도의 영향에 의해서 인체가 느끼는 불쾌감을 숫자로 표시
  ㉯ 불쾌지수 정도
    ㉠ 불쾌지수 70 이하 : 10%의 사람이 불쾌감 느낌
    ㉡ 불쾌지수 75 이하 : 50%의 사람이 불쾌감 느낌
    ㉢ 불쾌지수 80 이하 : 거의 모든 사람이 불쾌감 느낌
    ㉣ 불쾌지수 85 이하 : 견딜 수 없는 상태

② **체온조절**
  ㉮ 체온의 정상범위 : 36.1~37.2℃
  ㉯ 지적온도
    ㉠ 주관적 지적온도 : 감각적으로 가장 쾌적하게 느끼는 온도
    ㉡ 생산적 지적온도 : 생산 능률을 가장 많이 올릴 수 있는 온도
    ㉢ 생리적 지적온도 : 최소의 에너지 소모로 최대의 생리적 기능을 발휘할 수 있는 온도

3 수질환경

(1) 수질환경의 개요

① **인체와 물(수분)**
  ㉮ 물은 인체의 주요 구성성분으로 체중의 약 2/3(60~70%)가 물로 구성되어 있다.
  ㉯ 성인 1일 필요량은 2.0~2.5ℓ이다.
  ㉰ 체내 수분을 10% 상실하면 생리적으로 이상이 발생하며, 20% 이상 상실하면 생명이 위험해진다.

② **물의 경도**
  ㉮ 경수(센물) : 칼슘, 마그네슘 등이 다량 함유된 물로 비누거품이 잘 일어나지 않는다.
  ㉯ 연수(단물) : 칼슘, 마그네슘 등의 함량이 적은 물로 비누거품이 잘 일어난다.

(2) 물의 보건적 문제

① **수인성 감염병**
  ㉮ 물을 통해 감염되는 질병을 말한다.
  ㉯ 장티푸스, 파라티푸스, 세균성이질, 아메바성이질, 콜레라, 유행성간염 등이 해당된다.

② **수인성 감염병의 특징**
  ㉮ 환자의 발생이 폭발적이다.
  ㉯ 감염병 유행지역과 음료수 사용지역이 일치한다.
  ㉰ 계절, 성별, 나이에 관계없이 발생한다.

③ 시간이 지나면 영양원의 부족, 잡균과의 생존경쟁, 일광의 살균작용, 온도의 부적당 등의 원인으로 수중에서 병원체의 수가 감소한다.
④ 2차 감염에 의한 환자발생률이 낮다.

(3) 상·하수도
① 상수도
㉮ 상수 처리과정 : 취수 → 침사 → 침전 → 여과 → 소독 → 급수
㉯ 물의 정수작용 : 희석작용, 침전작용, 살균작용, 자정작용
㉰ 소독 : 염소(Cl_2), 오존(O_3), 자외선, 브롬(Br_2), I_2, Ag, 표백분 등을 사용
　㉠ 염소 소독의 장점 : 소독력이 강함, 방법이 간편, 가격 저렴, 잔류성이 큼
　㉡ 염소 소독의 단점 : 냄새가 남, 독성물질(THM)을 생성
② 하수도
㉮ 하수 처리방법 : 예비처리 → 본처리 → 오니처리
　㉠ 예비처리 : 침사법, 침전법
　㉡ 본처리 : 혐기성 분해처리, 호기성 분해처리
　㉢ 오니처리 : 육상투기, 소각처리, 사상건조법, 소화법
㉯ 하수 처리방식
　㉠ 합류식 : 생활하수와 천수(눈 또는 비)를 같이 처리
　㉡ 분류식 : 생활하수와 천수를 따로 처리
　㉢ 혼합식 : 생활하수와 천수의 일부를 같이 처리

(4) 수질 오염 지표 및 오물처리
① 수질 오염 지표
㉮ 생물학적 산소요구량(BOD) : 호기성 상태에서 세균이 유기물질을 20℃에서 5일간 안정화시키는 데 소비한 산소량
㉯ 용존 산소(DO) : 물에 녹아있는 유리산소
㉰ 화학적 산소요구량(COD) : 수중에 함유된 유기물질을 강력한 산화제로 화학적으로 산화시킬 때 소모되는 산소의 양
㉱ 부유물질(SS) : 유기와 무기의 물질을 함유한 고형물
② 오물처리
㉮ 분뇨의 처리 : 완전 부숙 기간은 여름 1개월, 겨울은 3개월
㉯ 진개(쓰레기)의 처리
　㉠ 2분법 : 주개와 잡개를 나누어 처리하는 방법으로 가정에서 처리하는 방법이다.
　㉡ 매립법 : 땅에 묻는 방법으로 진개의 두께가 2m을 초과하지 않고, 복토의 두께는 60cm~1m가 적당하다.
　㉢ 소각법 : 가장 위생적이나 대기 오염의 원인, 비용이 비싸다.

⓸ 비료화법(고속 퇴비화) : 음식물 처리에 가장 효과적인 방법으로 화학 분해하여 퇴비로 다시 사용하는 방법이다.

■ BOD와 DO
- BOD가 높고 DO가 낮을 경우 : 오염된 물
- BOD가 낮고 DO가 높을 경우 : 깨끗한 물
- BOD 측정온도와 기간 : 20℃에서 5일간

4 주거 및 의복환경

(1) 주거환경

① **냉방 및 난방**
  ㉮ 실내온도 18 ± 2℃(16~20℃), 습도 40~70% 정도를 유지할 수 있도록 냉·난방한다.
  ㉯ 냉방과 난방
    ㉠ 냉방 : 실내온도가 26℃ 이상일 때 필요하며, 외부와의 온도차는 5~7℃ 이내가 적당
    ㉡ 난방 : 목표 온도는 18~22℃, 환기와 습도조절(40~70%)이 필요

② **채광 및 조명**
  ㉮ 채광을 위한 창의 조건
    ㉠ 남향이 가장 밝고 채광시간이 길다.
    ㉡ 일반적으로 거실 바닥면적의 1/5~1/7 이상(15~20%), 벽면적의 70%가 적당하다.
    ㉢ 거실 안쪽의 길이는 바닥면에서 창틀 상단까지 길이의 1.5배 이하로 한다.
    ㉣ 입사각은 28° 이상, 개각은 4~5° 이상이 되도록 한다.
  ㉯ 인공조명
    ㉠ 직접조명 : 광원이 직접비치는 것으로 조명효율이 크고 경제적이나 현휘를 일으키며 강한 음영으로 불쾌감을 준다.
    ㉡ 간접조명 : 광원을 다른 곳에 반사시키는 것으로 조명효율이 낮고, 설비의 유지비가 많이 든다.
    ㉢ 반간접조명 : 직접조명과 간접조명의 절충식이다.

■ 중성대(neutral zone)
- 들어오는 공기는 하부로, 나가는 공기는 상부로 이루어지는데, 그 중간에 압력이 0인 지대를 말한다.
- 중성대가 높은 위치에 형성될수록 환기량이 크며, 중성대는 방의 천장 가까이에 있는 것이 좋다.

(2) 의복환경
  ① **의복의 일반적 조건**
    ㉮ 기후(온도, 습도, 기류 등) 조절력이 양호할 것
    ㉯ 감촉이 좋고 활동에 적합할 것
    ㉰ 쉽게 더럽혀지지 않을 것
    ㉱ 세탁이 용이할 것
    ㉲ 가볍고 외력에 대한 방어력이 있을 것
  ② **의복의 위생적 조건**
    ㉮ 함기성 : 함기량이 많으면 많을수록 열전도율이 적어져서 보온력이 커진다.
    ㉯ 보온성 : 열전도율이 적은 것이 보온성이 크며, 함기량이 많고 통기량이 적은 것이 보온성이 크다.
    ㉰ 통기성 : 기공의 다소와 대소에 따라 좌우되며, 함기량, 직물의 조직, 두께, 풀먹임, 건습상태 등에 의해서도 달라진다.
    ㉱ 흡수성 : 내의나 양말과 같이 직접 피부에 닿는 의복재료는 적당한 흡수성이 있어야 한다.
    ㉲ 압축성 : 의복의 단위면적에 일정한 힘을 가했을 때 그 부피를 축소할 수 있는 성능을 말한다.
    ㉳ 흡습성 : 공기중에 수증기를 흡수하는 성질로 화학섬유, 목면, 마직, 견직, 모직의 순으로 크다.
    ㉴ 내열성 : 열에 대하여 가장 약한 것은 화학섬유이고 목면, 마직, 모직의 순으로 강해져 견직물이 가장 강하다.
    ㉵ 오염성 : 목면이 오염되기 쉽고, 모직이나 견직물은 잘 오염되지 않는다.

Lesson 05 식품위생과 영양

1 식품위생의 개념

(1) 식품위생의 개요
  ① **식품위생의 정의와 목적**
    ㉮ 식품위생의 정의
      ㉠ 세계보건기구(WHO)의 정의 : 식품위생이란 식품원료의 재배, 생산, 제조로부터 유통과정을 거쳐 최종적으로 사람에게 섭취되기까지의 모든 수단에 대한 위생을 말한다.
      ㉡ 우리나라 식품위생법상의 정의 : 식품위생이란 식품, 식품첨가물, 기구 또는 용기·포장을 대상으로 하는 음식에 관한 위생을 말한다.
    ㉯ 식품위생의 목적
      ㉠ 식품으로 인한 위생상의 위해를 방지
      ㉡ 식품 영양의 질적 향상 도모
      ㉢ 식품에 관한 올바른 정보를 제공함으로써 국민보건의 향상과 증진에 기여

② **식품의 변질**

종류	설명
부패	주로 식품 중의 단백질 성분이 미생물에 의하여 분해되어 악취가 나고 인체에 유해한 물질이 생성되는 현상
변패	단백질 이외의 성분, 즉 탄수화물이나 지방이 미생물에 의하여 분해되는 현상으로 이 경우 유해물질이 생기는 일이 비교적 적다. 발효도 일종의 변패에 해당함
발효	탄수화물이 미생물의 분해 작용을 받아서 유기산, 알코올 등이 생기는 현상으로 이는 식생활에 유용함
산패	유지가 산화되어 불쾌한 냄새가 나고 빛깔이 변하는 현상

(2) **식중독**

① **식중독의 개요**

㉮ 식중독의 정의
  ㉠ 식중독이란 일반적으로 세균 및 유독, 유해물질이 첨가 또는 오염된 식품섭취로 인하여 얻은 질병들에 대한 총칭으로서, 급성 위장염을 주 증상으로 하는 건강장애를 말한다.
  ㉡ 증상은 일반적으로 두통, 복통, 설사, 구토 등을 주된 증상으로 하지만 때로는 호흡마비, 극도의 탈수 증상을 일으키는 경우도 있다.

㉯ 식중독의 분류

대분류	중분류	소분류	원인균 및 물질
미생물	세균성	감염형	살모넬라, 장염비브리오균, 병원성대장균, 캠필로박터, 여시니아, 리스테리아 모노사이토제네스, 바실러스 세레우스
		독소형	황색포도상구균, 클로스트리디움 보툴리눔, 클로스트리디움 퍼프린젠스(웰치균) 등
	바이러스성	공기·접촉·물 등의 경로로 감염	노로바이러스, 로타바이러스, 아스트로바이러스, 장관아데 노바이러스, 간염 A 바이러스, 간염 E 바이러스 등
화학물질	자연독	동물성 자연독	어, 섭조개, 대합, 모시조개, 굴, 바지락
		식물성 자연독	감자(눈), 독버섯, 독미나리, 청매
		곰팡이 독소	황변미독, 맥각, 아플라톡신 등
	화학적	유해물질 중독	식품첨가물, 잔류농약, 유해성 금속화합물, 지질의 산화생성물, 니트로소아민
		조리기구·포장에 의한 중독	녹청(구리), 납, 비소 등
		기타 물질	메탄올 등

㉰ 식중독의 특징
　㉠ 급격히 집단적으로 발병한다.
　㉡ 발생지역이 국한되어 있다.
　㉢ 여자보다 활동성이 강한 남자에게 많이 발생한다.
　㉣ 주로 여름철에 많이 발생한다.
㉱ 세균성 식중독과 소화기계 감염병의 차이

구분	세균성 식중독	소화기계(경구) 감염병
발생 원인	• 오염된 음식물의 섭취로 발생 • 다량의 균이나 독소에 의해 발생	• 오염된 음식물 및 음용수에 의해 경구감염 • 적은 양의 균으로 발생
특징	• 잠복기가 짧고, 2차 감염이 없음	• 잠복기가 비교적 길고, 2차 감염이 있음
면역성	• 면역성 없음	• 면역성 있음

② **주요 세균성 식중독**
　㉮ 살모넬라 식중독
　　㉠ 병원소 및 감염원 : 쥐, 파리, 바퀴, 가축, 닭, 오리
　　㉡ 원인식품 : 식육류나 그 가공품, 어패류, 달걀, 우유 및 유제품
　　㉢ 잠복기 : 8~48시간(균종에 때라 다양)이며, 발병률은 75% 이상이나 사망률은 낮음
　　㉣ 증상 : 구역질, 구토, 복통, 설사, 두통, 급격한 발열(38~40℃), 3~4주 관절염증상
　　㉤ 예방 : 도축장의 위생검사 철저, 환자의 식품 취급 금지, 식육류의 안전보관과 저온보존(균의 증식 방지), 식품의 저장 장소, 조리장 등에 방충방서시설 설치(파리 및 서족 구제 철저), 식품은 먹기 전에 반드시 가열 처리한다, 보균자의 색출 등이 중요
　㉯ 장염비브리오 식중독
　　㉠ 원인세균 : 해수세균으로 3%의 식염농도에서 잘 자람
　　㉡ 원인식품 : 어패류(70%)와 그 가공품, 2차로 오염된 도시락, 야채 샐러드 등
　　㉢ 잠복기 : 평균 12시간
　　㉣ 증상 : 오한, 두통, 급성위장증세, 구토, 복통, 설사, 발열(37.5~38.5℃)
　　㉤ 예방 : 장염비브리오는 열에 약하고 담수에 의하여 사멸하므로 식품의 가열 및 깨끗한 수돗물에 의한 세정, 7~9월(3개월간) 어패류의 생식을 피함, 조리기구와 행주 등의 위생적 처리
　㉰ 클로스트리디움 퍼프린젠스(웰치균) 식중독
　　㉠ 원인세균 : 주로 A형과 C형이 식중독 유발
　　㉡ 원인식품 : 육류, 어패류
　　㉢ 잠복기 : 8~12시간
　　㉣ 증상 : 심한 설사, 복통
　　㉤ 예방 : 100℃에서 1~4시간 가열해도 견디기 때문에, 식품저장 시 급속냉동하여 저온에서 보관하거나 60℃ 이상에서 보존

㉣ 병원성 대장균 식중독
  ㉠ 원인세균 : 병원성 대장균, 장관침습성 대장균, 독소원성 대장균, O-157(H_7인 장관출혈성 대장균 등)
  ㉡ 잠복기 : 12~72시간(균종에 따라 다양)
  ㉢ 감염경로 : 영유아에 대하여 병원성이 강하며, 이질과 같이 사람에게서 사람으로 감염되므로 영아원이나 병원(산부인과)에서는 극히 위험
  ㉣ 증상 : 급성위장증세로 설사, 복통, 두통, 발열
  ㉤ 예방 : 음식물의 가열섭취, 생육과 조리된 음식의 구분 보관, 조리기구 구분 사용으로 2차 오염 방지

③ **주요 독소형 식중독**
  ㉮ 포도상구균 식중독
    ㉠ 원인세균 : 동물, 사람, 환경 등 주위에 널리 분포하고 있으며, 건강한 피부에도 존재. 균이 생성하는 장독소는 엔테로톡신(enterotoxin)에 의한 식중독이며, 균은 열에 약하나 독소인 엔테로톡신은 120℃에서 20분간 처리해도 파괴되지 않음
    ㉡ 원인식품 : 우유, 유제품, 어육, 곡류 및 가공품, 김밥, 도시락
    ㉢ 잠복기 : 1~5시간(평균 3시간)으로 가장 짧음
    ㉣ 증상 : 급성위장염으로 구토, 복통, 설사
    ㉤ 예방 : 식품의 오염방지와 깨끗한 조리법 실시, 저온에서 보존, 화농성 질환자의 식품취급 및 조리금지 등
  ㉯ 보툴리누스 식중독
    ㉠ 원인균 : A, B, E, F 형이 있으며 그 중 A형이 가장 치명적으로 독소는 뉴로톡신(80℃에서 30분 안에 파괴, 신경독소)
    ㉡ 원인식품 : 통조림 식품, 진공포장된 식품(소시지, 햄 등)
    ㉢ 잠복기 : 8~36시간
    ㉣ 증상 : 현기증, 두통, 신경장애 등이며 심한 경우 호흡곤란으로 사망(치사율 30~70%)
    ㉤ 예방 : 통조림 등은 가열 조리하여 섭취하고 4℃ 이하에서 저온보관

④ **자연독 식중독**
  ㉮ 동물성 식중독의 종류와 독소
    ㉠ 복어 중독 독소 : 테트로도톡신
    ㉡ 굴, 바지락, 모시조개 중독 : 베네루핀
    ㉢ 마비성조개 중독(검은조개, 섭조개) : 삭시톡신
  ㉯ 식물성 식중독의 종류와 독소
    ㉠ 독버섯 중독 : 무스카리딘, 팔린, 아마니타톡신, 무스카린, 필지오린
    ㉡ 감자 : 독소 : 솔라닌
    ㉢ 청매 : 아미그달린
    ㉣ 독미나리 : 시큐톡신
    ㉤ 맥각 : 에르고톡신

⑤ 화학적 식중독
  ㉮ 유해성 중금속에 의한 식중독
    ㉠ 납(Pb) : 용기, 기구, 조리기구에 의한 중독이 많으며 만성중독과 급성중독이 있다.
    ㉡ 비소(As) : 비소계 살충제의 오용, 비소계 농약의 잔류, 불량한 기구·용기 등에 함유되어 있는 비소화합물의 용출 등에 의해 식품에 혼입된다.
    ㉢ 구리(Cu) : 식기, 냄비, 주전자에서 용출되거나 과수원에서 살포하는 수산화동의 부착, 황산동과 같은 착색제의 과다 사용에 의해 식품에 혼입된다.
    ㉣ 카드뮴(Cd) : 식기, 용기, 기구 등의 도금에 이용되며, 산성 식품을 오래 취급하면 용출되어 식품을 오염시킨다.
    ㉤ 수은(Hg) : 체내에 장기간 축적되어 만성중독을 일으킬 우려가 있다.
  ㉯ 유기화합물에 의한 중독
    ㉠ 메틸알코올(methanol) : 두통, 현기증, 심한 복통, 설사를 하고 시신경의 위축과 실명을 일으킨다.
    ㉡ 유기살충제 : 유기염소제, 유기인제제 등이 야채, 곡류, 과실 등에 잔류·침투하여 인체에 유해한 작용을 한다. 유기염소제는 잔류성이 강하고, 유기인제제는 침투성이 강하다.
    ㉢ 용기기구포장 등에 의한 중독 : 합성수지제 식기 및 기타 기구, 용기 등의 사용으로 인해서 발생되는 중독이다. 포름알데히드, 페놀 등의 용출이 문제가 된다.

2 영양소

(1) 영양소의 개념
  ① 영양과 영양소
    ㉮ 영양 : 사람이 생명을 유지하고 생활하기 위한 물리적인 현상을 말한다.
    ㉯ 영양소 : 영양을 유지하기 위하여 외부로부터 섭취하여야 되는 물질을 말한다.
  ② 영양소의 종류
    ㉮ 3대 영양소 : 단백질, 탄수화물(당질), 지방(지질)
    ㉯ 5대 영양소 : 단백질, 탄수화물, 지방, 무기질, 비타민
    ㉰ 6대 영양소 : 단백질, 탄수화물, 지방, 무기질, 비타민, 물(수분)

■ 필수아미노산
• 성인에게 필요한 필수아미노산 : 8가지(이소루신, 루신, 라이신, 트레오닌, 발린, 트립토판, 페닐알라닌, 메티오닌)
• 성장기 어린이, 노인에게 필요한 필수아미노산 : 10가지(성인 필수 아미노산 8가지 + 알기닌, 히스티딘)

(2) 3대 영양소

① 단백질

㉠ 단백질은 약 20종의 아미노산이 결합되어 있는 고분자 화합물로 발생열량은 1g당 4kcal이다.

㉡ 단백질이 부족하면 발육부진, 빈혈, 지방간 초래, 부종, 신체소모, 감염병에 대한 면역력 저하 등이 발생된다. 단백질 결핍이 심각한 경우 마라스무스증이 발생한다.

㉢ 단백질이 풍부한 식품으로는 두부, 계란, 된장, 콩과류, 육류, 생선 등이 있다.

② 탄수화물

㉠ 탄수화물은 탄소(C), 수소(H), 산소(O)의 3원소로 구성되어 있는 중요한 열량원으로 이용률이 96%로 가장 높다.

㉡ 발생열량은 1g당 4kcal이며, 탄수화물이 부족하거나 소모가 끝나면 단백질이 분해되어 열량원이 되기 때문에 탄수화물은 단백질을 절약하는 작용을 한다.

㉢ 탄수화물이 풍부한 식품으로는 각종 곡류와 곡류 제품, 빵, 과자류, 고구마 등이 있다.

③ 지방

㉠ 지방 1g당 열량은 9kcal로서 탄수화물과 단백질의 2배 이상이 된다.

㉡ 지방이 부족하면 빈혈, 허약, 거친 피부, 피부질병에 대한 면역력이 저하될 수도 있다.

㉢ 지방이 풍부한 식품으로는 버터, 식물성 오일, 육류 등이다.

㉣ 지방질의 작용

  ㉠ 열량원으로 체온을 유지하고, 인체를 따뜻하게 한다.
  ㉡ 피루를 부드럽게 하고 탄력성 있게 한다
  ㉢ 체내 단백질을 유지시킨다.
  ㉣ 지용성 비타민(A, D, E, K 등)을 함유, 운반한다.

(3) 비타민과 무기질

① 비타민

구분	종류	결핍증	특징
지용성	비타민 A(레티놀)	야맹증, 안구건조등	• 상피 세포보호, 눈의 작용 개선 • 식물성 식품체는 프로비타민으로 존재
	비타민 D(칼시페롤)	구루병	• 칼슘과 인의 흡수 촉진 • 자외선에 의해 인체 내에서 합성
	비타민 E(토코페롤)	노화촉진, 불임증	• 항산화상, 항불임성 비타민 • 활성이 가장 큰 것은 α-토코페롤
	비타민 K(필로퀴논)	혈액응고지연	• 혈액응고에 관여(지혈작용) • 장내세균에 의해 인체 내에서 합성
수용성	비타민 B_1(티아민)	각기병	• 탄수화물 대사작용에 필수적인 보조효소 • 마늘의 알리신에 의해 흡수율 증가
	비타민 B_2(리보플라빈)	구순염, 구각염	• 성장촉진과 피부점막 보호작용

구분	종류	결핍증	특징
수용성	비타민 B_6(피리독신)	피부염	• 항피부염 인자 • 단백질 대사작용과 지방 합성에 관여
	비타민 B_{12}(시아노코발라민)	악성빈혈	• 성장 촉진과 조혈작용에 관여 • 코발트(Co) 함유
	비타민 C(아르코르빈산)	괴혈병	• 체내 산화, 환원작용에 관여 • 조리시 가장 많이 손상됨
	나이아신(니코틴산)	펠라그라(설사, 피부병, 우울증)	• 탄수화물의 대사작용 증진 • 트립토판 60mg로 1mg 합성됨

② 무기질
  ㉮ 식염(NaCl) : 성인의 경우 필요량은 1일 15g 정도이지만, 발한과 탈수 시에는 그 이상으로 보충할 필요가 있다.
  ㉯ 철분(Fe)
    ㉠ 혈액의 구성성분으로서 체내 저장이 안 되므로 반드시 음식물을 통해 보충되어야 한다.
    ㉡ 간, 고기, 노른자에 특히 많이 함유되어 있으며, 1일 필요량은 성인남자 10~12mg, 10~50세 여자는 18~20mg이고, 결핍되면 빈혈증상이 나타난다.
    ㉢ 특히 임산부, 영유아, 신생아, 수유부에게 많은 양의 철분이 필요하다.
  ㉰ 인(P) : 뼈, 치아, 뇌신경의 주성분이며, 지방과 탄수화물의 에너지 대사에 관여한다.
  ㉱ 요오드(I) : 갑상선 기능을 유지시키는 작용을 한다.

3 영양상태 판정 및 영양장애

(1) 영양상태 판정

① **직접적 판정**
  ㉮ 주관적 판정법 : 의사의 시진이나 촉진 등의 진단에 의해 판정하는 방법으로 빈혈, 구각염, 각화증, 부종, 건반사소실, 갑상선의 변화 등 임상증상으로 판정하는 방법이다.
  ㉯ 객관적 판정법
    ㉠ 신체계측에 의한 판정법
      ⓐ Kaup 지수
        • 영·유아기로부터 학령 전반까지 적용하며 22 이상은 비만, 15 이하는 마른 아이로 판정
        • Kaup 지수 = (체중/신장^2) × 10^4
      ⓑ Rohrer 지수
        • 학령기 이후의 소아에게 적용하며 160 이상은 비만, 110 이하는 마른 아이로 판정
        • Rohrer 지수 = (체중/신장^3) × 10^7
      ⓒ Broca 지수
        • 성인의 비만증 판정에 사용
        • Broca 지수 = (체중/신장−100) × 10^2

ⓓ 비만도(obesity index, %) = (실측체중−표준체중)/표준체중 × 10^2
ⓔ Vervaek 지수 = (체중+흉위)/신장 × 10^2
ⓛ 이화학적 검사에 의한 판정
ⓐ 최근에는 질병상태나 영양상태의 판정을 위해서 생화학적 검사 방법이 많이 쓰여진다.
ⓑ 혈액 비중의 측정, 헤모글라빈 미량 정량 등으로 단백질 및 철분의 영양상태를 판정하는 등 혈액검사, 소변검사 등 미량 정량검사와 간이 정량법이 발전됨에 따라서 임상 또는 집단검사에 응용되고 있다.

② 간접적 판정
㉮ 기존에 있는 통계들을 수집·재분석하여 한 지역사회의 영양상태를 간접으로 판정하는 방법이다.
㉯ 영아 또는 1~4세 특정 연령의 사망률, 특정 감염병의 이환율, 식품의 섭취 종류 또는 양을 알아보는 식이섭취 평가 등을 판정한다.

(2) 영양장애

① **영양장애와 결핍증**
㉮ 영양장애란 영양소의 과량섭취나 부족으로 발생되는 비만증이나 결핍증 등의 건강장애 혹은 질병 상태를 말한다.
㉯ 결핍증은 필요영양소의 결핍으로 발생되는 병적 상태이고, 저영양은 열량섭취 부족상태이며, 영양실조증은 영양소의 공급의 질적·양적 부족으로 나타난 불건강상태이다. 또한 기아상태는 저영양과 영양실조증이 함께 발생된 상태를 말한다.
㉰ 1차적 영양결핍증은 열량단백질 실조증, 골연화증, 기아상태, 식욕부진증, 구루병, 펠라그라, 괴혈병, 안구건조증, 갑상선종 등 매우 다양하다.

② **열량단백질 실조증**
㉮ 콰시오커(Kwashiorker)증 : 단백질과 무기질이 부족한 음식물을 장기적으로 섭취함으로써 발생되는 단백질 결핍현상으로, 주로 이유기 이후 어린이에게 잘 발생한다.
㉯ 마라스무스(Marasmus)증 : 출생 직후부터 영유아기에 모유나 인공영양의 공급이 부족하거나 비위생적인 수유로 인해서 설사가 계속되는 경우에 발생되는 현상이다.

③ **비만증**
㉮ 실측체중이 평균체중의 20%를 초과하는 경우를 비만이라 하는데, 체지방이 체중의 25% 이상이면 비만증이라 할 수 있다.
㉯ 비만증의 원인과 예방대책
㉠ 비만증의 발생원인 : 유전적인 요인, 운동부족, 지나친 초과열량의 섭취, 내분비계의 장애, 생리적·심리적 요인 등으로 나타난다.
㉡ 비만증 예방대책 : 동물성 지방을 제한하고, 식물성 지방을 충분히 그리고, 주기적으로 섭취하고 정기적인 적절한 운동과 식생활습관의 개선, 지방질과 당질의 식품을 제한하고 열량가가 적은 단백질 식품의 섭취 등이 필요하다.

Lesson 06 보건행정

1 보건행정의 정의 및 체계

(1) 보건행정의 개념과 정의, 분류

① 보건행정의 개념
㉮ 지역사회 주민의 건강을 유지, 증진시키고 정신적 안녕 및 사회적 효율을 도모할 수 있도록 하기 위한 공적인 행정 활동을 말한다.
㉯ 즉, 국가나 지방자치단체가 주도적으로 수행하는 국민의 건강을 위한 제반활동을 말하는 것이다.

② 보건행정의 정의
㉮ 행정학적 정의 : 보건 분야에 행정일반원리를 적용하여 국가 혹은 지방자치단체 등이 국민의 보건을 위한 정책을 형성, 집행, 통제 기능을 발휘하는 것이다.
㉯ 보건학적 정의 : 국가의 보건의료체계가 국민보건향상을 위해 효과적이고 효율적으로 인적, 물적, 제도적 제반 조건들이 작용되도록 관리하고 집행하는 기능이다.

③ 보건행정의 분류

구분	주관	대상	담당 업무
일반보건행정	보건복지부	일반 주민	기생충질환, 각종 감염병 등에 대한 예방 대책
산업보건행정	고용노동부	산업체 근로자	작업환경, 산업재해예방, 근로자 복지 및 안전관리 등
학교보건행정	교육부	학생과 교직원	학교보건사업, 급식, 건강교육, 학교체육 등

※ 보건행정은 일반행정보다 기술행정이 중심이 되는 특징이 있다.

(2) 우리나라 보건행정 체계

① 중앙보건행정조직

조직명	역할 등
보건복지부	국민 보건과 복지 정책의 수립 및 관장
식품의약품안전처	식품·의약품 등의 안전관리를 위해 설립한 국무총리실 산하 행정기관
질병관리청	국가 감염병 연구 및 관리, 생명과학 연구, 교육훈련 기능을 수행
국립검역소	감염병의 국내침입 및 국외전파 방지에 관한 사무를 담당
국립의료원	보건복지부 산하 중앙의료원으로 환자진료와 함께 의료 수준과 의료기술 수준의 향상을 위한조사연구, 의료요원의 훈련 등의 사무를 담당

② **지방보건행정조직**
  ㉮ 시·도 보건 행정조직 : 복지여성국, 보건복지국 하에 의료위생복지 등의 업무 취급
  ㉯ 시·군·구 보건행정조직 : 보건소(보건행정의 대부분은 보건소를 통해 이루어지므로 비중이 큼)
  ㉰ 보건소의 주요 업무
    ㉠ 국민건강 증진, 보건교육, 구강건강 및 영양개선 사업
    ㉡ 감염병의 예방관리 및 진료
    ㉢ 모자보건 및 가족계획 사업, 노인보건사업
    ㉣ 공중위생 및 식품위생
    ㉤ 가정 및 사회복지시설 등을 방문하여 행하는 보건의료사업
    ㉥ 지역주민에 대한 진료, 건강진단 및 만성퇴행성질환 등의 질병관리에 관한 사항
    ㉦ 장애인의 재활사업 기타 보건복지부령이 정하는 사회복지사업
    ㉧ 기타 지역주민의 보건의료의 향상증진 및 이를 위한 연구 등에 관한 사업

2 사회보장과 국제보건기구

(1) 사회보장

① **사회보장의 구분**
  ㉮ 사회보장은 사회보험, 공적부조 및 공공서비스로 대별할 수 있다.
  ㉯ 사회보험은 소득보장과 의료보장으로 구분되며, 공적부조는 기초생활보장(생활보호)와 의료급여로 나누어지고, 공공서비스는 사회복지서비스와 보건의료서비스로 구분할 수 있다.

② **사회보험, 공적부조, 공공서비스의 비교**

구분	사회보험	공적부조	공공서비스
대상	전 국민	저소득층	보호가 필요한 국민
재원	보험료	조세	기부금, 국가 보조금
주관부서	국가	시·군·구	국가 또는 사회복지 단체
정책사례	연금, 실업보험, 산재보험, 고용보험	의료보호, 거택보호, 시설보호, 생활보호, 교육보호 등	상수도 사업, 보건의료서비스, 노인복지, 장애인복지, 아동복지, 부녀복지 등

(2) 국제보건기구

① **국제공중보건사무국**
  ㉮ 감염병 예방을 위하여 1851년 파리에서 지중해 연안 125개국이 모여 국제적인 협력의 필요성을 논의하였으며, 그 후 제 11차 회의가 로마에서 열리면서 국제공중보건사무국의 출범을 결의하였고, 파리에 본부를 두고 국제보건업무를 개시하였다.

㉯ 1918년에 국제연맹이 창설되었으며 1921년에 산하조직으로 보건기구를 발족시켰다. 보건기구와 국제공중보건사무국의 업무의 중복으로 1923년에 국제연맹 보건기구에서 파리에 있는 국제공중보건사무국의 업무를 흡수하게 되었다.
② **범미보건기구**
　　㉮ 미주 국제회의가 1889년 워싱턴에서 개최되었고 1902년 멕시코의 제2차 회의에서 범미위생국을 창설하였다.
　　㉯ 그 후 1924년 국제연맹 보건기구의 지역사무처로 되었다가, 1949년에 PAHO는 세계보건기구와 협력을 체결하여 범미보건기구는 세계보건기구의 미주지역기구 역할을 하기로 하였다.
③ **세계보건기구**(WHO : World Health Organization)
　　㉮ 1946년 샌프란시스코 회의에서 국제연합헌장이 기초될 때 국제보건기구의 필요성이 인정되어 1946년 6월 19일부터 7월 22일까지 뉴욕에서 61개국의 대표가 참석하여 개최된 국제보건회의 의결에 의하여 UN 헌장 제 57조를 근거로 세계보건기구 헌장을 기초하여 서명하였으며, 1948년 4월 7일에 그 효력을 발생하게 되어 세계보건기구가 정식으로 출범하게 되었다.
　　㉯ 세계보건기구는 UN의 경제사회 이사회 전문기관의 하나로 탄생하였으며, 우리나라는 1949년 8월 17일 65번째로 가입하였으며, 북한은 1973년 5월 19일에 138번째 회원국으로 가입하였다.
　　㉰ 세계보건기구의 본부는 스위스의 제네바에 두고, 세계를 6개 지역으로 나누어 지역사무소를 두어 운영하고 있다. 우리나라는 서태평양 지역에, 북한은 동남아시아 지역에 소속되어 있다.
　　㉱ 세계보건기구는 국제보건사업의 지휘 및 조정, 회원국에 대한 지원 및 자료 제공, 전문가 파견으로 기술자문 활동 등을 수행한다.

소독

Lesson 01 소독의 정의 및 분류

1 용어와 소독기전

(1) 소독관련 용어정의

분류	설명
멸균	병원성 또는 비병원성 미생물 및 포자를 가진 것을 전부 사멸 또는 제거하는 것을 말한다.
살균	생활력을 가지고 있는 미생물을 여러 가지 물리적·화학적 작용에 의해 급속하게 죽이는 것을 말한다. 멸균과 달리 내열성 포자는 잔존하게 된다.
소독	사람에게 유해한 미생물을 파괴시켜 감염의 위험성을 제거하는 비교적 약한 살균작용으로 세균의 포자에까지는 작용하지 못한다.
방부	병원성 미생물의 발육과 그 작용을 제거하거나 정지시켜서 음식물의 부패나 발효를 방지하는 것을 말한다.

(2) 소독기전과 소독약의 구비조건

① 소독(살균)기전
   ㉮ 산화작용 : 과산화수소, 오존, 염소, 과망간산칼륨
   ㉯ 균체 단백의 응고 : 석탄산, 알코올, 크레졸, 포르말린, 승홍
   ㉰ 균체 효소의 불활성화 작용 : 알코올, 석탄산, 중금속염
   ㉱ 가수분해작용 : 강산, 강알칼리, 열탕수
   ㉲ 탈수작용 : 식염, 설탕, 알코올
   ㉳ 중금속염의 형성 : 승홍, 머큐로크롬, 질산은
   ㉴ 핵산에 작용 : 자외선, 방사선, 포르말린, 에틸렌옥사이드
   ㉵ 세포막의 삼투성 변화작용 : 석탄산, 중금속용, 역성비누 등

② 소독약의 구비조건
   ㉮ 살균력이 강해야 한다(미량으로 효과가 클 것).
   ㉯ 물품의 부식성, 표백성이 없어야 한다.
   ㉰ 용해성이 높고, 안정성이 있어야 하며 침투력이 강해야 한다.

㈘ 경제적이고 사용방법이 간편해야 한다.
㈙ 독성이 약하여 인체에 무독해야 한다.
㈚ 식품에 사용 후에도 씻어낼 수 있어야 한다.
㈛ 냄새(방취력)가 강하지 않아야 한다.

■ 소독력의 크기
멸균 〉 살균 〉 소독 〉 방부 〉 청결

2 소독법의 분류와 소독인자

(1) 소독법의 분류

구분		내용
자연소독법		희석, 태양광선, 한랭
물리적소독법	건열에 의한 멸균법	화염멸균법, 건열멸균법, 소각소독법
	습열에 의한 멸균법	자비소독법, 저온소독법, 유통증기소독법, 간헐멸균법, 고압증기멸균법
	무가열에 의한 멸균법	자외선조사, 방사선조사, 세균여과법, 초음파살균법
화학적소독법	가스에 의한 멸균법	E.O(에틸렌 옥사이드), 포름알데히드, 오존 등
	기타 방법	알코올, 역성비누, 계면활성제, 페놀화합물, 과산화수소 등

(2) 소독인자

① **병원성 미생물의 존재와 저항성**
  ㉮ 소독대상 미생물은 세포조직이나 생리작용이 다르므로 미생물의 종류와 소독환경을 감안하여 적절한 소독약을 선택·사용하여야 한다.
  ㉯ 소독제는 균을 직접 죽이므로 특정 미생물의 특정 소독약에 대한 내성이 없다.

② **소독약의 유효농도**
  ㉮ 소독약을 많이 희석할수록 살균효과가 떨어진다.
  ㉯ 적절한 유효농도를 선택하여야 살균효과가 보장된다.

③ **온도**
  ㉮ 일반적으로 온도가 10℃ 상승시 소독력은 2배가 된다.
  ㉯ 염소제, 요오드제, 알데히드제제와 같은 할로겐계 소독약은 반대로 고온에서 효력이 저하된다.

④ **물의 경도**
　㉮ 경수인 경우 소독약의 효과가 저해된다.
　㉯ 경수를 이용하여 소독약을 희석 시는 농도를 높게 하거나 연수기나 연수제를 사용하여 경수를 연수로 바꾼 후 사용하여야 한다.

⑤ **산도(pH)**
　㉮ 할로겐계와 페놀계의 소독효과는 소독대상의 pH가 강산성일수록 상승하고 알칼리(pH 5~6)으로 변하면 소독효과는 급격히 하락한다.
　㉯ 4급 암모늄제재는 광범위한 pH 범위 내에서 소독효과를 발휘하나 알칼리에서 더욱 효력을 발휘한다.

⑥ **유기물의 존재 여부**
　㉮ 유기물은 소독약 입자를 흡착함으로써 유효농도를 떨어뜨리는 등의 작용으로 소독 효과를 저하시킨다.
　㉯ 따라서, 소독 전에 세척을 해서 먼지나 배설물 등 불순물을 제거한 후에 소독을 실시하는 것이 좋다.

(3) 대상물에 따른 소독방법
① **배설물** : 석탄산, 크레졸, 생석회, 소각법
② **고무·피혁제품** : 포르말린수, 크레졸
③ **하수오물** : 크레졸, 생석회, 석탄산
④ **수지 및 피부** : 승홍수, 석탄산, 크레졸, 역성비누액
⑤ **금속제품** : 메탄올, 증기소독, 자비소독
⑥ **종이** : 포름알데히드

Lesson 02 미생물 총론 및 병원성 미생물

1 미생물의 정의와 역사

(1) 미생물의 정의 등
① **미생물의 정의**
　미생물은 육안의 가시한계를 넘어선 0.1mm 이하의 크기인 미세한 생물로 조류(algae), 균류(bacteria), 원생동물류(protozoa), 사상균류(mold), 효모류(yeast)와 한계적 생물이라고 할 수 있는 바이러스(virus) 등이 이에 속한다.

② **병원성·비병원성·유용 미생물**
　㉮ 병원성 미생물 : 식중독이나 각종 질병을 유발하는 병원성을 띤 미생물을 가리킨다.

㈏ 비병원성 미생물 : 공중 및 지중에 있는 병원성이 없는 미생물을 말한다.
㈐ 유용 미생물 : 술, 간장, 된장 등의 발효 식품을 만드는 미생물을 말한다.

(2) 미생물의 역사

① **생물 발생에 관한 논쟁**
  ㈎ 자연발생설 : 생물은 자연적으로 우연히 무기물로부터 발생한 것이라는 설로 그리스의 철학자인 아리스토텔레스(Aristoteles)가 주장하였다.
  ㈏ 생물속생설 : 생물이 발생하기 위해서는 반드시 그 어버이가 있어야 한다는 이론으로 이탈리아의 생물학자였던 레디(Francesco Redi)가 대조실험을 통해 처음으로 주장하였으며 이후 니담(JohnT. Needham), 파스퇴르(Louis Pasteur)의 실험을 통해 확립되었다.

② **미생물의 발견**
  ㈎ 1665년에 로버트 훅(Robert Hooke)이 복합 광학현미경을 조립하고 얇게 썬 코르크를 관찰하는데 사용하였으며, 세포(cell)라는 새로운 용어를 만들었다.
  ㈏ 안톤 반 레벤훅(Anton van Leeuwenhoeck)은 1673년에 자신이 고안한 단일 렌즈 현미경으로 살아있는 미생물을 최초로 관찰하였다.

③ **파스퇴르와 코흐의 업적**
  ㈎ 루이 파스퇴르(Louis Pasteur)
    ㉠ 면섬유 여과로 수집한 먼지 속에서 많은 세균을 증명
    ㉡ 저온멸균법, 간헐멸균법, 고압증기멸균법, 건열멸균법 등을 발견
    ㉢ 포도주와 맥주의 발효, 견사병의 병원체, 면양의 탄저병 예방법, 광견병 백신 등을 개발
  ㈏ 로버트 코흐(Robert Koch)
    ㉠ "병원균 설"을 확립하고 세균의 순수배양법을 발견
    ㉡ 결핵균, 콜레라균을 발견

2 미생물의 분류와 증식

(1) 미생물의 분류

① **곰팡이(Filamentous fungi)**
  ㈎ 병원성 미생물로 일부는 발효식품이나 항생물질에 유익하게 이용되며, 생육 최적온도는 0~25℃이다.
  ㈏ 종류로는 누룩곰팡이, 푸른곰팡이, 털곰팡이, 거미줄곰팡이가 있다.

② **효모(Yeast)**
  ㈎ 포도주, 메주 등의 발효 식품과 제빵에 이용되며, 세균과 공존하여 식품을 변패 시킨다.
  ㈏ 원형, 난원형, 균사형의 형태로 존재하는 단세포 생물로 발육 최적온도는 25~30℃이다.

③ **리케차(Rickettsia)**
  ㈎ 세균과 바이러스의 중간에 속하는 미생물로 운동성이 없으며, 감염병(발진티푸스, 발진열) 등의 원인이 된다.

㉰ 형태는 원형 또는 타원형으로, 2분법으로 증식하며 세균과 바이러스의 중간에 속한다.

④ **바이러스**(Virus)
㉮ 미생물 중에서 가장 작아 세균여과기로도 분리할 수 없으며, 생체세포에서만 증식한다.
㉯ 생존에 필요한 물질로 핵산과 소수의 단백질만을 가지고 있어 숙주에 전적으로 의존한다.

⑤ **균류**(Bacteria)
㉮ 구균, 간균, 나선균, 대장균 등이 있으며 2분법으로 증식한다.
㉯ 특히, 대장균은 식품의 위생 지표균 및 분변오염의 지표균으로 사용된다.

⑥ **원생동물**(Protozoa)
㉮ 가장 간단한 단세포 동물로 1개의 세포로 구성(이질, 아메바, 말라리아의 병원충)되어 있으며, 운동성이 있다.
㉯ 분열 또는 출아에 의한 무성생식, 접합(接合)이나 배우자에 의한 유성생식을 통해 증식한다.

■ 미생물의 크기

곰팡이 〉 효모 〉 스피로헤타 〉 세균 〉 리케차 〉 바이러스

(2) **미생물 증식에 영향을 주는 요인**

① **수분**
㉮ 미생물의 몸체를 구성하고 생리기능을 조절하는 성분으로 필요량은 종류에 따라 다르나 보통 40% 이상이다.
㉯ 미생물 증식에 필요한 수분활성도 즉, 생육에 필요한 수분량은 세균(Aw 0.94) 〉 효모(Aw 0.88) 〉 곰팡이(Aw 0.80)이며, 일반적으로 Aw 0.6 이하에서는 미생물의 증식이 억제된다.

② **온도**
㉮ 저온균 : 저온에서 보존하는 식품에 부패를 일으키는 세균. 발육가능 온도는 0~25℃(최적온도 : 15~20℃)
㉯ 중온균 : 대부분의 병원성 세균이 이에 속한다. 발육가능 온도는 15~25℃(최적온도 : 25~37℃)
㉰ 고온균 : 온천수에서 서식하는 세균. 발육가능 온도는 40~70℃(최적온도 : 50~60℃)

③ **최적 수소이온농도**(pH)
㉮ 가장 높은 증식 상태를 보이는 pH를 최적 pH라 한다.
㉯ 세균별 최적 pH
㉠ 일반세균 : 약알칼리성(pH 7.0~8.0)
㉡ 젖산균, 진균류, 결핵균 : 산성(pH 4~5)
㉢ 콜레라균 : 알칼리성(pH 8.0~8.6)
㉣ 곰팡이, 효모 : 약산성(pH 4.0~6.0)

④ 산소
  ㉮ 호기성균 : 산소를 필요로 하는 균(곰팡이, 결핵균, 디프테리아균, 백일해균)
  ㉯ 혐기성균 : 산소를 필요로 하지 않는 균
    ㉠ 통성혐기성균 : 산소가 있더라도 이용되지 않는 균(대장균, 포도상구균, 젖산균)
    ㉡ 편성혐기성균 : 산소가 있으면 생육에 지장을 받는 균(보툴리누스균, 파상풍균)
⑤ 삼투압
  ㉮ 염이나 당분의 농도는 미생물 증식에 영향을 주며, 농도가 높으면 미생물로부터 수분이 빠져나와 쪼그라들며 원형질 분리(plasmolysis) 현상이 일어나 미생물이 사멸한다.
  ㉯ 세균과 삼투압
    ㉠ 일반 세균 : 3% 정도의 식염 속에서는 증식 억제
    ㉡ 내염성 세균 : 식염이 거의 없어도 증식하거나 8~20% 정도의 식염농도에서도 증식
    ㉢ 호염성 세균 : 어느 정도의 식염농도가 있어야 증식
⑥ 광선 및 방사선
  ㉮ 가시광선 : 많은 미생물들은 밝은 곳보다 어두운 곳에서 잘 생육하며 오히려 광선을 조사하였을 경우 사멸되기도 한다.
  ㉯ 자외선
    ㉠ 자외선 조사에 의해 미생물은 변이를 일으키기도 하고 사멸되기도 한다.
    ㉡ 자외선 중에서도 핵산의 흡수대인 260nm 파장의 빛은 살균력이 가장 강하다.
  ㉰ 방사선
    ㉠ 방사선은 자외선보다 파장이 더욱 짧으므로 투과력이 높고 살균작용이 있다.
    ㉡ 식품 살균에는 주로 코발트 60(Co)의 감마(γ)선이 사용된다.

3 병원성 미생물

(1) 바이러스(Virus)

① 바이러스의 개요
  ㉮ 바이러스는 살아있는 생명체 중 가장 작은 20~300nm 크기의 병원체 균으로 세균 여과기로도 분리할 수 없다.
  ㉯ 생존에 필요한 물질로 핵산과 소수의 단백질만을 갖고 있어 숙주에 의존해서는 살아간다.
  ㉰ 페놀, 염소, 포르말린 등의 소독제를 이용하여 56℃ 이상의 온도에서 30분 이상 가열시 감염력을 상실하게 된다.
  ㉱ 간장염, 수두, 인플루엔자, 홍역, 유행성 이하선염 그리고 감기 등의 질병을 발생시키며 기침이나 재채기 등의 접촉에 의해 다른 사람을 쉽게 감염시킬 수 있다.
② 종류와 특징
  ㉮ 동물 바이러스 : 동물 세포를 감염시키는 바이러스로 폴리오(polio)바이러스, 폭스(pox)바이러스 등이 있고 후천성면역결핍증(AIDS)이나 백혈병을 일으키는 레트로(retro)바이러스도 해당된다.

㉯ 식물 바이러스 : 식물 세포를 감염시키는 바이러스로 담배 잎의 모자이크병을 일으키는 토바코 모자이크(tobacco mosaic)바이러스가 대표적인 경우이다.
㉰ 세균 바이러스 : 세균에 침입하는 바이러스로 세균 연구 실험에 주로 이용되며 박테리오파아지(bacteriophage)라고 부른다.

(2) 세균(Bacteria)

① 세균의 개요
㉮ 비병원체 박테리아를 제외한 나머지 30% 정도가 병원체 박테리아로 아주 위험하며 인간의 감염과 질병의 가장 큰 원인이 된다. 미생물 또는 세균이라 불리며 살아있는 생물이나 동물의 조직에 침입하여 서식한다.
㉯ 번식 속도가 빠르며, 조직 속에서 유해물질을 발생시켜 질병을 확산시킨다.
㉰ 모양을 한 것과 막대 모양을 한 것이 있는데 둥근 모양의 세균(구균) 지름은 0.75~1.25마이크로미터이며 막대 모양은 폭이 0.5~1마이크로미터, 길이가 1.5~3마이크로미터 정도이다.

② 종류와 특징
㉮ 구균(coccus, 구형이나 타원형인 것)
  ㉠ 포도상구균 : 분열방향이 불규칙하여 포도송이처럼 되는 것으로 부스럼, 습진 같은 화농증을 유발하며, 건강한 피부나 비강에도 기생한다.
  ㉡ 연쇄상구균 : 한쪽 방향으로만 분열하여 길게 연결되는 사슬모양의 구균이며 단독으로 화농증을 일으킨다.
  ㉢ 이외에도 단구균, 쌍구균, 4연구균, 8연구균 등이 있다.
㉯ 간균(bacillus, 원통형 또는 막대기처럼 길쭉한 것)
  ㉠ 쌍을 이루거나 연쇄상으로 배열하는 경우가 있는데, 이것을 연쇄상간균이라 하며 디프테리아균에서 볼 수 있다.
  ㉡ 간균은 그 길이가 폭보다 약간 긴 것이 보통이다. 그러나, 편의상 길이가 폭의 2배 이상인 장간균, 2배 이하인 단간균으로 대별한다.
㉰ 나선균(spirillum, 나선형이나 꼬여 있는 코일형인 것)
  ㉠ 외형이 가늘고 긴 것이 꼬여 있는 모양을 하고 있는데 콜레라균처럼 한번 꼬여 있는 경우도 있고 보렐리다처럼 불규칙적이고 부드러운 꼬임, 트레포네마처럼 규칙적이고 작은 꼬임 등 여러 형태를 하고 있다.
  ㉡ 나선균은 개개의 세포가 흐트러져 있고 배열하는 경우는 거의 없다. 나선균은 나선의 정도가 불완전한데, 마치 짧은 콤마처럼 생긴 호균과 일반적으로 나선균으로 구분한다.

(3) 리케차(Rickettsia)

① 리케차의 개요
㉮ 세균보다는 작고 바이러스보다는 큰 짧은 막대 모양으로 구균과 같이 한 개씩 또는 쌍으로 서식한다. 절지동물에 기생 급성·열성 질환으로 발열, 피부발진, 맥관염 등 증상을 나타낸다.
㉯ 사람을 비롯한 가축, 고양이, 개 등에게도 감염되는 인수공통의 미생물 병원체이다.

② 종류와 특징
- ㉮ 발진티푸스리케차(Rickettsia. prowazekii) : 유행성 발진티푸스를 유발하며 이로 매개된다.
- ㉯ 발진열리케차(R. typhi/mooseri) : 발진열을 유발하며 쥐벼룩으로 매개된다.
- ㉰ 반점열리케차(R. rickettsii) : 로키산 홍반열을 유발하며 진드기로 매개된다.
- ㉱ 지중해열리케차(R. conorii) : 부톤네즈열을 유발하여 진드기의 일종인 트롬비쿨라로 매개된다.
- ㉲ 콕시엘라부르네티(Coxiella burnetii) : Q열을 유발하는 것으로 일반적인 감염경로와 열에 대한 반응(내열성) 등이 다른 리케차병과는 상이한데, 주로 공기 또는 접촉에 의해서 감염된다.
- ㉳ 쯔쯔가무시병 리케차(R. tsutsugamushi) : 쯔쯔가무시병을 유발하며 털진드기에 의해서 감염된다.

(4) 균류(Fungi)

① 균류의 개요
- ㉮ 곰팡이, 효모, 버섯류 등이 진균에 포함되며 박테리아보다 크기가 큰 진핵 세포로 구성되어 다양한 방식으로 증식한다.
- ㉯ 대부분의 균류는 균사라고 하는 가는 실 모양의 세포로 이루어져 있고 또 이러한 균사를 방처럼 나누어주는 것을 격벽이라고 하는데, 격벽의 유무에 따라 균류를 분류할 수 있다.

② 종류와 특징
- ㉮ 진균증의 종류
  - ㉠ 표재성 진균증 : 피부, 모발, 손톱 등의 각질 조직에 주로 감염을 일으키는 것으로 대표적인 예로는 피부 사상균(dermatophyte)에 의해 유발되는 무좀, 칸디다증(candidosis) 등이 있다.
  - ㉡ 피하성 진균증 : 스포로트리쿰증(sporothrichosis)
  - ㉢ 심재성 진균증 : 히스토플라스마증(histoplasmosis), 분아균증(blastomycosis)
- ㉯ 진균독소(mycotoxin)
  - ㉠ 균류에 의해 생산되는 독소로 중독되면 구역질, 구토, 설사 등이나 오한, 발열, 경련, 환각, 과민성 알레르기 반응을 유발하며 심하면 혼수상태에 빠지거나 사망하기도 한다.
  - ㉡ 대표적인 예로 청록색 곰팡이에서 생성되는 아플라톡신(aflatoxin)이 있다.

(5) 원생동물(Protozoa)와 클라디미아(Chlamydia)

① 원생동물(원충류)
- ㉮ 운동능력을 가진 것이 많으며 원시적인 동물로 간주하고 있다.
- ㉯ 중간숙주에 의해 전파되면 면역이 생기는 일이 드물고 원충에 따라서는 포낭을 만들어 좋지 않은 조건에서도 장기간 생존하기도 한다.
- ㉰ 말라리아, 아메바성 이질, 아프리카 수면병 등을 일으킨다.

② 클라디미아
- ㉮ 편성세포내 기생체로서 리케치와 동일하게 세균과 유사한 특성을 갖지만 에너지생성을 위한

대사계를 갖지 않으며 기생숙주 내에서 이분열로 증식하고 핵산인 DNA, RNA를 소유하며 크기는 세균보다 작지만 세포벽을 가진 것과 갖지 않은 것이 있다.
㉯ 트라코마, 앵무병, 서혜 림프 육아종 따위의 병원균으로 이들 균은 감염되어도 강한 면역은 형성되지 않으며 지속감염, 재발, 재감염 등이 일어난다.

Lesson 03 소독방법 및 분야별 위생·소독

1 소독력 평가 및 고려요인

(1) 소독기준 및 살균력 평가

① 이·미용기구 소독의 일반기준

구분	설명
자외선소독	1cm²당 85μW 이상의 자외선을 20분 이상 쬐어준다.
건열멸균소독	섭씨 100℃ 이상의 건조한 열에 20분 이상 쬐어준다.
증기소독	섭씨 100℃ 이상의 습한 열에 20분 이상 쬐어준다.
열탕소독	섭씨 100℃ 이상의 물속에 10분 이상 끓여준다.
석탄산수소독	석탄산수(석탄산 3%, 물 97%의 수용액)에 10분 이상 담가둔다.
크레졸소독	크레졸수(크레졸 3%, 물 97%의 수용액)에 10분 이상 담가둔다.
에탄올소독	에탄올수용액(에탄올이 70%인 수용액)에 10분 이상 담가두거나 에탄올수용액을 머금은 면 또는 거즈로 기구의 표면을 닦아준다.

② 살균력 평가

㉮ 소독제의 살균력을 평가하는 기준은 석탄산계수이다.

㉯ 석탄산계수 = $\dfrac{(다른)소독약의\ 희석배수}{석탄산의\ 희석배수}$

㉰ 예를 들어 석탄산 계수가 2이고 석탄산 희석배수가 40인 경우 소독약품의 희석배수는 80이다.

(2) 소독시 고려요인 및 주의사항

① 소독시 고려요인

㉮ 현존하는 유기체의 특성 : 어떤 유기체들은 쉽게 파괴되지만 반면에 어떤 것들은 일반적으로 이용되는 멸균, 소독법에도 파괴되지 않을 수 있다.

㉯ 현존하는 유기체의 수 : 유기체가 물품에 많으면 많을수록 파괴하는 데 시간이 오래 걸린다.

㉰ 기구의 유형 : 좁은 관, 갈라진 틈, 이음새가 있는 물품들은 특별한 관리가 요구된다.

- ㉣ 기구의 사용 의도 : 가정에서는 깨끗한 기구 또는 공급품을 사용하는 것이 안전할지 모르나, 가능한한 멸균된 물품을 사용한다.
- ㉤ 멸균, 소독을 위해 이용할 수 있는 방법 : 멸균과 소독을 위한 물리적 또는 화학적 방법의 선택은 유기체의 특성과 수, 기구의 유형과 사용의도 그리고 방법의 유용성과 실용성을 근거로 결정된다.
- ㉥ 시간 : 권장된 시간을 반드시 준수해야 한다.

② **소독시 주의사항**
- ㉮ 소독할 물건의 성질에 유의하여 적당한 소독약이나 소독법을 선택하여 실시한다.
- ㉯ 병원미생물의 종류와 멸균, 살균 또는 소독의 목적과 방법, 그리고 시간을 염두에 둔다.
- ㉰ 소독약은 사용할 때마다 필요한 양만큼 조금씩 새로 만들어서 쓴다.
- ㉱ 약품에 따라 밀폐해서 냉암소에 보존해 둔다. 라벨(Label)은 더러워지지 않도록 하며 다른 것과 구별되도록 한다.

2 소독방법과 용도

(1) 물리적 소독방법

① **무가열에 의한 방법**
- ㉮ 자외선 조사 : 태양의 자외선(일광소독)이나 자외선등을 이용하는 방법으로 290~320nm의 파장이 주로 사용되며 무균실, 수술실, 재약실 등에서 공기, 식품, 기구 및 용기 등의 소독에 사용된다.
- ㉯ 전류 및 방사선 조사 : 전류를 통해 균체가 갖고 있는 염화칼슘(Sodium chlride) 이온을 유리시켜 살균하며, 이때 생긴 열로도 살균작용이 된다.
- ㉰ 세균여과법 : 음료수나 액체식품 등을 세균여과기로 걸어서 균을 제거시키는 방법이다. 단, 바이러스는 걸러지지 않는다.
- ㉱ 초음파 살균법
  - ㉠ 교반작용(충체 파괴하는 살균력) : 8800 cycle/sec
  - ㉡ 진동작용(강력한 살균력) : 2000 cycle/sec

② **가열에 의한 방법**
- ㉮ 화염 및 소각법 : 화염멸균은 표면 살균으로 불꽃에서 20초 이상 태우며, 불에 타지 않는 금속류, 유리봉, 도자기류에 이용한다. 오물은 소각으로 가장 강력한 멸균이 된다.
- ㉯ 건열멸균법 : 건열멸균기(dry oven)를 이용하여 170℃에서 1~2시간 처리한다. 주사침, 유리기구, 금속제품에 이용된다.
- ㉰ 자비소독(열탕소독)법 : 100℃의 끓는 물에서 15~20분간 처리하며, 소독효과를 높이기 위해 석탄산(5%), 크레졸(2~3%), 중조(1~2%)를 넣어주기도 한다. 단, 금속부식성에 주의하면서 식기류, 도자기류, 주사기, 의류 소독에 사용된다.
- ㉱ 고압증기멸균법 : 고압증기멸균기를 이용하는 것으로 미생물뿐만 아니라 아포까지 사멸시킨다.
  - ㉠ 10Lbs, 115.5℃의 상태 : 30분

ⓒ 15Lbs, 121.5℃의 상태 : 20분
ⓒ 20Lbs, 126.5℃의 상태 : 15분
㉣ 유통증기멸균법 : 100℃의 유통증기에서 30~60분 가열하는 방법으로 식기, 조리기구, 행주 등에 사용한다.
㉤ (유통증기)간헐멸균법 : 1일 1회씩 3일 동안 100℃에서 30분간 가열하는 방법으로, 세균의 포자까지 멸균시키는 방법이다.
㉥ 저온소독법(LTLT법) : 61~65℃에서 30분간 가열하는 방법으로 포자를 형성치 않은 세균의 멸균을 위해서 결핵균, 소 유산균, 살모넬라균 소독에 사용한다.
㉦ 초고온단시간소독법(HTST법) : 70~75℃에서 15~20초간 가열하는 방법으로 우유 등의 살균에 사용된다.
㉧ 초고온 순간 멸균법(UHT법) : 멸균처리 기간의 단축과 영양 물질의 파괴를 줄이기 위하여 사용되는 순간적인 열처리로, 우유를 135℃에서 2초간 동안 가열한다.

(2) 화학적 소독방법

① **석탄산(페놀, C_6H_5OH)**
㉮ 일반적으로 3%의 수용액(온수)을 사용하며, 산성도가 높고 고온일수록 소독 효과가 크다.
㉯ 살균력이 안정되고, 유기물질(배설물 등)에도 약화되지 않는다.
㉰ 금속부식성이 있고, 냄새와 독성이 강하며 피부점막에 자극성이 있다.
㉱ 소독약의 살균력을 비교하는 기준이 된다(석탄산 계수).
㉲ 대상물 : 환자의 오염의류, 오물, 배설물 등

② **크레졸**
㉮ 3%의 수용액을 사용하며, 석탄산 소독력의 2배 효과가 있다(석탄산 계수 2).
㉯ 불용성이므로 비누액으로 만들어 사용한다.
㉰ 피부 자극성이 없으며, 유기물질 소독에 효과적이고 세균소독에 이용한다.
㉱ 강한 냄새가 단점이다.
㉲ 대상물 : 손(조리사는 안됨), 오물, 객담.

③ **승홍($HgCl_2$)**
㉮ 0.1%의 농도를 사용(승홍 1+식염 1+물 1000 비율로 만듦)한다.
㉯ 맹독성이며 금속 부식성이 강하므로 식기류나 피부소독에는 부적합하다.
㉰ 단백질과 결합하면 침전이 생기므로 유기물질(배설물)을 소독할 때 주의해야 한다.
㉱ 온도가 높을수록 살균력이 강해지므로 가온해서 사용한다.

④ **생석회(CaO)**
㉮ 습기 있는 분변, 하수, 오수, 오물, 토사물 소독에 적당하다.
㉯ 건조한 소독대상물인 경우는 석회유[$Ca(OH)_2$]를 생석회 분말 2, 물 8의 비율로 사용한다.
㉰ 포자 형성 세균에는 효과가 없으며, 공기에 오래 노출되면 살균력이 저하된다.

⑤ **과산화수소(옥시폴, H_2O_2)**
㉮ 3%의 수용액을 사용하며, 무포자균을 빨리 살균한다.

㉯ 자극성이 적어서 구내염, 인두염, 입안 세척, 상처 등에 사용한다.

⑥ 알코올(Alcohol)
㉮ 70~75%의 에탄올(에틸알코올)을 사용한다.
㉯ 손, 피부 및 기구 소독에 사용하며, 무포자균에 유효하다.
㉰ 값이 비싸고, 인화하기 쉬우며 아포에는 효력이 없다.
㉱ 고무나 플라스틱 제품은 녹기 때문에 주의해야 하며 상처, 눈, 구강, 비강, 음부 등 점막에는 사용하지 않는다.

⑦ 머큐로크롬
㉮ 2%의 수용액을 사용(과망간산칼륨은 0.2~0.5% 수용액 사용)한다.
㉯ 자극성이 없으나 살균력이 약하다.
㉰ 점막 및 피부 상처에 사용한다.

⑧ 역성비누(양성비누)
㉮ 0.01~0.1%의 농도를 사용(손 소독인 경우에는 10% 용액을 100~200배 희석 사용하고, 식기류 소독일 때는 300~500배 희석 사용)한다.
㉯ 무미, 무해, 무독이면서도 침투력과 살균력이 강하다.
㉰ 포도상 구균, 결핵균에 유효하여 조리사의 손 소독이나 식품 소독에 사용한다.
㉱ 알칼리성이나 유기물(단백질)에서는 소독력이 저하되므로 음성 비누와의 병행은 피하고, 먼저 유기물(단백질)을 음성비누로 없앤 후 역성비누 사용하여야 소독효과가 있다.

⑨ 약용비누
㉮ 비누에 살균제를 혼합시킨 것이다.
㉯ 손, 피부소독에 이용되는 세탁효과와 살균제의 소독효과가 얻어진다.

⑩ 염소류
㉮ 액화염소(0.4기압) : 많은 양의 수돗물 소독에 이용한다.
㉯ 클로르칼크(표백분, $CaCl_2$) : 적은 양의 우물물, 수영장 소독에 이용된다.
㉰ 차아염소산나트륨($NaOCl$) : 야채, 과실류 소독에 이용된다.

3　분야별 위생·소독

(1) 실내환경 위생·소독

① 실내 작업장
㉮ 작업장 시설을 할 때에 천장 덕트를 설치하여 인공 환기장치를 하여야 한다. 밀폐 공간 내에 장시간 근무하므로 군집독에 유의하여야 하며 신선한 공기의 유입이 중요하다.
㉯ 조명, 전구부분의 이물질을 제거해야 하며 이와 더불어 적당한 조명을 유지해야 한다.
㉰ 화장대, 미용의자, 카운터, 작업장 시설물에 먼지, 머리카락, 퍼머액이 묻지 않도록 한다.
㉱ 벽, 마루 등에 각종의 퍼머액, 염모제 등이 묻지 않도록 주의하며 떨어뜨린 즉시 닦는다. 또한 벽면의 장식물, 액자 등에 먼지가 끼지 않게 청결히 하며 모발은 쓸어서 밀폐된 지정장소에 버린다.

㉫ 에어컨 및 제습기의 필터 부분을 주기적으로 청소하여 소독한다.

② **샴푸실**
㉮ 거울 및 선반은 이물질이 없도록 잘 닦는다.
㉯ 샴푸 세면대는 머리카락이 묻어있지 않고 세면대 표면에 이물질이 끼지 않도록 항상 청결히 해야 한다.
㉰ 샴푸, 린스, 트리트먼트는 제품이 용기에 흘러내리지 않게 청결히 하며 항상 적정량을 보충해 놓는다.
㉱ 샴푸대 주변은 미끄러지지 않게 바닥을 청소한다.
㉲ 제품보관은 통풍이 잘되는 곳에서 보관을 하며, 일회용품은 사용 즉시 처리할 수 있도록 뚜껑이 있는 쓰레기통을 준비한다.

③ **카운터 및 입구, 대기실**
㉮ 입구는 항상 청결하게 유지한다.
㉯ 제품진열, 사물함은 청결하게 유지한다.
㉰ 쇼파, 쿠션, 방석, 가운 등은 자주 세탁하여 항상 청결하게 유지한다.
㉱ 고객용 테이블은 항상 청결하게 유지한다.
㉲ 쓰레기통은 뚜껑이 있는 것을 사용한다.

④ **화장실 및 세면대**
㉮ 환기가 잘되도록 주의하며, 방향제, 생리대, 화장지, 비누, 핸드로션을 구비해 둔다.
㉯ 변기, 세면대에 이물질이 생기지 않도록 청소 및 소독을 정기적으로 한다.
㉰ 깨끗한 핸드 타월을 구비해 둔다.
㉱ 쓰레기통은 넘치거나, 냄새가 나지 않도록 관리를 철저하게 한다.
㉲ 화장실 바닥은 물기가 없도록 주의한다.

(2) 기구 및 도구의 위생·소독

① **가위**
㉮ 금속제품을 소독할 때는 부식되거나 날이 상하지 않도록 유의하며, 70% 에탄올을 이용하여 소독한다(70%의 알코올 용액에 20분간 침수시켜 소독).
㉯ 고압증기멸균기를 사용할 때에는 소독포에 싸서 소독하며, 소독하기 전 물이나 수건 등을 사용하여 이물질을 제거한다.

② **레이저**
㉮ 갈아 끼우는 부분에 때나 이물질이 끼어 소독 상태가 불완전하게 되는 경우가 많으므로 주의해야 한다.
㉯ 고객마다 소독된 일회용 날을 사용해야 하며 재사용해서는 안 된다.

③ **헤어 클리퍼**
㉮ 사용 후 클리퍼 앞쪽을 분리한 후 머리카락을 털어 낸 다음 70% 알코올을 적신 솜으로 소독한다.
㉯ 소독 후 건조한 다음 기름칠을 해야 하며, 주 1회 정도는 완전 분해하여 소독을 한다.

④ 각종 빗류
  ㉮ 미온수에 세제 및 샴푸를 풀어 빗 종류를 담근 후에 세척하여 물기를 제거한 후 자외선 소독기에서 소독한다.
  ㉯ 항박테리아 용액에 담궈 놓았다가 헹군 후 물기를 제거하며, 특히 플라스틱 빗 종류는 약액 및 열에 변형되기 쉬우므로 주의한다.
⑤ 타월
  ㉮ 염모제 전용 타월과 일반 타월, 색깔있는 타월과 백색 타월을 구분하여 세탁한다.
  ㉯ 타월 세탁시에는 세제와 염소계통의 소독약을 넣어 세탁한다.
⑥ 가운류
  ㉮ 섬유제품 : 세탁할 때 염소계통의 소독약을 넣어 세탁한다.
  ㉯ 비닐제품 : 샴푸, 염색용 케이프는 물을 전혀 흡수하지 않아 세탁하면 뒤처리가 곤란하므로 손 세탁으로 씻어내고 소독한 후 건조는 그늘에서 건조시킨다.
⑦ 기타 도구의 소독
  ㉮ 로드, 고무줄, 세팅롤 : 약액이 남으면 다음 고객에게 사용할 때 악영향을 미칠 수 있으므로 약액이 남지 않도록 꼼꼼하게 세척한다.
  ㉯ 퍼머용 고무장갑, 스펀지 : 미온수에 약액이 남지 않도록 깨끗하게 헹궈 그늘에서 건조한다.
  ㉰ 핀과 클립 : 진균 등으로 인한 피부염을 방지하기 위해 70% 알코올 용액에 20분 정도 담가 소독한 후 사용한다. 단, 재질이 플라스틱일 경우에는 70%의 알코올을 적신 솜으로 닦아준다.

(3) 미용업 종사자 및 고객의 위생관리
  ① 질병감염의 유형
    ㉮ 디자이너의 실수로 고객에게 가벼운 상처를 입혀 감염
    ㉯ 디자이너 자신이 상처를 입어 출혈에 의한 감염
    ㉰ 시술시 도구를 통한 감염
    ㉱ 미용인의 부적절한 위생상태로 인해 홍역, 간염, 바이러스 독감 등과 같은 질병이 고객에게 감염
  ② 예방방법
    ㉮ 작업환경의 철저한 위생관리로 병균으로부터 고객 보호
    ㉯ 전문가들의 위생교육 및 기본상식 습득
    ㉰ 올바른 청소관리로 세균감염 예방
    ㉱ 에이즈, 간염 등 질병으로부터 보호하기 위해 일회용 장갑 착용
    ㉲ 시술도구 및 기구의 고압증기, 멸균소독, B형 간염 예방접종

CHAPTER 15
공중위생관리법규

Lesson 01 공중위생법규

1 목적 및 정의

(1) 공중위생관리법의 목적

공중이 이용하는 영업의 위생관리등에 관한 사항을 규정함으로써 위생수준을 향상시켜 국민의 건강증진에 기여함을 목적으로 한다.

(2) 용어의 정의

용어	정의
공중위생영업	다수인을 대상으로 위생관리서비스를 제공하는 영업으로서 숙박업·목욕장업·이용업·미용업·세탁업·건물위생관리업을 말한다.
이용업	손님의 머리카락 또는 수염을 깎거나 다듬는 등의 방법으로 손님의 용모를 단정하게 하는 영업을 말한다.
미용업	손님의 얼굴, 머리, 피부 및 손톱·발톱 등을 손질하여 손님의 외모를 아름답게 꾸미는 영업으로 일반미용업, 피부미용업, 네일미용업, 화장·분장 미용업, 종합미용업으로 구분한다.

2 영업의 신고 및 폐업, 승계

(1) 공중위생영업의 신고 및 폐업

① 시장·군수·구청장에 신고

㉮ 공중위생영업을 하고자 하는 자는 공중위생영업의 종류별로 보건복지부령이 정하는 시설 및 설비를 갖추고 시장·군수·구청장에게 신고해야 한다.

㉯ 공중위생영업 신고 시 시장·군수·구청장에게 제출할 서류
  ㉠ 영업시설 및 설비개요서
  ㉡ 영업시설 및 설비의 사용에 관한 권리를 확보하였음을 증명하는 서류
  ㉢ 교육수료증(미리 교육을 받은 경우에만 해당)

② 이용업과 미용업의 시설·설비기준

구분	시설 설비기준
이용업	• 이용기구는 소독을 한 기구와 소독을 하지 아니한 기구를 구분해 보관할 수 있는 용기를 비치해야한다. • 소독기, 자외선살균기 등 이용기구를 소독하는 장비를 갖추어야 한다. • 영업소 안에서 별실, 그 밖에 이와 유사한 시설을 설치해서는 아니된다.
미용업	• 미용기구는 소독을 한 기구와 소독을 하지 아니한 기구를 구분해 보관할 수 있는 용기를 비치해야 한다. • 소독기, 자외선살균기 등 미용기구를 소독하는 장비를 갖추어야 한다.

(2) 변경신고

영업신고사항의 변경 시 보건복지부령이 정하는 중요사항의 변경인 경우에는 시장·군수·구청장에게 변경신고를 해야 한다.

① **보건복지부령이 정하는 중요한 사항일 경우**
  ㉮ 영업소의 명칭 또는 상호
  ㉯ 영업소의 소재지
  ㉰ 신고한 영업장 면적의 3분의 1이상의 증감
  ㉱ 대표자 성명 또는 생년월일

② **영업신고사항 변경신고 시 시장·군수·구청장에게 제출할 서류**
  ㉮ 영업신고증(신고증을 분실하여 영업신고사항 변경신고서에 분실 사유를 기재하는 경우에는 첨부하지 않음)
  ㉯ 변경사항을 증명하는 서류

■ 영업신고증의 재교부 신청사유
• 신고증을 잃어 버렸을 때
• 신고증이 헐어 못쓰게 된 때
• 신고인의 성명이나 주민등록번호가 변경된 때

(3) 폐업신고 및 영업의 승계

① **폐업신고**
  ㉮ 공중위생영업을 폐업한 자는 폐업한 날부터 20일 이내에 시장·군수·구청장에게 신고해야 한다.
  ㉯ 신고 시 폐업신고서에는 영업신고증을 첨부하여야 한다.

② **영업의 승계**
  ㉮ 공중위생영업자가 그 공중위생영업을 양도하거나 사망한 때 또는 법인의 합병이 있는 때에는 그 양수인·상속인 또는 합병후 존속하는 법인이나 합병에 의하여 설립되는 법인은 그 공중위생영업자의 지위를 승계한다.

㉯ 이용업·미용업의 경우에는 면허를 소지한 자에 한해 공중위생영업자의 지위를 승계할 수 있다.
㉰ 공중위생영업자의 지위를 승계한 자는 1월 이내에 보건복지부령이 정하는 바에 따라 시장·군수 또는 구청장에게 신고해야 한다.
㉱ 영업자의 지위승계신고 첨부서류
  ㉠ 영업양도의 경우 : 양도·양수를 증명할 수 있는 서류 사본
  ㉡ 상속의 경우 : 상속인임을 증명할 수 있는 서류
  ㉢ 위 ㉠ 및 ㉡외의 경우 : 해당 사유별로 영업자의 지위를 승계하였음을 증명할 수 있는 서류

3 영업자 준수사항

(1) 이·미용업자의 위생관리기준

구분	위생관리기준
이용업자	• 이용기구 중 소독을 한 기구와 소독을 하지 아니한 기구는 각각 다른 용기에 넣어 보관하여야 한다. • 1회용 면도날은 손님 1인에 한하여 사용하여야 한다. • 업소 내에 이용업신고증, 개설자의 면허증 원본 및 최종지급요금표를 게시하여야 한다. • 영업장 안의 조명도는 75럭스(Lux) 이상이 되도록 유지하여야 한다.
미용업자	• 점빼기, 귓볼뚫기, 쌍커풀수술, 문신, 박피술 그밖에 이와 유사한 의료행위를 하여서는 아니된다. • 피부미용을 위하여 약사법 규정에 의한 의약품 또는 의료용구를 사용하여서는 아니된다. • 미용기구 중 소독을 한 기구와 소독을 하지 아니한 기구는 각각 다른 용기에 넣어 보관하여야 한다. • 1회용 면도날은 손님 1인에 한하여 사용하여야 한다. • 업소 내에 미용업신고증, 개설자의 면허증 원본 및 최종지급요금표를 게시하여야 한다. • 영업장 안의 조명도는 75럭스(Lux) 이상이 되도록 유지하여야 한다.

(2) 공중이용시설의 위생관리

① 실내공기 등
  ㉮ 실내공기는 보건복지부령이 정하는 위생관리기준에 적합하도록 유지해야 한다.
  ㉯ 영업소, 화장실, 기타 공중이용시설 안에서 시설이용자의 건강을 해칠 우려가 있는 오염물질이 발생되지 않도록 한다.

② 규제대상 오염물질의 종류와 오염허용기준

오염물질의 종류	오염허용기준
미세먼지(PM-10)	24시간 평균치 150mg/m^3 이하
일산화탄소(CO)	1시간 평균치 25ppm 이하
이산화탄소(CO_2)	1시간 평균치 1,000ppm 이하
포름알데히드(HCHO)	1시간 평균치 120mg/m^3 이하

4 이·미용사의 면허 및 업무범위

(1) 이용사 및 미용사의 면허

① **자격기준**

이용사 또는 미용사가 되고자 하는 자는 다음의 어느 하나에 해당하는 자로서 보건복지부령이 정하는 바에 의하여 시장·군수·구청장의 면허를 받아야 한다.
- ㉮ 전문대학 또는 이와 동등 이상의 학력이 있다고 교육부장관이 인정하는 학교에서 이용 또는 미용에 관한 학과를 졸업한 자
- ㉯ 학점인정 등에 관한 법률의 관련 규정에 따라 대학 또는 전문대학을 졸업한 자와 동등 이상의 학력이 있는 것으로 인정되어 이용 또는 미용에 관한 학위를 취득한 자
- ㉰ 고등학교 또는 이와 동등의 학력이 있다고 교육부장관이 인정하는 학교에서 이용 또는 미용에 관한 학과를 졸업한 자
- ㉱ 교육부장관이 인정하는 고등기술학교에서 1년 이상 이용 또는 미용에 관한 소정의 과정을 이수한 자
- ㉲ 국가기술자격법에 의한 이용사 또는 미용사의 자격을 취득한 자

② **결격사유**
- ㉮ 피성년후견인
- ㉯ 정신보건법에 따른 정신질환자(다만, 전문의가 이용사 또는 미용사로서 적합하다고 인정하는 사람은 예외)
- ㉰ 공중의 위생에 영향을 미칠 수 있는 감염병 환자로서 보건복지부령이 정하는 자(감염성 결핵 환자)
- ㉱ 마약 기타 대통령령으로 정하는 약물 중독자(대마 또는 향정신성의약품의 중독자)
- ㉲ 면허가 취소된 후 1년이 경과되지 아니한 자

③ **면허의 정지 및 취소**

시장·군수·구청장은 이용사 또는 미용사가 다음의 어느 하나에 해당하는 때에는 그 면허를 취소하거나 6월 이내의 기간을 정하여 그 면허의 정지를 명할 수 있다.
- ㉮ 공중위생관리법 또는 법의 규정에 의한 명령에 위반한 때 : 면허취소 또는 6월 이내의 면허정지
- ㉯ 위의 '② 결격사유' 중 ㉮~㉱에 해당하게 된 때 : 면허취소
- ㉰ 면허증을 다른 사람에게 대여한 때 : 취소 또는 정지(세부 내용은 행정처분기준에 따름)

(2) 이용사 및 미용사의 업무범위

① **이·미용사의 업무범위와 관련된 일반 사항**
- ㉮ 이용사 또는 미용사의 면허를 받은 자가 아니면 이용업 또는 미용업을 개설하거나 그 업무에 종사할 수 없다. 다만, 이용사 또는 미용사의 감독을 받아 이용 또는 미용 업무의 보조를 행하는 경우에는 그러지 아니하다.
- ㉯ 이용 및 미용의 업무는 영업소외의 장소에서 행할 수 없다. 다만, 보건복지부령이 정하는 특별한 사유가 있는 경우에는 그러하지 아니하다.

- ㉰ 보건복지부령이 정하는 특별한 사유
  - ㉠ 질병·고령·장애나 그 밖의 사유로 영업소에 나올 수 없는 자에 대하여 이용 또는 미용을 하는 경우
  - ㉡ 혼례나 그 밖의 의식에 참여하는 자에 대하여 그 의식 직전에 이용 또는 미용을 하는 경우
  - ㉢ 사회복지시설에서 봉사활동으로 이용 또는 미용을 하는 경우
  - ㉣ 방송 등의 촬영에 참여하는 사람에 대하여 그 촬영 직전에 이용 또는 미용을 하는 경우
  - ㉤ 그 외 특별한 사정이 있다고 시장·군수·구청장이 인정하는 경우

② 이·미용사의 업무범위
  - ㉮ 이용사 : 이발·아이론·면도·머리피부손질·머리카락염색 및 머리감기로 한다.
  - ㉯ 미용사
    - ㉠ 2007년 12월 31일 이전에 미용사자격을 취득한 자로서 미용사면허를 받은 자 : 아래 미용과 관련한 영업에 해당하는 모든 업무
    - ㉡ 2008년 1월 1일 이후 2015년 4월 16일까지 미용사(일반)자격을 취득한 자로서 미용사면허를 받은 자 : 파마·머리카락자르기·머리카락모양내기·머리피부손질·머리카락염색·머리감기, 의료기기나 의약품을 사용하지 아니하는 눈썹손질, 얼굴의 손질 및 화장, 손톱과 발톱의 손질 및 화장
    - ㉢ 2015년 4월 17일부터 2015년 12월 31일까지 미용사(일반)자격을 취득한 자로서 미용사면허를 받은 자 : 파마·머리카락자르기·머리카락모양내기·머리피부손질·머리카락염색·머리감기, 의료기기나 의약품을 사용하지 아니하는 눈썹손질, 얼굴의 손질 및 화장
    - ㉣ 2016년 1월 1일 이후 미용사(일반)자격을 취득한 자로서 미용사 면허를 받은 자 : 파마·머리카락자르기·머리카락모양내기·머리피부손질·머리카락염색·머리감기, 의료기기나 의약품을 사용하지 아니하는 눈썹손질. 다만, 2016년 5월 31일까지 미용사(일반)자격을 취득한 사람의 경우에는 얼굴의 손질 및 화장에 관한 업무를 추가로 할 수 있다.
    - ㉤ 미용사(피부)자격을 취득한 자로서 미용사면허를 받은 자 : 의료기기나 의약품을 사용하지 아니하는 피부상태분석·피부관리·제모·눈썹손질
    - ㉥ 미용사(네일)자격을 취득한 자로서 미용사면허를 받은 자 : 손톱과 발톱의 손질 및 화장
    - ㉦ 미용사(메이크업)자격을 취득한 자로서 미용사면허를 받은 자 : 얼굴 등 신체의 화장·분장 및 의료기기나 의약품을 사용하지 아니하는 눈썹손질

5 영업자 준수사항

(1) 보고 및 출입·검사, 영업의 제한

① 보고 및 출입·검사
  - ㉮ 특별시장·광역시장·도지사 또는 시장·군수·구청장은 공중위생관리상 필요하다고 인정하는 때에는 공중위생영업자 및 공중이용시설의 소유자 등에 대하여 필요한 보고를 하게 하거나 소속공무원으로 하여금 영업소·사무소·공중이용시설등에 출입하여 공중위생영업자의 위생관리의무이행 및 공중이용시설의 위생관리실태 등에 대하여 검사하게 하거나 필요에 따라 공

중위생영업장부나 서류를 열람하게 할 수 있다.
      ㉯ 위 ㉮항의 경우에 관계공무원은 그 권한을 표시하는 증표를 지녀야 하며, 관계인에게 이를 내보여야 한다.
  ② **영업의 제한**
    시·도지사는 공익상 또는 선량한 풍속을 유지하기 위하여 필요하다고 인정하는 때에는 공중위생영업자 및 종사원에 대하여 영업시간 및 영업행위에 관한 필요한 제한을 할 수 있다.

(2) **영업소의 폐쇄, 공중위생감시원**
  ① **공중위생영업소의 폐쇄**
    ㉮ 시장·군수·구청장은 공중위생영업자가 공중위생관리법 또는 법에 의한 명령에 위반하거나 또는 「성매매알선 등 행위의 처벌에 관한 법률」,「풍속영업의 규제에 관한 법률」,「청소년보호법」,「의료법」에 위반하여 관계행정기관의 장의 요청이 있는 때에는 6월 이내의 기간을 정하여 영업의 정지 또는 일부 시설의 사용중지를 명하거나 영업소폐쇄 등을 명할 수 있다.
    ㉯ 규정에 의한 영업의 정지, 일부 시설의 사용중지와 영업소폐쇄명령 등의 세부적인 기준은 보건복지부령으로 정한다.
    ㉰ 시장·군수·구청장은 공중위생영업자가 영업소폐쇄명령을 받고도 계속하여 영업을 하는 때에는 관계공무원으로 하여금 당해 영업소를 폐쇄하기 위하여 다음의 조치를 하게 할 수 있다.
      ㉠ 당해 영업소의 간판 기타 영업표지물의 제거
      ㉡ 당해 영업소가 위법한 영업소임을 알리는 게시물 등의 부착
      ㉢ 영업을 위하여 필수불가결한 기구 또는 시설물을 사용할 수 없게 하는 봉인
    ㉱ 시장·군수·구청장은 규정에 의한 봉인을 한 후 봉인을 계속할 필요가 없다고 인정되는 때와 영업자 등이나 그 대리인이 당해 영업소를 폐쇄할 것을 약속하는 때 및 정당한 사유를 들어 봉인의 해제를 요청하는 때에는 그 봉인을 해제할 수 있다. 규정에 의한 게시물 등의 제거를 요청하는 경우에도 또한 같다.
  ② **공중위생감시원**
    ㉮ 공중위생 감시원의 자격 및 임명 : 특별시장, 광역시장, 도지사 또는 시장, 군수, 구청장은 다음에 해당하는 소속공무원 중에서 공중위생감시원을 임명한다.
      ㉠ 위생사 또는 환경기사 2급 이상의 자격증이 있는 자
      ㉡ 대학에서 화학·화공학·환경공학 또는 위생학 분야를 전공하고 졸업한 자 또는 이와 동등 이상의 자격이 있는 자
      ㉢ 외국에서 위생사 또는 환경기사의 면허를 받은 자
      ㉣ 3년 이상 공중위생 행정에 종사한 경력이 있는 자
    ㉯ 공중위생감시원의 업무범위
      ㉠ 시설 및 설비의 확인
      ㉡ 공중위생영업 관련 시설 및 설비의 위생상태 확인·검사, 공중위생영업자의 위생관리의무 및 영업자준수사항 이행여부의 확인

ⓒ 공중이용시설의 위생관리상태의 확인·검사
② 위생지도 및 개선명령 이행여부의 확인
⑩ 공중위생영업소의 영업의 정지, 일부 시설의 사용중지 또는 영업소 폐쇄명령 이행여부의 확인
ⓑ 위생교육 이행여부의 확인

6 업소 위생등급 및 보수교육

(1) 위생평가

① **위생서비스수준의 평가**
㉮ 시·도지사는 공중위생영업소(관광숙박업 제외)의 위생관리수준을 향상시키기 위하여 위생서비스평가계획을 수립하여 시장·군수·구청장에게 통보하여야 한다.
㉯ 시장·군수·구청장은 평가계획에 따라 관할지역별 세부평가계획을 수립한 후 공중위생영업소의 위생서비스수준을 평가하여야 한다.
㉰ 시장·군수·구청장은 위생서비스평가의 전문성을 높이기 위하여 필요하다고 인정하는 경우에는 관련 전문기관 및 단체로 하여금 위생서비스평가를 실시하게 할 수 있다.

② **위생서비스수준 평가의 주기**
공중위생영업소의 위생서비스수준 평가는 2년마다 실시하되, 공중위생영업소의 보건·위생관리를 위하여 특히 필요한 경우에는 보건복지부장관이 정하여 고시하는 바에 의하여 공중위생영업의 종류 또는 위생관리등급별로 평가주기를 달리할 수 있다.

■ 청문을 실시해야 하는 경우
- 이용사 및 미용사의 면허취소·면허정지
- 공중위생영업의 정지, 일부 시설의 사용중지
- 영업소폐쇄명령 등

(2) 위생등급

① **위생관리등급 공표**
㉮ 시장·군수·구청장은 보건복지부령이 정하는 바에 의하여 위생서비스평가의 결과에 따른 위생관리등급을 해당 공중위생영업자에게 통보하고 이를 공표하여야 한다.
㉯ 공중위생영업자는 시장·군수·구청장으로부터 통보 받은 위생관리등급의 표지를 영업소의 명칭과 함께 영업소의 출입구에 부착할 수 있다.
㉰ 시·도지사 또는 시장·군수·구청장은 위생서비스평가의 결과 위생서비스의 수준이 우수하다고 인정되는 영업소에 대하여 포상을 실시할 수 있다.

㉓ 시·도지사 또는 시장·군수·구청장은 위생서비스평가의 결과에 따른 위생관리등급별로 영업소에 대한 위생감시를 실시하여야 한다. 이 경우 영업소에 대한 출입·검사와 위생감시의 실시주기 및 횟수 등 위생관리등급별 위생감시기준은 보건복지부령으로 정한다.

② **위생관리등급의 구분**
㉮ 최우수업소 : 녹색등급
㉯ 우수업소 : 황색등급
㉰ 일반관리대상 업소 : 백색등급

(3) 영업자 위생교육 및 교육기관

① **위생교육**
㉮ 공중위생영업자는 매년 위생교육을 받아야 하며, 교육시간은 3시간으로 한다.
㉯ 공중위생영업의 신고를 하고자 하는 자는 미리 위생교육을 받아야 한다. 다만, 다음의 사유로 미리 교육을 받을 수 없는 경우에는 영업개시 후 6개월 이내에 위생교육을 받을 수 있다.
  ㉠ 천재지변, 본인의 질병·사고, 업무상 국외출장 등의 사유로 교육을 받을 수 없는 경우
  ㉡ 교육을 실시하는 단체의 사정 등으로 미리 교육을 받기 불가능한 경우
㉰ 위생교육을 받아야 하는 자 중 영업에 직접 종사하지 아니하거나 2 이상의 장소에서 영업을 하는 자는 종업원 중 영업장별로 공중위생에 관한 책임자를 지정하고 그 책임자로 하여금 위생교육을 받게 하여야 한다.
㉱ 위생교육을 받은 자가 위생교육을 받은 날부터 2년 이내에 위생교육을 받은 업종과 같은 업종의 영업을 하려는 경우에는 해당 영업에 대한 위생교육을 받은 것으로 본다.
㉲ 위생교육 대상자 중 보건복지부장관이 고시하는 도서·벽지지역에서 영업을 하고 있거나 하려는 자에 대하여는 교육교재를 배부하여 이를 익히고 활용하도록 함으로써 교육에 갈음할 수 있다.

② **위생교육기관**
㉮ 위생교육은 보건복지부장관이 허가한 단체 또는 규정에 따라 설립된 "공중위생영업자단체(공중위생과 국민보건의 향상을 기하고 그 영업의 건전한 발전을 도모하기 위하여 영업의 종류별로 전국적인 조직을 가지는 영업자단체)"가 실시할 수 있다.
㉯ 위생교육 실시단체는 교육교재를 편찬하여 교육대상자에게 제공하여야 한다.
㉰ 위생교육 실시단체의 장은 위생교육을 수료한 자에게 수료증을 교부하고, 교육실시 결과를 교육 후 1개월 이내에 시장·군수·구청장에게 통보하여야 하며, 수료증 교부대장 등 교육에 관한 기록을 2년 이상 보관·관리하여야 한다.
㉱ 위 규정 외에 위생교육에 관하여 필요한 세부사항은 보건복지부장관이 정한다.

Lesson 02 벌칙 등

1 벌칙 및 과태료

(1) 벌칙

① **1년 이하의 징역 또는 1천만원 이하의 벌금**
  ㉮ 시장·군수·구청장에게 규정에 의한 공중위생영업의 신고를 하지 않고 공중위생영업을 한 자
  ㉯ 영업정지명령 또는 일부 시설의 사용중지명령을 받고도 그 기간 중에 영업을 하거나 그 시설을 사용한 자 또는 영업소 폐쇄명령을 받고도 계속하여 영업을 한 자

② **6월 이하의 징역 또는 500만원 이하의 벌금**
  ㉮ 공중위생영업의 변경신고를 하지 아니한 자
  ㉯ 공중위생영업자의 지위를 승계한 자로서 규정에 의한 신고를 하지 아니한 자
  ㉰ 건전한 영업질서를 위하여 공중위생영업자가 준수하여야 할 사항을 준수하지 아니한 자

③ **300만원 이하의 벌금**
  ㉮ 면허의 취소 또는 정지 중에 미용업을 한 사람
  ㉯ 면허를 받지 아니하고 미용업을 개설하거나 그 업무에 종사한 사람
  ㉰ 다른 사람에게 미용사 면허증을 빌려주거나 빌린 사람 또는 알선한 사람

■ 양벌규정
법인의 대표자나 법인 또는 개인의 대리인·사용인 기타 종업원이 그 법인 또는 개인의 업무에 관하여 위 "(1) 벌칙"에 해당하는 위반행위를 한 때에는 행위자를 벌하는 외에 그 법인 또는 개인에 대하여도 동조의 벌금형을 과한다.

(2) 과태료

① **300만원 이하의 과태료**
  ㉮ 보고를 하지 아니하거나 관계공무원의 출입·검사 기타 조치를 거부·방해 또는 기피한 자
  ㉯ 개선명령에 위반한 자

② **200만원 이하의 과태료**
  ㉮ 미용업소의 위생관리 의무를 지키지 아니한 자
  ㉯ 영업소외의 장소에서 미용업무를 행한 자
  ㉰ 규정에 위반하여 위생교육을 받지 아니한 자

③ **과태료의 부과·징수 절차**
  ㉮ 과태료는 대통령령이 정하는 바에 따라 보건복지부장관 또는 시장·군수·구청장이 부과·징수한다.

㉴ 과태료처분에 불복이 있는 자는 그 처분의 고지를 받은 날부터 30일 이내에 처분권자에게 이의를 제기할 수 있다.

2 행정처분기준

(1) 일반기준

① 위반행위가 2 이상인 경우로서 그에 해당하는 각각의 처분기준이 다른 경우에는 그 중 중한 처분기준에 의하되, 2 이상의 처분기준이 영업정지에 해당하는 경우에는 가장 중한 정지처분기간에 나머지 각각의 정지처분기간의 2분의 1을 더하여 처분한다.

② 위반행위의 차수에 따른 행정처분기준은 최근 1년간 같은 위반행위로 행정처분을 받은 경우에 이를 적용한다. 이때 그 기준적용일은 동일 위반사항에 대한 행정처분일과 그 처분후의 재적발일(수거검사에 의한 경우에는 검사결과를 처분청이 접수한 날)을 기준으로 한다.

③ 행정처분권자는 위반사항의 내용으로 보아 그 위반정도가 경미하거나 해당위반사항에 관하여 검사로부터 기소유예의 처분을 받거나 법원으로부터 선고유예의 판결을 받은 때에는 다음의 '(2) 개별기준-미용업'에 불구하고 그 처분기준을 다음의 구분에 따라 경감할 수 있다.
㉮ 영업정지의 경우에는 그 처분기준 일수의 2분의 1의 범위 안에서 경감할 수 있다.
㉯ 영업장폐쇄의 경우에는 3월 이상의 영업정지처분으로 경감할 수 있다.

(2) 개별기준 – 미용업

위반행위	행정처분기준			
	1차 위반	2차 위반	3차 위반	4차 이상
가. 영업신고를 하지 않거나 시설과 설비기준을 위반한 경우				
1) 영업신고를 하지 않은 경우	영업장 폐쇄명령			
2) 시설 및 설비기준을 위반한 경우	개선명령	영업정지 15일	영업정지 1월	영업장 폐쇄명령
나. 변경신고를 하지 않은 경우				
1) 신고를 하지 않고 영업소의 명칭 및 상호 또는 영업장 면적의 3분의 1 이상을 변경한 경우	경고 또는 개선명령	영업정지 15일	영업정지 1월	영업장 폐쇄명령
2) 신고를 하지 않고 영업소의 소재지를 변경한 경우	영업정지 1월	영업정지 2월	영업장 폐쇄명령	
다. 지위승계신고를 하지 않은 경우	경고	영업정지 10일	영업정지 1월	영업장 폐쇄명령
라. 공중위생영업자의 위생관리의무등을 지키지 않은 경우				
1) 소독을 한 기구와 소독을 하지 않은 기구를 각각 다른 용기에 넣어 보관하지 않거나 1회용 면도날을 2인 이상의 손님에게 사용한 경우	경고	영업정지 5일	영업정지 10일	영업장 폐쇄명령
2) 피부미용을 위하여 약사법에 따른 의약품 또는 의료기기법에 따른 의료기기를 사용한 경우	영업정지 2월	영업정지 3월	영업장 폐쇄명령	

위반행위	행정처분기준			
	1차 위반	2차 위반	3차 위반	4차 이상
3) 점빼기·귓볼뚫기·쌍꺼풀수술·문신·박피술 그 밖에 이와 유사한 의료행위를 한 경우	영업정지 2월	영업정지 3월	영업장 폐쇄명령	
4) 미용업 신고증 및 면허증 원본을 게시하지 않거나 업소 내 조명도를 준수하지 않은 경우	경고 또는 개선명령	영업정지 5일	영업정지 10일	영업장 폐쇄명령
5) 개별 미용서비스의 최종 지불가격 및 전체 미용서비스의 총액에 관한 내역서를 이용자에게 미리 제공하지 않은 경우	경고	영업정지 5일	영업정지 10일	영업정지 1월
마. 면허 정지 및 면허 취소 사유에 해당하는 경우				
1) 면허 취득의 결격사유에 해당하게 된 경우	면허취소			
2) 면허증을 다른 사람에게 대여한 경우	면허정지 3월	면허정지 6월	면허취소	
3) 국가기술자격법에 따라 자격이 취소된 경우	면허취소			
4) 국가기술자격법에 따라 자격정지처분을 받은 경우	면허정지			
5) 이중으로 면허를 취득한 경우(나중에 발급받은 면허임)	면허취소			
6) 면허정지처분을 받고도 그 정지 기간 중 업무를 한 경우	면허취소			
바. 영업소 외의 장소에서 미용 업무를 한 경우	영업정지 1월	영업정지 2월	영업장 폐쇄명령	
사. 보고를 하지 않거나 거짓으로 보고한 경우 또는 관계 공무원의 출입, 검사 또는 공중위생영업 장부 또는 서류의 열람을 거부·방해하거나 기피한 경우	영업정지 10일	영업정지 20일	영업정지 1월	영업장 폐쇄명령
아. 개선명령을 이행하지 않은 경우	경고	영업정지 10일	영업정지 1월	영업장 폐쇄명령
자. 성매매알선 등 행위의 처벌에 관한 법률, 풍속영업의 규제에 관한 법률, 청소년 보호법, 아동·청소년의 성보호에 관한 법률 또는 의료법 위반하여 관계 행정기관의 장으로부터 그 사실을 통보받은 경우				
1) 손님에게 성매매알선 등 행위 또는 음란행위를 하게 하거나 이를 알선 또는 제공한 경우				
가) 영업소	영업정지 3월	영업장 폐쇄명령		
나) 미용사	면허정지 3월	면허취소		
2) 손님에게 도박 그 밖에 사행행위를 하게 한 경우	영업정지 1월	영업정지 2월	영업장 폐쇄명령	
3) 음란한 물건을 관람·열람하게 하거나 진열 또는 보관한 경우	경고	영업정지 15일	영업정지 1월	영업장 폐쇄명령
4) 무자격안마사로 하여금 안마사의 업무에 관한 행위를 하게 한 경우	영업정지 1월	영업정지 2월	영업장 폐쇄명령	
차. 영업정지처분을 받고도 그 영업정지 기간에 영업을 한 경우	영업장 폐쇄명령			
카. 공중위생영업자가 정당한 사유 없이 6개월 이상 계속 휴업하는 경우	영업장 폐쇄명령			
타. 공중위생영업자가 관할 세무서장에게 폐업신고를 하거나 관할 세무서장이 사업자 등록을 말소한 경우	영업장 폐쇄명령			

PART

02

메이크업 필기
적중모의고사

제 01 회 적중모의고사

○ CHECK POINT QUESTION

001
다음 중 고객관리 자세로 바르지 못한 것은 어느 것인가?

① 고객카드에는 고객에 대한 정보와 시술내용을 상세히 기록하여 고객의 신뢰도를 높인다.
② 고객의 직업, 취향, 성격, 특징 등을 기록하여 차별화된 서비스를 제공한다.
③ 메이크업의 시술과 함께 미용에 대한 정보제공을 함으로서 지속적인 고객을 관리한다.
④ 고객의 기념일 및 이벤트 일정을 외부에 알리고 손님들과 공유 한다.

고객의 기념일 및 이벤트 일정은 외부에 유출되지 않도록 철저히 관리한다.

002
법정 감염병 중 제3급 감염병에 속하는 것은?

① 인플루엔자
② 백일해
③ 말라리아
④ 디프테리아

제3급 감염병
- 정의 : 그 발생을 계속 감시할 필요가 있어 발생 또는 유행 시 24시간 이내에 신고하여야 하는 감염병
- 종류 : 파상풍, B형간염, 일본뇌염, C형간염, 말라리아, 레지오넬라증, 비브리오패혈증, 발진티푸스, 발진열, 쯔쯔가무시증, 렙토스피라증, 브루셀라증, 공수병, 신증후군출혈열, 후천성면역결핍증(AIDS), 크로이츠펠트-야콥병(CJD) 및 변종크로이츠펠트-야콥병(vCJD), 황열, 뎅기열, 큐열(Q열), 웨스트나일열, 라임병, 진드기매개뇌염, 유비저, 치쿤구니야열, 중증열성혈소판감소증후군(SFTS), 지카바이러스 감염증, 매독

003
다음은 메이크업 도구 중 어떤 브러시에 대한 설명으로 바른 것을 고르시오.

> 부채꼴 모양으로 생긴 브러시로 파우더를 바른 후 여분의 가루를 털어 낼 때 사용한다.

① 블러셔 브러시
② 스크루 브러시
③ 팬 브러시
④ 파우더 브러시

보기의 내용은 팬 브러시에 대한 설명이다.

004
다음 중 브러시 관리법으로 바르지 못한 것은 어느 것인가?

① 미온수에 비누로 세척한다.
② 햇볕이 잘 드는 곳에서 건조시킨다.
③ 전용 세척액을 구입하여 사용한다.
④ 털의 방향을 고르게 하고 가지런히 눕혀 건조시킨다.

그늘에서 종이 타월이나 수건에 뉘어서 말린다.

005
다음 중 메이크업 도구의 종류별 특징에 관한 설명이다. 바르지 못한 것은 어느 것인가?

① 스파츌라 : 크림 또는 파운데이션, 립스틱 등을 덜어 내거나 제품끼리 혼합할 때 사용한다.
② 분첩 : 파우더를 덧바를 때 사용하는 도구로 소재는 순면이 가장 적합하다.

③ 아이래시 컬러 : 직선으로 뻗어 있는 속눈썹을 곡선으로 만들어 보다 눈이 커보이게 한다.
④ 페이스 브러시 : 리퀴드타입의 파운데이션을 매끄럽고 얇게 펴 바를 때 사용한다.

- 페이스 브러시 : 파우더를 가볍고 투명하게 연출해 주며 면을 활용해 윤곽을 잡아 주고 끝을 사용해 파우더를 빠르고 쉬우면서도 효과적으로 표현할 때 사용한다.
- 파운데이션 브러시 : 리퀴드타입의 파운데이션을 매끄럽고 얇게 펴 바를 때 사용한다.

006
다음 중 ( ) 안에 들어갈 알맞은 말은 무엇인가?

> 일본의 메이크업 아티스트인 슈에무라(Shuuemura)는 메이크업이란 ( ) 이라고 하였다. 이는 결론적으로 화장은 외적으로 단순히 가꾸는 차원이 아니라 내면의 정신적인 측면까지 표현해내는 생산적인 작업임을 의미하는 말이다.

① 소비적인 것이 아니라 밝고 생산적인 것
② 얼굴이나 신체를 화장하는 일
③ 현실에서 불가능한 인물 창조
④ 신체적 결함을 눈에 띄지 않게 하는것

슈에무라(Shuuemura)는 '메이크업이란 소비적인 것이 아니라 밝고 생산적인 것'이라고 하였다.

007
글리콜산이나 젖산을 이용하여 각질층에 침투시키는 방법으로 각질세포의 응집력을 약화시키며 자연탈피를 유도시키는 필링제는?

① A.H.A
② TCA
③ BP
④ Phenol

AHA는 천연과일에서 추출한 각질제로서 각질과 지질을 산화시켜 각질 탈락을 유도한다.

008
수분부족으로 인한 표피의 특징이 아닌 것은?

① 피부조직이 별로 얇게 보이지 않는다.
② 피부 당김이 진피(내부)에서 심하게 느껴진다.
③ 피부조직에 표피성 잔주름이 형성된다.
④ 연령에 관계없이 발생한다.

피부 당김이 진피(내부)에서 심하게 느껴지는 것은 진피성 수분부족 피부의 특징이다.

009
피부미용의 기능이 아닌 것은?

① 피부 보호
② 피부질환 치료
③ 피부문제 개선
④ 심리적 안정

피부질환의 치료는 의료분야이다.

010
성인이 하루에 분비하는 피지의 양은?

① 약 1~2g
② 약 3~5g
③ 약 4~6g
④ 약 5~8g

1일 평균 피지의 양은 약 1~2g이다.

011
피부구조에 대한 설명 중 틀린 것은?

① 피부는 표피, 진피, 피하지방층의 3개 층으로 구성된다.
② 표피는 일반적으로 내측으로부터 기저층, 투명층, 유극층, 과립층 및 각질층의 5층으로 나뉜다.
③ 멜라닌 세포는 표피의 기저층에 산재한다.
④ 멜라닌 세포수는 민족과 피부색에 관계없이 일정하다.

표피는 내측으로부터 기저층 – 유극층 – 과립층 – 투명층 – 각질층으로 나뉜다.

012
지성 피부에 대한 설명 중 틀린 것은?

① 지성피부는 정상 피부보다 피지분비량이 많다.
② 지성피부의 관리는 피지 제거 및 세정을 주목적으로 한다.
③ 피부결이 섬세하지만 피부가 얇고 붉은 색이 많다.
④ 지성 피부가 생기는 원인은 남성호르몬인 안드로겐이나 여성 호르몬인 프로게스테론의 기능이 활발해져시 생긴다.

피부결이 섬세하지만 피부가 얇고 붉은 색이 많은 피부는 민감성 피부이다.

013
혈액의 기능으로 틀린 것은?

① 호르몬 분비작용
② 노폐물 배설작용
③ 산소와 이산화탄소의 운반작용
④ 삼투압과 산·염기 평행의 조절작용

호르몬을 생산하고 분비하는 곳은 내분비계이다.

014
공중위생영업의 신고를 하려는 자는 공중위생영업의 종류별 시설 및 설비기준에 적합한 시설을 갖춘 후 누구에게 서류를 제출하는가?

① 보건복지부장관　② 시장·군수·구청장
③ 고용노동부장관　④ 시도지사

공중위생영업의 신고를 하려는 자는 공중위생영업의 종류별 시설 및 설비기준에 적합한 시설을 갖춘 후 시장·군수·구청장에게 서류를 제출한다.

015
미용업(화장·분장)의 영업 범위가 아닌 것은?

① 화장　　　　　② 분장
③ 눈썹 손질　　　④ 피부관리

피부관리는 미용업(피부)의 영업범위에 속한다.

016
얼굴 등 신체의 화장, 분장 및 의료기기나 의약품을 사용하지 아니하는 눈썹 손질을 하는 영업은 무엇인가?

① 미용업(일반)
② 미용업(피부)
③ 미용업(손톱·발톱)
④ 미용업(화장·분장)

문제의 영업은 공중위생관리법상 미용업(화장·분장)의 업무이다.

017
다음 중 쥐와 가장 관계가 없는 감염병은?

① 페스트　　　　② 유행성 출혈열
③ 렙토스피라증　④ 발진티푸스

발진티푸스는 발열, 근육통, 전신신경증상, 발진 등의 증상을 보이며, 이가 환자를 흡혈해 환자의 상처를 통해 침입하거나 또는 호흡기계를 통해 감염된다.

018
영업신고 시 제출 서류가 아닌 것은?

① 영업시설 및 설비개요서
② 미리 교육을 받은 경우 교육필증
③ 국유철도 정거장 시설에서 영업하려는 경우 국유재산 사용허가서
④ 신분증

영업신고 시 제출서류
- 영업시설 및 설비개요서
- 교육필증(미리 교육을 받은 경우에만 해당)
- 국유재산 사용허가서(국유철도 정거장 시설에서 영업하려는 경우에만 해당)
- 철도사업자(도시철도사업자를 포함)와 체결한 철도시설 사용계약에 관한 서류(국유철도외의 철도 정거장 시설에서 영업하려고 하는 경우에만 해당)

019
다음 중 위생서비스 수준 평가에 따른 위생관리등급 구분에 대하여 바르게 설명한 것은?

① 최우수업소는 백색등급이다.
② 우수업소는 골드등급이다.
③ 일반관리대상 업소는 청색등급이다.
④ 최우수업소는 녹색등급이다.

위생관리등급
- 최우수업소 : 녹색등급
- 우수업소 : 황색등급
- 일반관리대상 : 백색등급

020
영업 신고증의 재교부할 사항이 아닌 것은?

① 신고증을 잃어 버렸을 때
② 신고증이 헐어 못쓰게 된 때
③ 신고인의 성명이나 생년월일이 변경된 때
④ 신고인의 주소가 변경된 때

영업신고증의 재교부
- 신고증을 잃어 버렸을 때
- 신고증이 헐어 못쓰게 된 때
- 신고인의 성명이나 생년월일이 변경된 때

021
변경신고 시 보건복지부령이 정하는 중요사항으로 맞지 않는 것은?

① 영업소의 명칭 또는 상호
② 영업소의 소재지
③ 신고한 영업장 면적의 2분의 1 이상의 증감
④ 미용업 업종 간 변경

변경신고 사유
- 영업소의 명칭 또는 상호
- 영업소의 소재지
- 신고한 영업장 면적의 3분의 1 이상의 증감
- 대표자의 성명(법인의 경우에 한한다)
- 미용업 업종 간 변경

022
공중위생관리법규상 공중위생영업자가 받아야 하는 위생교육시간은?

① 매년 3시간
② 매년 8시간
③ 2년마다 4시간
④ 2년마다 8시간

위생교육
- 공중위생영업자는 매년 위생교육을 받아야 하며, 교육시간은 3시간으로 한다.
- 공중위생영업의 신고를 하고자 하는 자는 미리 위생교육을 받아야 한다.
- 위생교육을 받은 자가 위생교육을 받은 날부터 2년 이내에 위생교육을 받은 업종과 같은 업종의 영업을 하려는 경우에는 해당 영업에 대한 위생교육을 받은 것으로 본다.
- 위생교육 대상자 중 보건복지부장관이 고시하는 도서·벽지지역에서 영업을 하고 있거나 하려는 자에 대하여는 교육교재를 배부하여 이를 익히고 활용하도록 함으로써 교육에 갈음할 수 있다.

023
다음 중 이·미용업무에 종사할 수 있는 자는?

① 공인 이·미용학원에서 3개월 이상 이·미용에 관한 강습을 받은 자
② 이·미용업소에 취업하여 6개월 이상 이·미용에 관한 기술을 수습한 자
③ 이·미용업소에서 이·미용사의 감독 하에 이·미용 업무를 보조하고 있는 자
④ 시장·군수·구청장이 보조원이 될 수 있다고 인정하는 자

이·미용업소에서 이·미용사의 감독 하에 이·미용 업무를 보조하고 있는 자는 이·미용업무에 종사할 수 있다.

024
화장수의 설명 중 잘못 된 것은?

① 피부의 각질을 제거한다.
② 피부에 남아있는 잔여물을 닦아준다.
③ 피부에 청량감을 준다.
④ 피부의 각질층에 수분을 공급한다.

화장수는 피부에 남은 잔여물을 닦아주고, 수분을 공급하며, 화장품의 흡수를 도와준다.

025
화장품법상 화장품의 정의와 관련된 내용이 아닌 것은?

① 인체에 사용되는 물품으로 인체에 대한 작용이 경미한 물품
② 피부 혹은 모발을 건강하게 유지 또는 증진하기 위한 물품
③ 신체의 구조, 기능에 영향을 미치는 것과 같은 물품
④ 인체를 청결히하고, 미화하고, 매력을 더하고 용모를 밝게 변화시키기 위해 사용하는 물품

의약품에 해당하는 물품은 화장품에 제외된다.

026
화장품의 사용목적과 가장 거리가 먼 것은?

① 인체를 청결, 미화하기 위하여 사용한다.
② 용모를 변화시키기 위하여 사용한다.
③ 피부, 모발의 건강을 유지하기 위하여 사용한다.
④ 인체에 대한 약리적인 효과를 주기 위해 사용한다.

화장품 중 의약품에 해당하는 물품은 제외된다.

027
화장품 성분 중 무기안료의 특성은?

① 내광성, 내열성이 우수하다.
② 선명도와 착색력이 뛰어나다.
③ 유기용매에 잘 녹는다.
④ 유기안료에 비해 색의 종류가 다양하다.

무기안료는 색상이 화려하지 않으나 빛, 산, 알칼리에 강하고 커버력이 우수하다.

028
기능성 화장품의 표시 및 기재사항이 아닌 것은?

① 제품의 명칭
② 제조자의 이름
③ 내용물의 용량 및 중량
④ 제조번호

기능성화장품의 기재사항 : 제품명칭, 중량, 제조번호 등이다.

029
화장품의 제형에 따른 특징의 설명이 틀린 것은?

① 유화제품 : 물에 오일성분이 계면활성제에 의해 우유빛으로 백탁화된 상태의 제품
② 유용화제품 : 물에 다량의 오일성분이 계면활성제에 의해 현탁하게 혼합된 상태의 제품
③ 분산제품 : 물 또는 오일성분에 미세한 고체입자가 계면활성제에 의해 균일하게 혼합된 상태의 제품
④ 가용화제품 : 물에 소량의 오일성분이 계면활성제에 의해 투명하게 용해되어 있는 상태의 제품

화장품의 3대 기술은 유화, 분산, 가용화이다.

030
샤워 후 바디에 나만의 향으로 산뜻함과 상쾌함을 유지시키고자 한다면, 부항률은 어느 정도로 하는 것이 좋은가?

① 1~3%
② 3~5%
③ 6~8%
④ 9~12%

샤워코롱은 전신에 사용하는 방향제품으로 1~3%의 부항률을 가지고 있으며 향이 가볍고 산뜻하다.

031
화장품과 의약품에 대한 설명으로 옳은 것은?

① 화장품의 사용목적은 질병의 치료이다.
② 화장품은 특정 부위만 사용한다.
③ 의약품의 사용대상은 정상적인 상태인 자로 한정되어 있다.
④ 의약품의 부작용은 어느 정도까지는 인정된다.

화장품은 인체를 청결, 미화하여 매력을 더하고 용모를 건강하고 아름답게 변화시키거나 피부, 모발의 건강을 유지 또는 증진하기 위해 인체에 사용되는 물품으로서 인체에 대한 작용이 경미한 것을 말한다.

032
다음 중 동양인의 피부에 적합하며 노르스름한 피부를 중화시켜주는 메이크업 베이스의 색은 무엇인가?

① 초록색
② 보라색
③ 흰색
④ 분홍색

보라색 메이크업 베이스는 동양인의 피부에 적합하며 노르스름한 피부를 중화시켜준다.

033
보기는 무슨 화장품에 대한 설명인가?

- 피부를 건강하고 아름답게 보이도록 한다.
- 기미, 주근깨, 여드름 등 피부 결점을 보완한다.
- 하이라이트 컬러와 어두운 컬러를 이용하여 얼굴을 입체적으로 윤곽 수정 한다.
- 자외선, 바람, 먼지, 기후 등의 외부 자극으로부터 피부를 보호한다.

① 파우더
② 파운데이션
③ 메이크업 베이스
④ 컨실러

- 파운데이션은 피부를 건강하고 아름답게 보이도록 한다.
- 기미, 주근깨, 여드름 등 피부 결점을 보완한다.
- 하이라이트 컬러와 어두운 컬러를 이용하여 얼굴을 입체적으로 윤곽 수정 한다.
- 자외선, 바람, 먼지, 기후 등의 외부 자극으로부터 피부를 보호한다.

034
보기는 어디에 대한 설명인가?

자연스러운 파운데이션을 표현하려면 턱선과 두피부분, 귀 앞머리까지 부자연스러운 경계가지지 않도록 세심하게 그라데이션을 해주어야 한다.

① Y존
② U존
③ T존
④ 헤어 라인 및 페이스 라인

헤어 라인 및 페이스 라인
자연스러운 파운데이션을 표현하려면 턱 선과 두피부분, 귀 앞머리까지 부자연스러운 경계가지지 않도록 세심하게 그라데이션을 해주어야 한다.

035
글로시 메이크업에서 촉촉한 피부 표현을 할 경우 어울리는 볼터치 타입은?

① 섀도우 타입
② 크림 타입
③ 케익 타입
④ 콤팩트 타입

글로시 메이크업에서 촉촉한 피부를 표현하기 위하여 크림 타입의 볼터치를 사용한다.

036
보기는 아이섀도우를 하는 방법이다. 어느 메이크업을 설명한 것인가?

- 검정펜슬로 눈의 점박 부분과 속눈썹 라인을 그려서 그라데이션 해준다.
- 그 위에 펄 브라운 섀도우와 블랙 그리고 그레이와 펄 섀도우를 혼합하여 발라준다.
- 가볍게 언더까지 그라데이션을 해준다.
- 이때 아이홀 위로 올라가지 않도록 하고 눈꼬리는 조금 길게 빼준다.
- 눈의 깊이를 더하기 위하여 마스카라를 여러 번 덧칠해 준다.
- 눈썹 뼈에는 화이트나 아이보리색상을 바른다.

① 글로시 메이크업
② 신랑 메이크업
③ 신부 메이크업
④ 스모키 메이크업

보기의 설명은 스모키 메이크업의 아이섀도우하는 방법이다.

037
여름 메이크업에 어울리는 아이섀도우 주색상으로 틀린 것은?

① 화이트
② 블루계열
③ 파스텔 톤의 청색
④ 연두색

여름 메이크업의 아이섀도우의 주색은 화이트, 블루 계열, 파스텔 톤의 청색, 하늘색이다.

038
오방색 중 중앙에 속하는 색은 무엇인가?

① 빨강　　　　　② 검정
③ 노랑　　　　　④ 흰색

빨강(남쪽), 검정(북쪽), 노랑(중앙), 흰색(서쪽), 파랑(동쪽)의 다섯 가지 색을 오방색이라고 한다.

039
신부 메이크업에서 어울리는 칼라 파우더의 색상은?

① 핑크　　　　　② 화이트
③ 옐로우　　　　④ 그린

핑크 파우더가 신부 메이크업에서 어울리는 색상이다.

040
게이샤, 경극, 삐에로 분장할 때 사용하는 칼라 파우더의 색상은?

① 핑크　　　　　② 화이트
③ 옐로우　　　　④ 그린

화이트 파우더가 게이샤, 경극, 삐에로 분장할 때 사용한다.

041
다음 중 색감의 설명 중 틀린 것은?

① 무거운 느낌 : 저명도의 어두운색, 차가운색
② 가벼운 느낌 : 고명도의 밝은색, 따뜻한색
③ 팽창색 : 따뜻한 색, 밝은색
④ 수축색 : 중성색, 고명도 색

수축색 : 한색계, 어두운색

042
다음 아래의 내용은 어떤 대비를 설명한 것인가?

다른 두 색의 영향으로 채도가 높은 색은 더 높게, 낮은 색은 더 낮게 보이는 현상이다. 같은 색이 주위의 색 조건에 의해 높게 보이기도 하고 낮아 보이기도 한다.

① 명도 대비
② 채도 대비
③ 색상 대비
④ 보색 대비

채도대비 : 다른 두 색의 영향으로 채도가 높은 색은 더 높게, 낮은 색은 더 낮게 보이는 현상이다. 같은 색이 주위의 색 조건에 의해 높게 보이기도 하고 낮아 보이기도 한다.

043
다음 보기의 내용이 설명하는 것은 무엇인가?

서로 다른 색들이 직접 섞이지 않고 근접하게 배치하여 혼색된 것처럼 보이게 하는 방법이다. 예를 들어 점묘화, 직물, 컬러 TV화면이 이에 속한다.

① 병치 혼합
② 회전 혼합
③ 감산 혼합
④ 가산 혼합

보기의 내용은 병치 혼합의 설명이다.

044
유사색상에서 색조에 배색이 주는 느낌은 무엇인가?

① 화려함, 강함, 동적, 자극적
② 온화함, 협조, 평화감, 안정
③ 차분함, 시원함
④ 정적, 간결함, 예리함, 생생함

- 반대색상 : 화려함, 강함, 동적, 자극적, 예리함, 생생함
- 동일색상 : 차분함, 시원함, 정적, 간결함

045
색의 합성 중 성격이 다른 하나는 무엇인가?

① 점묘화
② 직물
③ 컬러TV화면
④ 바람개비

바람개비는 회전 혼합이고 점묘화, 직물, 컬러TV화면은 병치혼합이다.

046
오방색 중 잘못된 것은?

① 빨강(남쪽)
② 검정(북쪽)
③ 노랑(중앙)
④ 파랑(서쪽)

빨강(남쪽), 검정(북쪽), 노랑(중앙), 흰색(서쪽), 파랑(동쪽)의 다섯 가지 색을 오방색이라고 한다.

047
먼셀의 표색계에서 주요색이 아닌 것은?

① 빨강
② 노랑
③ 녹색
④ 주황

먼셀의 표색계 주요색 : 빨강, 노랑, 녹색, 보라, 파랑이다.

048
식품의 부패에서 주로 변질되는 것은?

① 탄수화물
② 단백질
③ 지방
④ 무기질

부패는 단백질의 혐기성 분해현상이다.

049
다음 중 독소형 식중독을 일으키는 세균이 아닌 것은 어느 것인가?

① 포도상구균
② 보툴리누스균
③ 살모넬라균
④ 웰치균

살모넬라균은 감염형 식중독을 일으킨다.

050
TV조명의 목적이 아닌 것은?

① 화면 내의 특징 부위를 강조하거나 약화시킨다. 평상시 메이크업보다 강하게 표현해 준다.
② 하이라이트와 섀딩을 섬세하게 표현해 준다.
③ 장면의 분위기와 시간적 배경을 설정한다.
④ 카메라가 정상적으로 작동할 수 있는 최소한의 광량을 확보한다.

②는 무대조명의 설명이다.

051
영상 메이크업의 경우 조명으로 인해 주의해야 할 사항 중 틀린 것은?

① 번들거림이 없도록 파우더를 많이 써 준다.
② 조명의 광량에 의해 메이크업의 색상이 다르게 나타날 수 있다.
③ 하이라이트와 섀딩을 섬세하게 표현해 준다.
④ 본래의 색보다 강하게 나온다.

조명을 비추어질 경우 본래의 색보다 약하게 나온다. 그러므로 조명 작업 이후 너무 약해 보이지 않도록 주의한다.

052
보라색은 적색조명 아래에서 어떤 색으로 보이는가?

① 빨강
② 밝은 보라색
③ 어두운 보라색
④ 붉은 보라색

보라색은 적색조명 아래에서 붉은 보라색으로 보인다.

053
다음 중 ( ) 안에 들어갈 알맞은 말은 무엇인가?

> 색은 대조를 통해 무대의 입체감을 살려주며 의상이나 채색된 무대 장치를 돋보이게 하는 데, 보통 태양광선 보다는 색도가 낮은 ( ) 계통의 빛을 기준으로 삼는다. 색광은 인공적인 백색 광선에 컬러 필터를 더해서 색광을 연출한다.

① 보라색
② 담황색
③ 주황색
④ 황적색

무대 장치를 돋보이게 하기 위해 담황색 계통의 빛을 기준으로 삼는다.

054
통조림, 소시지 등 식품의 혐기성 상태에서 발육하여 신경독소를 분비하여 중독이 되는 식중독은?

① 포도상구균 식중독
② 솔라닌 독소형 식중독
③ 병원성 대장균 식중독
④ 보툴리누스균 식중독

보툴리누스균은 신경계에 주로 나타나며 시력저하, 언어곤란, 신경장애, 호흡곤란 등의 증세가 나타난다.

055
100% 크레졸 비누액을 환자의 배설물, 토사물, 객담소독을 위한 소독용 크레졸 비누액 100mL로 조제하는 방법으로 가장 적합한 것은?

① 크레졸 비누액 0.5mL + 물 99.5mL
② 크레졸 비누액 3mL + 물 97mL
③ 크레졸 비누액 10mL + 물 90mL
④ 크레졸 비누액 50mL + 물 50mL

크레졸수는 크레졸 3%, 물 97%가 적합하다.

056
질병 발생의 3대 요소가 아닌 것은?

① 병인
② 환경
③ 병소
④ 숙주

질병 발생의 3대 요소 : 병인, 환경, 숙주

057
다음 중 땀샘의 역할이 아닌 것은?

① 피지 분비
② 분비물 배출
③ 땀 분비
④ 체온 조절

피지 분비는 피지선의 역할이다.

058
다음 중 넓은 지역의 방역용 소독제로 적당한 것은?

① 알코올
② 석탄산
③ 과산화수소
④ 역성비누액

방역용 석탄산의 농도는 3%로 의류, 오물, 용기 등에 사용한다.

059
다음 중 산업종사자와 직업병의 연결이 틀린 것은?

① 용접공 – 규폐증
② 인쇄공 – 납중독
③ 광부 – 진폐증
④ 항공정비사 – 난청

규폐증은 유리규산 분진에 의해 발생하는 직업병으로 광부에게서 발생한다.

060
인수공통감염병에 해당하는 것은?

① 천연두
② 콜레라
③ 디프테리아
④ 공수병

인수공통감염병이란 사람과 동물을 공동 숙주로 하는 병원체에 의해 발생한 질병이나 감염상태를 말하는 것으로 공수병은 광견병이라 불리는 인수공통감염병이다.

01회 [정답] 적중모의고사

001	002	003	004	005
④	③	③	②	④
006	007	008	009	010
①	①	②	②	①
011	012	013	014	015
②	③	①	②	④
016	017	018	019	020
④	④	④	④	④
021	022	023	024	025
③	①	③	①	③
026	027	028	029	030
④	①	②	②	①
031	032	033	034	035
④	②	②	④	②
036	037	038	039	040
④	④	③	①	②
041	042	043	044	045
④	②	①	②	④
046	047	048	049	050
④	④	②	③	②
051	052	053	054	055
④	④	②	④	②
056	057	058	059	060
③	①	②	①	④

제 02 회 적중모의고사

○ CHECK POINT QUESTION

001
다음 중 고객 서비스 자세로 바르지 못한 것은 어느 것인가?

① 고객에게 청결, 위생, 편리, 쾌적함의 제공 보다는 가격 할인을 많이 해 준다.
② 메이크업에 대한 정확한 지식과 정보를 제공해 준다.
③ 메이크업의 시술 전 후를 충분히 설명한다.
④ 메이크업을 통하여 고객의 심리적, 사회적 안정을 위한 상담을 하도록 한다.

고객에게 청결, 위생, 편리, 쾌적함을 주도록 한다.

002
메이크업 시 유의해야 할 사항이 아닌 것은?

① T · P · O를 고려한다.
② 색의 조화를 생각해 둔다.
③ 피부의 결점 커버 위주로만 메이크업을 한다.
④ 포인트는 한 곳에 두는 것이 좋다.

피부의 결점 커버 위주로 하는 것도 중요하지만 전체적인 느낌을 살려서 메이크업한다.

003
눈썹을 그리거나 칠할 때 색이 너무 진하게 칠해졌을 경우 몇 번의 손질로 부드럽게 만들어 주는 브러시는 어느 것인가?

① 블러셔 브러시
② 스크루 브러시
③ 팬 브러시
④ 파우더 브러시

• 파우더 브러시 : 브러시의 양면으로 치크나 관자놀이, 턱 선에 파우더 브러시나 페이스 파우더를 자연스럽게 바를 경우 사용한다.
• 팬 브러시 : 파우더를 바른 후 여분의 가루를 털어 낼 때 사용한다.
• 블러셔 브러시 : 치크 표현, 섀딩이나 하이라이팅 시 사용하며 리퀴드 파운데이션을 좀 더 커버력 있게 표현하기 위해 사용한다.

004
메이크업 도구 중에서 "볼 터치를 할 때 사용되는 브러시로 털의 양이 풍성하고 부드러운 것이 좋은" 도구로 맞는 것은 어느 것인가?

① 블러셔 브러시
② 노즈 브러시
③ 아이섀도 브러시
④ 팬 브러시

블러셔 브러시(치크 브러시) : 부드럽고 풍성하며 끝이 둥근 형태

005
다음 중 스펀지 모양에 따른 사용법으로 바르지 못한 것은 어느 것인가?

① 각이 있는 도톰한 모양의 스펀지 : 리퀴드 파운데이션을 펴 바르기에 적합하다.
② 얇고 납작한 모양의 원형 · 네모 스펀지 : 적은 양으로 넓은 부분을 펴 바를 수 있어 메이크업을 투명하게 마무리할 수 있다.
③ 투웨이 케이크용 스펀지 : 투웨이 케이크 같은 팩트 형태의 제품을 밀착감과 커버력 있게 발라 준다.
④ 투웨이 케이크용 스펀지 : 마름모꼴 스펀지보다 피부에 덜 밀착되는 단점이 있다.

얇고 납작한 모양의 원형 · 네모 스펀지는 마름모꼴 스펀지보다 피부에 덜 밀착되는 단점이 있다.

006
다음은 우리나라 어느 시대의 화장법에 대한 설명인가?

> 1. 신분과 직업, 나이 및 의례를 구별하여 치장
> 2. 남녀모두 입술과 볼을 붉게 화장
> 3. 여성들은 신분에 관계없이 뺨과 입술을 연지로 단장
> 4. 보름달처럼 둥근 얼굴에 눈썹은 짧고 뭉툭, 오렌지색 섀도우 화장

① 고려시대
② 신라시대
③ 조선시대
④ 고구려시대

고구려시대의 메이크업에 대한 설명이다.

007
변경 신고 시 제출할 서류를 누구에게 제출하여야 하는가?

① 시장·군수·구청장
② 시도지사
③ 대통령
④ 보건복지부장관

변경 신고 시 제출할 서류는 시장·군수·구청장에게 제출한다.

008
과징금의 부과 및 납부 신고 통지를 받은 날부터 며칠 내에 이내에 시장·군수·구청장이 정하는 수납기관에 납부하여야 하는가?

① 10일
② 20일
③ 30일
④ 40일

과징금의 부과 및 납부 신고 통지를 받은 자는 통지를 받은 날부터 20일 이내에 과징금을 시장·군수·구청장이 정하는 수납기관에 납부하여야 한다.

009
이·미용기구의 소독 기준의 설명으로 맞게 연결한 것은?

① 자외선소독 : 1cm²당 85㎼ 이상의 자외선을 20분 이상 쬐어준다.
② 건열멸균소독 : 섭씨 100℃ 이상의 습한 열에 20분 이상 쐬어준다
③ 증기소독 : 섭씨 100℃ 이상의 건조한 열에 20분 이상 쐬어준다.
④ 열탕소독 : 석탄산수(석탄산 3%, 물 97%의 수용액을 말한다)에 10분 이상 담가둔다.

• 자외선소독 : 1cm²당 85㎼ 이상의 자외선을 20분 이상 쬐어준다.
• 건열멸균소독 : 섭씨 100℃ 이상의 건조한 열에 20분 이상 쐬어준다.
• 증기소독 : 섭씨 100℃ 이상의 습한 열에 20분 이상 쐬어준다
• 열탕소독 : 섭씨 100℃ 이상의 물속에 10분 이상 끓여준다.
• 석탄산수소독 : 석탄산수(석탄산 3%, 물 97%의 수용액을 말한다)에 10분 이상 담가둔다.

010
광노화의 반응과 가장 거리가 먼 것은?

① 거칠어짐
② 건조
③ 모세혈관 수축
④ 과색소침착증

광노화 반응 : 피부 건조화, 피부 거칠어짐, 색소침착 증가, 주름 유발

011
콜라겐에 대한 설명으로 틀린 것은?

① 노화된 피부에는 콜라겐 함량이 낮다.
② 콜라겐이 부족하면 주름이 발생하기 쉽다.
③ 콜라겐은 피부의 표피에 주로 존재한다.
④ 콜라겐은 섬유아세포에서 생성된다.

콜라겐은 진피에 존재하는 교원섬유로 진피의 90%를 차지하고 있는 섬유단백질이다.

012
사춘기 이후에 주로 분비가 되며, 모공을 통하여 분비되어 독특한 체취를 발생시키는 것은?

① 소한선 ② 피지선
③ 갑상선 ④ 대한선

대한선은 사춘기 이후에 분비되며 특유의 냄새를 갖고 있다.

013
피부의 각질층에 존재하는 세포간 지질 중 가장 많이 함유된 것은?

① 세라마이드 ② 콜레스테롤
③ 스쿠알렌   ④ 왁스

세포간 지질성분 : 세라마이드 50%, 지방산 30%, 콜레스테릴에스테르 5%

014
췌장에서 분비되는 단백질 분해효소는?

① 펩신   ② 트립신
③ 리파아제 ④ 펩티다아제

췌장은 단백질을 분해하는 트립신, 탄수화물을 분해하는 아밀라아제, 지방을 분해하는 리파아제를 분비한다.

015
우리나라 근대 개화기시대의 화장법에 대한 설명으로 바르지 못한 것은 어느 것인가?

① 수입 화장품의 도입으로 수입 화장품이 인기를 끌었다.
② 여염집 여성들과 기생, 신여성들의 화장 구분이 없어졌다.
③ 화장품의 수입으로 화장품 산업화의 촉진제가 되었다.
④ 종래의 쪽진머리에서 퍼머와 짧은 헤어스타일이 유행하게 되었다.

여염집 여성들과 기생, 신여성들의 화장 구분이 더욱 심화되었다.

016
자외선 차단제에 대한 설명으로 옳은 것은?

① 일광에 노출 전에 바르는 것이 효과적이다.
② 피부 병변이 있는 부위에 사용하여도 무관하다.
③ 사용 후 시간이 경과하여도 다시 덧바르지 않는다.
④ SPF지수가 높을수록 민감한 피부에 적합하다.

자외선 차단제의 흡수제 성분은 접촉성 피부염을 유발할 가능성이 있고, 차단 효과를 높이기 위해서는 일정 시간마다 덧발라 준다.

017
병원성 또는 비병원성 미생물 및 아포를 가진 것을 전부 사멸 또는 제거하는 것을 무엇이라고 하는가?

① 소독(disinfection)
② 멸균(sterilization)
③ 방부(antiseptic)
④ 정균(microbiostasis)

- 소독 : 유해한 미생물을 파괴시켜 감염의 위험을 제거하는 비교적 약한 살균
- 방부 : 병원성 미생물의 발육과 작용을 제거하거나 정지시켜 부패나 발효를 방지
- 정균 : 세균의 성장이나 대사를 저지

018
영업자의 지위승계신고 시 필요사항으로 맞는 사항은?

① 양도인의 주민등록등본
② 상속의 경우 가족관계증명서
③ 양도인의 주민등록초본
④ 양도인의 신분증

영업자의 지위승계신고 시 양도인의 인감증명서나 상속인의 경우 가족관계증명서를 제출한다.

019
벌금형 중 과태료 200만원 이하의 경우는?

① 의료기구와 의약품을 사용하지 아니하는 순수한 화장 또는 피부미용을 할 것을 위반한 자
② 다른 사람에게 미용사 면허증을 빌려준 사람
③ 보고를 하지 아니하거나 관계공무원의 출입·검사 기타 조치를 거부·방해 또는 기피한 자
④ 개선명령에 위반한 자

의료기구와 의약품을 사용하지 아니하는 순수한 화장 또는 피부미용을 할 것을 위반 시 과태료 200만원 이하 이다. ②~④은 300만원 이하의 과태료이다.

020
공중위생영업자의 위생관리의무로 아닌 것은?

① 영업 관련 시설 및 설비를 위생적이고 안전하게 관리하여야 한다.
② 미용기구는 소독을 한 기구와 소독을 하지 아니한 기구로 분리하여 보관한다.
③ 면도기는 1회용 면도날만을 손님 2인에 한하여 사용 할 것
④ 미용사면허증을 영업소 안에 게시할 것

공중위생영업자의 위생관리의무 중 면도기는 1회용 면도날만을 손님 1인에 한하여 사용해야한다.

021
실내공기정화시설 및 설비로 틀린 것은?

① 공기정화기와 이에 연결된 급·배기관
② 개인 냉·난방시설의 급·배기구
③ 화장실용 배기관
④ 실내공기의 단순배기관

실내공기정화시설 및 설비로 중앙집중식 냉·난방시설의 급·배기구를 설치한다.

022
면허의 재교부 신청 시 부과되는 수수료는?

① 3,000원
② 4,000원
③ 6,000원
④ 7,000원

면허의 재교부 신청 시 부과되는 수수료는 3,000원. 신규신청은 5,500원이다.

023
홈케어 시 여드름 피부에 대한 조언으로 맞지 않는 것은?

① 여드름 전용 제품을 사용
② 붉어지는 부위는 약간 진하게 파운데이션이나 파우더를 사용
③ 지나친 당분 섭취를 피함
④ 지나치게 얼굴이 당길 경우 수분 크림, 에센스를 사용

붉어지는 피부는 진정관리가 필요하므로 가능한 메이크업 제품을 사용하지 않는다.

024
포인트 메이크업 클렌징 과정 시 주의할 사항으로 틀린 것은?

① 콘택트렌즈를 뺀 후 시술한다.
② 아이라인을 제거 시 안에서 밖으로 닦아낸다.
③ 마스카라를 짙게 한 경우 강하게 자극하여 닦아 낸다.
④ 입술화장을 제거 시 윗입술은 위에서 아래로, 아랫입술은 아래에서 위로 닦는다.

눈가의 포인트 메이크업을 제거 할 때는 부드럽고 자극적이지 않게 닦아야 한다.

025
자외선에 대한 설명으로 틀린 것은?

① 피부에 제일 깊게 침투하는 것은 자외선 B이다.
② 자외선 B는 유리에 의하여 차단 될 수 있다.
③ 자외선 A의 파장은 320~400nm이다.
④ 자외선 C는 오존층에 의해 차단 될 수 있다.

종류	파장
자외선A(UVA)	320~400nm(장파장)
자외선B(UVB)	290~320nm(중파장)
자외선C(UVC)	200~290nm(단파장)

026
일반적인 클렌징에 해당되는 사항이 아닌 것은?

① 색조화장 제거
② 먼지 및 유분의 잔여물 제거
③ 효소나 고마쥐를 이용한 깊은 단계의 묵은 각질제거
④ 메이크업 잔여물 및 피부표면의 노폐물 제거

효소는 화학적 딥클렌징, 고마쥐는 물리적 딥클렌징에 속함

027
피부의 주체를 이루는 층으로서 망상층과 유두층으로 구분되며 피부조직 외에 부속기관인 혈관, 신경관, 림프관, 땀샘, 기름샘, 모발과 입모근을 포함하고 있는 곳은?

① 표피   ② 진피
③ 피하조직   ④ 근육

진피는 유두층과 망상층으로 구분된다.

028
피부색소인 멜라닌을 주로 함유하고 있는 세포층은?

① 각질층   ② 기저층
③ 과립층   ④ 유극층

멜라닌 세포는 표피의 기저층에 위치하며 긴 수지상의 형태를 가지고 있다.

029
기미에 대한 설명으로 틀린 것은?

① 피부 내에 멜라닌이 합성되지 않아 야기되는 것이다.
② 경계가 명확한 갈색의 점으로 표현된다.
③ 썬텐기에 의해서 기미가 생길 수 있다.
④ 30~40대의 중년여성에게 잘 나타나고 재발이 잘된다.

기미는 멜라닌형성세포의 과도한 생성으로 발생된다.

030
피부의 면역에 관한 설명으로 맞는 것은?

① 세포성 면역에는 보체, 항체 등이 있다.
② T림프구는 항원전달세포에 해당한다.
③ B림프구는 면역글로불린이라고 불리는 항체를 생성한다.
④ 표피에 존재하는 각질형성세포는 면역조절에 작용하지 않는다.

B림프구는 체액성 면역으로 특이항체를 생성한다.

031
우리나라 피부미용 역사에서 혼례 미용법이 발달하고 세안을 위한 세제 등 목욕용품이 발달한 시대는?

① 고조선시대   ② 고려시대
③ 삼국시대   ④ 조선시대

• 상고시대 : 돼지기름으로 겨울철 피부 보호
• 삼국시대 : 백분의 제조기술이 발달
• 고려시대 : 피부보호 및 미백효과

032
다음 중 혈색이 없고 창백한 피부에 사용되며 피부톤을 밝게 하는 메이크업 베이스의 색은 무엇인가?

① 오렌지색
② 보라색
③ 흰색
④ 분홍색

분홍색은 혈색이 없고 창백한 피부에 사용되며 피부톤을 밝게 한다.

033
메이크업 베이스의 사용 목적으로 틀린 것은?

① 피부 톤을 일정하게 정돈하여 피부화장이 잘 되도록 한다.
② 피부 톤을 조절하여 피부의 결점을 보완시킨다.
③ 피부의 수분증발을 막아주고, 파운데이션이 피부에 직접 흡수되는 것을 막아준다.
④ 화장의 번들거림을 방지하여 피부가 항상 보송보송한 형태를 유지 시켜준다.

파우더는 화장의 번들거림을 방지하여 피부가 항상 보송보송한 형태를 유지 시켜준다.

034
턱선이 넓은 얼굴을 좁아보이게 할 때 주로 사용하는 컬러는?

① 섀도우컬러
② 하이라이트컬러
③ 베이스컬러
④ 악센트컬러

넓은 얼굴은 어두운 톤의 섀도우를 이용하여 이마와 턱선이 축소되어 보이게 해야 한다.

035
입술 색에 따른 색상 선택법으로 틀린 것은?

① 짙은 사람 - 선명하고 진한 계열의 색을 칠한다.
② 큰사람 - 짙은 색의 립스틱을 사용하면 입술이 작아 보이는 수축 효과를 줄 수 있다.
③ 작은 사람 - 아주 짙은 립색상을 선택한다.
④ 엷은 사람 - 파스텔톤의 립색상을 선택한다.

입술의 크기가 큰사람은 진한 립색상, 작은 사람은 연한 립색상, 입술의 색상이 부드러운 사람은 파스텔톤의 립색상을 선택한다.

036
다음은 어떤 메이크업에 대한 설명인가?

- 아이블로우 : 브라운과 그레이 섀도우를 혼합하여 고객의 눈썹을 최대한 살려 부드러운 형태의 눈썹을 그려준다.
- 아이섀도우 : 얼굴윤곽이 뚜렷하고 나이가 어리거나 피부가 깨끗한 경우에는 코랄이나 핑크 톤이 어울린다. 은은하고 화사한 핑크색상을 눈썹 뼈 부위와 눈앞머리를 중심으로 전체적으로 펴 발라 준다. 중간 톤의 핑크로 눈두덩이에 음영을 넣어 자연스럽게 그라데이션을 시켜 준다.
- 립 : 핑크빛 립스틱을 엷게 바른 뒤 립글로스를 덧발라 촉촉한 입술을 표현한다.

① 한복 메이크업
② 스포츠 메이크업
③ 신부 메이크업
④ 액티브 메이크업

보기의 내용은 신부 메이크업의 설명이다.

037
애정, 창조 등의 이미지가 연상되는 색채는?

① 빨강
② 노랑
③ 파랑
④ 자주

자주 : 애정, 창조

038
색의 조화 중 설명이 맞는 것은?

① 유사의 원리 : 서로 반대되는 속성을 가진 색들을 배색
② 대비의 원리 : 비슷하거나 가까운 계통의 색채들이 조화를 이루는 상태
③ 동류의 원리 : 색채의 조화에 있어서 질서와 규칙을 갖고 있다
④ 비 모호성의 원리 : 애매모호하지 않고 명료한 배색

- 질서의 원리 : 색채의 조화에 있어서 질서와 규칙을 갖고 있다.
- 비 모호성의 원리 : 애매모호하지 않고 명료한 배색
- 대비의 원리 : 서로 반대되는 속성을 가진 색들을 배색
- 유사의 원리 : 비슷하거나 가까운 계통의 색채들이 조화를 이루는 상태

039
자극이 없어지고 시간이 경과한 후에도 감각이 남아있는 현상을 무엇이라고 하는가?

① 명시 대비
② 색의 잔상
③ 항상성
④ 모호성의 원리

색의 잔상은 자극이 없어지고 시간이 경과한 후에도 감각이 남아있는 현상을 말한다.

040
연기자의 얼굴을 대상으로 연기 구역에 따른 조명으로 틀리게 연결된 것은?

① 전면 왼쪽 45도 각 : 반대쪽 얼굴은 볼 수 없다.
② 전면 오른쪽 45도 각 : 좌와 우의 조명은 시각적으로나 분위기의 성질을 달리할 수도 있다.
③ 좌우 30도 각 : 코와 턱밑에 그늘이 진다.
④ 전면 좌우 45도 각 : 양쪽 얼굴이 다 잘 보인다.

좌우 30도 각 : 얼굴 중앙에 그늘이 진다.

041
다음 비타민에 대한 설명 중 틀린 것은?

① 비타민 A가 결핍되면 피부가 건조해지고 거칠어진다.
② 비타민 A는 많은 양이 피부에서 합성된다.
③ 레티노이드는 비타민 A를 통칭하는 용어이다.
④ 비타민 C는 교원질 형성에 중요한 역할을 한다.

자외선에 의해 피부에서 합성되는 비타민은 비타민 D이다.

042
성인의 경우 피부가 차지하는 비중은 체중의 약 몇 %인가?

① 15~17% ② 35~37%
③ 25~27% ④ 5~7%

성인의 평균피부면적은 1.6㎡로, 중량은 체중의 약 15~17% 정도이다.

043
자외선에 대한 설명으로 틀린 것은?

① 자외선 C는 오존층에 의해 차단될 수 있다.
② 자외선 A의 파장은 320~400nm이다.
③ 피부에 제일 깊게 침투하는 것은 자외선 B이다.
④ 자외선 B는 유리에 의하여 차단할 수 있다.

자외선 A는 320~400nm, B는 320~290nm, C는 290~200nm로 파장이 길수록 피부에 깊이 침투된다.

044
다음 중 피부가 햇빛에 노출되었을 때 생성되는 성분과 관련이 있는 것은?

① 비타민 B ② 비타민 C
③ 비타민 D ④ 비타민 E

자외선에 노출되면 비타민 D가 생성된다.

045
피부 표피 중 가장 두꺼운 층은?

① 유극층
② 각질층
③ 과립층
④ 기저층

유극층은 5~10층의 유핵 세포층으로, 림프액이 흐르고 있어 혈액 순환과 물질 교환이 이루어지며, 가시모양의 돌기로 인접세포와 연결되어 있다.

046
다음 중 피부의 기능이 아닌 것은?

① 순환작용
② 체온조절작용
③ 감각작용
④ 보호작용

피부의 기능은 보호작용, 체온조절작용, 감각작용, 분비배설작용, 호흡작용, 흡수작용, 표정작용 등이다.

047
내인성 노화가 진행 될 때 감소현상을 나타내는 것은?

① 각질층 두께
② 랑게르한스세포
③ 피부처짐 현상
④ 주름

랑게르한스 세포는 내인성노화와 광노화(외적노화) 모두에서 감소한다.

048
눈썹 정리용 도구가 아닌 것은?

① 수정가위 컷(Scissors cut)
② 블랜드 컷(Blend cut)
③ 팬 브러시
④ 트위저(Tweezer)

팬 브러시는 부채꼴 모양으로 생긴 브러시로 파우더를 바른 후 여분의 가루를 털어 낼 때 사용한다.

049
냉정, 성실, 명상, 차가움, 심원 등의 이미지가 연상되는 색채는?

① 빨강
② 노랑
③ 파랑
④ 주황

파랑 : 냉정, 성실, 명상, 차가움, 심원

050
고압증기 멸균법에 있어 10Lbs, 115.5℃의 상태에서 몇 분간 처리하는 것이 가장 좋은가?

① 5분
② 15분
③ 30분
④ 60분

- 10Lbs, 115.5℃의 상태 : 30분
- 15Lbs, 121.5℃의 상태 : 20분
- 20Lbs, 126.5℃의 상태 : 15분

051
호기성 세균이 아닌 것은?

① 결핵균
② 백일해균
③ 녹농균
④ 가스괴저균

호기성 세균은 산소가 있어야 살 수 있는 세균으로, 대부분의 세균이 여기에 속하며, 가스괴저군은 혐기성 아포형성균에 속한다.

052
다음 중 식중독 세균이 가장 잘 증식할 수 있는 온도 범위는?

① 0~10℃
② 10~20℃
③ 20~30℃
④ 25~37℃

식중독의 원인으로는 장염, 살모넬라, 병원성 대장균 등이 있으며, 25~37℃에서 가장 잘 증식한다.

053
전파가능성을 고려하여 발생 또는 유행 시 24시간 이내에 신고하여야 하고, 격리가 필요한 감염병은?

① 제1급 감염병
② 제2급 감염병
③ 제3급 감염병
④ 제4급 감염병

제2급 감염병
- 정의 : 전파가능성을 고려하여 발생 또는 유행 시 24시간 이내에 신고하여야 하고, 격리가 필요한 감염병
- 종류 : 결핵, 수두, 홍역, 콜레라, 장티푸스, 파라티푸스, 세균성이질, 장출혈성대장균감염증, A형간염, 백일해, 유행성이하선염, 풍진, 폴리오, 수막구균 감염증, b형헤모필루스인플루엔자, 폐렴구균 감염증, 한센병, 성홍열, 반코마이신내성황색포도알균(VRSA) 감염증, 카바페넴내성장내세균속균종(CRE) 감염증, E형간염

054
소독제의 구비 조건으로 옳지 않은 것은?

① 용해성이 낮아야 한다.
② 살균력이 강해야 한다.
③ 부식성, 표백성이 없어야 하다.
④ 경제적이면서 사용방법이 간편해야 한다.

소독제는 용해성이 높아야 한다.

055
다음 중 소독에 영향을 미치는 인자가 아닌 것은?

① 온도
② 수분
③ 시간
④ 진동

소독에 영향을 주는 인자로는 온도, 시간, 수분, 열, 농도, 자외선 등이 있다.

056
소독력 결정의 고려 사항이 아닌 것은?

① 감염방법
② 전파
③ 병원체
④ 부식성

소독력 결정의 고려 사항으로 감염방법, 전파, 병원체, 소독방법 결정 요인 등이 있다.

057
신고를 하지않고 영업소 명칭(상호명)을 바꾼 경우에 대한 1차 위반 시 행정처분 기준은?

① 주의
② 경고 또는 개선명령
③ 영업정지 10일
④ 영업정지 1월

신고를 하지 않고 영업소 명칭을 바꾼 경우
- 1차 : 경고 또는 개선 명령
- 2차 : 영업 정지 15일
- 3차 : 영업 정지 1월
- 4차 : 영업장 폐쇄명령

058
다음 중 이·미용사의 면허를 받을 수 있는 사람은?

① 전과기록자
② 금치산자
③ 약물중독자
④ 정신질환자

전과기록이 있는 사람은 면허를 받을 수 있으며, 간질병자와 면허가 취소된 후 1년이 경과되지 아니한 자는 면허를 받을 수 없다.

059
이·미용영업자의 지위를 승계한 자는 며칠 이내에 관할기관에 신고해야 하는가?

① 즉시
② 1주일 이내
③ 1월 이내
④ 6개월 이내

이·미용업자는 영업승계 후 1개월 이내 관할기관에 신고하여야 한다.

060

다음 중 이·미용업은 어디에 속하는가?

① 위생접객업　　② 공중위생영업
③ 위생관리용역업　④ 위생관련업

이·미용업은 목욕탕업, 세탁업과 함께 공중위생영업이다.

02회 [정답] 적중모의고사

001	002	003	004	005
①	③	②	①	④
006	007	008	009	010
④	①	②	①	③
011	012	013	014	015
③	④	①	②	②
016	017	018	019	020
①	②	②	①	③
021	022	023	024	025
②	①	②	③	①
026	027	028	029	030
③	②	②	①	③
031	032	033	034	035
④	④	④	①	③
036	037	038	039	040
③	④	④	②	③
041	042	043	044	045
②	①	③	③	①
046	047	048	049	050
①	②	③	③	③
051	052	053	054	055
④	④	②	①	④
056	057	058	059	060
④	②	①	③	②

제 03 회 적중모의고사

○ CHECK POINT QUESTION

001
다음 중 고객 상담 시 바르지 못한 자세는 어느 것인가?
① 메이크업에 관한 서비스의 종류를 설명없이 시술한다.
② 화장품 중 마스카라 또는 아이라이너, 파우더 가루 등 알러지 유·무를 확인한다.
③ 고객의 얼굴형, 피부톤, 아이섀도우의 색상 등 고객이 원하는 사항을 잘 파악하여 상담하도록 한다.
④ 고객의 건강 상황 및 피부상태를 확인한다.

메이크업의 관한 서비스의 종류를 충분히 설명한 후 시술한다.

002
다음 중 아이래시 컬러 손질법으로 바르지 못한 것은 어느 것인가?
① 사용한 후 비눗물로 빨 때 뜨거운 물에 헹궈 기름을 뺀다.
② 처음보다 속눈썹이 잘 안 올라가거나 고무에 균열이 생기면 고무를 교체해야 한다.
③ 사용하기 전후에 토너나 클렌징 워터를 묻힌 퍼프로 닦은 후에 사용한다.
④ 고무를 지지하는 부분은 얼굴에 직접 닿으므로 깨끗이 닦아 준다.

①은 합성 스펀지 손질이다. 합성 스펀지는 사용한 후 비눗물로 빨 때 뜨거운 물에 헹궈 기름을 뺀다.

003
다음 메이크업 도구 중 브러시 종류에 포함되지 않는 것은?
① 블러셔 브러시
② 파우더 브러시
③ 아이래시 컬러
④ 쇼트 듀오 파이버 브러시

아이래시 컬러는 브러시의 종류가 아니고 속눈썹의 컬을 올려주는 도구이다.

004
다음은 메이크업 기기 중 어떤 브러시에 대한 특징을 설명한 것인가?

- 소재 : 탄력 있고 부드러운 합성모
- 형태 : 뾰족한 끝을 지닌 납작한 형태
- 활용 : 컨실러를 코, 볼이나 작은 부분에 매끄럽게 펴 바를 때 사용한다.

① 스크루 브러시
② 아이브로우 브러시
③ 컨실러 브러시
④ 파운데이션 브러시

컨실러 브러시에 대한 특징을 설명한 것이다.

005
아이섀도우 브러시에 대한 활용법을 바르게 설명한 것은?
① 아이섀도우의 컬러가 선명하고 자연스럽게 펴 바를 때 사용한다.

② 아이섀도우를 집중적으로 섀딩하거나 아이라인과 그 주변에 명암을 줄 때 사용한다.
③ 립스틱을 바를 때 또는 립 펜슬의 라인을 자연스럽게 펴 줄 때 사용한다.
④ 부채꼴 모양으로 생긴 브러시로 파우더를 바른 후 여분의 가루를 털어 낼 때 사용한다.

- 아이섀도우 포인트 브러시 : 아이섀도우를 집중적으로 섀딩하거나 아이라인과 그 주변에 명암을 줄 때 사용한다.
- 립 브러시 : 립스틱을 바를 때 또는 립 펜슬의 라인을 자연스럽게 펴 줄 때 사용한다.
- 팬브러시 : 부채꼴 모양으로 생긴 브러시로 파우더를 바른 후 여분의 가루를 털어 낼 때 사용한다.

006
감염병의 예방 및 관리에 관한 법률상 제1급 감염병에 속하지 않는 것은?

① 페스트 ② 디프테리아
③ 보툴리눔독소증 ④ E형간염

제1급 감염병
- 정의 : 생물테러감염병 또는 치명률이 높거나 집단 발생의 우려가 커서 발생 또는 유행 즉시 신고하여야 하고, 음압격리와 같은 높은 수준의 격리가 필요한 감염병
- 종류 : 에볼라바이러스병, 마버그열, 라싸열, 크리미안콩고출혈열, 남아메리카출혈열, 리프트밸리열, 두창, 페스트, 탄저, 보툴리눔독소증, 야토병, 신종감염병증후군, 중증급성호흡기증후군(SARS), 중동호흡기증후군(MERS), 동물인플루엔자 인체감염증, 신종인플루엔자, 디프테리아

007
피부미용에 대한 설명으로 가장 거리가 먼 것은?

① 제품에 의존한 관리법이 주를 이룬다.
② 에스테틱은 프랑스에서 처음 사용되었다.
③ 피부미용은 에스테틱, 코스메틱, 스킨케어 등의 이름으로 불리고 있다.
④ 피부를 청결하고 아름답게 가꾸어 건강하고 아름답게 변화시키는 과정이다.

피부미용 : 얼굴 및 전신의 피부를 아름답게 유지, 보호, 개선, 관리하는 과정이다. 또한 에스테틱, 코스메틱, 스킨케어 등으로 부른다.

008
클렌징에 대한 설명이 아닌 것은?

① 피부의 생리적인 기능을 정상적으로 도와준다.
② 제품 흡수를 효율적으로 도와준다.
③ 모공 깊숙이 있는 불순물과 피부표면의 각질 제거를 주목적으로 한다.
④ 피부의 피지, 메이크업 잔여물을 없애기 위해서이다.

- 클렌징 : 화장품 잔여물 및 피부 표면의 노폐물 제거
- 딥클렌징 : 각질 제거 및 모공 속 노폐물 제거

009
각질형성 세포의 기저층에서 세포가 생성된 후 떨어져 나갈 때 걸리는 각화주기는?

① 18일
② 20일
③ 28일
④ 60일

각질형성세포의 기저층에서 세포가 생성된 후 떨어져 나갈 때 걸리는 각화주기는 28일이다.

010
건성 피부의 관리방법으로 틀린 것은?

① 알칼리성 비누를 이용하여 뜨거운 물로 자주 세안을 한다.
② 화장수는 알코올 함량이 적고 보습기능이 강화된 제품을 사용한다.
③ 클렌징 제품은 부드러운 밀크 타입이나 유분기가 있는 크림 타입을 선택하여 사용한다.
④ 세라마이드, 호호바 오일, 아보카도 오일, 알로에베라, 하이드록산 등의 성분이 함유된 화장품을 사용한다.

건성 피부는 피지의 분비량 부족으로 수분부족현상이 나타나는 것으로 보습과 함께 유분을 공급해 줄 수 있는 제품을 사용해야 한다.

011
피부 관리 후 마무리 동작에서 수렴작용을 할 수 있는 가장 적합한 방법은?

① 건타월을 이용한 마무리 관리
② 스팀타월을 이용한 마무리 관리
③ 냉타월을 이용한 마무리 관리
④ 미지근한 타월을 이용한 마무리 관리

피부관리의 마무리는 모공을 수축시키고 피부를 진정시킬 수 있는 냉습포를 사용한다.

012
계절에 따른 피부 특성 분석으로 옳지 않은 것은?

① 봄 : 자외선이 점차 강해지며 기미와 주근깨 등 색소침착이 피부 표면에 두드러지게 나타난다.
② 여름 : 기온의 상승으로 혈액순환이 촉진되어 표피와 진피에 탄력이 증가된다.
③ 가을 : 기온의 변화가 심해 피지막의 상태가 불안정해진다.
④ 겨울 : 기온이 낮아져 피부의 혈액순환과 신진대사기능이 둔화된다.

여름에는 자외선으로 인해 진피층의 콜라겐, 엘라스틴의 감소로 탄력이 저하되는 등 광노화의 위험에 노출된다.

013
피지와 땀의 분비 저하로 유·수분의 균형이 정상적이지 못하고 피부결이 얇으며 탄력 저하와 주름이 쉽게 형성되는 피부는?

① 건성피부
② 지성피부
③ 이상피부
④ 민감성피부

건성 피부의 특징 : 유·수분 밸런스의 불균형, 피지보호막이 얇고 손상과 주름발생이 쉽다.

014
성인의 경우 피부가 차지하는 비중은 체중의 약 몇 %정도인가?

① 10~11%
② 11~14%
③ 15~17%
④ 20~23%

피부가 차지하는 비중은 체중의 약 17% 정도이다.

015
공중위생영업자가 사망한 때 상속인이 영업 승계 시 제출할 서류는 무엇인가?

① 양도인의 인감증명서
② 주민등록증 사본
③ 가족관계증명서 및 상속인임을 증명할 수 있는 서류
④ 재산세 납부 증명원

공중위생영업자가 사망한 때 상속인이 영업 승계 시 가족관계증명서 및 상속인임을 증명할 수 있는 서류를 제출하여야 한다.

016
미용면허 발급을 정하는 법령은?

① 환경부령
② 대통령령
③ 보건복지부령
④ 고용노동부령

미용면허 발급을 정하는 보건복지부령이다.

017
면허 수수료는 지방자치 단체의 수입증지에 따라 납부한다. 신규신청의 수수료 금액은 얼마인가?

① 6,500원
② 5,500원
③ 3,000원
④ 4,000원

신규신청 : 5,500원, 재 교부신청 : 3,000원

018
법에서 규정하는 미용사 면허를 받을 수 없는 결격사유로 틀린 것은?

① 금치산자
② 약물 중독자
③ 비감염병환자
④ 정신질환자

법에서 규정하는 미용사 면허를 받을 수 없는 자는 금치산자, 대통령령이 정하는 약물중독자, 정신질환자, 보건복지부령이 정하는 감염병환자이다.

019
다음 중 물리적 소독법에 속하지 않는 것은?

① 자비 소독법
② 크레졸 소독법
③ 고압증기 멸균법
④ 화염 멸균법

크레졸 소독법은 화학적 소독법에 속한다.

020
공중위생영업을 폐업한 자는 폐업한 날로부터 몇 일 이내에 시장 · 군수 · 구청장에게 신고하여야 하는가?

① 10일   ② 15일
③ 20일   ④ 30일

미용업자는 미용업을 폐업한 날부터 20일 이내에 시장 · 군수 · 구청장에게 제출하여야 한다.

021
공중위생업자의 지위를 승계한자는 보건복지부령이 정하는바 정해진 기간 내에 신고하여야 한다. 그 기간과 신고할 대상이 맞게 짝지어진 것은?

① 1개월 이내에 보건복지부 장관
② 1개월 이내에 시장 · 군수 또는 구청장
③ 3개월 이내에 보건복지부 장관
④ 2개월 이내에 시장 · 군수 또는 구청장

공중위생업자의 지위를 승계한자는 보건복지부령이 정하는바 1개월 이내에 시장 · 군수 또는 구청장에게 신고해야한다.

022
다음 중 위생서비스 수준 평가에 관한 사항 중 옳지 않은 것은?

① 시 · 도지사는 위생관리수준 향상을 위하여 위생서비스평가계획을 수립한다.
② 시장 · 군수 · 구청장은 위생서비스평가의 전문성을 높이기 위하여 지역 보건소에 평가를 의뢰할 수 있다.
③ 시장 · 군수 · 구청장은 세부평가계획을 수립한 후 공중위생영업소의 위생서비스수준을 평가하여야 한다.
④ 위생서비스평가의 주기 · 방법, 위생관리등급의 기준 기타 평가에 관하여 필요한 사항은 보건복지부령으로 정한다.

시장 · 군수 · 구청장은 위생서비스평가의 전문성을 높이기 위하여 필요하다고 인정하는 경우에는 관련 전문기관 및 단체로 하여금 위생서비스평가를 실시하게 할 수 있다.

023
미용업자가 준수하여야 하는 위생관리 기준 등의 준수사항으로 틀린 것은?

① 영업소 내부에 최종지급요금표를 게시 부착하여야 한다.
② 영업소 내부에 미용업신고증 원본을 게시하여야 한다.
③ 영업장의 조명도는 200럭스 이상이 되도록 하여야 한다.
④ 미용기구의 소독기준 및 방법은 보건복지부령으로 정하고 고시 한다.

영업장의 조명도는 75럭스 이상이 되도록 하여야 한다.

024
미용업소 내 미용기구의 일반 소독기준 및 방법에 대한 설명으로 틀린 것은?

① 석탄산수 소독 : 탄산수(석탄산 10%, 물 90%의 수용액을 말함)에 10분 이상 담근다.
② 증기 소독 : 섭씨 100℃ 이상의 습한 열에 20분 이상 쐬어준다.
③ 자외선 소독 : 1cm²당 85㎼ 이상의 자외선을 20분 이상 쐬어준다.
④ 크레졸 소독 : 크레졸수(크레졸 3%, 물 97%의 수용액을 말한다)에 10분 이상 담가둔다.

석탄산수 소독 : 탄산수(석탄산 3%, 물 97%의 수용액을 말함)에 10분 이상 담근다.

025
대부분 O/W형 유화타입이며, 오일량이 적어 여름철에 많이 사용하고 젊은 연령층이 선호하는 파운데이션은?

① 크림 파운데이션　　② 트윈 케이크
③ 파우더 파운데이션　　④ 리퀴드 파운데이션

리퀴드 파운데이션은 수분의 함량이 높아 가벼우며, 자연스러운 메이크업 시 적합하다.

026
입술 화장을 제거하는 방법으로 가장 적합한 것은?

① 클렌저를 묻힌 화장솜으로 입술 바깥쪽에서 안쪽으로 닦아준다.
② 클렌저를 묻힌 화장솜으로 입술 안쪽에서 바깥쪽으로 닦아준다.
③ 클렌저를 묻힌 화장솜으로 입꼬리에서 반대쪽 입꼬리까지 닦아준다.
④ 클렌저를 묻힌 면봉으로 닦아준다.

화장솜으로 제거하는 방법 : 입술 바깥쪽에서 안쪽방향으로, 아랫입술은 위쪽 방향, 윗입술을 아래쪽 방향으로 적용한다.

027
화장수의 작용이 아닌 것은?

① 피부에 남은 클렌징 잔여물 제거작용
② 피부의 pH 밸런스 조정 작용
③ 피부에 집중적인 영양 공급 작용
④ 피부 진정 또는 쿨링 작용

화장수는 피부의 pH를 맞추고 피부를 진정시키는 작용을 한다.

028
클렌징의 목적과 가장 거리가 먼 것은?

① 청결과 위생　　② 혈액순환 촉진
③ 트리트먼트의 준비　　④ 유효성분 침투

팩과 마스크는 다음 단계에서 유효성분 침투를 시키는 과정이다.

029
여드름 피부에 직접 사용하기에 가장 좋은 아로마는?

① 유칼립투스　　② 티트리
③ 로즈마리　　④ 페퍼민트

아로마 에센셜 오일 중 피부에 직접 바를 수 있는 것은 라벤다와 티트리가 있다. 티트리는 살균력이 뛰어나 여드름과 염증관리에 효과적이다.

030
피부에 대한 자극, 알러지, 독성이 없어야 한다는 내용은 화장품의 4대 요건 중 어느 것에 해당하는가?

① 안전성　　② 안정성
③ 유효성　　④ 사용성

• 화장품의 안정성 : 제품의 변질, 변색, 변취, 미생물의 오염이 없는 것을 말한다.
• 화장품의 안전성 : 피부자극, 알러지, 독성이 없는 것을 의미한다.

031
다음 설명 중 파운데이션의 일반적인 기능과 가장 거리가 먼 것은?

① 피부색을 기호에 맞게 바꾼다.
② 피부의 기미, 주근깨 등 결점을 커버한다.
③ 자외선으로부터 피부를 보호한다.
④ 피지 억제와 화장을 지속시켜준다.

메이크업 베이스는 피지를 억제하고 파운데이션의 지속력을 높인다.

032
기능성 화장품에 대한 설명으로 옳은 것은?

① 자외선에 의해 피부가 심하게 그을리거나 일광화상이 생기는 것을 지연해 준다.
② 피부 표면에 더러움이나 노폐물을 제거하여 피부를 청결하게 해준다.
③ 피부 표면의 건조를 방지해주고 피부를 매끄럽게 한다.
④ 비누세안에 의해 손상된 피부의 pH를 정상적인 상태로 빨리 되돌아오게 한다.

미백, 주름개선, 자외선 화장품은 기능성 화장품에 속한다.

033
가을 메이크업에 어울리는 아이섀도우의 주 색상으로 맞는 것은?

① 화이트
② 브라운계열
③ 블루계열
④ 연두색

가을 메이크업의 아이섀도우는 눈두덩이 전체에 브라운 베이지를 전체적으로 펴주고 아이홀의 머리 부분과 꼬리 부분에 음영을 중간색의 브라운 색상을 발라준 다음 쌍꺼풀 아이라인의 꼬리 부위에 다크 브라운으로 포인트를 주어 눈매를 강조한다.

034
아이 브로우의 사용 목적으로 설명이 맞는 것은?

① 얼굴의 전체적인 이미지를 만들어 준다.
② 눈에 음영을 주어 입체감을 강조한다.
③ 눈매 수정과 단점을 보완해 준다.
④ 색감을 이용하며 이미지 변화와 개성을 연출한다.

②, ③, ④항은 아이섀도우의 사용목적에 대한 설명에 해당한다.

035
눈썹의 색상에서 주는 이미지가 틀린 것은?

① 흑색 : 힘 있고 고전적인 하얀 피부에 잘 어울린다.
② 회색 : 안정적인 느낌을 주고 누구에게나 잘 어울린다.
③ 갈색 : 세련되고 지적인 성숙된 이미지를 준다.
④ 갈색 : 정적인 느낌을 주고 누구에게나 잘 어울린다.

눈썹의 색상
- 흑색 : 힘 있고 고전적인 하얀 피부에 잘 어울린다.
- 회색 : 안정적인 느낌을 주고 누구에게나 잘 어울린다.
- 갈색 : 세련되고 지적인 성숙된 이미지를 준다.

036
다음 중 젊고 우직해 보이며, 남성적인 이미지가 강한 눈썹의 형태는?

① 굵은 눈썹
② 가는 눈썹
③ 긴 눈썹
④ 짧은 눈썹

굵은 눈썹은 젊고 우직해 보인다. 남성적인 이미지이나 너무 굵은 눈썹은 답답하고 우둔해 보일 수 있다.

037
다음 중 여성스러운 이미지와 간사하고 사나워 보일 수 있는 눈썹의 형태는?

① 굵은 눈썹
② 가는 눈썹
③ 긴 눈썹
④ 짧은 눈썹

긴 눈썹 : 여성스러운 이미지다. 간사하고 사나워 보일 수 있다.

038
계절감각에 맞는 색을 선택하였다. 어울리지 않는 것은?

① 봄 : 그린, 옐로우, 오렌지, 핑크
② 여름 : 초록, 오렌지, 화이트
③ 가을 : 브라운, 카키, 골드 펄
④ 겨울 : 와인, 레드, 블랙

초록색은 여름보다 봄에 더 잘 어울린다.

039
다음 중 눈썹 수정 시 틀린 방법은?

① 눈썹을 수정하기 전에 필요한 도구를 준비한다.
② 아이브로우 펜슬로 자신의 눈썹과 상관없이 눈썹을 그려준다.
③ 눈썹을 위, 아래로 빗질하여 잔털을 눈썹 가위로 제거 후 눈썹 칼로 남은 부분을 제거한다.
④ 본인이 원하는 눈썹의 형태를 펜슬이나 아이섀도우를 이용하여 그려준다.

눈썹 수정 시 아이브로우 펜슬로 자신의 눈썹을 최대한 살려서 본인에게 어울리는 눈썹을 그려준다.

040
다음의 보기에서 설명한 내용은 어떤 눈의 수정인가?

- 포인트 컬러를 눈꼬리 쪽으로 더 높게 발라 준다.
- 아이라이너는 눈의 2/3지점부터 눈꼬리 쪽으로 라인이 올라가도록 그려주고, 눈꼬리쪽에는 두껍게 그려준다.
- 인조속눈썹을 부착할 때 눈꼬리 부분이 약간 위로 향하도록 부착한다.

① 미간이 먼 눈
② 눈꼬리가 처진 눈
③ 돌출된 눈
④ 작은 눈

눈썹 수정 시 자신의 눈썹을 최대한 살려서 눈썹을 정리해야 한다.

041
다음 중 색감의 설명 중 틀린 것은?

① 무거운 느낌 : 저명도의 어두운색, 차가운색
② 가벼운 느낌 : 고명도의 어두운색, 차가운색
③ 부드러운 느낌 : 명도가 높고 채도가 낮음
④ 딱딱한 느낌 : 명도가 낮고 채도가 높음

가벼운 느낌 : 고명도의 밝은색, 따뜻한색

042
다음 아래의 내용은 어떤 대비를 설명한 것인가?

색과 색이 접하는 경계부분에서 강한 색채 대비가 일어나는 현상이다. 무채색을 명도 단계별로 붙여서 배열하거나, 유채색을 색상별로 배열하거나, 같은 명도의 유채색을 채도 단계별로 나열했을 때 잘 나타난다.

① 명도 대비
② 채도 대비
③ 색상 대비
④ 연변 대비

연변 대비 : 색과 색이 접하는 경계부분에서 강한 색채 대비가 일어나는 현상이다. 무채색을 명도 단계별로 붙여서 배열하거나, 유채색을 색상별로 배열하거나, 같은 명도의 유채색을 채도 단계별로 나열했을 때 잘 나타난다.

043
회전 혼합의 특징으로 틀린 설명은 무엇인가?

① 색료에 의해서 혼합되는 것이 아니므로 계시 가법 혼색에 속한다.
② 명도는 혼합되는 색 중 명도가 낮은 색으로 좀 더 기울어 보인다.
③ 채도는 채도가 높은 색 방향으로 기울어 보인다.
④ 색팽이나 완구류의 바람개비 등에서 쉽게 볼 수 있는 혼합이다.

명도는 혼합되는 색 중 명도가 높은 색으로 좀 더 기울어 보인다.

044
다음 중 성격이 다른 하나는 무엇인가?

① 쥐색 ② 풀색
③ 하늘색 ④ 빨강

쥐색, 풀색, 하늘색은 관용색명이고 빨강은 KS(한국산업규격) 색명이다.

045
우리나라 산업규격으로 지정되어 색채 교육용으로 채택된 것은 무엇인가?

① 먼셀의 표색계 ② NCS
③ PCCS ④ DIN

먼셀의 표색계 : 우리나라 산업규격으로 지정되어 교육용으로 채택된 표색계

046
다음의 설명으로 틀린 것은?

① 실제의 크기보다 커 보이는 색 = 난색
② 실제의 크기보다 작아 보이는 색 = 한색
③ 가까이 보이는 색 = 난색
④ 멀리 보이는 색 = 난색

멀리 보이는 색 = 한색

047
다음 중 조명의 종류가 아닌 것은?

① 할로겐등 ② 수은등
③ 나트륨등 ④ 에나멜등

조명의 종류는 형광등, 백열등, 수은등, 나트륨등, 할로겐 등이 있다.

048
다음 중 조명 방식에 대한 설명으로 잘못된 것은?

① 직접조명 : 90~100%를 아래로 직접 조사
② 반직접조명 : 10~40% 상방, 60~90% 하방
③ 반간접 조명 : 60~90% 벽에 의한 반사광
④ 간접 조명 : 40~50% 반사, 확산된 빛을 이용

간접 조명 : 90~100% 반사, 확산된 빛을 이용

049
다음 중 조명의 사용에 따른 분류로 맞지 않는 것은?

① base light(베이스라이트)
② back light(백라이트)
③ foot light(풋라이트)
④ white light(화이트라이트)

조명의 사용에 따른 분류는 base light, foot light, back light, spot light, down light, accessory light로 나뉜다.

050
다음 중 무대 조명의 기능과 목적에 대한 설명으로 잘못된 것은?

① 가시성 제공
② 시간, 공간 설정에 조력
③ 분위기 창조에 조력
④ 청각적 동작의 리듬 설정

시각적 동작의 리듬 설정

051
미디어 메이크업은 크게 인쇄 매체와 영상 매체로 나눌 수 있다. 다음 중 인쇄 매체에 포함되지 않는 것은 어느 것인가?

① CF 광고
② 포스터
③ POP
④ DM

CF 광고, 뮤직비디오 등은 영상 매체에 해당된다.

052
다음 중 속발진에 해당하는 병소는?

① 반점 ② 구진
③ 가피 ④ 수포

원발진과 속발진
- 원발진 : 피부질환의 초기상태의 병변으로 면포, 농포, 구진, 결절, 반점, 두드러기, 수포, 낭종 등이 있다.
- 속발진 : 원발진이 계속적으로 진행되거나 회복, 외상 및 외적 요인에 의해 변화된 상태의 병변으로 비듬, 가피, 미란, 궤양, 흉터 등이 있다.

053
다음 중 공기의 산화와 관계있는 것은?

① 팽진 ② 구진
③ 흰 면포 ④ 검은 면포

검은 면포란 개방 면포 또는 블랙헤드라 불리며 피지가 공기와 접촉하여 산화되면서 검게 변한 상태를 말한다.

054
다음 중 석탄산 소독에 대한 설명으로 틀린 것은?

① 단백질 응고작용이 있다.
② 저온에서는 살균효과가 떨어진다.
③ 금속기구 소독에 부적합하다.
④ 포자 및 바이러스에 효과적이다.

석탄산 소독
- 1~3% 수용액(손소독시 2% 사용)을 사용하며 의류, 용기, 오물, 고무, 빗 소독 등에 적합하다.
- 포자 및 바이러스에 효과가 없다.

055
다음 중 이·미용실에서 사용하는 타월을 철저하게 소독하지 않았을 때 주로 발생할 수 있는 감염병은?

① 장티푸스 ② 트라코마
③ 페스트 ④ 일본뇌염

트라코마는 환자의 눈곱으로 감염되기 때문에 환자의 타월, 세면도구 등을 구별하여 사용하여야 한다.

056
다음 중 가장 대표적인 보건 수준 평가기준으로 사용되는 것은?

① 영아사망률 ② 성인사망률
③ 노인사망률 ④ 사인별사망률

영아사망률은 모자보건, 환경위생 및 영양수준 등에 민감하며, 일반 사망률에 비해 통계적 유의성이 높고, 국가간 영아사망률의 변동 범위가 조사망률에 비해 훨씬 크기 때문에 한 국가의 건강수준을 나타내는 가장 대표적인 지표로 사용된다.

057
산업보건의 목적과 거리가 먼 것은?

① 직업병 예방 ② 직업병 치료
③ 산업재해 예방 ④ 노동생산성 향상

산업보건의 목적 : 근로자의 정신적, 육체적 건강을 증진하고 노동생산성을 향상시키는 것이다.

058
보건행정의 특성이 아닌 것은?

① 공공성 ② 조장성
③ 사회성 ④ 전문성

보건행정의 특성 : 공공성, 사회성, 봉사성, 조장성, 교육성, 과학성, 기술성이 있다.

059
면허정지 처분을 받고 그 정지 기간 중 업무를 행한 때 1차 행정처분 기준은?

① 면허정지 3월 ② 면허정지 1월
③ 면허취소 ④ 개선명령

면허정지 처분을 받고 그 정지 기간 중 업무를 행한 경우 1차 위반만으로도 면허가 취소된다.

060

위험, 분노, 더위, 흥분, 광명, 활력, 명쾌함 등의 이미지가 연상되는 색채는?

① 빨강　　② 노랑
③ 녹색　　④ 주황

빨강 : 위험, 분노, 더위, 흥분, 광명, 활력, 명쾌

03회 [정답]			적중모의고사	
001 ①	002 ①	003 ③	004 ③	005 ①
006 ④	007 ①	008 ③	009 ③	010 ①
011 ③	012 ②	013 ①	014 ③	015 ③
016 ③	017 ②	018 ③	019 ②	020 ③
021 ②	022 ②	023 ③	024 ①	025 ④
026 ①	027 ③	028 ④	029 ②	030 ①
031 ④	032 ①	033 ②	034 ①	035 ④
036 ①	037 ③	038 ②	039 ②	040 ②
041 ②	042 ④	043 ②	044 ④	045 ①
046 ④	047 ④	048 ④	049 ④	050 ④
051 ①	052 ③	053 ④	054 ④	055 ②
056 ①	057 ②	058 ④	059 ③	060 ①

제 04 회 적중모의고사

○ CHECK POINT QUESTION

001
다음 중 고객관리 자세로 바르지 못한 것은 어느 것인가?
① 고객의 생활습관, 신상상태, 기호를 이해함으로써 만족감을 주는 서비스를 제공한다.
② 고객을 위해서 미용에 대한 전문적인 지식뿐만 아니라 자기계발을 하도록 한다.
③ 고객카드에는 고객에 대한 정보와 시술내용을 상세히 기록하여 고객의 신뢰도를 높인다.
④ 고객의 상담을 통하여 고가의 서비스만을 제공한다.

고객의 상담을 통하여 맞춤형 서비스를 제공한다.

002
다음 중 메이크업 시술 시 바르지 못한 자세는 어느 것인가?
① 메이크업을 실시하기 전에 손을 깨끗이 씻으며, 필요한 경우 손 소독을 한다.
② 시술을 하는 중간 중간 거울에 비친 모델의 얼굴을 잘 관찰하고 확인하면서 좌·우 밸런스를 맞춘다.
③ 메이크업 도구가 청결하고 시술하기 편한 위치에 준비되어 있는가를 점검한다.
④ 메이크업 시술 시 좌·우 밸런스를 맞추기 위해 자주 왔다 갔다 방향을 바꾼다.

메이크업을 시술하는 동안 너무 자주 방향을 바꾸면 산만해 보일 뿐만 아니라 전문적인 신뢰도가 떨어질 수 있어 주의를 요한다.

003
다음은 메이크업 도구 관리 방법에 대한 설명이다. 어떤 도구에 대한 관리법인가?

> 샴푸 한 방울을 떨어뜨린 후 손바닥에 올려놓고 시계 방향으로 접어 비비고 흐르는 미지근한 물에 헹궈내서 손바닥으로 눌러 짠 다음 그늘에서 말린다.

① 스파츌라   ② 스펀지
③ 퍼프   ④ 브러시

퍼프 도구 관리 방법에 대한 설명이다.

004
고조선시대 민간에서 미백에 상당한 효과가 있는 것으로 알려 진 재료의 연결로 맞는 것은?
① 돼지기름 – 유자   ② 인삼 – 마늘
③ 쑥 – 마늘   ④ 오이 – 밀가루

고조선시대 쑥과 마늘을 희고 건강한 피부를 만들기 위해 복용하였다.

005
다음 중 신라시대 메이크업에 대한 설명으로 옳은 것은?
① 엷고 은은하고 세련된 화장을 즐겼다.
② 신분과 직업에 따라 각기 다른 치장을 하였다.
③ 남녀 모두 자신의 몸을 청결하고 아름답게 꾸몄다.
④ 화장품 제조 기술과 화장 기술을 일본에 전해 주었다.

영육일치사상(靈肉一致思想)에 따라서 남녀 모두 자신의 몸을 청결하고 아름답게 꾸밈

006
에콜로지(ecology)의 영향으로 환경에 대한 관심이 높아졌으며, 그에 따른 영향으로 색조보다는 피부에 관심을 쏟게 되었다. 메이크업에 있어서도 자신이 가진 맑고 투명한 피부를 그대로 드러내는 것이 트렌드로 자리 잡았던 시대는 언제 인가?

① 1960년대
② 1970년대
③ 1980년대
④ 1990년대

1990년대 메이크업에 대한 설명이다.

007
다음은 무엇에 대한 설명인가?

> 일제 강점기인 1916년에 상표 등록하여 판매한 화장품으로 공산품으로서 제작·판매된 한국 최초의 화장품이다.

① 박가분
② 머릿기름
③ 유액
④ 향유

설명은 박가분에 대한 내용으로 박가분이 성공하자 서가분, 정가분, 장가분 등 유사상품 외에 미용백분과 서울분, 설화분 등이 제작·판매되기 시작하였다.

008
피부 노화 현상으로 옳은 것은?

① 피부 노화가 진행되어도 진피의 두께는 그대로 유지된다.
② 광노화에서는 내인성 노화와 달리 표피가 얇아지는 것이 특징이다.
③ 피부 노화에는 나이에 따른 노화의 과정으로 일어나는 광노화와 누적된 햇빛노출에 의하여 야기되는 내인성 피부 노화가 있다.
④ 내인성 노화보다는 광노화에서 표피두께가 두꺼워진다.

광노화는 기저층의 각질형성 과잉세포 증식으로 피부가 두꺼워진다.

009
다음 중 멜라닌 세포에 관한 설명으로 틀린 것은?

① 자외선을 받으면 왕성하게 활동한다.
② 색소제조 세포이다.
③ 과립층에 위치한다.
④ 멜라닌의 기능은 자외선으로부터의 보호 작용이다.

멜라닌 세포는 표피의 기저층에 위치한다.

010
다음 중 원발진이 아닌 것은?

① 구진
② 농포
③ 종양
④ 반흔

원발진은 반점, 구진, 농포, 종양, 홍반, 팽진, 소수포, 대수포, 결절, 낭종

011
혈액의 기능이 아닌 것은?

① 조직에 산소를 운반하고 이산화탄소를 제거한다.
② 조직에 영양을 공급하고 대사 노폐물을 제거한다.
③ 체내의 유분을 조절하고 pH를 낮춘다.
④ 호르몬이나 기타 세포 분비물을 필요한 곳으로 운반한다.

혈액은 수분교환을 통해 체내의 수분을 조절한다.

012
다음 중 물에 오일 성분이 혼합되어 있는 유화 상태는?

① O/W에멀젼 ② W/O에멀젼
③ W/S에멀젼 ④ W/O/W에멀젼

O/W에멀젼은 물에 오일이 혼합되어 있는 상태이다.

013
자외선 차단제에 대한 설명 중 틀린 것은?

① 자외선 흡수제는 화학적인 흡수작용을 이용한 제품이다.
② 자외선 산란제는 물리적인 산란작용을 이용한 제품이다.
③ 자외선 차단제 중 자외선 산란제는 투명하고, 자외선 흡수제는 불투명한 것이 특징이다.
④ 자외선 차단제의 구성성분은 크게 자외선 산란제와 자외선 흡수제로 구분한다.

자외선 차단제의 산란제는 불투명하나 차단 효과가 우수하고, 흡수제는 투명하나 접촉성 피부염을 일으킬 수 있다.

014
다음 중 기능성 화장품의 범위에 해당되지 않는 것은?

① 미백크림 ② 자외선 차단 크림
③ 주름 개선 크림 ④ 바디오일

미백, 주름개선, 자외선 화장품은 기능성 화장품에 속한다.

015
다음 중 세정력이 우수하며, 지성 여드름 피부에 가장 적합한 제품은?

① 클렌징 젤 ② 클렌징 오일
③ 클렌징 밀크 ④ 클렌징 크림

- 클렌징 젤 : 세정력이 뛰어난 오일 프리제품
- 클렌징 오일 : 친수성 오일을 사용한 제품
- 클렌징 크림 : W/O타입의 클렌징으로 유분기가 많아 건성 피부에 좋고 이중세안이 필요
- 클렌징 로션 : O/W타입의 클렌징으로 수분이 많아 모든 피부에 사용 가능

016
미용사의 면허를 받고자 하는 경우의 기준으로 틀린 것은?

① 전문대학 또는 이와 동등 이상의 학력이 있는 학교에서 미용에 관한 학과를 졸업한 자
②「학점인정 등에 관한 법률」에 따라 대학 또는 전문대학을 졸업한 자와 동등 이상의 학력으로 미용에 관한 학위를 취득한 자
③ 고등학교에서 미용에 관한 학과를 졸업한 자
④ 국가기술자격법에 의한 이용사의 자격을 취득한 자

미용사의 면허를 받고자 하는 경우 국가기술자격법에 의한 미용사의 자격을 취득한 자이다.

017
공중위생관리법의 목적에 해당되는 것은?

① 수명 연장
② 사회적 지위 향상
③ 위생수준의 향상시켜 국민의 건강증진 기여
④ 국민이 이용하는 영업시설 확충

공중위생관리법은 위생수준을 향상시켜 국민의 건강증진 기여함을 목적으로 한다.

018
공중위생업자로서 영업을 승계 할 경우 해당 사유가 아닌 것은?

① 영업자가 영업을 양도할 때
② 공중위생업자가 사망한 때
③ 법인의 합병이 있는 때

④ 면허증을 양도 받았을 때

미용업의 경우에는 면허를 소지한 자에 한하여 공중위생영업자의 지위를 승계할 수 있다.

019
공중위생업자가 영업 중 영업변경 신청이 필요한 경우에 해당 하지 않은 것은 무엇인가?

① 영업소의 소재지
② 영업소의 명칭
③ 신고한 영업장 면적의 3분의 1 이상인 증감
④ 대표자의 성명(개인)

영업변경 신청사항 : 영업소의 명칭 또는 상호, 영업소의 소재지, 신고한 영업장 면적의 1/3 이상의 증감, 대표자의 성명(법인), 미용업 업종간 변경

020
변경 신고를 하지 않고 이·미용업소의 장소를 무단 변경한 때의 1차 위반 행정처분 기준은 무엇인가?

① 영업정지 1월
② 영업정지 2월
③ 영업장 폐쇄 명령
④ 개선 경고 명령

신고를 하지 않고 영업소의 소재지를 변경한 경우 1차 영업정지 1월, 2차 영업정지 2월, 3차 영업장 폐쇄명령이다.

021
영업소 이외의 장소에서 이·미용업무를 행할 수 있는 경우에 해당하지 않은 것은?

① 질병 기타의 사유로 인하여 영업소에서 나올 수 없는 자의 경우
② 혼례 기타 의식에 참여하는 자에 대하여 그 의식 직전의 경우
③ 「사회복지사업법」 제2조 제3호에 따른 사회복지시설에서 봉사활동의 경우
④ 개인적인 특별한 사정이 있어 경찰서장이 인정하는 경우

- 질병이나 그 밖의 사유로 영업소에 나올 수 없는 자에 대하여 이용 또는 미용을 하는 경우
- 혼례나 그 밖의 의식에 참여하는 자에 대하여 그 의식 직전에 이용 또는 미용을 하는 경우
- 사회복지시설에서 봉사활동으로 이용 또는 미용을 하는 경우
- 방송 등의 촬영에 참여하는 사람에 대하여 그 촬영 직전에 이용 또는 미용을 하는 경우

022
영업자 지위 승계를 한 자로서 신고를 하지 않고 영업을 지속할 경우 해당하는 범칙은 무엇인가?

① 6개월 이하의 징역 또는 500만 원 이하의 벌금
② 1년 이하의 징역 또는 1000만 원 이하의 벌금
③ 100만 원 이하의 벌금
④ 200만 원 이하의 벌금

영업자 지위 승계를 한 자로서 신고를 하지 않고 영업을 지속할 경우 6개월 이하의 징역 또는 500만 원 이하의 벌금이다.

023
이·미용업을 개설하고자 하는 자는 누구에게 영업신고를 해야 하는가?

① 시장·군수·구청장
② 보건복지부장관
③ 시·도지사
④ 고용노동부 장관

이·미용업을 개설하고자 하는 자는 시장·군수·구청장에게 영업신고를 한다.

024
면허를 취소해야 하는 사유에 해당되지 않는 것은?

① 면허증을 다른 사람에게 대여한 때
② 마약 기타 대통령령으로 정하는 약물 중독자
③ 금치산자, 정신질환자
④ 정지 처분을 받고 그 기간 중 업무를 행한 때

면허가 취소되는 경우
- 결격사유에 해당된 때
- 국가기술자격이 취소된 때
- 면허정지처분을 받고도 그 정지 기간 중에 업무를 한 때

025
화장품 성분 중에서 양모에서 정제한 것은?

① 바셀린
② 밍크오일
③ 플라센타
④ 라놀린

라놀린은 양모에서 추출한 성분으로 피부 친화성이 좋고 피부를 유연하게 하며 영양을 공급한다.

026
비누에 대한 설명으로 틀린 것은?

① 비누의 세정작용은 비누 수용액이 오염과 피부 사이에 침투하여 부착을 약화시켜 떨어지기 쉽게 하는 것이다.
② 비누는 거품이 풍성하고 잘 헹구어져야 한다.
③ 비누는 세정작용뿐만 아니라 살균, 소독 효과를 주로 가진다.
④ 메디케이티드 비누는 소염제를 배합한 제품으로 여드름, 면도 상처 및 피부 거칠음 방지 효과가 있다.

비누는 세정작용만을 가진다.

027
아로마 오일에 대한 설명 중 틀린 것은?

① 아로마 오일은 면역기능을 높여준다.
② 아로마 오일은 염증개선, 피부미용에 효과적이다.
③ 아로마 오일은 피부관리는 물론 화상, 여드름, 염증 치유에도 쓰인다.
④ 아로마 오일은 피지에 쉽게 용해되지 않으므로 피부에 직접 사용한다.

아로마 오일은 다양한 신체적, 심리적 영향을 가지며, 인체에 큰 영향을 미칠 수 있기 때문에 피부에 직접 사용하지 않고 캐리어 오일을 섞어 사용한다.

028
아로마 오일의 사용법 중 확산법으로 맞는 것은?

① 따뜻한 물에 넣고 몸을 담근다.
② 아로마 램프나 스프레이를 이용한다.
③ 수건에 적신 후 피부에 붙인다.
④ 손수건, 티슈 등에 2방울 떨어뜨리고 심호흡을 한다.

확산법은 아로마 램프, 오일 워머 등을 이용하여 아로마 오일을 공기 중에 발산시켜 사용하는 방법이다.

029
화장품의 분류에 관한 설명 중 틀린 것은?

① 페이스파우더는 기초화장품에 속한다.
② 퍼퓸, 오데코롱은 방향 화장품에 속한다.
③ 샴푸, 헤어린스는 모발용 화장품에 속한다.
④ 마사지크림은 기초화장품에 속한다.

페이스파우더는 메이크업 화장품에 속한다.

030
자외선 차단을 도와주는 화장품 성분이 아닌 것은?

① 파라아미노안식향산
② 옥탈디메틸파바
③ 콜라겐
④ 티타늄디옥사이드

콜라겐은 피부 보습과 영양을 주는 단백질 성분이다.

031
자외선 차단제에 대한 설명으로 옳은 것은?

① 일광의 노출 전에 바르는 것이 효과적이다.
② 피부 병변에 있는 부위에 사용하여도 무관하다.
③ 자외선차단제 사용 후 시간이 경과하여도 다시 덧바르지 않는다.
④ SPF지수가 높을수록 민감한 피부에 적합하다.

자외선 차단제의 흡수제 성분은 접촉성 피부염을 유발할 가능성이 있고, 차단 효과를 높이기 위해서는 일정 시간마다 덧발라 준다.

032
화장품의 4대 요건에 해당되지 않는 것은?

① 안전성
② 안정성
③ 사용성
④ 보호성

화장품의 4대 요건 : 안전성, 안정성, 사용성, 유용성

033
피부의 노화 원인과 가장 관련이 적은 것은?

① 노화 유전자와 세포노화
② 항산화제
③ 아미노산 라세미화
④ 텔로미어의 단축

항산화제 : 노화의 원인이 되는 프리라디칼(활성산소)을 제거하는 물질

034
다음 중 가장 넓게 사용되는 색상으로 색상조절의 효과가 크며, 여드름, 잡티가 있는 피부, 모세혈관이 확장되어 붉게 보이는 피부에 사용되는 메이크업 베이스의 색은 무엇인가?

① 초록색   ② 보라색
③ 흰색   ④ 분홍색

초록색 메이크업 베이스는 가장 넓게 사용되는 색상으로 색상조절의 효과가 크다. 여드름, 잡티가 있는 피부, 모세혈관이 확장되어 붉게 보이는 피부에 사용된다.

035
다음은 계절에 어울리는 색상을 연결하였다. 어울리지 않는 것은?

① 봄 – 라이트 옐로, 오렌지 레드, 옐로 그린
② 여름 – 화이트, 어두운 블루, 펄감의 은색, 레드나 와인
③ 가을 – 베이지, 브라운, 카키
④ 겨울 – 레드나 와인, 퍼플

레드나 와인은 여름보다 겨울에 더 잘 어울리는 색상이다.

036
다음 중 도구의 용어와 설명이 틀리게 연결된 것은?

① 수정가위 컷(Scissors cut) : 수정가위로 불필요한 눈썹을 잘라줄 때 사용한다.
② 블랜드 컷(Blend cut) : 눈썹전용 면도칼로 밀어주고 뽑아낸다.
③ 트위저(Tweezer) : 족집게를 이용하여 눈썹을 뽑아낸다.
④ 쉐이빙(Shaving) : 눈썹전용 면도칼로 밀어준다.

- 수정가위 컷(Scissors cut) : 수정가위로 불필요한 눈썹을 잘라줄 때 사용한다.
- 블랜드 컷(Blend cut) : 브러시를 이용하여 눈썹을 일정한 길이로 잘라낸다.
- 트위저(Tweezer) : 족집게를 이용하여 눈썹을 뽑아낸다.
- 쉐이빙(Shaving) : 눈썹전용 면도칼로 밀어준다.

037
다음은 어떤 계절의 메이크업에 대한 설명인가?

- 브러셔 : 핑크나 오렌지 계열의 색상을 이용하여 볼 뼈 부분을 감싸듯이 둥글게 블러서 한다.
- 립스틱 : 펄이 들어 있는 산호색이나 핑크, 누드 오렌지의 립글로스로 투명하고 촉촉하게 마무리 한다.
- 아이섀도 : 선을 강조하기 보다는 면을 강조하는 메이크업을 한다. 노란색 섀도우를 눈두덩 중앙 부분에 펴준다. 그린 칼라를 앞머리와 눈꼬리 부분에 넣어주고 다크 그린으로 포인트를 넣어주어 깊이감 있는 눈매를 표현한다.

① 봄   ② 여름
③ 가을   ④ 겨울

보기의 내용은 봄 메이크업의 기술 설명이다.

038
다음은 화장 중 어느 메이크업 테크닉에 대한 용어 설명인가?

> - 속눈썹을 길고 짙어 보이게 하여 눈매에 깊이감을 연출한다.
> - 속눈썹 컬을 잡아준다.

① 마스카라
② 아이라이너
③ 아이섀도우
④ 아이블로우(눈썹 화장)

보기의 내용은 마스카라에 대한 설명이다.

039
속눈썹의 숱을 많아 보이고 풍성하게 하므로 속눈썹의 숱이 적은 사람이 사용하면 좋은 마스카라의 종류는?

① 롱 래쉬 마스카라
② 케이크 마스카라
③ 컬링 마스카라
④ 볼륨 마스카라

볼륨 마스카라는 속눈썹의 숱을 많아 보이고 풍성하게 하므로 속눈썹의 숱이 적은 사람이 사용하면 좋다.

040
다음은 어떤 메이크업 제품에 대한 설명인가?

> - 얼굴을 밝고 화사하게 해준다.
> - 파운데이션의 유분을 제거하여 메이크업의 지속력을 높인다.
> - 화장의 번들거림을 방지하여 피부가 항상 보송보송한 형태를 유지시켜준다.
> - 자외선을 차단하고 유해 환경으로부터 피부를 보호한다.

① 파우더
② 파운데이션
③ 메이크업 베이스
④ 컨실러

보기의 설명은 파우더에 대한 사용목적이다.

041
다음 중 글리세린의 가장 중요한 작용은?

① 소독작용
② 수분유지작용
③ 탈수작용
④ 금속염 제거작용

글리세린은 수분을 흡수하는 능력이 우수하고 트러블을 일으키지 않아 보습제 성분으로 많이 사용된다.

042
신부 메이크업 중 맞지 않는 것은?

① 화사한 느낌을 강조
② 글로시한 이미지
③ 귀여운 이미지
④ 우아한 이미지

신부메이크업은 화사하고 귀여우면서 우아한 느낌으로 화장을 한다.

043
다음 아래의 내용은 어떤 대비를 설명한 것인가?

> 먼저 어떤 색을 본 후 다른 색을 보게 되면 나중에 본 색이 먼저 바라본 색의 영향을 받아 본래의 색과 다르게 보이는 현상이다. 잔상현상과 밀접한 관계가 있으며, 색을 보는 시간이 아주 짧을 경우에는 동시대비와 같은 효과를 가진다.

① 계시 대비
② 명도 대비
③ 채도 대비
④ 연변 대비

계시 대비 : 먼저 어떤 색을 본 후 다른 색을 보게 되면 나중에 바라본 색이 먼저 본 색의 영향을 받아 본래의 색과 다르게 보이는 현상이다. 잔상현상과 밀접한 관계가 있으며, 색을 보는 시간이 아주 짧을 경우에는 동시대비와 같은 효과를 가진다.

044
'막스웰의 원판'으로 색의 합성 중 어느 혼합에 속하는가?

① 병치 혼합
② 회전 혼합
③ 감산 혼합
④ 가산 혼합

회전혼합 : 계시 가법혼합이라고도 불리며 여러 색을 색팽이에 배치하여 회전시키는 현상을 말하며 막스웰에 원판을 예로 들 수 있다.

045
희망, 광명, 금지, 명랑 등의 이미지가 연상되는 색채는?

① 빨강
② 노랑
③ 녹색
④ 주황

노랑 : 희망, 광명, 금지, 명랑

046
다음 색 중 관용색명으로 맞는 것은?

① 쥐색
② 노랑 기미의 빨강
③ 녹색 기미의 노랑
④ 밝은 빨강색

②, ③, ④ 일반색명이며, ① 관용색명

047
물감의 3원색이 바르게 연결된 것은?

① 노랑(yellow) 청록(cyan) 자홍(magenta)
② 빨강색(Red) 노랑(Yellow) 청색(Blue)
③ 빨강색(Red) 녹색(Green) 청색(Blue)
④ 자홍(magenta) 청록(cyan) 청색(Blue)

물감의 3원색 : 빨강색(Red) 노랑(Yellow) 청색(Blue)

048
명도에 대한 설명으로 틀린 것은?

① 색이 가지고 있는 탁함의 정도를 말한다.
② 어두운 색상은 명도가 낮고, 밝은 색상은 명도가 높다.
③ 같은 색상이라도 명도에 따라 느낌이 다르다.
④ 고명도 색상 : 진출되어 보이고, 부드럽고 가볍다.

채도 : 색이 가지고 있는 탁함의 정도를 말한다.

049
먼셀의 색 표기법에서 빨강은 5R 4/14로 표기된다. 그렇다면 빨강의 명도는 무엇인가?

① 5R
② 4
③ 14
④ 4/14

색 표기법 : HV/C 색상(H)/ 명도(V)/ 채도(C)

050
다음 중 황색 조명이고 물체의 색이 빨강일 때 보이는 색은 무엇인가?

① 보라색
② 빨간색
③ 오렌지
④ 다홍색

황색과 빨강이 더해진 색이 나온다.

051
다음 중 청색 조명이고 물체의 색이 빨강일 때 보이는 색은 무엇인가?

① 보라색
② 빨간색
③ 오렌지
④ 다홍색

청색에 빨강을 더한 색은 보라색이다.

052
다음 중 녹색 조명이고 물체의 색이 주황일 때 보이는 색은 무엇인가?

① 보라색
② 노란색
③ 오렌지
④ 갈색

녹색에 주황을 더한 색은 갈색이다.

053
조명색에 따른 일반적인 이미지로 틀린 것은?

① 빨간색 : 분노, 전쟁
② 호박색 : 따뜻하고 안이함
③ 파랑 : 부드러움
④ 초록 : 평화

파랑 : 절제와 냉정

054
다음 중 자외선의 작용이 아닌 것은?

① 살균작용
② 비타민 D의 형성
③ 피부의 색소침착
④ 아포 사멸

자외선은 비타민 D를 합성하고 피부에 색소 침착을 일으키며, 살균작용도 있으나 아포 사멸작용과는 거리가 멀다.

055
다음 중 파리가 매개할 수 있는 질병과 거리가 먼 것은?

① 파라티푸스
② 발진티푸스
③ 장티푸스
④ 콜레라

파리가 매개하는 감염병은 장티푸스, 파라티푸스, 아메바성 이질, 콜레라, 결핵 등이다.

056
다음 중 동물과 감염병의 병원소 연결이 잘못된 것은?

① 소 – 결핵
② 돼지 – 일본뇌염
③ 벼룩 – 말라리아
④ 개 – 공수병

- 모기 매개 감염병 : 말라리아, 사상충, 황열, 일본뇌염
- 쥐 매개 감염병 : 페스트, 발진열, 살모넬라증 등

057
다음 중 예방법으로 생균백신을 사용하는 것은?

① 홍역
② 디프테리아
③ 콜레라
④ 파상풍

결핵, 폴리오, 홍역, 탄저, 공수병 등의 예방에 생균백신을 사용한다.

058
질병 전파의 개달물(介達物)에 해당되는 것은?

① 공기, 물
② 우유, 음식물
③ 의복, 침구
④ 파리, 모기

개달물은 매개체가 숙주에 들어가지 않고 병원체를 운반하는 수단으로 의복, 침구 등이 이에 속한다.

059
순도 100% 소독약 원액 2ml에 증류수 98ml를 혼합하여 100%ml의 소독약을 만들었다면 이 소독약의 농도는?

① 2%
② 6%
③ 4%
④ 98%

수용액 : 용질량(소독약)÷용질량(희석액)×100= 퍼센트(100%)

060
이·미용업소에서 수건 소독에 가장 많이 사용되는 물리적 소독법은?

① 승홍 소독
② 자비 소독
③ 알코올 소독
④ 과산화수소 소독

자비 소독은 끓는 물을 이용한 소독법으로 의류나 타월, 도자기 등의 소독에 적합하다.

04회 [정답] 적중모의고사

001	002	003	004	005
④	④	③	③	③
006	007	008	009	010
④	①	④	③	④
011	012	013	014	015
③	①	③	④	①
016	017	018	019	020
④	③	④	④	①
021	022	023	024	025
④	①	①	①	④
026	027	028	029	030
③	④	②	①	③
031	032	033	034	035
①	④	②	①	②
036	037	038	039	040
②	①	①	④	①
041	042	043	044	045
②	②	①	②	②
046	047	048	049	050
①	②	①	②	③
051	052	053	054	055
①	④	③	④	②
056	057	058	059	060
③	①	③	①	②

제 05 회 적중모의고사

○ C H E C K P O I N T Q U E S T I O N

001
백제시대 메이크업 경향을 설명한 용어로 바른 것은?

① 시분무주(施粉無朱)
② 영육일치(靈肉一致)
③ 목욕재계(沐浴齋戒)
④ 분대화장(粉黛化粧)

"시분무주(施粉無朱)" 즉 분을 바르되 연지를 바르지 않음(엷고 은은한 화장을 좋아함)

002
고려시대는 화장이 이원화 되어 신분과 직업에 따라 화장법이 나누어졌다. 이를 지칭하는 용어는?

① 삼재도회
② 영육일치
③ 분대화장
④ 규합총서

고려시대 화장의 이원화 : 분대화장은 기생 중심의 짙은 화장이며, 비분대 화장은 여염집 부인 중심의 옅은 화장

003
다음 중 조선시대의 메이크업에 대한 설명으로 옳은 것은?

① 외형상 사치스럽고 내면으로 탐미주의 색채가 농후하였다.
② 눈썹을 넓게 그리고 비단향낭을 패용하였다.
③ 억불숭유정책으로 외면의 아름다움보다는 내면의 아름다움이 강조하였다.
④ 불교의 전래로 화장과 화장품의 발달에 영향을 끼쳤다.

조선시대에는 억불숭유정책으로 외면의 아름다움보다는 내면의 아름다움이 강조

004
고대 이집트인들이 화장에 즐겨 사용한 것으로 눈썹과 아이라인을 그려 강조하는 용도로 쓰인 것을 무엇이라고 하는가?

① 헤나(henna)
② 콜(khol)
③ 잇꽃
④ 산단

고대 이집트인들은 콜(khol)을 이용하여 눈 화장을 하였다.

005
메이크업 시술자의 자세로 바르지 못한 것은?

① 손목의 유연성을 통해 시술자, 고객이 편안하게 시술받도록 한다.
② 시술시 고객이 산만함을 느끼지 않도록 시술한다.
③ 고객의 얼굴을 잘 관찰하고 확인하면서 좌우 밸런스를 맞춘다.
④ 메이크업 도구는 보기 좋은 곳에 놓여 있어야 한다.

메이크업 도구는 시술하기 편한 위치에 놓여 있어야 한다.

006
1950년대 우리나라 화장품 산업에 대한 설명으로 바르지 못한 것은 어느 것인가?

① 6.25 동란으로 국산화장품 산업은 위축되었다.
② 서양 연예인들의 영향을 많이 받았다.

③ 부자연스럽게 이어지던 화장이 부드러운 색상을 사용하여 동양인의 얼굴에 맞도록 자연스럽게 바뀌었다.
④ 6.25전쟁 이후 밀수된 수입화장품이 시장의 판도를 바꿔 놓았다.

1970년대 : 부자연스럽게 이어지던 화장이 부드러운 색상을 사용하여 동양인의 얼굴에 맞도록 자연스럽게 바뀌었다.

007
지성 피부의 특징으로 맞는 것은?
① 모세혈관이 약화되거나 확장되어 피부 표면으로 보인다.
② 피지분비가 왕성하여 피부 번들거림이 심하며 피부결이 곱지 못하다.
③ 표피가 얇고 피부 표면이 항상 건조하고 잔주름이 쉽게 생긴다.
④ 표피가 얇고 투명해 보이며 외부 자극에 쉽게 붉어진다.

- 모세혈관 확장 피부 : 확장된 모세혈관이 피부 표면으로 보임
- 건성 피부 : 잔주름이 많고 표피가 얇고 건조함
- 예민성 피부 : 외부 자극에 쉽게 붉어지고 표피가 얇고 투명해 보임

008
다음 중 스크럽 성분의 딥클렌징을 피하는 것이 좋은 피부는?
① 모공이 넓은 지성 피부
② 모세혈관이 확장되고 민감한 피부
③ 정상피부
④ 지성 우세 복합성 피부

스크럽을 이용한 딥클렌징은 모세혈관 확장 피부, 민감성 피부, 홍반을 피해서 사용한다.

009
다음 설명들은 어떤 피부 유형에 대한 설명인가?

- 호르몬 및 여러 가지 요인으로 피부조직이 불균형하다.
- 눈가 잔주름이 생기기 쉽다.
- 여드름이 발생하기 쉽다.
- 2가지 이상의 타입이 공존하는 유형이다.

① 정상피부
② 민감성피부
③ 여드름피부
④ 복합성피부

복합성피부는 한 얼굴에 두 가지 이상의 타입이 공존하는 피부 유형으로 피부 부위에 따라 차별화된 관리를 시행해야 한다.

010
건성피부, 중성피부, 지성피부를 구분하는 가장 기본적인 피부유형의 분석기준은?
① 피부의 조직상태
② 피지분비 상태
③ 모공의 크기
④ 피부의 탄력도

피지 분비는 건성피부, 중성피부, 지성피부를 구분하는 가장 기본적인 분석기준이다.

011
자외선의 영향으로 인한 부정적인 효과는?
① 홍반 반응
② 비타민 D의 형성
③ 살균효과
④ 강장효과

자외선에 의한 부정적 효과 : 홍반, 색소침착, 일광화상, 광노화, 광과민반응

012
땀의 분비가 감소하고 갑상선 기능의 저하, 신경계 질환의 원인이 되는 것은?

① 다한증
② 소한증
③ 무한증
④ 액취증

소한증 : 땀이 분비가 감소하며 갑상선기능저하, 금속성 중독 및 신경계 질환이 원인이다.

013
장기간에 걸쳐 반복하여 긁거나 비벼서 표피가 건조하고 가죽처럼 두꺼워진 상태는?

① 가피
② 낭종
③ 태선화
④ 반흔

태선화 : 표피와 진피의 일부가 가죽처럼 두꺼워지며 딱딱해지는 현상

014
화상의 구분 중 홍반, 부종, 통증뿐만 아니라 수포를 형성하는 것은?

① 제1도 화상
② 제2도 화상
③ 제3도 화상
④ 제4도 화상

제2도 화상 : 홍반, 부종, 통증, 수포, 흉터를 남긴다.

015
에탄올 소독 용액의 비율은?

① 에탄올이 70%인 수용액을 말한다.
② 에탄올이 30%인 수용액을 말한다.
③ 에탄올이 50%인 수용액을 말한다.
④ 에탄올이 60%인 수용액을 말한다.

에탄올 소독 용액 70%인 수용액을 말한다.

016
이용기구 및 미용기구의 종류·재질 및 용도에 따른 구체적인 소독기준 및 방법은 누가 정하여 고시하는가?

① 보건복지부 장관
② 대통령
③ 시도지사
④ 시장·군수·구청장

이용기구 및 미용기구의 종류·재질 및 용도에 따른 구체적인 소독기준 및 방법은 보건복지부장관이 정하여 고시한다.

017
공중위생 영업자가 준수하여야 하는 위생 관리 기준이 아닌 것은?

① 미용기구 중 소독을 한 기구와 소독을 하지 아니한 기구는 각각 다른 용기에 보관한다.
② 1회용 면도날은 손님 1인에 한하여 사용하여야 한다.
③ 업장안의 조명도는 100럭스 이상이 되도록 유지하여야 한다.
④ 영업소 내부에 최종지급요금표를 게시 또는 부착하여야 한다.

영업장안의 조명도는 75럭스 이상이 되도록 유지하여야 한다.

018
공중이용시설 안에서 발생되지 아니하여야 할 오염물질의 종류와 허용되는 오염의 기준으로 틀린 것은?

① 미세먼지(PM-10) : 24시간 평균치 $150\mu g/m^3$ 이하
② 일산화탄소(CO) : 1시간 평균치 25ppm 이하
③ 이산화탄소(CO_2) : 1시간 평균치 1,000ppm 이하
④ 포름알데이드(HCHO) : 2시간 평균치 $120\mu g/m^3$ 이하

오염물질의 종류	오염허용기준
미세먼지(PM-10)	24시간 평균치 150μg/m³ 이하
일산화탄소(CO)	1시간 평균치 25ppm 이하
이산화탄소(CO_2)	1시간 평균치 1,000ppm 이하
포름알데이드(HCHO)	1시간 평균치 120μg/m³ 이하

019
공중위생 영업자가 준수하여야 하는 위생 관리 기준으로 틀린 것은?

① 점빼기·귓볼뚫기·쌍꺼풀수술·문신·박피술 등 유사한 의료행위를 하여서는 아니 된다.
② 의약품 또는 의료기기의 사용이 가능하다.
③ 미용기구 중 소독을 한 기구와 소독을 하지 아니한 기구는 각각 다른 용기에 보관한다.
④ 1회용 면도날은 손님 1인에 한하여 사용하여야 한다.

의약품 또는 의료기기를 사용해서는 안된다.

020
다음 중 위생교육을 실시하는 단체에 관한 설명 중 바른 것은?

① 위생교육 실시단체는 교육교재를 편찬하여 해당 공무원에게 제공하여야 한다.
② 교육실시 결과를 교육 후 3개월 이내에 시장·군수·구청장에게 통보하여야 한다.
③ 수료증 교부대장 등 교육에 관한 기록을 3년 이상 보관·관리하여야 한다.
④ 위생교육을 실시하는 단체는 보건복지부장관이 고시한다.

위생교육
- 위생교육을 실시하는 단체(이하 "위생교육 실시단체"라 한다)는 보건복지부장관이 고시한다.
- 위생교육 실시단체는 교육교재를 편찬하여 교육대상자에게 제공하여야 한다.
- 위생교육 실시단체의 장은 위생교육을 수료한 자에게 수료증을 교부하고, 교육실시 결과를 교육 후 1개월 이내에 시장·군수·구청장에게 통보하여야 하며, 수료증 교부대장 등 교육에 관한 기록을 2년 이상 보관·관리하여야 한다.

021
미용사의 면허를 받고자 하는 경우 누구(㉠)의 령이 정하는 바에 의하여 누구(㉡)의 면허를 받아야 하는가?

㉠	㉡
① 보건복지부	시장·군수·구청장
② 대통령	시·도지사
③ 시·도지사	대통령
④ 시장·군수·구청장	보건복지부

이용사 또는 미용사의 면허를 받고자하는 자는 보건복지부령이 정하는 바에 의하여 시장·군수·구청장의 면허를 받아야 한다.

022
다음 중 위생교육의 방법·절차 등에 관하여 필요한 사항은 누구의 령으로 정하는가?

① 교육부령
② 환경부령
③ 보건복지부령
④ 대통령령

위생교육의 방법·절차 등에 관하여 필요한 사항은 보건복지부령으로 정한다.

023
다음 중 공중위생감시원의 자격, 임명, 업무범위 등에 필요한 사항을 정한 것은?

① 대통령령
② 고용노동부령
③ 보건복지부령
④ 당해 지방자치단체 조례

공중위생감시원의 자격, 임명, 업무범위 및 기타 필요한 사항은 대통령령으로 정한다.

024
다음 중 먼셀의 표색계에 규정된 유채색의 중간색 내용이 옳은 것은?

① 12개 : 빨강, 주황, 노랑, 연두, 초록, 청록, 파랑, 남색, 보라, 자주, 분홍, 갈색
② 3개 : 하양, 회색, 검정
③ 10개 : 빨강, 주황, 노랑, 연두, 초록, 청록, 파랑, 남색, 보라, 자주
④ 5개 : 주황, 연두, 청록, 남색, 자주

먼셀의 표색계(우리나라 산업규격으로 지정되어 교육용으로 채택됨)
주요 5색 (R, Y, G, B, P)
중간색 (YR : 주황, GY : 연두, BG : 청록, PB : 남색 RP : 자주)

025
크림 파운데이션에 대한 설명 중 알맞은 것은?

① 실제 얼굴의 형태를 바꾸어 준다.
② 피부의 잡티나 결점을 커버해 주는 목적으로 사용된다.
③ O/W형은 W/O형에 비해 비교적 사용감이 무겁고 퍼짐성이 낮다.
④ 화장 시 산뜻하고 청량감이 있으나 커버력이 약하다.

크림 파운데이션은 유분을 많이 함유하고 있어 커버력, 지속력이 강하나 사용감이 무겁다.

026
땀의 분비로 인한 냄새와 세균의 증식을 억제하기 위해 주로 겨드랑이 부위에 사용하는 것은?

① 데오도란트 로션
② 바디로션
③ 핸드로션
④ 파우더

데오도란트 로션 : 땀의 분비로 인한 냄새와 세균의 증식을 억제하기 위해 주로 겨드랑이 부위에 사용 한다.

027
캐리어 오일 중 액체상 왁스에 속하고, 인체 피지와 지방산의 조성이 유사하여 피부 친화성이 좋으며, 다른 식물성 오일에 비해 쉽게 산화되지 않아 보존안전성이 높은 것은?

① 아몬드 오일   ② 호호바 오일
③ 아보카도 오일   ④ 맥아 오일

호호바 오일 : 안정성이 높으며 피지 성분과 유사하여 피부 친화성이 높고, 여드름, 건성피부 등 모든 피부에 적합하다.

028
클렌징크림의 설명으로 맞지 않는 것은?

① 메이크업 화장을 지우는데 사용한다.
② 클렌징 로션보다 유성 성분 함량이 적다.
③ 피지나 기름때와 같은 물에 잘 닦이지 않는 오염물질을 닦아내는 데 효과적이다.
④ 깨끗하고 촉촉한 피부를 위해서 비누로 세정하는 것보다 효과적이다.

클렌징크림은 유성 성분이 다량 함유되어 진한 메이크업을 지우는 데 용이하다.

029
안면의 각질제거를 용이하게 하는 것은?

① 비타민   ② AHA
③ 비타민 E   ④ 토코페롤

AHA는 필링제로 피부각질을 제거하는 용도로 쓰인다.

030
다음 중 피부에 수분을 공급하는 보습제 기능을 가지는 것은?

① 계면활성제   ② 알파-하이드록시산
③ 글리세린   ④ 메틸파라벤

알파-하이드록시산은 각질 제거에 효과적이고, 메틸파라벤은 대표적인 방부제이다.

031
메이크업이라는 용어를 최초로 사용한 사람은 누구인가?
① 뜨왈렛프 ② 마꿔아즈
③ 리차드 크라슈 ④ 세익스피어

17세기 초 영국의 시인 리차드 크라슈가 처음 사용하였다.

032
미백 화장품에 사용되지 않는 원료는?
① 알부틴
② 코직산
③ 레티놀
④ 비타민 C 유도체

레티놀(비타민 A)은 피부 재생 및 주름 개선 효과가 뛰어나다.

033
다음 중 광노화의 반응과 가장 거리가 먼 것은?
① 건조현상
② 거칠어짐
③ 모세혈관 수축
④ 피부암

광노화의 경우에는 모세혈관이 확장하며 피부가 건조해지고 거칠어지고, 심한 경우 피부암까지도 발생할 수 있다.

034
녹색과 자주 체크무늬의 스카프에서 볼 수 있는 색의 대비 현상과 동일한 사례로 옳은 것은?
① 노란 치마에 남색 저고리
② 빨강 셔츠에 주황 조끼
③ 자주색 치마에 붉은색 셔츠
④ 보라색 치마에 자주색 블라우스

두 색상이 더욱 뚜렷하게 보이며, 보색에 있어서의 잔상은 상대되는 색과 일치(보색대비)

035
시원한 여름을 연상시키는 아이섀도우 색상은?
① 브라운 계열 ② 블루 계열
③ 핑크 계열 ④ 오렌지 계열

블루계열과 흰색은 시원한 여름을 연상시켜 준다.

036
홈페이지의 색채를 옅은 회색, 진한 회색으로 구성하고 포인트 색채를 빨강색으로 사용했다면 여기서 사용된 색의 대비는 무엇인가?
① 명도 대비
② 면적 대비
③ 보색 대비
④ 채도 대비

채도 대비 : 다른 두 색의 영향으로 채도가 높은 색은 더 높게, 낮은 색은 더 낮게 보이는 현상이다.

037
다음 계절색 중에서 여름의 색으로 맞는 것은?
① 노랑을 기본 톤으로 한 따뜻한 색상으로 깨끗함, 선명함, 맑음의 특징을 지닌다.
② 파랑색을 기본 톤으로 한 차가운 색상으로 흰색과 파랑색을 기본으로 하고 흐린 색이 주를 이룬다.
③ 전체적으로 황색 톤을 지니고 있으며 어두운 색상으로 차분하고 자연스러운 색이 주를 이룬다.
④ 푸르면서 흰색이 기본 색상이며 아주 밝거나 짙은 강한 색이 주를 이룬다.

- 봄의 색 : 노랑을 기본 톤으로 한 따뜻한 색상으로 깨끗함, 선명함, 맑음의 특징을 지닌다.
- 여름의 색 : 파랑색을 기본 톤으로 한 차가운 색상으로 흰색과 파랑색을 기본으로 하고 흐린 색이 주를 이룬다.
- 가을의 색 : 전체적으로 황색 톤을 지니고 있으며 어두운 색상으로 차분하고 자연스러운 색이 주를 이룬다.
- 겨울의 색 : 푸르면서 흰색이 기본 색상이며 아주 밝거나 짙은 강한 색이 주를 이룬다.

038

가법혼합으로 맞는 설명은 무엇인가?

① 색광의 3원색(RGB)의 혼합으로 혼색이 되면 백색광(흰색)이 된다. 또한 모니터용 컬러이다.
② 색료의 3원색(CMY)의 혼합으로 혼색이 되면 검정색(K)이 된다. 또한 출력용 컬러이다.
③ 계시 가법혼합이라고도 불리며 여러 색을 색팽이에 배치하여 회전시키는 현상을 말한다.
④ 서로 다른 색들이 직접 섞이지 않고 근접하게 배치하여 혼색된 것처럼 보이게 하는 방법이다.

- 감법혼합 : 색료의 3원색(CMY)의 혼합으로 혼색이 되면 검정색(K)이 된다. 또한 출력용 컬러이다.
- 회전혼합 : 계시 가법혼합이라고도 불리며 여러 색을 색팽이에 배치하여 회전시키는 현상을 말한다.
- 병치혼합 : 서로 다른 색들이 직접 섞이지 않고 근접하게 배치하여 혼색된 것처럼 보이게 하는 방법이다.

039

창조, 우아, 신비, 위엄, 예술 등의 이미지가 연상되는 색채는?

① 빨강
② 노랑
③ 보라
④ 주황

보라 : 창조, 우아, 신비, 위엄, 예술

040

다음 중 가장 화려한 느낌을 배색은?

① deep 톤의 한색
② pale 톤의 한색
③ dark 톤의 난색
④ vivid 톤의 난색

vivid 톤의 난색이 화려한 느낌이다.

041

사회 초년생이나 화장을 처음하는 사람에게 어울리는 파운데이션의 타입은?

① 스틱 타입
② 크림 타입
③ 케이크 타입
④ 리퀴드 타입

리퀴드 타입의 파운데이션은 사회 초년생이나 화장을 처음 하는 사람에게 어울린다.

042

다음 중 계면활성제의 성질 중 옳지 않은 것은?

① 둥근 머리모양의 친수성기와 막대꼬리 모양의 친유성기를 가진다.
② 임계미셀농도는 미셀이 형성되는 계면활성제의 농도이다.
③ 계면활성제의 농도가 커지면 계면활성제의 분자, 이온이 결합체를 형성하여 용해하게 되는 결합체이다.
④ HLB가 높을수록 물에 잘 녹지 않고 낮을수록 물에 잘 녹는다.

HLB 값은 0부터 20까지 있으며, 0에 가까울수록 친유성이 좋고, 반대로 20에 가까우면 친수성이 좋다.

043

천연 광물에서 추출하며 산·알칼리에 강하나 색상은 화려하지 않아 주로 마스카라에 사용되는 안료는?

① 무기안료
② 백색안료
③ 착색안료
④ 유기안료

무기안료는 색상이 화려하지 않으나 빛, 산, 알칼리에 강하고 커버력이 우수하여 마스카라에 사용된다.

044
긴 형 얼굴의 섀딩 표현 부위에 대한 설명으로 옳은 것은?

① 광대뼈 뒤쪽과 턱 끝에 표현
② 각진 양쪽 턱선과 광대뼈, 이마의 양쪽 끝에 표현
③ 양 볼 바깥쪽 부분에 표현
④ 헤어라인 부분과 턱 끝 쪽을 표현

① 역삼각형, ② 사각형, ③ 마름모형

045
클래식 스타일의 이미지로 맞는 것은?

① 유행을 타지 않으면서도 깔끔하고 단정한 이미지
② 전통 복식과 민족 특성이 가지는 화려하지만 편안한 이미지
③ 차가우면서도 세련되고 시크한 이미지
④ 독립성이 강하면서도 세련된 여성 이미지

② 에스닉, ③ 모던, ④ 매니시

046
커버력이 우수하며 고체화된 제품으로 무대 메이크업을 실시할 때 주로 쓰이는 파운데이션은?

① 크림 파운데이션
② 스틱 파운데이션
③ 리퀴드 파운데이션
④ 컨실러

스틱 파운데이션은 유·수분을 혼합시켜 고체화시킨 것으로 다른 제품에 비해 커버력이 우수하여 주로 분장용으로 사용한다.

047
다음 브러시의 명칭은 무엇인가?

① 사선 브러시
② 아이브로우 콤 브러시
③ 스크류 브러시
④ 팁 브러시

아이브로우 콤 브러시로 눈썹의 형태와 길이의 조절을 만들어 주는 도구이다.

048
인조 속눈썹 연출법에 대한 설명으로 옳지 않은 것은?

① 손과 인조 속눈썹 도구를 소독한다.
② 아이래시 컬러를 사용하여 인조 속눈썹에 컬을 준다.
③ 눈매별로 적절한 인조 속눈썹을 적용한다.
④ 인조 속눈썹을 붙인 후 메이크업을 다시 수정한다.

아이래시 컬러를 사용하여 자연 속눈썹에 컬을 준다.

049
알코올 소독의 미생물 세포에 대한 주된 작용기전은?

① 할로겐 복합물 형성
② 단백질 변성
③ 효소의 완전파괴
④ 균체의의 완전 융해

알코올 소독은 미생물의 단백질 변성이나 용균, 대사기전에 저해작용을 일으키는 화학적 소독법으로 세균포자 및 사상균에 대해서는 효과가 없다.

050
다음 중 소독약품의 적정 희석농도가 틀린 것은?

① 석탄산 3%
② 승홍 0.1%
③ 알코올 70%
④ 크레졸 0.3%

크레졸의 희석 농도는 3%이다.

051
소독에 사용되는 약제의 이상적인 조건은?

① 살균하고자 하는 대상물을 손상시키지 않아야 한다.
② 취급방법이 복잡해야 한다.
③ 용매에 쉽게 용해되지 않아야 한다.
④ 향기로운 냄새가 나야 한다.

소독약은 용해성과 안정성이 있으며 냄새가 업소 탈취력이 있어야 한다.

052
이·미용업 종사자가 손을 씻을 때 많이 사용하는 소독약은?

① 크레졸수
② 페놀수
③ 과산화수소
④ 역성비누

역성 비누는 손소독에 적당하다.

053
인체의 창상용 소독약으로 부적당한 것은?

① 승홍수
② 머큐로크롬액
③ 희옥도정기
④ 아크리놀

승홍수는 인체의 점막, 금속 소독에 사용하지 않는다.

054
다음 소독제 중에서 할로겐계에 속하지 않는 것은?

① 표백분
② 석탄산
③ 차아염소산나트륨
④ 염소 유기화합물

석탄산은 페놀계 화합물이다.

055
미생물을 대상으로 한 소독력이 강한 것부터 순서대로 옳게 배열된 것은?

① 멸균 > 소독 > 살균 > 방부
② 소독 > 살균 > 멸균 > 방부
③ 살균 > 멸균 > 소독 > 방부
④ 멸균 > 살균 > 소독 > 방부

• 멸균 : 모든균을 완전히 사멸하는 소독력
• 살균 : 병원체나 비병원균을 제거
• 소독 : 병원 미생물의 감염력을 제압, 약화, 제거
• 방부 : 병원성 미생물의 발육과 작용을 정지

056
다음 중 병원성 또는 비병원성 미생물 및 아포를 가진 것을 전부 사멸 또는 제거하는 것은?

① 살균
② 소독
③ 멸균
④ 방부

멸균은 병원성 또는 비병원성 미생물 및 포자를 가진 것을 전부 사멸 또는 제거하는 무균 상태를 의미한다.

057
다음 중 미생물의 종류에 해당하지 않는 것은?

① 편모
② 세균
③ 효모
④ 곰팡이

편모는 가늘고 긴, 돌기 모양의 세포 소기관이다.

058
다음 중 미생물의 생장에 주로 영향을 미치는 요소로 적합하지 않은 것은?

① 영양
② 빛
③ 온도
④ 호르몬

미생물의 생장에 영향을 미치는 요소로는 영양, 빛, 온도 등이 있다.

059

표피의 기저층에 존재하는 세포가 아닌 것은?

① 각질형성세포
② 멜라닌세포
③ 머켈세포
④ 비만세포

비만세포는 진피층에 존재한다.

060

다음은 어떤 조명 기재 설명한 내용인가?

> 빛의 범위가 좁고 강한 것으로 고정된 배율의 강한 빛을 요구하는 장면(창살의 햇빛 등)이나 뮤지컬, 무용 공연에서 무대를 가로지르는 경우 사용된다.

① Horizont light
② Beam projector
③ Sprit light
④ Follow spot light

보기의 내용은 Beam projector이다.

05회 [정답] 적중모의고사

001	002	003	004	005
①	③	③	②	④
006	007	008	009	010
③	②	②	④	②
011	012	013	014	015
①	②	③	②	①
016	017	018	019	020
①	③	④	②	④
021	022	023	024	025
①	③	①	④	②
026	027	028	029	030
①	②	②	②	③
031	032	033	034	035
③	③	③	①	②
036	037	038	039	040
④	②	①	③	④
041	042	043	044	045
④	④	①	④	①
046	047	048	049	050
②	②	②	②	④
051	052	053	054	055
①	④	①	②	④
056	057	058	059	060
③	①	④	④	②

제 06 회 적중모의고사

○ CHECK POINT QUESTION

001
중세시대 여성들이 선호하였던 화장법은 무엇인가?

① 아름다운 이미지
② 건강한 이미지
③ 귀여운 이미지
④ 창백한 이미지

중세시대 여성들의 얼굴을 창백하게 하고 치아를 상아처럼 보이게 하는 화장법이 유행

002
르네상스시대의 메이크업 특징 중 옳지 않은 것은?

① 얼굴에 패치(patch) 및 뷰티 스폿·무슈 등의 애교 점이 유행했다.
② 머리에서 발끝까지 전신 화장을 했다.
③ 연한 색조의 입술과 뺨 화장을 했다.
④ 흰 피부를 선호 유방까지 백분을 발랐다.

①은 바로크시대의 설명이다.

003
17세기 바로크시대의 메이크업에 대한 설명으로 바른 것은?

① 머리에서 발끝까지 전신 화장을 하였다.
② 여성만의 전유물로써 위생과 청결이 중요시되었다.
③ 하얀 피부를 찬미하여 피부 화장을 두껍게 하였으며 남녀 모두 아래 눈꺼풀에 짙은 화장을 하였다.
④ 여성들은 청교도의 제약에도 불구하고 화장품을 지나치게 사용하였다.

바로크시대 여성들은 청교도의 제약에도 불구하고 화장품을 지나치게 사용하였다.

004
로코코시대 메이크업의 특징으로 틀린 것은?

① 눈썹은 뽑아 버림, 뺨과 입술에만 가볍게 색조 화장을 하였다.
② 남녀 모두 아래 눈꺼풀에 짙은 화장을 하였다.
③ 하얀 피부를 찬미하여 피부 화장을 두껍게 하였다.
④ 백납분으로 얼굴을 하얗게 표현, 볼과 입술에 루즈를 발랐다.

르네상스시대 눈썹은 뽑아 버림, 뺨과 입술에만 가볍게 색조 화장을 하였다.

005
바로크시대 얼굴에 잡티나 상처를 가리기 위해 옷감이나 가죽의 작은 조각을 이용해 붙였는데 이것을 무엇이라고 불렸는가?

① 패치
② 연지
③ 스폿
④ 무슈

얼굴에 패치(patch)를 붙여 잡티나 상처를 가렸다.

006
다음 괄호에 들어갈 단어로 바른 것은 어느 것인가?

> 불경기, 오일 쇼크, 달러 쇼크, 인플레 현상 등 전 세계적으로 불황을 겪었던 어려운 시기로 기성세대에 반발하여 사회적인 불만을 표출한 (   ) 스타일이 젊은이들의 독특한 문화 양식으로 선보여 졌다. '아이홀'을 강조한 섬세하고, 입체적인 '3단계 포이트 메이크업'이 바로 이 시기에 등장한다.

① 펑크
② 히피
③ 젠
④ 오리엔탈

1970년대의 어려운 시기와 헤어, 메이크업에 대한 설명이다.

007
원주형의 세포가 단층으로 이어져 있으며 각질형성세포와 색소형성세포가 존재하는 피부 세포층은?

① 기저층
② 각질층
③ 투명층
④ 유극층

기저층은 각질형성세포와 색소형성세포가 존재한다.

008
피부에서 피지가 하는 작용과 관계가 가장 먼 것은?

① 수분증발 억제
② 유화작용
③ 열발산 방지작용
④ 살균작용

피지의 기능 : 유화작용, 살균작용, 수분증발억제

009
각화유리질과립은 피부 표피의 어떤 층에 주로 존재하는가?

① 과립층
② 유극층
③ 투명층
④ 기저층

과립층 : 본격적인 각화과정이 시작되는 곳으로 각화유리질과립이 함유되어 있으며, 외부로부터 수분 침투를 막는다.

010
다음 중 진피의 구성 세포는?

① 멜라닌 세포
② 랑게르한스 세포
③ 섬유아세포
④ 머켈 세포

진피의 탄력섬유(엘라스틴)는 섬유아세포에서 생성된다.

011
인체의 각 주요 기능저하에 따라 나타나는 현상으로 틀린 것은?

① 난포자극호르몬 – 불임
② 부신피질자극호르몬 – 갑상선 기능저하
③ 인슐린 – 당뇨
④ 에스트로겐 – 무월경

부신피질자극호르몬의 저하는 부신의 기능저하를 유발한다.

012
아로마 오일을 피부에 효과적으로 침투시키기 위해 사용하는 식물성 오일은?

① 에센셜 오일
② 캐리어 오일
③ 트랜스 오일
④ 미네랄 오일

캐리어 오일은 염증성 여드름 피부, 지성피부에 효과적이다.

013
메이크업 화장품 중에서 안료가 균일하게 분산되어 있는 형태로 대부분 O/W형 유화타입이며, 투명감있게 마무리되므로 피부에 결점이 별로 없는 경우에 사용하는 것은?

① 트윈케이크
② 스킨커버
③ 리퀴드 파운데이션
④ 크림 파운데이션

리퀴드 파운데이션은 수분의 함량이 높아 가벼우며, 자연스러운 메이크업 시 적합하다.

014
여드름 피부용 화장품에 사용되는 성분과 가장 거리가 먼 것은?

① 살리실산
② 글리시리진산
③ 아줄렌
④ 알부틴

알부틴은 미백용 화장품의 원료이다.

015
각질 제거용 화장품에 주로 쓰이는 것으로 죽은 각질을 빨리 떨어져 나가게 하고 건강한 세포가 피부를 자극할 수 있도록 도와주는 성분은?

① 알파-하이드록시산
② 알파-토코페롤
③ 리포좀
④ 라이코펜

알파-하이드록시산(AHA)은 묵은 각질 제거와 보습효과가 있다.

016
다음 중 이·미용사 면허를 정지 시킬 수 있는 권한을 가진 자는?

① 시장·군수·구청장
② 보건복지부 장관
③ 시장·도지사
④ 대통령

이·미용사 면허를 정지 시킬 수 있는 권한은 시장·군수·구청장이 가지고 있다.

017
미용업(손톱·발톱)의 자격조건을 바르게 설명한 것은?

① 2008년 01월 01일 이후에 미용사자격을 취득하여 미용사 면허를 받은 자
② 고등학교 또는 이와 동등의 학력이 있다고 보건복지부장관이 인정하는 학교에서 미용에 관한 학과를 졸업한 자
③ 2014년 7월 1일 이후에 미용사(네일)자격을 취득한 자로서 미용사 면허를 받은 자
④ 고등기술학교에서 6개월 이상 미용에 관한 소정의 과정을 이수한 자

미용업(손톱·발톱)의 자격조건은 2014년 7월 1일 이후에 미용사(네일)자격을 취득한 자로서 미용사 면허를 받은 자이다.

018
미용사의 면허 신청 시 첨부할 서류로 맞지 않은 것은?

① 졸업증명서 또는 학위증명서 1부
② 이수증명서 1부
③ 정신질환자, 감염병환자, 마약, 약물 중독자, 간질환자, 결핵환자가 아님을 증명할 수 있는 증명하는 최근 6개월 이내의 의사의 진단서 1부
④ 1년 이내에 촬영한 가로 3cm, 세로 4cm의 탈모 상반신 사진 2매

6개월 이내에 촬영한 가로 3cm, 세로 4cm의 탈모 상반신 사진 2매

019
이·미용사의 면허증을 대여한 때의 1차 위반 행정처분기준은?

① 면허정지 3월
② 면허정지 6월
③ 면허취소
④ 면허정지 1년

이·미용사의 면허증을 대여한 때
• 1차 : 면허 정지 3월
• 2차 : 면허 정지 6월
• 3차 : 면허취소

020
영업소 폐쇄명령을 받고도 계속하여 영업을 하는 때에는 관계공무원으로 하여금 당해 영업소를 폐쇄하기 위하여 다음 조치사항으로 틀린 것은?

① 당해 영업소의 간판 기타 영업표지물의 제거
② 당해 영업소가 위법한 영업소임을 알리는 게시물 등의 부착
③ 영업을 위하여 필수 불가결한 기구 또는 시설물을 사용할 수 없게 하는 봉인
④ 당해 영업소의 시설 및 설비의 확인

시장·군수·구청장은 공중위생영업자가 제1항의 규정에 의한 영업소 폐쇄명령을 받고도 계속하여 영업을 하는 때에는 관계공무원으로 하여금 당해 영업소를 폐쇄하기 위하여 다음 각호의 조치를 하게 할 수 있다.
1) 당해 영업소의 간판 기타 영업표지물의 제거
2) 당해 영업소가 위법한 영업소임을 알리는 게시물 등의 부착
3) 영업을 위하여 필수 불가결한 기구 또는 시설물을 사용할 수 없게 하는 봉인

021
아로마 오일에 대한 설명으로 가장 적절한 것은?

① 수증기 증류법에 의해 얻어진 아로마 오일이 주로 사용되고 있다.
② 아로마 오일은 공기 중의 산소나 빛에 안정하기 때문에 주로 투명 용기에 보관하여 사용한다.
③ 아로마 오일은 주로 향기식물의 줄기나 뿌리 부위에서만 추출된다.
④ 아로마 오일은 주로 베이스노트이다.

아로마 오일은 수증기 증류과정으로 식물의 꽃, 줄기, 뿌리 등 다양한 부위에서 추출하고 향의 특성에 따라 약리적, 심리적, 생리적 효과가 있으며 산소와 빛에 불안정하므로 불투명한 용기에 보관한다.

022
다음 중 기초화장품의 필요성에 해당되지 않는 것은?

① 세정
② 피부정돈
③ 미백
④ 피부의 pH 균형

미백, 주름개선, 자외선 화장품은 기능성 화장품에 속한다.

023
아하(AHA)의 설명이 아닌 것은?

① 각질 제거 및 보습기능이 있다.
② 글리콜릭산, 젖산, 사과산, 주석산, 구연산이 있다.
③ 알파 하이드록시카프로익에시드의 약어이다.
④ 피부와 점막에 약간의 자극이 있다.

아하(AHA)는 알파 하이드록시산(Alpha Hydroxy Acid)의 약어이다.

024
노화 피부용 화장품에 사용되는 성분과 가장 거리가 먼 것은?

① 레티놀
② 프로폴리스
③ 플라센타
④ 알부틴

알부틴은 미백용 화장품의 원료이다.

025
마스크의 종류에 따른 사용 목적이 틀린 것은?

① 콜라겐 벨벳 마스크 : 진피에 수분 공급
② 고무마스크 : 피부진정, 노폐물 흡착
③ 석고마스크 : 영양성분 침투
④ 머드마스크 : 모공 청결, 피지 흡착

콜라겐 벨벳 마스크 : 콜라겐 시트지를 수용액에 묻혀 피부에 밀착시켜 사용하는 것으로 표피에 수분공급, 진정효과

026
다음 중 피부를 선탠(suntan)한 느낌의 건강한 피부색을 표현하고 싶을 때 사용하는 메이크업 베이스의 색은 무엇인가?

① 오렌지색
② 보라색
③ 흰색
④ 분홍색

오렌지색 메이크업 베이스는 피부를 선탠한 느낌의 건강한 피부색을 표현하고 싶을 때 사용한다.

027
다음 중 오리엔탈리즘 메이크업에 대한 설명으로 바르지 못한 것은?

① 아시아의 민족의상으로 동양적인 신비로움과 문양 색채를 표현함
② 동양의 메이크업 패턴을 추가한 스타일로 이국적이면서도 민속적임
③ 자연스러운 색을 주조로 하고 색감을 풍부하게 신비로움을 더함
④ 클래식한 분위기에 고풍스럽고도 품위 있는 아름다움을 은은한 색상으로 표현함

엘레강스 메이크업 : 클래식한 분위기에 고풍스럽고도 품위 있는 아름다움을 은은한 색상으로 표현

028
오리엔탈리즘의 베이스 메이크업으로 바른 것은?

① 중국과 일본은 밝은 베이지와 화이트를 첨가하여 밝게 표현한다.
② 베이지와 핑크톤을 혼합한 파운데이션으로 피부톤을 밝고 화사하게 표현한다.
③ 차가운 색상보다는 따뜻한 느낌의 색상을 선택하고 차분하고 우아한 이미지를 연출한다.
④ 글로시한 베이스보다는 건강미를 강조한 매트한 피부질감을 살린다.

②항은 로맨틱 메이크업, ③항은 엘레강스 메이크업 ④항은 댄디 메이크업의 베이스 설명이다.

029
내추럴 메이크업에 대한 설명으로 올바른 것은?

① 고객이 가지고 있는 상태 그대로 자연스럽게 표현하는 메이크업이다.
② 가면무도회나 무대에서 보여지는 이미지 메이크업이다.
③ 가장 화사하고 아름다운 메이크업이다.
④ 인형 분장에 적합한 메이크업이다.

내추럴 메이크업은 고객이 가지고 있는 상태 그대로 자연스럽게 표현하는 메이크업이다.

030
로맨틱 메이크업의 설명으로 틀린 것은?

① 로맨틱이란 낭만적인, 공상에 잠기는 등의 의미
② 핑크, 피치, 노랑, 보라 계열을 주로 하고 감미롭고 여성스러움을 살려서 표현
③ 낭만적인 소녀의 이미지를 표현
④ '우아하고, 고상하고, 점잖은'이란 의미를 가짐

④은 엘레강스 메이크업의 설명이다.

031
댄디 메이크업의 설명으로 잘못된 것은?

① 활동적인 여성인 커리어우먼에 적합한 스타일이다.
② 남성적이고 세련된 이미지를 부각할 시킬 수 있는 메이크업이다.
③ 모던함과 굵은 눈썹과 남성적인 느낌의 헤어스타일이 잘 어울린다.
④ 여성스러움을 강조하기 위하여 눈썹을 약간 부드럽고 가늘게 표현한다.

남성스러움을 강조하기 위하여 눈썹을 약간 진하고 두껍게 표현한다.

032
다음 중 명시도가 가장 높은 것은?

① 빨강 바탕 위의 주황
② 검정 바탕 위의 노랑
③ 검정색 바탕 위의 노랑
④ 노랑 바탕 위의 빨강

검정과 노랑은 명시도가 높아 도로 표지판에 많이 사용된다.

033
허무, 공포, 불안, 절망 등의 이미지가 연상되는 색채는?

① 검정   ② 노랑
③ 파랑   ④ 주황

검정 : 허무, 공포, 불안, 절망

034
파티 메이크업의 설명으로 알맞지 않은 것은?

① 럭셔리하고 화려한 파티를 위해 따뜻하면서도 무겁지 않은 컬러를 이용한다.
② 전체적으로 밝고 화려함을 주기 위해서는 메이크업 색상도 밝고 화려한 색상을 선택한다.
③ 얼굴이 평면적으로 보이도록 한다.
④ 밝은 조명으로 인하여 메이크업 컬러가 사라지거나 톤이 다운되지 않도록 주의한다.

화려한 조명으로 인해 얼굴이 평면적으로 보이지 않도록 주의해야 한다.

035
뉴턴이 실험한 프리즘에 의한 스펙트럼은 빛의 어떤 성질을 이용한 것인가?

① 빛의 산란
② 빛의 흡수
③ 빛의 반사
④ 빛의 굴절

빛을 파장으로 나눈 배열로 태양광선을 프리즘에 통과시키면 장파장에 단파장까지 빨강, 주황, 노랑, 녹색, 파랑, 남색, 보라의 순으로 색이 구분된다. 장파장인 빨강은 가장 적게 굴절되며, 단파장의 보라는 가장 많이 굴절된다.

036
일반적인 광고 메이크업의 분류 중 설명이 틀린 내용은?

① 주부 용품들의 광고(예: 조미료, 식용유, 고무장갑 등) : 모델에게 시선이 집중되는 강한 이미지의 메이크업을 표현한다.
② 과자, 음료, 껌, 사탕 등의 광고 : 귀엽고 깜찍하게 또는 발랄하게 표현한다.
③ 세안제품, 목욕제품 등의 광고 : 자연스럽고 투명하게 연출한다.
④ 술, 속옷 등의 광고 : 섹시함을 강조한다.

주부 용품들의 광고(예: 조미료, 식용유, 고무장갑 등) · 모델에게 너무 시선이 집중되지 않은 내추럴한 메이크업 하도록 한다.

037
무대 메이크업의 설명 중 틀린 내용은?

① 베이스를 기본 피부톤이 보이게 하고, 얇게 펴 바른다.
② 중요한 것은 연기자의 직업, 나이, 성격, 건강, 인종 등에 따라 피부톤을 조절한다.
③ 눈썹은 배우의 얼굴의 형태와 성격에 따라 눈썹 모양이 달라진다.
④ 속눈썹 크기와 숱에 따라 배역의 성격이 달라질 수 있다.

베이스를 기본 피부톤이 보이지 않게 두껍게 바르며, 붉은 계열을 사용한다.

038
사진메이크업의 설명으로 맞지 않은 것은?

① 사진 속에 인물이 최대한 아름답게 보이도록 한다.
② 사진상의 색감 표현과 모델에게 맞는 컬러가 잘 매치되도록 한다.
③ 얼굴의 반쪽이 그늘지므로 새로운 명암을 연출할 수 있다.
④ 아이섀도우의 펄화장은 눈을 아름답게 하는 효과를 준다.

아이섀도우의 펄화장은 눈이 부어 보이는 역효과를 줄 수 있으므로 피해야 한다.

039
빵부스러기, 과자, 설탕, 쌀, 보리 등 재료를 응용할 수 있는 분장은 어떤 종류인가?

① 여드름   ② 상처
③ 마녀   ④ 피에로

여드름과 같은 피부병의 외관상 특징을 살려주는 재료로 빵부스러기, 과자, 설탕, 쌀, 보리 등의 재료가 있다.

040
얼굴의 코와 턱을 라텍스로 만들어 주고 눈밑 주름, 코 옆 주름, 이마 주름, 볼 주름을 강조하며, 입술을 표독스럽고, 괴기스럽게 그려주는 이미지의 분장은?

① 여드름
② 상처
③ 마녀
④ 피에로

보기의 내용은 마녀의 분장 설명이다.

041
조명의 분류 중에서 틀리게 설명된 것은?

① back light : 무대 뒤에서 객석을 향해 비추기
② horizont : 배우의 동작을 그림자지게 역동적으로 효과내기
③ strip light(대상광 : borde light) : 무대나 무대장치의 일부분을 밝게 비추기
④ fade out : 한쪽 불이 꺼지면서 동시에 다른 한 부분이 서서히 켜지기

fade out : 조명을 서서히 끄기

042
다음은 어느 조명 기재인가?

구역 간 혼합이 중요할 때, 빛의 모서리가 어지러울 때 사용하며 관객 바로 위에서 무대를 향하지 않도록 한다. 타원형=확산 스포트라이트

① Fresnel spot light
② Elipsoidal spot light
③ Border light
④ Foot light

Fresnel spot light에 대한 설명이다.

043
다음 색과 감정과의 관계가 틀린 것은?

① Green – 풀, 식물 – 청춘, 행복, 평안 고요
② Blue – 바다, 달밤, 소극적 – 비애, 진실, 침정
③ Gray – 비가 올 것 같은 하늘색 – 평범, 불쾌함
④ Brown – 온화 – 사랑

Brown – 침착, 안정 – 침착함

044
먼셀 표색계에 대한 설명으로 맞지 않은 것은?

① 색의 3속성을 한 눈에 알 수 있다.
② 3차원적인 색 입체를 구성하였다.
③ 색상은 밸류(Value)로 규정하였다.
④ 채도는 크로마(Chroma)로 규정하였다.

색상은 휴(Hue)로 규정하였다.

045
다음 설명 중 틀린 내용은?

① 소화란 포도당을 산화하여 에너지를 생산하는 과정이다.
② 소화란 탄수화물은 단당류로, 단백질은 아미노산 등으로 분해하는 과정이다.
③ 소화란 유기물들이 소장의 융모상피가 흡수할 수 있는 크기로 잘리는 과정을 말한다.
④ 소화계에는 입과 위, 소장은 물론 간과 췌장도 포함된다.

소화란 섭취한 영양소를 체내에서 흡수할 수 있도록 작게 분해하는 과정이다.

046
화장품을 만들 때 필요한 4대 조건은?

① 안전성, 안정성, 사용성, 유효성
② 안전성, 방부성, 방향성, 유효성
③ 발림성, 안정성, 방부성, 사용성
④ 방향성, 안전성, 발림성, 사용성

화장품의 4대 조건은 안전성, 안정성, 사용성, 유효성이다.

047
다음 중 소독의 지표가 되는 소독제는?

① 크레졸   ② 알코올
③ 과산화수소   ④ 석탄산

석탄산은 다양한 소독력을 나타내는 기준이 된다.

048
인체에서 방어 작용에 관여하는 세포는?

① 적혈구   ② 혈소판
③ 백혈구   ④ 항원

• 획득면역(항원) : 후천면역으로 특이적으로 반응
• 면역 : 인체의 내부와 외부에서 발생하는 질병을 방어하여 건강을 지속적으로 유지시켜주는 기능

049
망 수염에 적합하고 열에 강해 다양한 수염 디자인이 가능한 수염 재료는?

① 야크 헤어   ② 인모
③ 인조사   ④ 크레이프 울

인모는 사람의 머리카락으로 알코올과 아세톤 등에 녹지 않기 때문에 수염 제거 시 망 수염이 망가지지 않는다.

050
시나리오 요소 중 비언어적인 요소로 캐릭터의 감정을 표현하는 다른 방법은?

① 대화   ② 지문
③ 배경   ④ 액션

대화, 지문은 언어적 요소이며, 액션은 비언어적 요소로 캐릭터의 감정을 표현하는 방법이다.

051
과징금에 대한 설명으로 옳지 않은 것은?

① 시장·군수·구청장은 과징금을 부과하고자 할 때에는 서면으로 통지하여야 한다.
② 통지를 받은 날부터 20일 이내에 납부하여야 한다.
③ 과징금의 징수절차는 관할 경찰서의 지침에 따른다.
④ 과징금은 이를 분할하여 납부할 수 없다.

과징금의 징수절차는 보건복지부령으로 정한다.

052
다음 중 감염병 관리상 가장 중요하게 취급해야 할 대상자는?

① 건강보균자
② 잠복기환자
③ 현성환자
④ 회복기보균자

건강보균자 : 병원체에 감염된 증상이 없이 몸 안에 병원균을 가지고 있어 병원체를 배출하는 사람으로 가장 중요하게 취급해야 할 대상이다.

053
다음 중 4주 이내의 소아에게 예방접종을 해야 하는 것은?

① DPT
② B형간염
③ BCG
④ 볼거리

BCG는 결핵균 감염에 의한 질환으로 4주 이내에 예방접종해야 한다.

054
자연능동면역 중 감염면역만 형성되는 감염병은?

① 두창, 홍역
② 일본뇌염, 폴리오
③ 매독, 임질
④ 디프테리아, 폐렴

자연능동면역 중 감염면역만 형성되는 질병은 매독, 임질, 말라리아가 있다.

055
다음 중 제3급 감염병에 속하는 것은?

① 인플루엔자
② 디프테리아
③ 말라리아
④ 폴리오

제3급 감염병
• 정의 : 그 발생을 계속 감시할 필요가 있어 발생 또는 유행 시 24시간 이내에 신고하여야 하는 감염병
• 종류 : 파상풍, B형간염, 일본뇌염, C형간염, 말라리아, 레지오넬라증, 비브리오패혈증, 발진티푸스, 발진열, 쯔쯔가무시증, 렙토스피라증, 브루셀라증, 공수병, 신증후군출혈열, 후천성면역결핍증(AIDS), 크로이츠펠트-야콥병(CJD) 및 변종크로이츠펠트-야콥병(vCJD), 황열, 뎅기열, 큐열(Q열), 웨스트나일열, 라임병, 진드기매개뇌염, 유비저, 치쿤구니야열, 중증열성혈소판감소증후군(SFTS), 지카바이러스 감염증, 매독

056
다음 중 쥐와 관계없는 감염병은?

① 유행성출혈열
② 공수병
③ 페스트
④ 살모넬라증

공수병은 개에 의해 감염되는 감염병이다.

057
소독약의 사용 및 보존상의 주의점으로서 틀린 것은?

① 일반적으로 소독약은 밀폐시켜 일광이 직사되지 않는 곳에 보존해야 한다.
② 모든 소독약은 사용할 때마다 반드시 새롭게 만들어 사용하여야 한다.
③ 승홍이나 석탄산 같은 것은 인체에 유해하므로 특별히 주의 취급하여야 한다.
④ 염소제는 일광과 열에 의해 분해되지 않도록 냉암소에 보존하는 것이 좋다.

소독약은 안정성이 강하고 오래두어도 화학적 변화가 적어 만들어 놓은 것을 사용해도 좋다.

058
다음 중 가장 강한 살균작용을 하는 광선은?

① 가시광선 ② 적외선
③ 자외선 ④ 원적외선

자외선이 가장 강한 살균작용을 하는 광선이다.

059
환자 접촉자가 손의 소독 시 사용하는 약품으로 가장 부적당한 것은?

① 크레졸수 ② 승홍수
③ 역성비누 ④ 석탄산

석탄산은 소독약의 살균지표로 넓은 지역의 방역을 위한 소독제로 적당하다.

060
당이나 혈청과 같이 열에 의해 변성되거나 불안정한 액체의 멸균에 이용되는 소독법은?

① 저온살균법
② 여과멸균법
③ 간헐멸균법
④ 건열멸균법

여과멸균법은 열에 불안정한 용액의 멸균에 사용하는 소독법이다.

06회 [정답] 적중모의고사

001	002	003	004	005
④	①	④	①	①
006	007	008	009	010
①	①	③	①	③
011	012	013	014	015
②	②	③	④	①
016	017	018	019	020
①	③	④	①	④
021	022	023	024	025
①	③	③	④	①
026	027	028	029	030
①	④	①	①	④
031	032	033	034	035
④	③	①	③	④
036	037	038	039	040
①	①	④	①	③
041	042	043	044	045
④	①	④	③	①
046	047	048	049	050
①	④	③	②	④
051	052	053	054	055
①	①	③	④	③
056	057	058	059	060
②	②	③	④	②

제 07 회 적중모의고사

○ CHECK POINT QUESTION

001
피부의 혈색과 관계있으며 헤모글로빈을 구성하고, 결핍되면 빈혈이 일어나는 영양소는?

① 칼슘
② 철분
③ 요오드
④ 마그네슘

철분은 혈액 헤모글로빈의 주성분으로, 혈색을 좋게 하는 기능을 한다. 결핍 시에는 빈혈이 일어나고 적혈구 수가 감소한다.

002
보기의 미용법이 수록되어 있는 조선시대의 책은 무엇인가?

> 겨울에 얼굴이 거칠어지고 터지는데 달걀 세 개를 물에 담가 김새지 않게 봉하여 네 이레 두었다가 바르면 얼굴이 트지 않고 옥 같아진다.

① 고려도경
② 삼국사기
③ 삼국유사
④ 규합총서

규합총서 : 겨울에 얼굴이 거칠어지고 터지는데 달걀 세 개를 물에 담가 김새지 않게 봉하여 네 이레 두었다가 바르면 얼굴이 트지 않고 옥 같아진다.

003
화장의 농도의 표현이 알맞게 짝지어진 것은?

① 담장 - 짙은 화장
② 농장 - 담장보다 짙은 화장
③ 응장 - 담장과 유사
④ 염장 - 단정한 옷차림과 단아한 빗질

담장은 깨끗하게 가다듬는 정도를 말하며, 염장은 짙은 화장, 응장은 농장과 유사하다.

004
다음 중 고려시대 메이크업 특징에 대한 설명으로 바르지 못한 것은 어느 것인가?

① 고려시대 안면용 피부 보호제인 면약(面約)의 사용과, 염모(染毛)가 행해졌다.
② 기생들은 주로 분대 화장을 하였다.
③ 여염집 부인들은 주로 짙은 화장을 하였다.
④ 고려시대 화장은 기생들의 화장과 여염집 부인들의 화장으로 구분된다.

고려시대 여염집 부인들은 기생들과 구분되고자 주로 옅은 화장을 하였다.

005
다음 중 고대 이집트시대의 화장법의 특징을 바르게 설명한 것은 어느 것인가?

① 눈썹은 가늘게 잘 다듬어서 광대뼈 안쪽으로 꺾인 형태로 진하게 그렸다.
② 납과 식초를 혼합한 분을 바르고 이마에 정맥을 그려 흰 피부를 강조했다.
③ 모든 이집트 여성들은 백납으로 얼굴을 하얗게 바르고 볼은 주황색 단사로 화장했다.
④ 피부를 부드럽게 하기 위해서 향유, 연고를 바르고, 콜을 이용해서 눈 화장을 하였다.

이집트인들은 피부를 부드럽게 하기 위해서 향유, 연고를 바르고, 콜을 이용해서 눈 화장을 하였다.

006
다음 중 그리스시대의 화장법의 특징으로 바르지 못한 것은 어느 것인가?

① 과학적 원리에 기초를 두고 식이요법, 마사지, 햇빛, 목욕 등을 주로 하였다.
② 곡물의 가루를 반죽 얼굴에 붙이고 우유로 씻어내는 등 오늘날의 팩의 시초를 제공했다.
③ 하얀 피부를 선호하여 백랍 성분으로 된 안료를 발라 피부를 하얗게 표현하였다.
④ 피부를 부드럽게 하기 위해서 향유, 연고를 바르고, 콜을 이용해서 눈 화장을 하였다.

고대 이집트시대 : 피부를 부드럽게 하기 위해서 향유, 연고를 바르고, 콜을 이용해서 눈 화장을 하였다.

007
다음 중 양모용 모발 화장품에 속하는 것은?

① 헤어 토닉
② 헤어 젤
③ 헤어 크림
④ 헤어 스프레이

양모용은 모발을 잘 자라게 하는 기능으로 헤어 토닉이 이에 해당된다.

008
아로마 오일에 대한 설명으로 가장 적절한 것은?

① 수증기 증류법에 의해 얻어진 아로마 오일이 주로 사용되고 있다
② 아로마 오일은 공기 중 산소나 빛에 안전하기 때문에 주로 투명용기에 보관하여 사용한다.
③ 아로마 오일은 주로 향기식물의 줄기나 뿌리 부위에서만 추출된다.
④ 아로마 오일은 주로 베이스 노트이다.

아로마 오일은 수증기 증류과정으로 식물에서 분리된 향기 물질의 혼합체이다.

009
화장품의 분류에 관한 설명 중 틀린 것은?

① 마사지 크림은 기초 화장품에 속한다.
② 샴푸는 모발용 화장품에 속한다.
③ 오데코롱은 방향 화장품에 속한다.
④ 페이스 파우더는 기초화장품이다.

페이스 파우더는 메이크업 화장품에 속한다.

010
다음 중 피부의 기능이 아닌 것은?

① 보호작용
② 순환작용
③ 체온조절작용
④ 감각작용

피부의 기능 : 보호기능, 체온 조절기능, 비타민 D의 합성기능, 호흡기능, 흡수기능, 분비작용, 감각기능, 저장기능

011
내인성노화가 진행될 때 감소현상을 나타내는 것은?

① 각질층 두께
② 주름
③ 피부쳐짐 현상
④ 랑게르한스 세포

내인성노화는 자연적 노화로 멜라닌세포와 랑게르한스 세포의 수가 감소한다.

012
다음 중 주름살이 생기는 요인으로 가장 거리가 먼 것은?

① 수분의 부족상태
② 햇빛에 지나치게 노출되었을 때
③ 과도한 안면운동
④ 갑자기 살이 찐 경우

주름생성의 원인 : 수분부족, 태양광선, 과도한 안면운동, 진피층의 콜라겐, 엘라스틴 감소 등이 있다.

013
아포크린 대한선의 설명으로 틀린 것은?

① 모낭에 연결되어 피지선에 땀을 분비한다.
② 겨드랑이, 생식기, 배꼽주변에 존재한다.
③ 사춘기 이후 발달하여 갱년기 이후 퇴화된다.
④ 입술과 생식기를 제외한 전신에 분포되어 있다.

④는 에크린 소한선에 대한 설명이다.

014
다음 중 가장 이상적인 피부의 pH 범위는?

① pH 3.5~4.5
② pH 4.5~6.5
③ pH 6.5~7.2
④ pH 7.5~10.5

피부의 가장 이상적인 pH 4.5~6.5 사이의 약산성 상태이다.

015
다음 중 미용사의 면허를 발급하는 기관으로 적합하지 않은 것은?

① 광주광역시 시장
② 대구광역시 시장
③ 부산광역시 사하구구청장
④ 충청북도지사

미용사의 면허는 보건복지부령에 의하여 시장·군수·구청장의 면허를 발급 받아야한다.

016
명예공중위생 감시원의 위촉대상자가 아닌 경우는?

① 공중위생에 대한 지식과 관심이 있는 자
② 소비자 단체장이 추천한 자
③ 초등교사 자격증 있는 교육자
④ 공중위생관련 단체의 소속직원 중에서 당해 단체 등의 장이 추천하는 자

명예공중위생 감시원의 위촉대상자는 교육자가 아니다.

017
위생관리 준수사항에서 미용기구는 소독을 한 기구와 소독을 하지 아니한 기구로 분리하여 보관하지 않을 시 3차 위반 행정처분은 무엇인가?

① 영업정지 5일
② 영업정지 10일
③ 경고
④ 영업정지 20일

1차 위반 경고, 2차 위반 영업정지 5일, 3차 위반 영업정지 10일, 4차 위반 영업장 폐쇄

018
위생교육과 관련하여 위생교육 실시 단체장의 의무사항이 아닌 것은 무엇인가?

① 위생교육을 수료한 자에게 수료증을 교부한다.
② 수료증 교부대장 등 교육에 관한 기록을 2년 이상 보관·관리하여야 한다.
③ 교육실시 결과를 교육 후 1개월 이내에 시장·군수·구청장에게 통보한다.
④ 위생교육을 수료한 자중에서 성적우수자를 선정하여 포상 한다.

위생교육 실시 단체장의 의무사항
1) 위생교육을 수료한 자에게 수료증을 교부한다.
2) 수료증 교부대장 등 교육에 관한 기록을 2년 이상 보관·관리하여야 한다.

019
공중위생관리법상 이·미용업자의 변경신고사항에 해당되지 않는 것은?

① 업소의 소재지 변경
② 영업소의 명칭 또는 상호 변경
③ 대표자의 성명(법인의 경우에 한함)
④ 신고한 영업장 면적의 1/4 이하의 변경

신고한 영업장 면적의 1/3 이상 증감 시 변경

020
다음 중 이·미용업자의 면허를 받을 수 없는 자는?

① 교육부장관이 인정하는 고등기술학교에서 6개월 이상 이·미용업에 관한 소정의 과정을 이수한 자
② 전문대학에서 이·미용업에 관한 학과를 졸업한 자
③ 국가기술자격법에 의한 이·미용사의 자격을 취득한 자
④ 고등학교에서 이·미용에 관한 학과를 졸업한 자

교육부장관이 인정하는 고등기술학교에서 1년 이상 이·미용업에 관한 소정의 과정을 이수한 자이어야 한다.

021
과징금을 기한 내에 납부하지 아니한 경우에 이를 징수하는 방법은?

① 지방세 체납처분의 예에 의하여 징수
② 부가가치세 체납처분에 의하여 징수
③ 법인세 체납처분에 의하여 징수
④ 소득세 체납처분의 예에 의하여 징수

기한 내에 납부하지 아니한 때에는 지방세 체납처분에 의하여 과태료를 징수한다.

022
공중위생 영업소의 위생서비스 평가 계획을 수립하는 자는?

① 교육부 장관　　② 시·도지사
③ 대통령　　　　④ 시장·군수·구청장

위생서비스 수준의 평가는 시·도지사가 위생서비스평가계획을 수립하여 시장·군수·구청장에게 통보하고, 시장·군수·구청장은 평가한다.

023
공중위생 영업소의 위생서비스를 평가하는 자는?

① 교육부 장관　　② 시·도지사
③ 대통령　　　　④ 시장·군수·구청장

위생서비스 수준의 평가는 시·도지사가 위생서비스평가계획을 수립하여 시장·군수·구청장에게 통보하고, 시장·군수·구청장은 평가한다.

024
이·미용업 영업과 관련하여 과태료 부과대상이 아닌 자는?

① 위생관리 의무를 위반한 자
② 위생교육을 받지 않은 자
③ 무신고 영업자
④ 관계공무원 출입·검사 방해자

무신고 영업자는 벌금형이다.

025
이·미용 업소 내에 게시하여야 하는 것은?

① 이·미용업신고증
② 근무자의 면허증 원본
③ 근무자의 면허증 사본
④ 개설자의 면허증 사본

업소 내에 미용업신고증, 개설자의 면허증 원본, 미용 요금표를 게시하여야 한다.

026
소독을 한 기구와 소독을 하지 않은 기구를 각각 다른 용기에 넣어 보관하지 않은 경우 1차 위반 행정처분은?

① 경고　　　　　② 영업정지 5일
③ 영업정지 10일　④ 영업정지 15일

소독을 한 기구와 소독을 하지 않은 기구를 각각 다른 용기에 넣어 보관하지 않거나 1회용 면도날을 2인 이상의 손님에게 사용한 경우 : 1차 위반 경고, 2차 위반 영업정지 5일, 3차 위반 영업정지 10일, 4차 위반 영업장 폐쇄명령

027
샤워 코롱이 속하는 분류는?

① 세정용 화장품
② 메이크업용 화장품
③ 모발용 화장품
④ 방향용 화장품

샤워코롱은 전신에 사용하는 방향제품으로 1~3%의 부향률을 가지고 있으며 향이 가볍고 산뜻하다.

028
다음 중 향수의 부향률이 높은 것부터 순서대로 나열된 것은?

① 퍼퓸 〉 오데퍼퓸 〉 오데코롱 〉 오데토일렛
② 퍼퓸 〉 오데토일렛 〉 오데코롱 〉 오데퍼퓸
③ 퍼퓸 〉 오데퍼퓸 〉 오데토일렛 〉 오데코롱
④ 퍼퓸 〉 오데코롱 〉 오데퍼퓸 〉 오데토일렛

향수의 부향률 : 퍼퓸 15~30% 〉 오데퍼퓸 9~12% 〉 오데토일렛 6~8% 〉 오데코롱 3~5%

029
바디샴푸에 요구되는 기능과 가장 거리가 먼 것은?

① 강력한 세정성 부여
② 높은 기포 지속성 유지
③ 부드럽고 치밀한 기포 부여
④ 피부 각질층 세포간 지질 보호

바디샴푸의 기능은 높은 기포성, 기포의 지속성과 피부생리에 영향을 주지 말아야 하며 오염물질 만을 잘 제거하여야 한다.

030
세정작용과 기포형성작용이 우수하여 비누, 샴푸, 클렌징 품 등에 주로 사용되는 계면활성제는?

① 양이온성 계면활성제
② 비이온성 계면활성제
③ 음이온성 계면활성제
④ 양쪽성 계면활성제

음이온 계면활성제는 세정작용 및 기포 형성이 우수하며 비누, 클렌징 품, 샴푸 등에 사용된다.

031
다음 중 검고 칙칙한 피부를 화사하게 표현하는 메이크업 베이스의 색은 무엇인가?

① 오렌지색
② 노란색
③ 흰색
④ 분홍색

노란색 메이크업 베이스는 검고 칙칙한 피부를 화사하게 표현한다.

032
메이크업 베이스의 사용 목적으로 틀린 것은?

① 피부톤을 일정하게 정돈하여 피부화장이 잘 되도록 한다.
② 피부톤을 조절하여 피부의 결점을 보완시킨다.
③ 피부의 수분증발을 막아주고, 파운데이션이 피부에 직접 흡수되는 것을 막아준다.
④ 하이라이트 컬러와 어두운 컬러를 이용하여 얼굴을 입체적으로 윤곽 수정 한다.

파운데이션은 하이라이트 컬러와 어두운 컬러를 이용하여 얼굴을 입체적으로 윤곽 수정 한다.

033
부드럽고 섬세하며 여성적인 느낌을 주는 색이다. 흰 피부에 잘 어울리는 아이섀도우 색상은?

① 브라운 계열
② 블루 계열
③ 핑크 계열
④ 오렌지 계열

핑크 계열의 부드럽고 섬세하며 여성적인 느낌을 주는 색이다. 흰 피부에 잘 어울린다.

034
'어릿광대' 또는 '익살꾼'으로 불리우고, 고대 그리스·로마 연극에서 등장하였으며, 눈썹을 지우고, 화이트 파운데이션으로 펴 바른 후 디자인에 맞게 눈썹과 코를 익살스럽게 그려주고, 입을 강조하여 크게 그리는 분장은 무엇인가?

① 마녀
② 노인
③ 바보
④ 피에로

보기의 설명은 피에로의 분장 설명이다.

035
우스꽝스럽고 전체적으로 윤곽이 뚜렷하지 않게, 콧대로 낮아 보이도록 하고, 광대뼈를 튀어나와 보이게 한다. 베이스 컬러는 일반인과 유사하게 하고 크림타입의 파운데이션을 사용하며, 거칠고 펑퍼짐하고 윤곽은 강하지 않도록 하는 분장은 무엇인가?

① 마녀
② 노인
③ 바보
④ 피에로

보기의 내용은 바보분장의 설명이다.

036
다음의 내용을 설명하는 메이크업의 종류는 무엇인가?

- 주로 무대에서 이루어지는 패션쇼, 이벤트 또는 광고, 연극, 연화 등 거의 모든 분야에서 사용되는 메이크업이라고 할 수 있다.
- 독특한 창의성과 아트적인 표현으로 관객으로 하여금 감동과 메시지를 느낄 수 있다.
- 베이스는 리퀴드타입보다 크림타입이나 스틱타입을 사용하여 지속성을 유지한다.
- 아이섀도우는 의상 색상에 맞추거나 보색으로 줄 수 있다.
- 펄과 글리터 다양한 오브제(레이스, 깃털, 천조각, 큐빅 등)를 이용하여 과감하게 연출할 수 있다.

① 판타지 메이크업
② 계절 메이크업
③ 신부 메이크업
④ 신랑 메이크업

보기의 내용은 판타지 메이크업의 설명이다.

037
다음의 내용을 설명하는 메이크업의 종류는 무엇인가?

- 베이스 : 다크서클, 잡티를 컨실러로 커버를 하고, 글로시한 느낌 보다는 매트한 질감으로 파운데이션을 처리
- 아이브로우 : 적당한 눈썹의 두께를 유지, 우아한 눈매를 연출
- 아이섀도우 : 부드러운 파스텔톤으로 색상을 선택하고 눈두덩이 전체를 펴 바름, 눈썹 뼈 부위에 아이보리나 화이트로 포인트를 주고, 와인이나 블랙 색상을 혼합한 짙은 색상의 섀도우를 눈꼬리나 아이라인 부위에 그려줌
- 립 : 퍼플계열이나 브라운, 와인, 핑크색상을 혼합하여 직선적인 느낌보다는 부드러운 아웃커브 립라인을 만들어 준다.
- 브러셔 : 고상한 느낌의 피치색상이나 밝은 핑크 색상으로 함
- '우아하고, 고상하고, 점잖은' 이란 의미를 가졌으며, 성숙하고 고급스러운 여성을 표현

① 엘레강스 메이크업
② 댄디 메이크업
③ 오리엔탈리즘 메이크업
④ 봄 메이크업

보기의 설명은 엘레강스 메이크업의 설명이다.

038
순수, 소박, 순결, 정직, 청결, 신성 연상되는 색채는?

① 빨강
② 노랑
③ 흰색
④ 주황

흰색 : 순수, 소박, 순결, 정직, 청결, 신성

039
다음은 연극 및 오페라에서 얼굴의 어느 부분 메이크업의 설명인가?

> 배우의 얼굴을 자유로이 변형시키는 데 효과적이고, 성격묘사에 더욱 효과적이다. 강한 이미지를 만들 경우 각을 주고, 멍청한 이미지는 미간사이를 넓혀 준다. 코의 높낮이를 조절할 수도 있다.

① 베이스 ② 코의 선
③ 립   ④ 블러셔

연극 및 오페라에서 얼굴의 코선 메이크업의 설명이다.

040
밝은 곳에서 어두운 곳으로 이동할 때 빨간색은 점점 어둡게 파란색은 밝게 보이는 것은?

① 잔상   ② 푸르킨예 현상
③ 항상성   ④ 암시성

푸르킨예 현상 : 밝은 곳에서 어두운 곳으로 이동할 때 빨간색은 점점 어둡게 파란색은 밝게 보이는 것

041
혼례복, 색동옷, 단청, 구절판 등 무슨 색을 응용한 것인가?

① 오방색   ② 삼방색
③ 육방색   ④ 정방색

오방색은 우리나라 전통 색으로 동, 서, 남, 북, 중앙의 다섯 방향마다 상징하는 색(빨, 파, 황, 흑, 백)이 있다고 여겼다. 오방색을 활용한 예로 혼례복, 색동옷, 단청, 구절판 등이 있다.

042
색의 대비로 설명이 바르게 연결된 것은?

① 계시대비 : 두 가지 이상의 색상을 놓고 동시에 바라볼 때 보이는 색상이 주변의 영향을 받아 다르게 보이는 현상이다.
② 동시대비 : 먼저 어떤 색을 본 후 다른 색을 보게 되면 나중에 본색이 먼저 본 색의 영향을 받아 본래의 색과 다르게 보이는 현상이다.
③ 면적대비 : 두 색이 가지는 경계부분에서 일어나는 대비현상이다.
④ 한난대비 : 색의 차갑고(한색) 따뜻한(난색) 느낌이 주변의 색의 영향으로 다르게 느껴지는 현상이다.

- 계시대비 : 먼저 어떤 색을 본 후 다른 색을 보게 되면 나중에 본 색이 먼저 본 색의 영향을 받아 본래의 색과 다르게 보이는 현상이다.
- 동시대비 : 두 가지 이상의 색상을 놓고 동시에 바라볼 때 보이는 색상이 주변의 영향을 받아 다르게 보이는 현상이다.
- 면적대비 : 면적에 따라 본래의 색상이 다르게 보이는 현상이다.(면적이 클수록 명도와 채도가 높게 보인다)
- 한난대비 : 색의 차갑고(한색) 따뜻한(난색) 느낌이 주변의 색의 영향으로 다르게 느껴지는 현상이다.
- 연변대비 : 두 색이 가지는 경계부분에서 일어나는 대비현상이다.

043
무대 조명의 기능으로 틀린 것은?

① 가시성 제공
② 시간, 공간 설정에 조력
③ 부위기 창조에 조력
④ 공연 스타일 약화

공연 스타일의 강화이다. (사실주의극/ 비사실주의극)

044
액체 플라스틱에 아세톤을 첨가하여 농도를 조절하여 제작한 것으로 제작이 까다로우나 표현의 완성도가 높은 볼드캡 재료는?

① 라텍스 캡   ② 어플라이언스
③ 플라스틱 캡   ④ 레드헤드

플라스틱 캡(plastic cap)
- 액체 플라스틱에 아세톤을 첨가하여 농도를 조절하여 제작한 것으로 라텍스 캡에 비해 제작이 까다로우나 표현의 완성도가 높다.
- 제작비용이 비싸며, 신축성이 없어 모델의 두상에 맞는 사이즈가 필요하다.

045
성장 촉진, 생리대사의 보조역할, 신경안정과 면역기능 강화 등의 역할을 하는 영양소는?

① 단백질
② 무기질
③ 비타민
④ 지방

비타민의 기능 : 생리작용조절, 성장촉진, 체내대사의 조효소, 면역기능 강화

046
다음 중 중성색끼리 짝지어진 것은?

① 연두, 녹색
② 녹색, 청록
③ 빨강, 노랑
④ 주황, 파랑

연두, 녹색, 자주는 중성색이며, 빨강, 노랑, 주황은 난색이며, 녹색은 중성색이나 청록, 파랑은 한색이다.

047
메이크업 시술시 가장 자연스러운 메이크업이 필요한 것은?

① 연극 메이크업
② 포토 메이크업
③ 패션쇼 메이크업
④ 시네마 메이크업

시네마 메이크업은 영상매체의 메이크업이므로 리얼하고 자연스럽게 시술하여야 한다.

048
상수의 수질오염 분석 시 대표적인 생물학적 지표로 이용되는 것은?

① 포도상구균
② 살모넬라균
③ 장티푸스균
④ 대장균

대장균은 검출방법이 용이하고 정확하기 때문에 상수의 수질오염의 지표로 사용된다.

049
인체의 혈액량은 체중의 약 몇 %인가?

① 약 2%
② 약 8%
③ 약 10%
④ 약 20%

혈액은 체중의 약 8%를 차지한다.

050
각 소화기관별 분비되는 소화효소와 소화시킬 수 있는 영양소가 올바르게 짝지어진 것은?

① 소장 : 키모트립신 – 단백질
② 위 : 펩신 – 지방
③ 입 : 락타아제 – 탄수화물
④ 췌장 : 트립신 – 단백질

췌장의 외분비선에서 단백질을 분해하는 트립신을 분비한다.

051
다음 중 같은 병원체에 의하여 발생하는 인수공통감염병은?

① 천연두
② 콜레라
③ 공수병
④ 디프테리아

인수공통감염병은 감염병 가운데 사람과 사람 이외의 동물 사이에서 동일한 병원체에 의해서 발생하는 질병이나 감염 상태를 말하며 결핵, 광견병(공수병), 페스트, 탄저, 살모넬라 등이 있다.

052
다음 중 감염형 식중독인 것은?

① 살모넬라식중독
② 보툴리누스균식중독
③ 웰치균식중독
④ 포상구균식중독

살모넬라식중독, 장염비브리오식중독, 병원성대장균식중독은 감염형 식중독이다.

053
혈액의 구성 물질로 항체 생산과 감염의 조절에 가장 관계가 깊은 것은?

① 적혈구혈장
② 백혈구
③ 혈소판
④ 혈장

백혈구는 식균 작용을 통해 감염의 조절에 관여한다.

054
식물성 독소 중 복어에 함유되어 있는 독소는?

① 테트로도톡신
② 에르고톡신
③ 아미그달린
④ 시큐톡신

복어의 독소는 테트로도톡신으로 인체에 치명적이다.

055
이·미용실에서 주로 사용하는 수건에 의한 감염으로 옳은 것은?

① 장티푸스
② 간염
③ 이질
④ 트라코마

트라코마는 경피 침입에 의해 감염되는 눈병으로 수건에 의해 감염될 수 있다.

056
고압증기멸균법에 있어 20Lbs, 126.5℃의 상태에서 몇 분간 처리하는 것이 가장 좋은가?

① 5분
② 10분
③ 15분
④ 30분

고압증기멸균법
- 10Lbs, 115.5℃의 상태 : 30분
- 15Lbs, 121.5℃의 상태 : 20분
- 20Lbs, 126.5℃의 상태 : 15분

057
병원성 또는 비병원성 미생물 및 아포를 가진 것을 전부 사멸 또는 제거하는 것을 무엇이라 하는가?

① 멸균
② 소독
③ 방부
④ 정균

멸균은 병원성 또는 비병원성 미생물 및 아포를 전부 사멸시키는 것을 말한다.

058
용품이나 기구 등을 일차적으로 청결하게 세척하는 것은 다음의 소독 방법 중 어디에 해당되는가?

① 희석
② 정균
③ 방부
④ 여과

희석은 살균 효과가 없으나 균수를 감소시킨다.

059
공중보건학의 개념으로 옳지 않은 것은?

① 생명연장
② 질병예방
③ 효과적인 질병치료
④ 정신적, 신체적 건강효율 증진

공중보건은 질병예방, 생명연장, 신체적, 정신적인 건강효율을 증진시키는 기술과학이다.

060

다음 중 금속제품 기구소독에 가장 적합하지 않은 것은?

① 승홍수 ② 역성비누
③ 알코올 ④ 크레졸수

승홍수는 금속 부식성이 강하기 때문에 금속제품의 소독에 적합하지 않다.

07회 [정답] 적중모의고사

001	002	003	004	005
②	④	②	③	④
006	007	008	009	010
④	①	①	④	②
011	012	013	014	015
④	④	④	②	④
016	017	018	019	020
③	②	④	④	①
021	022	023	024	025
①	②	④	③	①
026	027	028	029	030
①	④	③	①	③
031	032	033	034	035
②	④	③	④	③
036	037	038	039	040
①	①	③	②	②
041	042	043	044	045
①	④	④	③	③
046	047	048	049	050
①	④	④	②	④
051	052	053	054	055
③	①	②	①	④
056	057	058	059	060
③	①	①	③	①

제 08 회 적중모의고사

○ CHECK POINT QUESTION

001
다음은 어느 시대의 메이크업에 대한 설명인지 맞는 것을 고르시오?

> • 여성들이 사회에 진출로 여성들의 지위 향상되었다.
> • 머리 길이와 치마 길이가 짧아졌고, 보브(Bob) 스타일의 헤어가 유행하였다.
> • 눈썹은 가늘게, 하얀 얼굴에 커다란 눈, 입술은 빨간색으로 작고 각진 듯 앵두 같은 작은 여성스러운 입술을 표현하였다.

① 1920년대 ② 1940년대
③ 1930년대 ④ 1950년대

1920년대 메이크업에 대한 설명이다.

002
'페이팅'이라는 용어는 누구의 작품에서 최초로 사용되었는가?

① 생텍쥐페리 ② 헤르만 헤세
③ 헤밍웨이   ④ 셰익스피어

페이팅(Painting)이라는 용어는 셰익스피어의 희곡에서 처음 등장하였다.

003
다음 중 르네상스시대 메이크업의 특징으로 바르지 못한 것은 어느 것인가?

① 이상적인 미의 전형은 피부는 창백하고 투명하며 넓은 이마를 선호하였다.
② 이마의 머리카락을 면도하고 눈썹도 뽑아 버렸다.
③ 뺨과 입술에만 가볍게 색조 화장을 하였다.
④ 예술의 발전, 종교 개혁 등이 이뤄지면서 점차 과장된 의복과 장식이 귀족과 부유층에 의해 강조되고, 화장품이 과도하게 사용되었다.

엘리자베스시대 : 예술의 발전, 종교 개혁, 자본주의 출현, 식민지 개척 등이 이뤄지면서 점차 과장된 의복과 장식이 귀족과 부유층에 의해 강조되고, 화장품이 과도하게 사용되었다.

004
다음 중 우리나라 시대별 메이크업에 대한 설명 중 바르지 않는 것은 어느 것인가?

① 우리나라 최초의 분은 1916년 박승직이 개발하고, 1922년 제조 허가된 "박가분"이었다.
② 1950년대 불란서 '코티'사와 기술 제휴를 하여 코티 분이라는 신제품을 개발하였다.
③ 1920년대는 현대식 화장법이 도입된 시기이며 얼굴은 희게, 눈썹은 반달 모양으로 그렸으며 볼과 입술은 붉게 표현하였다.
④ 개화기시대에도 조선시대와 마찬가지로 일반 여성의 화장과 직업여성의 화장으로 나누었다.

1940년대는 현대식 화장법이 도입된 시기이며 얼굴은 희게, 눈썹은 반달 모양으로 그렸으며 볼과 입술은 붉게 표현하였다.

005
16세기 엘리자베스시대 화장 문화에 대한 설명 중 바른 것은 어느 것인가?

① 피부는 창백하고 투명하며 넓은 이마를 선호해 이마의 머리카락을 면도하고 눈썹도 뽑아 버렸다.

② 창백한 피부, 붉은 머리와 길고 가는 매부리코, 강조된 넓은 이마, 붉은 입술이 유행하였다.
③ 창백한 피부에, 뺨의 위치보다 약간 밑에 볼 화장을 하고, 깨끗하고 밝게 강조한 눈썹, 장미꽃 봉우리 같은 입술이다.
④ 긴 웨이브에 퐁탕주(fontange)를 쓰고 흰색 분을 바른 머리에 홍조를 띠거나 붉은 연지를 칠한 뺨, 장미꽃 같은 입술이 유행하였다.

①문항은 르네상스시대, ③문항은 로코코시대, ④문항은 바로크시대이다.

006
조선시대 꾸밈의 정도에 따른 화장 분류와 고유 어휘로 바르지 않는 것은?

① 성장 : 야하거나 화려한 화장
② 염장 : 진한 상태의 색채 화장
③ 담장 : 엷은 화장으로 기초화장
④ 농장 : 변장수준의 다르게 변형한 상태

• 농장 : 담장보다 진하고 염장보다 엷은 색채 화장
• 야용 : 변장수준의 다르게 변형한 상태

007
피부의 주체를 이루는 층으로서 망상층과 유두층으로 구분되며 피부조직 외에 부속기관인 혈관, 신경관, 림프관, 땀샘, 기름샘, 모발과 입모근을 포함하고 있는 곳은?

① 표피
② 진피
③ 근육
④ 피하조직

진피는 표피의 아래층으로 피부의 90%를 차지하며, 유두층과 망상층의 두 층으로 구분된다. 진피의 두께는 표피보다 약 10~40배 정도 두꺼우며 피부조직 외에 부속기관인 혈관, 신경관, 림프관, 한선, 피지선, 입모근, 털을 포함하고 있다.

008
피부 표피 중 가장 두꺼운 층은?

① 각질층
② 과립층
③ 기저층
④ 유극층

표피 중 가장 두꺼운 층은 유극층으로 면역기능을 담당하는 랑게르한스세포가 존재한다.

009
피부유형별 화장품 사용방법으로 적합하지 않은 것은?

① 민감성 피부 : 무색, 무취, 무알코올 화장품 사용
② 복합성 피부 : T존과 U존 부위별로 각각 다른 화장품 사용
③ 건성 피부 : 수분과 유분이 함유된 화장품 사용
④ 모세혈관 확장 피부 : 일주일에 2번 정도 딥클렌징 사용

모세혈관 확장 피부는 가능한 딥클렌징을 피하고 무색, 무취, 무알코올의 저자극 화장품을 사용하여 관리한다.

010
여드름 발생의 주요 원인과 가장 거리가 먼 것은?

① 아포크린한선의 분비 증가
② 염증 반응
③ 여드름 균의 군락형성
④ 모낭 내 이상각화

여드름은 염증성 질환이며, 피지의 과잉생산이 원인이 된다.

011
클렌징 제품의 올바른 선택조건이 아닌 것은?

① 클렌징이 잘되어야 한다.
② 피부의 산성막을 손상시키지 않는 제품이어야 한다.
③ 피부 유형에 따라 적절한 제품을 선택해야한다.
④ 충분하게 거품이 일어나는 제품을 선택해야 한다.

- 지성피부 : 충분한 거품이 일어나는 제품을 사용
- 건성 및 예민성 피부 : 거품이 없는 클렌징 로션 등과 같은 제품 사용

012
다음 중 기초 화장품의 기능에 해당하지 않는 것은?

① 세정   ② 피부 정돈
③ 피부 보호   ④ 미백

기초 화장품의 기능에는 세정, 피부정돈, 피부보호가 있다. 미백은 기능성 화장품에 속한다.

013
미용업자가 준수해야 할 위생관리 기준 중 영업장 안의 조명도는 어느 정도가 적합한 것인가?

① 75럭스 이상   ② 85럭스 이상
③ 90럭스 이상   ④ 80럭스 이상

미용업자가 준수해야 할 위생관리 기준 중 영업장안의 조명도 75 럭스 이상이다.

014
공중위생 관리법에 따른 미용사 위생교육의 세부 사항을 법으로 정하는 자는?

① 교육부장관   ② 대통령
③ 보건복지부장관   ④ 고용노동부장관

공중위생 관리법에 따른 미용사 위생교육의 세부사항을 법으로 정하는 자는 보건복지부장관이다.

015
공중위생관리법에서 규정하고 있는 공중위생업의 종류에 관계없는 것은?

① 세탁업
② 목욕장업
③ 이용업
④ 교육 서비스업

공중위생관리법에서 규정하고 있는 공중위생업의 종류는 세탁업, 목욕장업, 이용업, 미용업 등이다.

016
시장·군수·구청장이 규정에 의해 행정 처분을 실시하고자 할 때 청문이 필요한 사항이 아닌 것은?

① 미용사의 면허취소·면허정지
② 공중위생영업의 정지
③ 일부 시설의 사용 변경
④ 영업소 폐쇄 명령 등의 처분

시·도지사 또는 시장·군수·구청장은 미용사의 면허 취소, 공중위생영업의 정지, 일부 시설의 사용중지, 영업소 폐쇄명령 등의 처분을 하고자 하는 때에는 청문을 실시하여야 한다.

017
다음 중 공중위생감시원을 두는 곳을 모두 고른 것은?

| ㄱ. 특별시 | ㄴ. 광역시 |
| ㄷ. 도 | ㄹ. 군 |

① ㄴ, ㄷ   ② ㄱ, ㄷ
③ ㄱ, ㄴ, ㄷ   ④ ㄱ, ㄴ, ㄷ, ㄹ

공중위생감시원 제15조에 관계공무원의 업무를 행하게 하기 위하여 특별시·광역시·도 및 시·군·구에 공중위생감시원을 둔다.

018
미용업소에서 손님이 보기 쉬운 곳에 게시하지 않아도 되는 것은?

① 개설자의 면허증원본
② 신고증
③ 사업자 등록증
④ 이·미용 요금표

업소 내에 미용업신고증, 개설자의 면허증 원본, 미용 요금표를 게시하여야 한다.

019
이·미용사의 면허를 받기 위한 자격요건으로 틀린 것은?

① 교육과학기술부장관이 인정하는 고등기술학교에서 1년 이상 이·미용에 관한 소정의 과정을 이수한 자
② 미용에 관한 업무에 3년 이상 종사한 경험이 있는 자
③ 국가기술자격법에 의한 이·미용사의 자격을 취득한 자
④ 전문대학에서 이·미용에 관한 학과를 졸업한 자

- 교육부장관이 인정하는 고등기술학교에서 1년 이상 이·미용업에 관한 소정의 과정을 이수한 자
- 전문대학에서 이·미용업에 관한 학과를 졸업한 자
- 국가기술자격법에 의한 이·미용사의 자격을 취득한 자
- 고등학교에서 이·미용에 관한 학과를 졸업한 자

020
영업정지처분을 받고 그 영업정지 기간 중 영업을 한 때에 대한 1차 위반 시 행정처분기준은?

① 영업정지 10일
② 영업정지 30일
③ 영업정지 1월
④ 영업장 폐쇄 명령

영업정지처분을 받고 그 영업정지 기간 중 영업을 한 때에 대한 1차 위반 시 영업장 폐쇄 명령이다.

021
이·미용사의 면허증을 다른 사람에게 대여한 때의 법칙 행정처분 조치 사항으로 옳은 것은?

① 시·도지사가 그 면허를 취소하거나 6월 이내의 기간을 정하여 업무정지를 명할 수 있다.
② 시·도지사가 그 면허를 취소하거나 1년 이내의 기간을 정하여 업무정지를 명할 수 있다.
③ 시장, 군수, 구청장은 그 면허를 취소하거나 6월 이내의 기간을 정하여 업무정지를 명할 수 있다.
④ 시장, 군수, 구청장은 그 면허를 취소하거나 1년 이내의 기간을 정하여 업무정지를 명할 수 있다.

이·미용사의 면허증을 다른 사람에게 대여한 때 시장, 군수, 구청장은 그 면허를 취소하거나 6월 이내의 기간을 정하여 업무정지를 명할 수 있다.

022
시장·군수·구청장은 공중위생영업자가 영업소 폐쇄명령을 받고도 계속하여 영업을 하는 때에는 관계공무원으로 하여금 당해 영업소를 폐쇄하기 위하여 필요한 조치를 취하게 할 수 있다. 이러한 조치에 해당되지 않은 것은?

① 당해 영업소의 간판 기타 영업표지물의 제거
② 당해 영업소가 위법한 영업소임을 알리는 게시물등의 부착
③ 당해 영업소 사용 전력 차단 및 가스 잠금 조치
④ 영업을 위하여 필수불가결한 기구 또는 시설물을 사용할 수 없게 하는 봉인

당해 영업소를 폐쇄하기 위한 조치
- 당해 영업소의 간판 기타 영업표지물의 제거
- 당해 영업소가 위법한 영업소임을 알리는 게시물등의 부착
- 영업을 위하여 필수불가결한 기구 또는 시설물을 사용할 수 없게 하는 봉인

023
이·미용사는 영업소 외의 장소에는 이·미용 업무를 할 수 없다. 그러나 특별한 사유가 있는 경우는 예외가 인정되는 데 다음 중 특별한 사유에 해당하지 않는 것은?

① 혼례 기타 의식에 참여하는 자에 대하여 그 의식 직전에 행하는 이·미용
② 관할 경찰서장이 특별한 사정이 있다고 인정하는 경우에 행하는 이·미용
③ 사회복지시설에서 봉사활동으로 이용 또는 미용을 하는 경우
④ 방송 등의 촬영에 참여하는 사람에 대하여 그 촬영 직전에 이용 또는 미용을 하는 경우

예외가 인정되는 특별한 사유
- 질병·고령·장애나 그 밖의 사유로 영업소에 나올 수 없는 자에 대하여 이용 또는 미용을 하는 경우
- 혼례나 그 밖의 의식에 참여하는 자에 대하여 그 의식 직전에 이용 또는 미용을 하는 경우
- 사회복지시설에서 봉사활동으로 이용 또는 미용을 하는 경우
- 방송 등의 촬영에 참여하는 사람에 대하여 그 촬영 직전에 이용 또는 미용을 하는 경우
- 그 외 특별한 사정이 있다고 시장·군수·구청장이 인정하는 경우

024
다음 중 여드름 치유와 잔주름 개선에 효과가 있는 성분으로 옳은 것은?

① 레티노산
② 아스콜빈산
③ 코직산
④ 칼시페롤

레티노산은 비타민 A의 유도체로서 여드름 치유와 잔주름 개선에 주로 사용된다.

025
개별 미용서비스의 최종 지불가격 및 전체 미용서비스의 총액에 관한 내역서를 이용자에게 미리 제공하지 않은 경우 1차 위반 행정처분기준은?

① 경고
② 영업정지 5일
③ 영업정지 1월
④ 영업장 폐쇄명령

1차 : 경고, 2차 : 영업정지 5일, 3차 : 영업정지 10일, 4차 이상 : 영업정지 1월

026
이·미용업소에서 1회용 면도날을 손님 몇 명까지 사용할 수 있는가?

① 1명
② 2명
③ 3명
④ 4명

이·미용업소에서 1회용 면도날을 손님에게 1명까지만 가능하다.

027
위생교육은 일 년에 몇 시간을 받아야 하는가?

① 2시간
② 3시간
③ 5시간
④ 6시간

위생교육
- 공중위생영업자는 매년 위생교육을 받아야 하며, 교육시간은 3시간으로 한다.
- 공중위생영업의 신고를 하고자 하는 자는 미리 위생교육을 받아야 한다. 다만, 법령이 정한 사유로 미리 교육을 받을 수 없는 경우에는 영업개시 후 6개월 이내에 위생교육을 받을 수 있다.
- 위생교육을 받은 자가 위생교육을 받은 날부터 2년 이내에 위생교육을 받은 업종과 같은 업종의 영업을 하려는 경우에는 해당 영업에 대한 위생교육을 받은 것으로 본다.

028
다음 중 이·미용업무에 종사할 수 있는 자는?

① 공인 이·미용학원에서 3개월 이상 이·미용에 관한 강습을 받은 자
② 이·미용업소에 취업하여 6개월 이상 이·미용에 관한 기술을 수습한 자
③ 이·미용업소에서 이·미용사의 감독 하에 이·미용 업무를 보조하고 있는 자
④ 시장·군수·구청장이 보조원이 될 수 있다고 인정하는 자

이·미용업소에서 이·미용사의 감독 하에 이·미용 업무를 보조하고 있는 자는 이·미용업무에 종사할 수 있다.

029
계면활성제에 대한 설명 중 잘못된 것은?

① 계면활성제는 계면을 활성화시키는 물질이다.
② 계면활성제는 친수성기와 친유성기를 모두 소유하고 있다.
③ 계면활성제는 표면장력을 높이고 기름을 유화시키는 등의 특징을 가지고 있다.
④ 계면활성제는 표면활성제라고도 한다.

계면활성제는 표면장력을 낮추어 오염물질이 쉽게 분리되어 나올 수 있도록 해준다.

030
유아용 제품과 저자극성 제품이 많이 사용되는 계면활성제에 대한 설명 중 옳은 것은?

① 물에 용해될 때 친수기에 양이온과 음이온을 동시에 갖는 계면활성제
② 물에 용해될 때 이온으로 해리하지 않는 수산기, 에테르결합, 에스테르 등을 분자 중에 갖고 있는 계면활성제
③ 물에 용해될 때 친수기 부분이 음이온으로 해리되는 계면활성제
④ 물에 용해될 때 친수기 부분이 양이온으로 해리되는 계면활성제

양쪽성 계면활성제는 저자극성이면서 세정, 살균, 유연 효과가 있어 유아용 제품이나 저자극성 제품에 많이 사용한다.

031
홈케어 시 여드름 피부에 대한 조언으로 맞지 않는 것은?

① 여드름 전용제품을 사용
② 지나친 당분섭취는 피함
③ 붉어지는 부위는 약간 진하게 파운데이션이나 파우더 사용
④ 지나치게 얼굴이 당길 경우 수분크림, 에센스 사용

붉어지는 부위에는 메이크업은 피하는 것이 좋다.

032
각질 제거용 화장품에 주로 쓰이며 죽은 각질을 빨리 떨어져 나가게 하고 건강한 세포가 피부를 구성할 수 있도록 도와주는 성분은?

① 알파-하이드록시산
② 알파-토코페롤
③ 라이코펜
④ 리포좀

알파-하이드록시산은 묵은 각질 제거와 보습 효과가 있다.

033
향수의 구비요건이 아닌 것은?

① 향에 특징이 있어야 한다.
② 향이 강하므로 지속성이 약해야 한다.
③ 시대성에 부합하는 향이어야 한다.
④ 향의 조화가 잘 이루어져야 한다.

향수는 일정기간 향의 지속성이 있어야 한다.

034
바디 화장품의 종류와 사용 목적의 연결이 적합하지 않은 것은?

① 바디클레저 - 세정
② 데오도란트 파우더 - 탈색
③ 선스크린 - 자외선 방어
④ 바스 솔트 - 세정

데오도란트 파우더는 겨드랑이의 땀을 억제 및 흡수하여 체취를 방지하는 제품이다.

035
다음 중 바디관리 화장품이 아닌 것은?
① 각질제거제
② 바디솔트
③ 데오드란트
④ 샤워코롱

샤워코롱은 향수에 해당하는 것으로, 샤워 후에 가볍게 뿌리는 향수이다.

036
다음 화장품 중 그 분류가 다른 것은?
① 화장수
② 탈색
③ 클렌징크림
④ 팩

다른 화장품은 얼굴 피부용이며, 탈색은 헤어용이다.

037
다음 중 어두운 색의 피부를 하얗게 연출하고 싶을 때 사용되며 어둡고 칙칙한 느낌의 중화시켜 주는 메이크업 베이스의 색은 무엇인가?
① 초록색
② 보라색
③ 흰색
④ 분홍색

흰색 메이크업 베이스는 어두운 색의 피부를 하얗게 연출하고 싶을 때 사용되며 어둡고 칙칙한 느낌의 중화시켜 준다.

038
메이크업 베이스의 사용 목적으로 틀린 것은?
① 피부 톤을 일정하게 정돈하여 피부화장이 잘 되도록 한다.
② 피부 톤을 조절하여 피부의 결점을 보완시킨다.
③ 피부의 수분증발을 막아주고, 파운데이션이 피부에 직접 흡수되는 것을 막아준다.
④ 자외선, 바람, 먼지, 기후 등의 외부 자극으로부터 피부를 보호한다.

파운데이션은 자외선, 바람, 먼지, 기후 등의 외부 자극으로부터 피부를 보호한다.

039
주로 블랙 스펀지를 이용해서 표현하는 상처 분장은?
① 찰과상
② 타박상
③ 화상
④ 총상

찰과상은 블랙 스펀지에 레드, 머룬, 퍼플 등의 크림 라이너(또는 FX 팔레트)를 묻혀서 연출하고자 하는 방향으로 스치듯 긁어 사실감 있게 표현한다. 깊이 있는 상처 표현 시 부드러운 왁스를 먼저 적용해 준 후 표현한다.

040
분장 메이크업 시 유의 사항에 해당되지 않는 것은?
① 거리를 감안한 메이크업
② 공간을 감안한 메이크업
③ 조명을 감안한 메이크업
④ 시술자의 기분여하에 따른 메이크업

시술자의 기분에 따라 분장 메이크업이 달라지면 안 된다.

041
둥근 얼굴형에 어울리는 브러셔 방향은?
① 가로방향으로 브러셔를 한다.
② 갸름해 보이도록 사선방향으로 발라준다.
③ 볼 화장의 흐름을 턱 쪽으로 향하도록 발라준다.
④ 세로 방향으로 브러셔를 한다.

둥근 얼굴형은 관자놀이 부분에서 입술 끝으로 사선으로 발라 주어 갸름하게 보이게 한다.

042
신랑의 메이크업을 하는 방법 중 옳지 않은 것은?
① 리퀴드 파운데이션을 가볍게 바른다.
② 피부색이 두꺼워지더라도 잡티를 완벽하게 커버한다.
③ 눈썹은 투명 마스카라를 이용하여 자연스럽게 빗어준다.

④ 브라운 색상의 섀도우를 이용하여 눈두덩이에 가볍게 음영만 잡아 준다.

피부색이 두꺼워지지 않도록 가볍게 발라준다.

043
코의 길이가 긴 사람의 노즈메이크업은 어떻게 하는가?

① 코의 길이가 짧은 사람은 코벽에 음영을 주되 세로로 길게 발라 준다.
② 코 벽에 음영을 세로로 조금 짧게 준다.
③ 콧망울까지 발라준다.
④ 코의 높이가 높은 부분까지만 코 벽에 음영을 준다.

코가 길면 코의 음영을 짧게 함으로서 길어 보이는 코를 조금 짧아 보이도록 효과를 주고 코의 높이는 낮은 부분에만 하이라이트를 짧게 발라 준다.

044
다음 중 색감의 설명 중 틀린 것은?

① 진출색 : 명도가 높은색, 따뜻한 느낌의 색, 채도가 높은 깨끗한 색
② 후퇴색 : 면도가 낮은색, 차가운 느낌의 색, 채도가 낮은 어두운 색
③ 난색 : 따뜻한 느낌, 적색 계통, 저명도
④ 한색 : 찬 느낌, 적색 계통, 저명도

한색 : 찬 느낌, 청색 계통, 고명도

045
모던하고 침착한 이미지의 색은 무엇인가?

① 난색　　　　② 한색
③ 중성색　　　④ 무채색

무채색은 모던하고 침착한 이미지의 색이다.

046
다음 아래의 내용은 어떤 대비를 설명한 것인가?

> 색의 차갑고(한색) 따뜻한(난색) 느낌이 주변의 색의 영향으로 다르게 느껴지는 현상이다. 색의 차고 따뜻함에 변화가 오는 대비로 연두, 보라, 자주 계통은 중성색인데 이 중성색이라도 따뜻하게 느껴지기도 하고 차갑게 느껴지기도 한다. 중성 옆의 한색은 더욱 차게 보이고, 중성색 옆의 난색은 더 따뜻하게 느껴진다.

① 명도 대비　　② 채도 대비
③ 한난 대비　　④ 연변 대비

보기의 내용은 한난대비의 설명이다.

047
다음 중 현대의 메이크업의 역사 중 몇 년대의 설명인가?

- 파운데이션은 불투명하고, 볼연지는 모카(mocha), 핑크빛 베이지 또는 고풍스런 핑크색이었음
- 입술은 포도주색이나 밝은 붉은 색으로 돋보임
- 눈썹은 더 이상 뽑지 않고, 아이라이너는 보일 듯 말 듯하게 사용하거나 코올(kohl)연필을 사용하였음
- 아이섀도우의 색조가 다양해졌음
- 1970년대 말기에 런던의 변두리에서 펑크스타일이 유행

① 1930년대　　② 1950년대
③ 1960년대　　④ 1970년대

보기의 내용은 1970년대의 설명이다.

048
원기, 희열, 풍부, 만족, 식욕, 활력 연상되는 색채는?

① 빨강　　　　② 노랑
③ 녹색　　　　④ 주황

주황 : 원기, 희열, 풍부, 만족, 식욕, 활력

049
다음은 무대 조명의 어떤 기능과 목적에 대한 설명인가?

> 노랑 등의 따뜻한 색으로 행복하고 재미있는 상황을 연출할 수 있으며, 청색 등의 차분한 색조로 우울한 상황을 연출 할 수 있다.

① 무대 위에 초점을 제공
② 공연의 스타일 강화
③ 분위기 창조에 조력
④ 시각적 동작의 리듬 설정

분위기 창조에 조력하는 목적은 노랑 등의 따뜻한 색으로 행복하고 재미있는 상황을 연출할 수 있으며, 청색 등의 차분한 색조로 우울한 상황을 연출 할 수 있기 때문이다.

050
다음 중 조명색에 따른 일반적인 이미지로 잘못된 것은?

① 빨간색 : 분노, 전쟁
② 호박색 : 따뜻하고 안이함
③ 파랑 : 절제와 냉정
④ 노랑 : 평화

초록 : 평화

051
적색은 녹색조명 아래에서 어떤 색으로 보이는가?

① 어두운 갈색
② 어두운 적색
③ 갈색
④ 짙은 녹색

적색은 녹색조명 아래에서 어두운 갈색으로 보인다.

052
다음 중 빨강 조명이고 물체의 색이 노랑일 때 보이는 색은 무엇인가?

① 보라색
② 빨간색
③ 오렌지색
④ 핑크색

빨강과 노랑이 더해진 오렌지색이 나온다.

053
감염병 관리상 그 관리가 가장 어려운 대상은?

① 만성감염병 환자
② 급성감염병 환자
③ 건강보균자
④ 감염병에 의한 사망자

건강보균자는 임상증상이 전혀 없고, 건강한 사람과 다름없으나 병원체를 보유한 자로 관리상 가장 어려운 대상이다.

054
예방접종 중 세균의 독소를 약독화(순화)하여 사용하는 것은?

① 폴리오
② 콜레라
③ 장티푸스
④ 파상풍

순화독소를 예방접종에 사용하는 질병은 파상풍과 디프테리아이다.

055
어떤 소독약의 석탄계수가 2.0이라는 것은 무엇을 의미하는가?

① 석탄산의 살균력이 2이다.
② 살균력이 석탄산의 2배이다.
③ 살균력이 석탄산의 2%이다.
④ 살균력이 석탄산의 120%이다.

석탄계수는 살균농도지수와 병행하여 살균특성을 나타내는 것으로 어떤 살균력이 페놀의 살균력의 몇 배에 해당하는가를 나타내는 값을 말한다.

056
다음 중에서 접촉 감염지수(감성지수)가 가장 높은 질병은?

① 홍역　　　　② 소아마비
③ 디프테리아　　④ 성홍열

감염지수는 미감염자가 병원체에 접촉되어 발병하는 비율을 말하며, 홍역과 두창이 가장 높고 폴리오(소아마비)가 가장 낮다.

057
다음 중 소독법의 구비 조건에 부적합한 것은?

① 장시간에 걸쳐 소독의 효과가 서서히 나타날 것
② 소독 대상물에 손상을 입히지 않을 것
③ 독성이 적고 사용자에게 안전할 것
④ 환경오염이 발생하지 않을 것

소독은 즉시 효과를 낼 수 있어야 한다.

058
다음 중 같은 병원체에 의하여 발생하는 인수공통감염병은?

① 홍역　　　　② 디프테리아
③ 두창　　　　④ 살모넬라

인수공통감염병은 사람과 동물이 동일한 병원체에 의해 감염된 상태를 말하며 결핵, 광견병, 페스트, 탄저, 살모넬라 등이 있다.

059
소독작용에 영향을 미치는 요인의 설명으로 틀린 것은?

① 온도가 높을수록 소독 효과가 크다.
② 유기물질이 많을수록 소독 효과가 크다.
③ 접속시간이 길수록 소독 효과가 크다.
④ 농도가 높을수록 소독 효과가 크다.

유기물질이 많을수록 소독효과가 적다.

060
다음 중 포르말린수 소독에 가장 적합하지 않은 것은?

① 고무제품　　② 배설물
③ 금속제품　　④ 플라스틱

포르말린수 소독의 대상으로는 손, 금속, 의류, 도자기, 셀룰로이드, 목재 등이 포함된다.

08회 [정답] 적중모의고사

001	002	003	004	005
①	④	④	③	②
006	007	008	009	010
④	②	④	④	①
011	012	013	014	015
④	④	①	③	④
016	017	018	019	020
③	④	③	②	③
021	022	023	024	025
③	③	②	①	①
026	027	028	029	030
①	②	③	③	①
031	032	033	034	035
③	①	②	②	④
036	037	038	039	040
②	③	④	①	④
041	042	043	044	045
②	②	②	④	④
046	047	048	049	050
③	④	④	③	④
051	052	053	054	055
①	③	③	④	②
056	057	058	059	060
①	①	④	②	②

제 09 회 적중모의고사

CHECK POINT QUESTION

001
다음 중 절족 동물 매개 감염병이 아닌 것은?

① 페스트 ② 유행성 출혈열
③ 말라리아 ④ 탄저

절족 동물은 후생동물 중 절지동물에 속하는 동물을 통틀어 이르는 말로 곤충류와 거미류, 갑각류 따위를 포함한다. 페스트 – 쥐, 유행성 출혈열 – 쥐, 말라리아 – 모기, 탄저 – 소, 양, 말

002
다음 중 이·미용업소의 실내온도로 가장 알맞은 것은?

① 10℃ 이하 ② 12~15℃
③ 18~21℃ ④ 25℃ 이상

이·미용업소의 실내온도는 18~21℃가 적당하다.

003
공중보건학의 대상으로 가장 적합한 것은?

① 개인 ② 지역주민
③ 의료인 ④ 환자집단

공중보건의 대상은 개인이 아니라 집단이다.

004
다음 질병 중 모기가 매개하지 않는 것은?

① 일본뇌염 ② 황열
③ 발진티푸스 ④ 말라리아

발진티푸스 – 이

005
다음 ( ) 안에 알맞은 말을 순서대로 옳게 나열한 것은?

세계보건기구(WHO)의 본부는 스위스 제네바에 있으며, 6개의 지역사무소를 운영하고 있다. 이 중 우리나라는 ( ) 지역에, 북한은 ( ) 지역에 소속되어 있다.

① 서태평양, 서태평양
② 동남아시아, 동남아시아
③ 동남아시아, 서태평양
④ 서태평양, 동남아시아

세계보건기구(WHO)의 본부는 스위스 제네바에 있으며, 6개의 지역사무소를 운영하고 있다. 이 중 우리나라는 서태평양지역에, 북한은 동남아시아지역에 소속되어 있다.

006
요충에 대한 설명으로 옳은 것은?

① 집단감염의 특징이 있다.
② 충란을 산란한 곳에는 소양증이 없다.
③ 흡충류에 속한다.
④ 심한 복통이 특징적이다.

• 충란을 산란한 곳에는 소양증이 있다.
• 흡충류는 간디스토마, 폐디스토마에 속한다.
• 요충은 항문 부위가 자주 심하게 가렵고, 항문 주위의 통증, 발적, 또는 기타 자극이 발생한다.

007
일산화탄소(CO)와 가장 관계가 적은 것은?

① 혈색소와의 친화력이 산소보다 강하다.
② 실내공기 오염의 대표적인 지표로 사용된다.

③ 중독 시 중추신경계에 치명적인 영향을 미친다.
④ 냄새와 자극이 없다.

<small>실내공기 오염의 대표적인 지표로 사용되는 것은 CO_2이다.</small>

008
다음 중 세균 세포벽의 가장 외층을 둘러싸고 있는 물질로 백혈구의 식균작용에 대항하여 세균의 세포를 보호하는 것은?

① 편모
② 섬모
③ 협막
④ 아포

<small>세균 세포벽의 가장 외층을 둘러싸고 있는 물질로 백혈구의 식균작용에 대항하여 세균의 세포를 보호하는 것은 협막이다.</small>

009
다음 기구(집기) 중 열탕소독이 적합하지 않은 것은?

① 금속성 식기
② 면 종류의 타월
③ 도자기
④ 고무제품

<small>고무제품은 포르말린이 적합하다.</small>

010
다음 전자파 중 소독에 가장 일반적으로 사용 되는 것은?

① 음극선
② 엑스선
③ 자외선
④ 중성자

<small>자외선 소독을 일반적으로 많이 사용한다.</small>

011
다음의 계면활성제 중 살균보다는 세정의 효과가 더 큰 것은?

① 양성 계면활성제
② 비이온 계면활성제
③ 양이온 계면활성제
④ 음이온 계면활성제

<small>음이온 계면활성제는 세정 및 기포형성 작용 효과가 크다.</small>

012
분해 시 발생하는 발생기 산소의 산화력을 이용하여 표백, 탈취, 살균효과를 나타내는 소독제는?

① 승홍수
② 과산화수소
③ 크레졸
④ 생석회

<small>과산화수소는 3%의 수용액으로 상처소독, 포자균 살균효과 및 구강 세척제 등으로 사용된다.</small>

013
역성 비누액에 대한 설명으로 틀린 것은?

① 냄새가 거의 없고 자극이 적다.
② 소독력과 함께 세정력(洗淨力)이 강하다.
③ 수지, 기구, 식기소독에 적당하다.
④ 물에 잘 녹고 흔들면 거품이 난다.

<small>역성비누 : 살균력은 크지만, 세정력은 떨어진다.</small>

014
바이러스에 대한 설명으로 틀린 것은?

① 독감 인플루엔자를 일으키는 원인이 여기에 해당한다.
② 크기가 작아 세균여과기를 통과한다.
③ 살아있는 세포 내에서 증식이 가능하다.
④ 유전자는 DNA와 RNA 모두로 구성되어 있다.

<small>유전자는 DNA로 구성되어 있고, 핵산의 종류에 따라 DNA바이러스와 RNA바이러스로 구분된다.</small>

015
폐경기의 여성이 골다공증에 걸리기 쉬운 이유와 관련이 있는 것은?

① 에스트로겐의 결핍
② 안드로겐의 결핍
③ 테스토스테론의 결핍
④ 티록신의 결핍

폐경이 되면 여성은 신체적, 정신적으로 변화를 겪게 된다. 즉 여성호르몬 분비가 빠르게 감소되는데 특히 여성을 아름답게 만드는 에스트로겐 분비가 급격히 저하된다.

016
피부색에 대한 설명으로 옳은 것은?

① 피부의 색은 건강상태와 관계없다.
② 적외선은 멜라닌 생성에 큰 영향을 미친다.
③ 남성보다 여성, 고령층보다 젊은 층에 색소가 많다.
④ 피부의 황색은 카로틴에서 유래한다.

피부의 황색은 카로틴에서 유래하며 여성보다는 남성이 많다.

017
기미를 악화시키는 주요한 원인으로 틀린 것은?

① 경구 피임약의 복용
② 임신
③ 자외선 차단
④ 내분비 이상

자외선은 기미 발병에 있어서 가장 많은 원인을 차지한다. 피부가 자외선에 장시간 노출되면 다량의 멜라닌색소가 만들어져 피부에 자외선이 침투되지 못하도록 방어를 하며 이때 만들어진 색소들이 모여 기미를 생성한다.

018
광노화로 인한 피부변화로 틀린 것은?

① 굵고 깊은 주름이 생긴다.
② 피부의 표면이 얇아진다.
③ 불규칙한 색소침착이 생긴다.
④ 피부가 거칠고 건조해진다.

광노화는 피부를 건조하며 거칠게 하고 주름을 만든다. 각질층이 두터워진다. 피부의 탄력이 떨어지면서 주름이 깊어지고 피부의 혈관에도 변화를 일으켜 모세혈관이 확장되고 쉽게 멍이 든다. 또한 피부에 불규칙한 색소변화를 일으켜서 기미, 검버섯, 주근깨 등의 색소질환을 야기한다.

019
B-림프구의 특징으로 틀린 것은?

① 세포 사멸을 유도한다.
② 체액성 면역에 관여한다.
③ 림프구의 20~30%를 차지한다.
④ 골수에서 생성되며 비장과 림프절로 이동한다.

T-림프구는 세균을 직접 죽일 수도 있고, 동시에 B-림프구를 돕는 일을 한다.

020
에크린 한선에 대한 설명으로 틀린 것은?

① 실밥을 둥글게 한 것 같은 모양으로 진피 내에 존재한다.
② 사춘기 이후에 주로 발달한다.
③ 특수한 부위를 제외한 거의 전신에 분포한다.
④ 손바닥, 발바닥, 이마에 가장 많이 분포한다.

사춘기 이후에 주로 발달하는 한선은 아포크린한선(대한선)이다.

021
모세혈관 파손과 구진 및 농포성 질환이 코를 중심으로 양볼에 나비모양을 이루는 피부병변은?

① 접촉성 피부염
② 주사
③ 건선
④ 농가진

주사는 주로 코와 뺨 등 얼굴의 중간 부위에 발생하는데 붉어진 얼굴과 혈관 확장이 주 증상이며 간혹 구진(1cm 미만 크기의 솟아 오른 피부 병변), 농포(고름), 부종 등이 관찰되는 만성 질환이다.

022

영업소 외의 장소에서 이·미용 업무를 행할 수 있는 경우에 해당하지 않는 것은?

① 질병이나 그 밖의 사유로 영업소에 나올 수 없는 자에 대하여 이·미용을 하는 경우
② 혼례나 그 밖의 의식에 참여하는 자에 대하여 그 의식 직전에 이·미용을 하는 경우
③ 방송 등의 촬영에 참여하는 사람에 대하여 그 촬영 직전에 이·미용을 하는 경우
④ 특별한 사정이 있다고 사회복지사가 인정하는 경우

특별한 사정이 있다고 시장·군수 또는 구청장이 인정하는 경우

023

공중위생관리법에 규정된 사항으로 옳은 것은?(단, 예외 사항은 제외한다)

① 이·미용사의 업무범위에 관하여 필요한 사항은 보건복지부령으로 정한다.
② 이·미용사의 면허를 가진 자가 아니어도 이·미용업을 개설할 수 있다.
③ 미용사(일반)의 업무범위에는 파마, 아이론, 면도, 머리피부 손질, 피부미용 등이 포함된다.
④ 일정한 수련과정을 거친 자는 면허가 없어도 이용 또는 미용업무에 종사할 수 있다.

이용사 또는 미용사의 면허를 받은 자가 아니면 이용업 또는 미용업을 개설하거나 그 업무에 종사할 수 없다. 미용사(일반)의 업무 범위는 파마, 아이론, 머리피부 손질 등이 포함된다. 일정한 수련과정을 거친 자는 면허가 없으면 이용 또는 미용업무에 종사할 수 없다.

024

이·미용업소의 폐쇄명령을 받고도 계속하여 영업을 하는 때 관계공무원이 취할 수 있는 조치로 틀린 것은?

① 당해 영업소의 간판 기타 영업표지물의 제거
② 영업을 위하여 필수불가결한 기구 또는 시설물을 사용할 수 없게 하는 봉인
③ 당해 영업소가 위법한 영업소임을 알리는 게시물 등의 부착
④ 당해 영업소 시설 등의 개선명령

시설 및 시설 기준을 1차 위반 할 때 당해 영업소 시설 등의 개선명령을 한다.

025

이·미용업 영업자가 지켜야 하는 사항으로 옳은 것은?

① 부작용이 없는 의약품을 사용하여 순수한 화장과 피부미용을 하여야 한다.
② 이·미용기구는 소독하여야 하며 소독하지 않은 기구와 함께 보관하는 때에는 반드시 소독한 기구라고 표시하여야 한다.
③ 1회용 면도날은 사용 후 정해진 소독기준과 방법에 따라 소독하여 재사용하여야 한다.
④ 이·미용업 개설자의 면허증 원본을 영업소 안에 게시하여야 한다.

이·미용업 영업자는 의약품을 사용할 수 없으며, 이·미용기구는 소독한 기구와 소독하지 아니한 기구를 구분하여 보관한다. 1회용 면도날은 사용 후 폐기하여야 한다.

026

다음 (   ) 안에 알맞은 것은?

> 공중위생영업자의 지위를 승계하는 자는 (   ) 이내에 보건복지부령이 정하는 바에 따라 시장·군수 또는 구청장에게 신고하여야 한다.

① 7일 ② 15일
③ 1월 ④ 2월

공중위생영업자의 지위를 승계하는 자는 1월 이내에 보건복지부령이 정하는 바에 따라 시장·군수 또는 구청장에게 신고하여야 한다.

027
시장·군수·구청장이 영업정지가 이용자에게 심한 불편을 주거나 그 밖에 공익을 해할 우려가 있는 경우에 영업정지처분에 갈음한 과징금을 부과할 수 있는 금액기준은?(단, 예외의 경우는 제외한다)

① 1천만 원 이하
② 2천만 원 이하
③ 3천만 원 이하
④ 4천만 원 이하

시장·군수·구청장이 영업정지가 이용자에게 심한 불편을 주거나 그 밖에 공익을 해할 우려가 있는 경우에 영업정지처분에 갈음한 과징금을 부과할 수 있는 금액기준은 3천만 원 이하이다.

028
영업정지 명령을 받고도 그 기간 중에 계속하여 영업을 한 공중위생영업자에 대한 벌칙기준은?

① 6월 이하의 징역 또는 500만 원 이하의 벌금
② 1년 이하의 징역 또는 1천만 원 이하의 벌금
③ 2년 이하의 징역 또는 2천만 원 이하의 벌금
④ 3년 이하의 징역 또는 3천만 원 이하의 벌금

영업정지 명령을 받고도 그 기간 중에 계속하여 영업을 한 공중위생영업자에 대한 벌칙기준은 1년 이하의 징역 또는 1천만 원 이하의 벌금이다.

029
여드름 관리에 효과적인 화장품 성분은?

① 유황(Sulfur)
② 하이드로퀴논(Hydroquinone)
③ 코직산(Kojic Acid)
④ 알부틴(Arbutin)

①은 여드름관리이고, ②, ③, ④는 미백관리에 효과적인 화장품 성분이다.

030
비누에 대한 설명으로 틀린 것은?

① 비누의 세정작용은 비누 수용액이 오염과 피부 사이에 침투하여 부착을 약화시켜 떨어지기 쉽게 하는 것이다.
② 거품이 풍성하고 잘 헹구어져야 한다.
③ pH가 중성인 비누는 세정작용 뿐만 아니라 살균·소독효과가 뛰어나다.
④ 메디케이티드(medicated) 비누는 소염제를 배합한 제품으로 여드름, 면도 상처 및 피부 거칠음 방지효과가 있다.

pH가 알칼리성인 비누는 세정작용 뿐만 아니라 살균·소독효과가 뛰어나다.

031
자외선 차단방법 중 자외선을 흡수시켜 소멸시키는 자외선 흡수제가 아닌 것은?

① 이산화티탄
② 신나메이트
③ 벤조페논
④ 살리실레이트

이산화티탄은 자외선 산란제이다.

032
자외선 차단제에 관한 설명으로 틀린 것은?

① 자외선 차단제는 SPF(Sun Protect Factor)의 지수가 표기되어 있다.
② SPF(Sun Protect Factor)는 수치가 낮을수록 자외선 차단지수가 높다.
③ 자외선 차단제의 효과는 피부의 멜라닌 양과 자외선에 대한 민감도에 따라 달라질 수 있다.
④ 자외선 차단지수는 제품을 사용했을 때 홍반을 일으키는 자외선의 양을, 제품을 사용하지 않았을 때 홍반을 일으키는 자외선의 양으로 나눈 값이다.

SPF(Sun Protect Factor)는 수치가 높을수록 자외선 차단지수가 높다.

033
기초화장품에 대한 내용으로 틀린 것은?
① 기초화장품이란 피부의 기능을 정상적으로 발휘하도록 도와주는 역할을 한다.
② 기초 화장품의 가장 중요한 기능은 각질층을 충분히 보습시키는 것이다.
③ 마사지 크림은 기초화장품에 해당하지 않는다.
④ 화장수의 기본기능으로 각질층에 수분, 보습 성분을 공급하는 것이 있다.

마사지 크림은 기초화장품에 해당한다.

034
미백 화장품의 기능으로 틀린 것은?
① 각질세포의 탈락을 유도하여 멜라닌 색소 제거
② 티로시나아제를 활성화하여 도파(DOPA) 산화 억제
③ 자외선차단 성분이 자외선 흡수 방지
④ 멜라닌 합성과 확산을 억제

미백 화장품의 기능은 티로시나아제를 방해한다.

035
캐리어 오일(Carrier Oil)이 아닌 것은?
① 라벤더 에센셜 오일　② 호호바 오일
③ 아몬드 오일　　　　④ 아보카도 오일

라벤더 에센셜 오일은 에센셜 오일에 속한다.

036
눈썹의 종류에 따른 메이크업의 이미지를 연결한 것으로 틀린 것은?
① 짙은 색상 눈썹 – 고전적인 레트로 메이크업
② 긴 눈썹 – 성숙한 가을 이미지 메이크업
③ 각진 눈썹 – 사랑스런 로맨틱 메이크업
④ 엷은 색상 눈썹 – 여성스러운 엘레강스 메이크업

각진 눈썹은 단정하고 세련된 느낌을 주며, 활동적인 여성의 느낌을 준다. 댄디 메이크업에 적합하다.

037
먼셀의 색상환표에서 가장 먼 거리를 두고 서로 마주보는 관계의 색채를 의미하는 것은?
① 한색
② 난색
③ 보색
④ 잔여색

먼셀의 색상환표에서 가장 먼 거리를 두고 서로 마주보는 관계의 색채를 보색이라 한다.

038
메이크업 도구에 대한 설명으로 가장 거리가 먼 것은?
① 스펀지 퍼프를 이용해 파운데이션을 바를 때에는 손에 힘을 빼고 사용하는 것이 좋다.
② 팬 브러시(Fan Brush)는 부채꼴 모양으로 생긴 브러시로 아이섀도를 바를 때 넓은 면적을 한 번에 바를 수 있는 장점이 있다.
③ 아이래시 컬러(Eyelash Curler)는 속눈썹에 자연스러운 컬을 주어 속눈썹을 올려주는 기구이다.
④ 스크루 브러시(Screw Brush)는 눈썹을 그리기 전에 눈썹을 정리해주고 짙게 그려진 눈썹을 부드럽게 수정할 때 사용할 수 있다.

팬 브러시(Fan Brush)는 부채꼴 모양으로 생긴 브러시로 파우더를 바른 후 여분의 가루를 털어 낼 때 사용한다.

039
얼굴의 윤곽 수정과 관련한 설명으로 틀린 것은?

① 색의 명암 차이를 이용해 얼굴에 입체감을 부여하는 메이크업 방법이다.
② 하이라이트 표현은 1~2톤 밝은 파운데이션을 사용한다.
③ 섀딩 표현은 1~2톤 어두운 브라운색 파운데이션을 사용한다.
④ 하이라이트 부분은 돌출되어 보이도록 베이스 컬러와의 경계선을 잘 만들어 준다.

하이라이트 부분은 돌출되어 보이도록 하되 베이스 컬러와 경계선은 없이 부드럽게 그라데이션을 시켜 준다.

040
메이크업 미용사의 자세로 가장 거리가 먼 것은?

① 고객의 연령, 직업, 얼굴모양 등을 살펴 표현해 주는 것이 중요하다.
② 시대의 트렌드를 대변하고 전문인으로서의 자세를 취해야 한다.
③ 공중위생을 철저히 지켜야 한다.
④ 고객에게 메이크업 미용사의 개성을 적극 권유한다.

메이크업 미용사는 고객의 개성을 맞추어야 한다.

041
긴 얼굴형의 화장법으로 옳은 것은?

① 턱에 하이라이트를 처리한다.
② T존에 하이라이트를 길게 넣어준다.
③ 이마 양 옆에 섀딩을 넣어 얼굴 폭을 감소시킨다.
④ 블러셔는 눈 밑 방향으로 가로로 길게 처리한다.

• 턱에 섀딩을 처리하고, T존에 하이라이트를 짧게 넣어준다.
• 이마 양 옆에 하이라이트를 넣어 얼굴 폭을 증가시킨다.

042
메이크업 도구의 세척 방법이 바르게 연결된 것은?

① 립 브러시(Lip Brush) – 브러시 클리너 또는 클렌징 크림으로 세척한다.
② 라텍스 스펀지(Latex Sponge) – 뜨거운 물로 세척, 햇빛에 건조한다.
③ 아이섀도 브러시(Eye-shadow Brush) – 클렌징 크림이나 클렌징 오일로 세척한다.
④ 팬 브러시(Fan Brush) – 브러시 클리너로 세척 후 세워서 건조한다.

• 라텍스 스펀지는 미지근한 물로 세척, 그늘에 건조한다.
• 아이섀도 브러시는 브러시 클리너로 세척하거나 액상 비누를 손바닥에 덜어 브러시를 물에 적신 다음 문지르듯이 세척한다.
• 팬 브러시(Fan Brush)는 브러시 클리너로 세척한다.

043
색에 대한 설명으로 틀린 것은?

① 흰색, 회색, 검정 등 색감이 없는 계열의 색을 통틀어 무채색이라고 한다.
② 색의 순도는 색의 탁하고 선명한 강약의 정도를 나타내는 명도를 의미한다.
③ 인간이 분류할 수 있는 색의 수는 개인적인 차이는 존재하지만 대략 750만 가지 정도이다.
④ 색의 강약을 채도라고 하며 눈에 들어오는 빛이 단일 파장으로 이루어진 색일수록 채도가 높다.

• 색의 순도는 색의 선명한 강약의 정도를 나타내지만 색의 명도와는 다르다.
• 색의 명도는 색의 밝기 정도를 나타낸다.

044
파운데이션의 종류와 그 기능에 대한 설명으로 가장 거리가 먼 것은?

① 크림 파운데이션은 보습력과 커버력이 우수하여 짙은 메이크업을 할 때나 건조한 피부에 적합하다.

② 리퀴드 타입은 부드럽고 쉽게 퍼지며 자연스러운 화장을 원할 때 적합하다.
③ 트윈 케이크 타입은 커버력이 우수하고 땀과 물에 강하여 지속력을 요하는 메이크업에 적합하다.
④ 고형스틱 타입의 파운데이션은 커버력은 약하지만 사용이 간편해서 스피드한 메이크업에 적합하다.

고형스틱 타입의 파운데이션은 커버력에 강하고, 점 또는 흉터자국 등 부분적인 메이크업에 적합하다.

045
아이브로 화장 시 우아하고 성숙한 느낌과 세련미를 표현하고자 할 때 가장 잘 어울릴 수 있는 것은?

① 회색 아이브로 펜슬
② 검정색 아이섀도
③ 갈색 아이브로 섀도
④ 에보니 펜슬

아이브로 화장 시 우아하고 성숙한 느낌과 세련미를 표현하고자 할 때는 갈색 아이브로 섀도가 적합하다.

046
얼굴의 골격 중 얼굴형을 결정짓는 가장 중요한 요소가 되는 것은?

① 위턱뼈(상악골)
② 아래턱뼈(하악골)
③ 코뼈(비골)
④ 관자뼈(측두골)

얼굴의 골격 중 얼굴형을 결정짓는 가장 중요한 요소로 아래턱뼈(하악골)가 적합하다. 삼각형의 얼굴형이나 사각형의 얼굴형에 구분 짓는다.

047
여름 메이크업에 대한 설명으로 가장 거리가 먼 것은?

① 시원하고 상쾌한 느낌이 들도록 표현한다.
② 난색 계열을 사용해 따뜻한 느낌을 표현한다.
③ 구릿빛 피부 표현을 위해 오렌지색 메이크업 베이스를 사용한다.
④ 방수 효과를 지닌 제품을 사용하는 것이 좋다.

여름 메이크업은 한색 계열을 사용해 차갑고 시원한 느낌을 표현한다.

048
미국의 색채학자 파버 비렌이 탁색계를 '톤(Tone)'이라고 부르고 있었던 것에서 유래한 배색기법은?

① 까마이외(Camaieu) 배색
② 토널(Tonal) 배색
③ 트리콜로레(Tricolore) 배색
④ 톤온톤(Tone on tone) 배색

토널(Tonal) 배색 : 톤인톤 배색과 비슷하며 중명도, 중채도의 다양한 색상을 사용하는 배색 기법

049
얼굴형과 그에 따른 이미지의 연결이 가장 적절한 것은?

① 둥근형 – 성숙한 이미지
② 긴형 – 귀여운 이미지
③ 사각형 – 여성스러운 이미지
④ 역삼각형 – 날카로운 이미지

① 둥근형 – 귀여운 이미지, ② 긴형 – 성숙한 이미지, ③ 사각형 – 강한 이미지

050
한복 메이크업 시 유의하여야 할 내용으로 옳은 것은?

① 눈썹을 아치형으로 그려 우아해 보이도록 표현한다.
② 피부는 한 톤 어둡게 표현하여 자연스러운 피부 톤을 연출하도록 한다.
③ 한복의 화려한 색상과 어울리는 강한 색조를 사용하여 조화롭게 보이도록 한다.
④ 입술의 구각을 정확히 맞추어 그리는 것보다는 아웃커브로 그려 여유롭게 표현하는 것이 좋다.

②의 설명은 댄디 메이크업이다. 한복은 고전적인 아름다움을 표현하기 위하여 너무 강한 색조는 피하도록 하고, 입술색은 화사하면서 단아한 컬러를 선택하고, 아웃커브를 표현하지 않도록 한다.

051
아이섀도의 종류와 그 특징을 연결한 것으로 가장 거리가 먼 것은?

① 펜슬 타입 – 발색의 우수하고 사용하기 편리하다.
② 파우더 타입 – 펄이 섞인 제품이 많으며 하이라이트 표현이 용이하다.
③ 크림 타입 – 유분기가 많고 촉촉하며 발색도가 선명하다.
④ 케이크 타입 – 그라데이션이 어렵고 색상이 뭉칠 우려가 있다.

케이크 타입은 그라데이션 하기가 쉽다.

052
메이크업의 정의와 가장 거리가 먼 것은?

① 화장품과 도구를 사용한 아름다움의 표현방법이다.
② "분장"의 의미를 가지고 있다.
③ 색상으로 외형적인 아름다움을 나타낸다.
④ 의료기기나 의약품을 사용한 눈썹손질을 포함한다.

분장의 정의 : 배우나 무용가가 극중 인물을 표현하기 위하여 화장을 하고 의상·가발·가면·모자·신발 등을 착용하는 일을 뜻한다.

053
다음에서 설명하는 메이크업이 가장 잘 어울리는 계절은?

> 강렬하고 이지적인 이미지가 느껴지도록 심플하고 단아한 스타일이나 콘트라스트가 강한 색상과 밝은 색상을 사용하는 것이 좋다.

① 봄
② 여름
③ 가을
④ 겨울

위 내용은 겨울 메이크업의 설명이다.

054
봄 메이크업의 컬러 조합으로 가장 적합한 것은?

① 흰색, 파랑, 핑크 계열
② 겨자색, 벽돌색, 갈색 계열
③ 옐로우, 오렌지, 그린 계열
④ 자주색, 핑크, 진보라 계열

봄 메이크업의 컬러 조합 : 옐로우, 오렌지, 그린 계열이다.

055
아이브로 메이크업의 효과와 가장 거리가 먼 것은?

① 인상을 자유롭게 표현할 수 있다.
② 얼굴의 표정을 변화시킨다.
③ 얼굴형을 보완할 수 있다.
④ 얼굴에 입체감을 부여해 준다.

얼굴의 입체감은 얼굴 섀딩 할 때 부여해 준다.

056
다음 중 컬러 파우더의 색상 선택과 활용법의 연결이 가장 거리가 먼 것은?

① 퍼플 – 노란피부를 중화시켜 화사한 피부 표현에 적합하다.
② 핑크 – 볼에 붉은 기가 있는 경우 더욱 잘 어울린다.
③ 그린 – 붉은 기를 줄여준다.
④ 브라운 – 자연스러운 섀딩 효과가 있다.

붉은 톤을 감소시키기 위해 옐로우 파우더를 선택한다.

057

기미, 주근깨 등의 피부결점이나 눈 밑 그늘에 발라 커버하는 데 사용하는 제품은?

① 스틱 파운데이션(Stick Foundation)
② 투웨이 케이크(Two way Cake)
③ 스킨 커버(Skin Cover)
④ 컨실러(Concealer)

컨실러(Concealer) : 피부 결점을 감추어 주는 화장품
눈 밑의 다크 서클, 흉터로 인한 색소침착 부위에 발라서 피부 톤을 같이 만들어주는 화장품이다.

058

메이크업 미용사의 작업과 관련한 내용으로 가장 거리가 먼 것은?

① 모든 도구와 제품은 청결히 준비하도록 한다.
② 마스카라나 아이라인 작업 시 입으로 불어 신속히 마르게 도와준다.
③ 고객의 신체에 힘을 주거나 누르지 않도록 주의한다.
④ 고객의 옷에 화장품이 묻지 않도록 가운을 입혀준다.

마스카라나 아이라인 작업 시 입으로 불지 않도록 주의한다.

059

메이크업 색과 조명에 관한 설명으로 틀린 것은?

① 메이크업의 완성도를 높이는 데는 자연광선이 가장 이상적이다.
② 조명에 의해 색이 달라지는 현상은 저채도 색보다는 고채도 색에서 잘 일어난다.
③ 백열등은 장파장 계열로 사물의 붉은 색을 증가시키는 효과가 있다.
④ 형광등은 보라색과 녹색의 파장 부분이 강해 사물을 시원하게 보이는 효과가 있다.

조명에 의해 색이 달라지는 현상은 고채도 색보다는 저채도 색에서 잘 일어난다.

060

눈썹을 빗어주거나 마스카라 후 뭉친 속눈썹을 정돈할 때 사용하면 편리한 브러시는?

① 팬 브러시
② 스크루 브러시
③ 노즈 섀도 브러시
④ 아이라이너 브러시

스크루 브러시는 눈썹을 빗어주거나 마스카라 후 뭉친 속눈썹을 정돈할 때 사용한다.

09회 [정답] 적중모의고사

001	002	003	004	005
④	③	②	③	④
006	007	008	009	010
①	②	③	④	③
011	012	013	014	015
④	②	②	④	①
016	017	018	019	020
④	③	②	①	②
021	022	023	024	025
②	④	①	④	④
026	027	028	029	030
③	③	②	①	③
031	032	033	034	035
①	②	③	②	①
036	037	038	039	040
③	③	②	④	④
041	042	043	044	045
④	①	②	④	③
046	047	048	049	050
②	②	②	④	①
051	052	053	054	055
④	④	④	③	④
056	057	058	059	060
②	④	②	②	②

제 10 회 적중모의고사

CHECK POINT QUESTION

001
18세기말 "인구는 기하급수적으로 늘고 생산은 산술급수적으로 늘기 때문에 체계적인 인구조절이 필요하다"라고 주장한 사람은?

① 프랜시스 플레이스
② 에드워드 윈슬로우
③ 토마스 R. 말더스
④ 포베르토 코흐

토마스 R 말더스는 "인구는 기하급수적으로 늘고 생산은 산술급수적으로 늘기 때문에 체계적인 인구조절이 필요하다"라고 주장하였다.

002
감염병 예방 및 관리에 관한 법률 상 제1군 감염병이 아닌 것은?

① A형 간염
② 장출혈성대장균감염증
③ 세균성이질
④ 파상풍

제1군 감염병 : 콜레라, 장티푸스, 파라티푸스, 세균성이질, 장출혈성대장균감염증, A형 간염

003
장염비브리오 식중독의 설명으로 가장 거리가 먼 것은?

① 원인균은 보균자의 분변이 주원인이다.
② 복통, 설사, 구토 등이 생기며 발열이 있고, 2~3일이면 회복된다.
③ 예방은 저온저장, 조리기구·손 등의 살균을 통해서 할 수 있다.
④ 여름철에 집중적으로 발생한다.

장염비브리오 식중독은 어패류의 섭취로 인해 유발된다.

004
이·미용사의 위생복을 흰색으로 하는 것이 좋은 주된 이유는?

① 오염된 상태를 가장 쉽게 발견할 수 있다.
② 가격이 비교적 저렴하다.
③ 미관상 가장 보기가 좋다.
④ 열 교환이 가장 잘 된다.

흰색은 오염된 상태를 가장 쉽게 발견할 수 있다.

005
보건행정에 대한 설명으로 가장 적합한 것은?

① 공중보건의 목적을 달성하기 위해 공공의 책임하에 수행하는 행정활동
② 개인보건의 목적을 달성하기 위해 공공의 책임하에 수행하는 행정활동
③ 국가 간의 질병교류를 막기 위해 공공의 책임하에 수행하는 행정활동
④ 공중보건의 목적을 달성하기 위해 개인의 책임하에 수행하는 행정활동

보건행정이란 국민의 수명연장, 질병예방 및 육체적 정신적 효율의 증진 등 공중보건의 목적을 달성하기 위하여 공공의 책임하에 수행하는 행정활동을 말한다.

006
모기가 매개하는 감염병이 아닌 것은?

① 일본뇌염
② 콜레라
③ 말라리아
④ 사상충증

콜레라는 바퀴벌레, 파리 등에 의해 매개된다.

007
대기오염 방지 목표와 연관성이 가장 적은 것은?

① 경제적 손실 방지
② 직업병의 발생 방지
③ 자연환경의 악화 방지
④ 생태계 파괴 방지

대기오염은 인체환경, 자연환경, 생태환경과 연관성을 이룰 수 있다.

008
다음 중 식기류 소독에 가장 적당한 것은?

① 30% 알코올
② 역성 비누액
③ 40℃의 온수
④ 염소

역성 비누액은 손 소독과 식기류 소독에 용이하다.

009
살균력과 침투성은 약하지만 자극이 없고, 발포 작용에 의해 구강이나 상처소독에 주로 사용되는 소독제는?

① 페놀
② 염소
③ 과산화수소수
④ 알코올

과산화수소수는 자극성이 적어서 구내염, 인두염, 입안세척, 상처 등에 사용한다.

010
세균증식 시 높은 염도를 필요로 하는 호염성(halophilic)균에 속하는 것은?

① 콜레라
② 장티푸스
③ 장염비브리오
④ 이질

장염비브리오균은 염분이 높은 환경에서 자라며, 연안 해수에 있는 세균으로 섭씨 20~37℃에서 빠르게 증식하기 때문에 바닷물 온도가 올라가는 6~10월 여름철에 주로 발생한다.

011
소독방법에서 고려되어야 할 사항으로 가장 거리가 먼 것은?

① 소독대상물의 성질
② 병원체의 저항력
③ 병원체의 아포 형성 유무
④ 소독 대상물의 그람 염색 유무

소독방법에서 소독대상물의 성질, 병원체의 저항력, 병원체의 아포 형성 유무가 고려되어야 한다.

012
병원체의 병원소 탈출 경로와 가장 거리가 먼 것은?

① 호흡기로부터 탈출
② 소화기 계통으로 탈출
③ 비뇨생식기 계통으로 탈출
④ 수질 계통으로 탈출

병원체의 병원소 탈출 경로로 성기피부점막, 경피침입, 기계적 탈출, 개방병소, 호흡기계, 소화기계, 비뇨생식기계의 탈출이 있다.

013
따뜻한 물에 중성세제로 잘 씻은 후 물기를 뺀 다음 70% 알코올에 20분 이상 담그는 소독법으로 가장 적합한 것은?

① 유리제품
② 고무제품
③ 금속제품
④ 비닐제품

금속, 고무, 플라스틱 재질은 포름알데히드가 적합하다.

014
병원성 미생물의 발육을 정지시키는 소독방법은?

① 희석
② 방부
③ 정균
④ 여과

방부는 병원성 미생물의 발육과 작용을 제거하거나 정지시켜서 음식물의 부패나 발효를 방지하는 것을 말한다.

015
계란모양의 핵을 가진 세포들이 일렬로 밀접하게 정렬되어 있는 한 개의 층으로, 새로운 세포형성이 가능한 층은?

① 각질층
② 기저층
③ 유극층
④ 망상층

기저층은 표피의 성장과 새로운 세포를 생성한다.

016
피부의 과색소 침착 증상이 아닌 것은?

① 기미
② 백반증
③ 주근깨
④ 검버섯

백반증은 후천적으로 발생하는 저색소 질환이다.

017
정상적인 피부의 pH 범위는?

① pH 3~4
② pH 6.5~8.5
③ pH 4.5~6.5
④ pH 7~9

정상적인 피부의 pH 범위는 pH 4.5~6.5이다.

018
적외선이 피부에 미치는 영향으로 가장 거리가 먼 것은?

① 온열효과가 있다.
② 혈액순환 개선에 도움을 준다.
③ 피부건조화, 주름 형성, 피부탄력 감소를 유발한다.
④ 피지선과 한선의 기능을 활성화하여 피부 노폐물 배출에 도움을 준다.

③은 노화피부에 해당된다.

019
식후 12~16시간 경과되어 정신적, 육체적으로 아무것도 하지 않고 가장 안락한 자세로 조용히 누워있을 때 생명을 유지하는 데 소요되는 최소한의 열량을 의미하는 것은?

① 순환대사량
② 기초대사량
③ 활동대사량
④ 상대대사량

생명과정에 필요한 최소한의 에너지량. 기초대사량은 인간과 동물이 활동을 하지 않는 휴식상태에서도 뇌의 활동, 심장 박동, 간의 생화학 반응 신체의 생명활동 기능을 유지하기 위해서 필요한 에너지의 양을 말한다.

020
비듬이 생기는 원인과 관계없는 것은?

① 신진대사가 계속적으로 나쁠 때
② 탈지력이 강한 샴푸를 계속 사용할 때
③ 염색 후 두피가 손상되었을 때
④ 샴푸 후 린스를 하였을 때

린스는 모발의 정전기 방지용으로 사용된다.

021
피부 노화의 이론과 가장 거리가 먼 것은?

① 셀룰라이트 형성
② 프리래디컬 이론
③ 노화의 프로그램설
④ 텔로미어 학설

셀룰라이트는 수분, 노폐물, 지방이 뭉쳐져 생기는 조직으로 피부 노화 이론과 관련이 없다.

022
이·미용업을 하고자 하는 자가 하여야 하는 절차는?

① 시장·군수·구청장에게 신고한다.
② 시장·군수·구청장에게 통보한다.
③ 시장·군수·구청장의 허가를 얻는다.
④ 시·도지사의 허가를 얻는다.

이·미용업을 하려면 시장·군수·구청장에게 신고한다.

023
건전한 영업질서를 위하여 공중위생영업자가 준수하여야 할 사항을 준수하지 아니한 자에 대한 벌칙기준은?

① 1년 이하의 징역 또는 1천만원 이하의 벌금
② 6월 이하의 징역 또는 500만원 이하의 벌금
③ 3월 이하의 징역 또는 300만원 이하의 벌금
④ 300만원 과태료

건전한 영업질서를 위하여 공중위생영업자가 준수하여야 할 사항을 준수하지 아니한 자에 대한 벌칙기준은 6월 이하의 징역 또는 500만원 이하의 벌금

024
면허가 취소된 자는 누구에게 면허증을 반납하여야 하는가?

① 보건복지부장관
② 시·도지사
③ 시장·군수·구청장
④ 읍·면장

면허가 취소된 자는 시장·군수·구청장에게 면허증을 반납하여야 한다.

025
이·미용영업소에서 영업정지 처분을 받고 그 정지 기간 중에 영업을 한 때의 1차 위반 행정처분 내용은?

① 영업정지 1월
② 영업정지 2월
③ 영업정지 3월
④ 영업장 폐쇄명령

영업정지 처분을 받고 그 정지 기간 중에 영업을 한 때의 1차 위반 행정처분은 영업장 폐쇄명령이다.

026
영업자의 위생관리 의무가 아닌 것은?

① 영업소에서 사용하는 기구를 소독한 것과 소독하지 아니한 것을 분리 보관한다.
② 영업소에서 사용하는 1회용 면도날은 손님 1인에 한하여 사용한다.
③ 자격증을 영업소 안에 게시한다.
④ 면허증을 영업소 안에 게시한다.

자격증은 영업소 안에 게시하는 것은 위생관리 의무와 무관하다.

027
의료법 위반으로 영업장 폐쇄명령을 받은 이·미용업 영업자는 얼마의 기간 동안 같은 종류의 영업을 할 수 없는가?

① 2년
② 1년
③ 6개월
④ 3개월

의료법 위반으로 영업장 폐쇄명령을 받은 이·미용업 영업자는 1년 동안 같은 종류의 영업을 할 수 없다.

028
공중위생관리법규상 위생관리등급의 구분이 바르게 짝지어진 것은?

① 최우수업소 : 녹색등급
② 우수업소 : 백색등급
③ 일반관리대상 업소 : 황색등급
④ 관리미흡대상 업소 : 적색등급

- 최우수업소 : 녹색등급
- 우수업소 : 황색등급
- 일반관리대상 업소 : 백색등급

029
유연화장수의 작용으로 가장 거리가 먼 것은?

① 피부에 보습을 주고 윤택하게 해준다.
② 피부에 남아있는 비누의 알칼리 성분을 중화시킨다.
③ 각질층에 수분을 공급해준다.
④ 피부의 모공을 넓혀준다.

유연화장수는 모공을 수축시켜준다.

030
크림파운데이션에 대한 설명 중 가장 적합한 것은?

① 얼굴의 형태를 바꾸어 준다.
② 피부의 잡티나 결점을 커버해 주는 목적으로 사용된다.
③ O/W형은 W/O형에 비해 비교적 사용감이 무겁고 퍼짐성이 낮다.
④ 화장 시 산뜻하고 청량감이 있으나 커버력이 약하다.

크림파운데이션은 피부의 잡티나 결점을 커버해 주는 목적으로 사용된다.

031
피지조절, 항 우울과 함께 분만 촉진에 효과적인 아로마 오일은?

① 라벤더
② 로즈마리
③ 자스민
④ 오렌지

자스민은 피지조절, 항 우울과 함께 분만 촉진에 효과적인 아로마 오일이다.

032
피부 클렌저(cleanser)로 사용하기에 적합하지 않은 것은?

① 강알칼리성 비누
② 약산성 비누
③ 탈지를 방지하는 클렌징 제품
④ 보습효과를 주는 클렌징 제품

강알칼리성 비누로 세안을 하면 피부가 순간적으로 강알칼리성으로 변하면서, 얼굴의 유수분이 빠지게 된다.

033
가용화(solubilization) 기술을 적용하여 만들어진 것은?

① 마스카라
② 향수
③ 립스틱
④ 크림

가용화 제품은 일반적으로 피부를 청결하게 하고 건강을 유지시켜 주는 화장수이다. 목적에 따라 산이나 알칼리, 점증제 등 기타 성분을 배합한 것으로 종류로는 유연 화장수, 수렴 화장수, 세정 화장수, 향수 등이 있다.

034
미백 화장품에 사용되는 대표적인 미백 성분은?

① 레티노이드(retinoid)
② 알부틴(arbutin)
③ 라놀린(lanolin)
④ 토코페롤 아세테이트(tocopherol acetate)

알부틴은 미백 화장품에 사용되는 대표적인 미백성분이다.

035
진피층에도 함유되어 있으며 보습기능으로 피부 관리 제품에 사용되어지는 성분은?

① 알코올(alcohol)
② 콜라겐(collagen)
③ 판테놀(panthenol)
④ 글리세린(glycerine)

콜라겐은 진피 성분의 90%를 차지하며, 피부에 장력을 제공한다.

036
눈의 형태에 따른 아이섀도 기법으로 틀린 것은?

① 부은 눈 : 펄 감이 없는 브라운이나 그레이 컬러로 아이 홀을 중심으로 넓지 않게 펴 바른다.
② 처진 눈 : 포인트 컬러를 눈꼬리 부분에서 사선 방향으로 올려주고, 언더 컬러는 사용하지 않는다.
③ 올라간 눈 : 눈 앞머리 부분에 짙은 컬러를 바르고 눈 중앙에서 꼬리까지 옅은 색을 발라주며, 언더부분은 넓게 펴 바른다.
④ 작은 눈 : 눈두덩이 중앙에 밝은 컬러로 하이라이트를 하며 눈앞머리에 포인트를 주고, 아이라인은 그리지 않는다.

작은 눈은 눈두덩이 중앙에 밝은 컬러로 하이라이트를 하며 눈앞머리에 포인트를 주고, 아이라인을 두껍게 그린다.

037
아이섀도를 바를 때, 눈 밑에 떨어진 가루나 과다한 파우더를 털어내는 도구로 가장 적절한 것은?

① 파우더 퍼프
② 파우더 브러시
③ 팬 브러시
④ 블러셔 브러시

팬 브러시는 아이섀도를 바를 때, 눈 밑에 떨어진 가루나 과다한 파우더를 털어내는 도구이다.

038
눈썹을 그리기 전, 후 자연스럽게 눈썹을 빗어주는 나사 모양의 브러시는?

① 립 브러시
② 팬 브러시
③ 스크루 브러시
④ 파우더 브러시

스크루 브러시는 눈썹을 자연스럽게 빗어주는 나사 모양의 브러시이다.

039
각 눈썹 형태에 따른 이미지와 그에 알맞은 얼굴형의 연결이 가장 적합한 것은?

① 상승형 눈썹 – 동적이고 시원한 느낌 – 둥근형
② 아치형 눈썹 – 우아하고 여성적인 느낌 – 삼각형
③ 각진형 눈썹 – 지적이며 단정하고 세련된 느낌 – 긴형, 장방형
④ 수평형 눈썹 – 젊고 활동적인 느낌 – 둥근형, 얼굴길이가 짧은 형

상승형 눈썹 – 동적이고 시원한 느낌 – 둥근형

040
색의 배색과 그에 따른 이미지를 연결한 것으로 옳은 것은?

① 액센트 배색 – 부드럽고 차분한 느낌
② 동일색 배색 – 무난하면서 온화한 느낌
③ 유사색 배색 – 강하고 생동감 있는 느낌
④ 그라데이션 배색 – 개성있고 아방가르드한 느낌

동일색 배색 – 무난하면서 온화한 느낌

041
뷰티메이크업과 관련한 내용으로 가장 거리가 먼 것은?

① 눈썹, 아이섀도, 입술 메이크업 시 고객의 부족한 면을 보완하여 균형 잡힌 얼굴로 표현한다.
② 메이크업은 색상, 명도, 채도 등을 고려하여 고객의 상황에 맞는 컬러를 선택하도록 한다.
③ 사람은 대부분 얼굴의 좌우가 다르므로 자연스러운 메이크업을 위해 최대한 생김새를 그대로 표현하여 생동감을 준다.
④ 의상, 헤어, 분위기 등의 전체적인 이미지 조화를 고려하여 메이크업한다.

사람은 대부분 얼굴의 좌우가 다르므로 자연스러운 메이크업을 위해 얼굴의 좌우를 균형을 맞추어 가면서 표현하여 준다.

042
계절별 화장법으로 가장 거리가 먼 것은?

① 봄 메이크업 : 투명한 피부표현을 위해 리퀴드 파운데이션을 사용하며, 눈썹과 아이섀도를 자연스럽게 표현한다.
② 여름 메이크업 : 콘트라스트가 강한 색상으로 선을 강조하고 베이지 컬러의 파우더로 피부를 매트하게 표현한다.
③ 가을 메이크업 : 아이메이크업 시, 저채도의 베이지, 브라운 컬러를 사용하여 그윽하고 깊은 눈매를 연출한다.
④ 겨울 메이크업 : 전체적으로 깨끗하고 심플한 이미지를 표현하고, 립은 레드나 와인 계열 등의 컬러를 바른다.

여름 메이크업
- 콘트라스트가 강한 색상으로 선을 강조하고 블루계열의 컬러 아이섀도우를 바르며, 피부를 촉촉하게 표현한다.
- 피부 톤보다 한 단계 정도 어두운 리퀴드 파운데이션을 이용하여 가볍고 투명한 피부 표현이 되도록 파우더를 발라준다.

043
사각형 얼굴의 수정 메이크업 방법으로 틀린 것은?

① 이마의 각진 부위와 튀어나온 턱뼈 부위에 어두운 파운데이션을 발라서 갸름하게 보이게 한다.
② 눈썹은 각진 얼굴형과 어울리도록 시원하게 아치형으로 그려준다.
③ 일자형 눈썹과 길게 뺀 아이라인으로 포인트 메이크업하는 것이 효과적이다.
④ 입술 모양은 곡선의 형태로 부드럽게 표현한다.

③의 내용은 둥근형 얼굴이나 긴형 얼굴의 메이크업 수정으로 적당하다.

044
다음에서 설명하는 아이섀도 제품의 타입은?

- 장시간 지속 효과가 낮다.
- 기온변화로 번들거림이 생기는 단점이 있다.
- 유분이 함유되어 부드럽고 매끄럽게 펴 바를 수 있다.
- 제품 도포 후 파우더로 색을 고정시켜 지속력과 색의 선명도를 향상시킬 수 있다.

① 크림 타입
② 펜슬 타입
③ 케이크 타입
④ 파우더 타입

크림 타입은 지속력과 선명도를 향상시키고 펴 바르기가 용이하다.

045
파운데이션을 바르는 방법으로 가장 거리가 먼 것은?

① O존은 피지분비량이 적어 소량의 파운데이션으로 가볍게 바른다.
② V존은 잡티가 많으므로 슬라이딩 기법으로 여러 번 겹쳐 발라 결점을 가려준다.
③ S존은 슬라이딩 기법과 가볍게 두드리는 패딩기법을 병행하여 메이크업의 지속성을 높여준다.

④ 헤어라인은 귀 앞머리 부분까지 라텍스 스펀지에 남아있는 파운데이션을 사용해 슬라이딩 기법으로 발라준다.

②는 U존의 설명이다.
U존은 피하지방이 많고 기미, 주근깨가 많은 부분이기 때문에 충분한 양을 발라주면 피부가 매끈하고 깨끗하게 보인다.

046
긴 얼굴형에 적합한 눈썹 메이크업으로 가장 적합한 것은?

① 가는 곡선형으로 그린다.
② 눈썹 산이 높은 아치형으로 그린다.
③ 각진 아치형이나 상승형, 사선 형태로 그린다.
④ 다소 두께감이 느껴지는 직선형으로 그린다.

긴 얼굴형에 두께감이 느껴지는 직선형으로 그린다.

047
조선시대 화장 문화에 대한 설명으로 틀린 것은?

① 이중적인 성 윤리관이 화장문화에 영향을 주었다.
② 여염집여성의 화장과 기생신분의 여성의 화장이 구분되었다.
③ 영육일치사상의 영향으로 남·여 모두 미(美)에 대한 관심이 높았다.
④ 미인박명(美人薄命)사상이 문화적 관념으로 자리 잡음으로써 미(美)에 대한 부정적인 인식이 형성되었다.

③은 신라시대 화장 문화에 대한 설명이다.

048
메이크업 도구 및 재료의 사용법에 대한 설명으로 가장 거리가 먼 것은?

① 브러시는 전용 클리너로 세척하는 것이 좋다.
② 아이래시 컬러(eyelash curler)는 속눈썹을 아름답게 올려줄 때 사용한다.
③ 라텍스 스펀지는 세균이 번식하기 쉬우므로 깨끗한 물로 씻어서 재사용한다.
④ 면봉은 부분 메이크업 또는 메이크업 수정 시 사용한다.

라텍스 스펀지는 사용 후에는 반드시 폐기처분해야 하며 물로 세척이 불가능하다.

049
색과 관련한 설명으로 틀린 것은?

① 물체의 색은 빛이 거의 모두 반사되어 보이는 색이 백색, 빛이 모두 흡수되어 보이는 색이 흑색이다.
② 불투명한 물체의 색은 표면의 반사율에 의해 결정된다.
③ 유리잔에 담긴 레드 와인(red wine)은 장파장의 빛은 흡수하고, 그 외의 파장은 투과하여 붉게 보이는 것이다.
④ 장파장은 단파장보다 산란이 잘 되지 않는 특성이 있어 신호등의 빨강색은 흐린 날 멀리서도 식별가능하다.

050
한복메이크업 시 주의사항이 아닌 것은?

① 색조화장은 저고리 깃이나 고름색상에 맞추는 것이 좋다.
② 너무 강하거나 화려한 색상은 피하는 것이 좋다.
③ 단아한 이미지를 표현하는 것이 좋다.
④ 한복으로 가려진 몸매를 입체적인 얼굴로 표현한다.

단아한 이미지를 표현하기 위하여 입체적인 얼굴표현은 적당하지 않다.

051
같은 물체라도 조명이 다르면 색이 다르게 보이나 시간이 갈수록 원래 물체의 색으로 인지하게 되는 현상은?

① 색의 불변성 ② 색의 항상성
③ 색 지각   ④ 색 검사

색의 항상성이란 시간이 갈수록 원래 물체의 색으로 인지하게 되는 현상을 말한다.

052
사극 수염분장에 필요한 재료가 아닌 것은?

① 스피리트 검(Spirit gum)
② 쇠 브러시
③ 생사
④ 더마 왁스

더마 왁스는 얼굴의 일부분을 변형시키기 위한 특수분장 재료이다.

053
'톤을 겹친다' 라는 의미로 동일한 색상에서 톤의 명도차를 비교적 크게 둔 배색방법은?

① 동일색 배색   ② 톤온톤 배색
③ 톤인톤 배색   ④ 세퍼레이션 배색

톤온톤 배색은 '톤을 겹친다' 라는 의미로 동일한 색상에서 톤의 명도차를 비교적 크게 둔 배색방법이다.

054
메이크업 미용사의 기본적인 용모 및 자세로 가장 거리가 먼 것은?

① 업무 시작 전·후 메이크업 도구와 제품 상태를 점검한다.
② 메이크업 시 위생을 위해 마스크를 항상 착용하고 고객과 직접 대화하지 않는다.
③ 고객을 맞이할 때는 바로 자리에서 일어나 공손히 인사한다.
④ 영업장으로 걸려온 전화를 받을 때는 필기도구를 준비하여 메모를 한다.

고객과의 대화를 위하여 마스크를 착용하지 않는다.

055
현대의 메이크업 목적으로 가장 거리가 먼 것은?

① 개성창출   ② 추위예방
③ 자기만족   ④ 결점보완

추위예방은 현대 메이크업 목적과 관계가 없다.

056
여름철 메이크업으로 가장 거리가 먼 것은?

① 썬탠 메이크업을 베이스 메이크업으로 응용해 건강한 피부 표현을 한다.
② 약간 각진 눈썹형으로 표현하여 시원한 느낌을 살려준다.
③ 눈매를 푸른색으로 강조하는 원 포인트 메이크업을 한다.
④ 크림 파운데이션을 사용하여 피부를 두껍게 커버하고 윤기 있게 마무리한다.

여름철 메이크업은 가볍게 커버하고 윤기 있게 마무리한다.

057
메이크업 베이스의 사용목적으로 틀린 것은?

① 파운데이션의 밀착력을 높여준다.
② 얼굴의 피부톤을 조절한다.
③ 얼굴에 입체감을 부여한다.
④ 파운데이션의 색소 침착을 방지해준다.

메이크업 베이스는 밀착력, 피부톤 조절, 색소침착을 방지해 준다.

058
긴 얼굴형의 윤곽 수정 표현 방법으로 틀린 것은?

① 콧등 전체에 하이라이트를 주어 입체감 있게 표현한다.
② 눈 밑은 폭넓게 수평형의 하이라이트를 준다.
③ 노즈섀도는 짧게 표현해준다.
④ 이마와 아래턱은 섀딩 처리하여 얼굴의 길이가 짧아보이게 한다.

콧등 전체에 하이라이트를 주어 입체감 있게 표현하면 얼굴이 더 길어 보이기 때문에 수정하기에 적절하지 못하다.

059
눈과 눈 사이가 가까운 눈을 수정하기 위하여 아이섀도 포인트가 들어가야 할 부분으로 옳은 것은?

① 눈앞머리   ② 눈중앙
③ 눈언더라인   ④ 눈꼬리

눈과 눈 사이가 가까운 눈을 수정하기 위하여 아이섀도 포인트를 눈꼬리로 강조를 해주어야 눈과 눈사이가 조금 멀게 보인다.

060
컨투어링 메이크업을 위한 얼굴형의 수정방법으로 틀린 것은?

① 둥근형 얼굴 – 양볼 뒤쪽에 어두운 섀딩을 주고 턱, 콧등에 길게 하이라이트를 한다.
② 긴형 얼굴 – 헤어라인과 턱에 섀딩을 주고 볼쪽에 하이라이트를 한다.
③ 사각형 얼굴 – T존의 하이라이트를 강조하고 U존에 명도가 높은 블러셔를 한다.
④ 역삼각형 얼굴 – 헤어라인에서 양쪽 이마 끝에 섀딩을 준다.

T존의 하이라이트를 강조하고 U존에 명도가 높은 블러셔를 하면 사각형의 얼굴이 더 각지게 보인다.

10회 [정답] 적중모의고사

001	002	003	004	005
③	④	①	①	①
006	007	008	009	010
②	②	②	③	②
011	012	013	014	015
④	④	①	②	②
016	017	018	019	020
②	③	③	②	④
021	022	023	024	025
①	①	②	③	④
026	027	028	029	030
③	②	①	④	②
031	032	033	034	035
③	①	②	②	②
036	037	038	039	040
④	③	③	①	②
041	042	043	044	045
③	②	③	①	②
046	047	048	049	050
④	③	③	③	④
051	052	053	054	055
②	④	②	②	②
056	057	058	059	060
④	③	①	④	③

제 11 회 적중모의고사

CHECK POINT QUESTION

001
WHO의 보건 헌장에서 건강의 정의는?

① 허약하지 않도록 권장하는 상태
② 정신적, 육체적, 사회적으로 완전한 상태
③ 정신적, 육체적으로 완전한 상태
④ 육체적, 사회적으로 완전한 상태

세계보건기구는 1946년 헌장에서 건강을 육체적, 정신적, 사회적으로 완전무결한 상태로 명시하고 있다.

002
다음 중 공중 보건 사업의 대상을 바르게 나타낸 것은?

① 일부 계층을 대상으로 한다.
② 집단 또는 지역사회를 대상으로 한다.
③ 특별한 환자를 대상으로 한다.
④ 세계를 대상으로 한다.

예방의학은 개인, 가족이 대상이며 공중보건의 대상은 집단 또는 지역사회를 대상으로 한다.

003
다음 중 보건 행정의 특징이 아닌 것은?

① 공공성
② 사회성
③ 봉사성
④ 행정성

보건행정의 특성에는 공공성, 사회성, 봉사성, 조장성, 교육성, 과학성, 기술성이 있다.

004
다음 중 역학의 역할 중 가장 중요한 역할이라 볼 수 있는 것은?

① 질병 발생의 원인규명 역할
② 질병발생과 유행상태의 감시역할
③ 보건의료 기획과 평가자료 제공 역할
④ 질병의 자연사 연구

역학의 역할 중 가장 중요한 역할이라 볼 수 있는 것은 질병 발생의 원인규명 역할이다.

005
미생물 중에서 가장 작아 세균여과기로 분리할 수 없으며, 생체세포에서만 증식하는 것은?

① 곰팡이
② 효모
③ 바이러스
④ 리케차

바이러스는 현재 미생물 중에서 가장 작은 세포로서 전자현미경을 통해서만 확인할 수 있다.

006
다음 중 검출 방법이 용이하고 정확하기 때문에 상수의 수질오염의 지표로 사용되는 것은?

① 장티푸스균   ② 대장균
③ 웰치균   ④ 콜레라균

대장균은 상수의 수질오염의 분석 시 대표적인 생물학적 지표로 이용된다.

007
독소형 식중독의 원인균은?

① 황색 포도상구균
② 장티푸스균
③ 돈 콜레라균
④ 장염균

황색 포도상구균 : 독소형 식중독의 원인균으로, 가장 많이 발생하는 식중독의 하나이며 경구 섭취로 일어난다.

008
다음 중 인수공통 감염병은?

① 풍진
② 살모넬라증
③ 파상풍
④ 홍역

인수공통감염병으로는 결핵, 탄저병, 비저병, 살모넬라증, 돈단독, 선모충, Q열, 광견병(공수병), 페스트, 야토병, 브루셀라 등이 있다.

009
감염병의 예방 및 관리에 관한 법률상 "생물테러감염병 또는 치명률이 높거나 집단 발생의 우려가 커서 발생 또는 유행 즉시 신고하여야 하고, 음압격리와 같은 높은 수준의 격리가 필요한 감염병"은?

① 제1급 감염병
② 제2급 감염병
③ 제3급 감염병
④ 제4급 감염병

- 제1급 감염병 : 생물테러감염병 또는 치명률이 높거나 집단 발생의 우려가 커서 발생 또는 유행 즉시 신고하여야 하고, 음압격리와 같은 높은 수준의 격리가 필요한 감염병
- 2급 감염병 : 전파가능성을 고려하여 발생 또는 유행 시 24시간 이내에 신고하여야 하고, 격리가 필요한 감염병
- 제3급 감염병 : 그 발생을 계속 감시할 필요가 있어 발생 또는 유행 시 24시간 이내에 신고하여야 하는 감염병
- 제4급 감염병 : 제1급 감염병부터 제3급 감염병까지의 감염병 외에 유행 여부를 조사하기 위하여 표본감시 활동이 필요한 감염병

010
다음의 살균 기전의 내용은 어떤 방법을 설명하는 것인가?

- 영양소와 노폐물을 선택적으로 흡수 및 투과기능을 상실하고 미생물을 사멸시키는 것을 말한다.
- 산화작용에 의한 살균이 대표적이다.

① 단백질의 변성과 응고작용
② 화학적 길항작용
③ 세포막 또는 세포벽의 파괴
④ 계면활성제

세포막 또는 세포벽의 파괴하는 살균기전 내용을 설명하는 것이다.

011
보건학적으로 인체에 가장 쾌적한 습도는?

① 습도 40~50%   ② 습도 30~50%
③ 습도 40~70%   ④ 습도 70~90%

쾌적한 실내의 적정 온도는 18±2℃, 가장 쾌적한 습도는 40~70%이다.

012
메이크업 관리업소의 수건소독법으로 가장 적합한 것은?

① 석탄산소독   ② 크레졸소독
③ 자비소독   ④ 자외선소독

수건소독은 물리적(자비)소독법을 사용해야 한다.

013
이·미용 도구의 자외선 소독기에 살균하는데 소요되는 시간으로 옳은 것은?

① 2~3시간   ② 3~4시간
③ 4~5시간   ④ 5시간 이상

자외선 멸균법은 자외선 소독기에 2~3시간 소독하는 것을 말한다.

014
다음 중 소독 인자에 대한 설명으로 옳지 않은 것은?

① 소독약의 농도가 높을수록 살균효과가 높아진다.
② 대체적으로 온도가 1℃ 증가할 때마다 소독력은 2배가 된다.
③ 경수 시 농도를 높이거나 경수를 연수로 바꾼 후 사용한다.
④ 불순물을 제거한 후 소독을 실시하는 것이 소독효과가 높다.

대체적으로 온도가 10℃ 증가할 때마다 소독력은 2배가 된다.

015
다음 중 식품의 혐기성 상태에서 발육하여 신경계 증상이 주 증상으로 나타나는 것은?

① 살모넬라 식중독
② 보툴리누스균 식중독
③ 포도상구균 식중독
④ 장염비브리오 식중독

보툴리누스균 : 치명률이 가장 높은 균이다. 혐기성 상태에서 분비된 독소에 의한 것으로 신경계 증상이 주 증상으로 나타나며 신경독소인 뉴로톡신이 원인이다.

016
피부에 관한 사항 중 틀린 것은?

① 체액의 건조를 방지해 준다.
② 감각 수용기를 통해 외부의 다양한 자극을 받아들인다.
③ 자외선으로부터 몸을 보호해 준다.
④ 피부는 신체의 내부를 둘러싸고 있는 조직이다.

피부는 신체의 외부를 둘러싸고 있는 조직이다.

017
표피의 구조에서 가장 바깥에 존재하는 층은 무엇인가?

① 기저층
② 각질층
③ 과립층
④ 투명층

표피는 가장 바깥 부분부터 각질층, 투명층, 과립층, 유극층, 기저층으로 구성된다.

018
레인방어막의 역할이 아닌 것은?

① 피부건조를 막아준다.
② 피부염이 생기지 않게 한다.
③ 이물질 침입을 막아준다.
④ 영양을 공급해 준다.

레인방어막의 역할로는 외부의 외부로부터 이물질 침입 방지, 체내의 필요한 물질이 체외로 빠져나가는 것 방지, 피부건조방지, 피부염 유발 억제 등이 있다.

019
피부 표피의 면역반응에 관여하는 세포는 무엇인가?

① 비만세포
② 섬유아세포
③ 머켈세포
④ 랑게르한스세포

비만세포, 섬유아세포는 진피에 존재하는 세포이며, 머켈세포는 표피의 촉각을 감지하는 세포이다.

020
지성피부의 특징에 대한 설명으로 옳은 것은?

① 피부결이 얇아지고 탄력저하와 주름이 쉽게 생긴다.
② 탄력이 쉽게 저하된다.
③ 모공이 확장될 수 있고 블랙헤드가 생성되기 쉽다.
④ 땀의 분비가 줄어든다.

지성피부는 모공이 확장될 수 있고 블랙헤드가 생성되기 쉽다.

021
피부노화의 원인이 아닌 것은?

① 노화유전자
② 세포분열
③ 아미노산 라세미화
④ 텔로미어의 단축

피부노화의 원인에는 노화유전자, 세포노화, 아미노산 라세미화, 텔로미어의 단축 등이 있다.

022
공중위생관리법에서 규정하고 있는 공중위생영업의 종류에 해당되지 않는 것은?

① 이·미용업
② 건물위생관리업
③ 학원영업
④ 세탁업

"공중위생영업"이라 함은 다수인을 대상으로 위생관리서비스를 제공하는 영업으로서 숙박업·목욕장업·이용업·미용업·세탁업·건물위생관리업을 말한다.

023
영업자의 지위를 승계한 자로서 신고를 하지 아니하였을 경우 해당하는 처벌기준은?

① 1년 이하의 징역 또는 1천만원 이하의 벌금
② 6월 이하의 징역 또는 500만원 이하의 벌금
③ 200만원 이하의 벌금
④ 100만원 이하의 벌금

6월 이하의 징역 또는 500만원 이하의 벌금
- 공중위생영업의 변경신고를 하지 아니한 자
- 공중위생영업자의 지위를 승계한 자로서 규정에 의한 신고를 하지 아니한 자
- 건전한 영업질서를 위하여 공중위생영업자가 준수하여야 할 사항을 준수하지 아니한 자

024
공익상 또는 선량한 풍속유지를 위하여 필요하다고 인정하는 경우에 이·미용업의 영업시간 및 영업행위에 관한 필요한 제한을 할 수 있는 자는?

① 관련 전문기관 및 단체장
② 보건복지부장관
③ 시·도지사
④ 시장·군수·구청장

시·도지사는 공익상 또는 선량한 풍속을 유지하기 위하여 필요하다고 인정하는 때에는 영업시간 및 영업행위에 관한 필요한 제한을 할 수 있다.

025
다음 중 이·미용사 면허를 취득할 수 없는 자는?

① 면허 취소 후 1년 경과자
② 독감환자
③ 마약중독자
④ 전과기록자

이·미용사 면허의 결격사유
- 피성년후견인
- 정신보건법상 정신질환자. 다만, 전문의가 이용사 또는 미용사로서 적합하다고 인정하는 경우 제외
- 감염성 결핵 환자
- 마약, 기타 대통령령으로 정하는 약물중독자(대마 또는 향정신성의약품의 중독자)
- 면허가 취소된 후 1년이 경과되지 아니한 자

026
이·미용기구의 소독기준 및 방법을 정한 것은?

① 대통령령
② 보건복지부령
③ 환경부령
④ 고용노동부령

이·미용 기구 소독 및 방법은 보건복지부령으로 정한다.

027
공중위생관리법상의 위생교육에 대한 설명 중 옳은 것은?

① 위생교육 대상자는 이·미용업 영업자이다.
② 위생교육 대상자는 이·미용사이다.
③ 위생교육 시간은 매년 8시간이다.
④ 위생교육은 공중위생관리법 위반자에 한하여 받는다.

이·미용업의 영업자는 매년 3시간의 위생교육을 받아야 한다.

028
이·미용업자의 준수사항 중 틀린 것은?

① 소독한 기구와 하지 아니한 기구는 각각 다른 용기에 넣어 보관할 것
② 조명은 75럭스 이상 유지되도록 할 것
③ 신고증과 함께 면허증 사본을 게시할 것
④ 1회용 면도날은 손님 1인에 한하여 사용할 것

이·미용업자의 준수사항
- 점빼기, 귓볼뚫기, 쌍커풀수술, 문신, 박피술 그밖에 이와 유사한 의료행위를 하여서는 아니된다.
- 피부미용을 위하여 약사법 규정에 의한 의약품 또는 의료용구를 사용하여서는 아니된다.
- 미용기구 중 소독을 한 기구와 소독을 하지 아니한 기구는 각각 다른 용기에 넣어 보관하여야 한다.
- 1회용 면도날은 손님 1인에 한하여 사용하여야 한다.
- 업소 내에 미용업신고증, 개설자의 면허증 원본 및 미용요금표를 게시하여야 한다.
- 영업장 안의 조명도는 75럭스 이상이 되도록 유지하여야 한다.

029
기초화장품의 주된 사용 목적에 속하지 않는 것은?

① 세안
② 피부정돈
③ 피부보호
④ 피부채색

피부채색은 색조화장품의 사용 목적에 해당된다.

030
다음 중 글리세린의 가장 중요한 작용은?

① 소독작용
② 수분유지작용
③ 탈수작용
④ 금속염제거작용

글리세린은 보습제로 사용된다.

031
동물성 오일에 대한 설명으로 틀린 것은?

① 피부 친화성이 우수하다.
② 냄새가 좋지 않아 정제한 것을 사용해야 한다.
③ 호호바 오일이 해당된다.
④ 쉽게 변질될 수 있다.

호호바 오일은 식물에서 추출한 왁스로 피부 퍼짐성과 친화성이 우수하다.

032
진한 메이크업을 지우는 클렌징 제품으로 이중 세안을 해야 하는 것은?

① 클렌징 워터
② 클렌징 로션
③ 클렌징 젤
④ 클렌징 크림

클렌징 크림은 세정력이 뛰어나지만 유분 함량이 많아서 이중 세안을 해야 한다.

033
메이크업 제품 중 안료가 균일하게 분포되어 있으며 O/W형의 타입으로 사용감이 가볍고 자연스러운 메이크업에 사용하는 제품은?

① 리퀴드 타입
② 스틱 타입
③ 케이크 타입
④ 팬 케익 타입

리퀴드 타입은 로션 타입으로 수분 함량이 많아 잡티 커버력은 적으나 가벼운 느낌을 주어 젊은 층에 적당하다.

034
다음 중 기능성 화장품이 아닌 것은?

① 주름개선 크림 ② 선탠크림
③ 미백크림 ④ 캐리어 오일

기능성 화장품은 미백, 주름개선, 자외선 차단 제품 등이 있다.

035
다음 중 오데코롱에 대한 설명으로 옳지 않은 것은?

① 부향률은 3~5%이다.
② 1~2시간 지속된다.
③ 전신방향제품으로 사용한다.
④ 처음 향수를 접한 사람에게 적당하다.

전신방향제품으로 사용하는 것은 샤워 코롱이다.

036
얼굴 균형도에서 가로로 3등분하는 방법 중 잘 못된 것은?

① 헤어라인 ~ 눈썹까지
② 눈썹 ~ 코끝까지
③ 헤어라인 ~ 코끝까지
④ 코끝 ~ 턱끝까지

• 1등분 : 헤어라인부터 눈썹까지
• 2등분 : 눈썹부터 코끝까지
• 3등분 : 코끝에서 턱까지

037
지성피부 유형의 특성으로 옳지 않은 것은?

① 피지와 땀 분비량이 많고 피부가 두껍고 거칠어 보인다.
② 모공이 넓고 왕성한 피지분비로 여드름, 뾰루지 등 피부 트러블이 잘 생긴다.
③ 피부 번들거림이 심하고 수분이 많아 피부 결이 부드럽다.
④ 블랙 헤드(black head)가 생성되기 쉽다.

지성피부는 과도한 피지분비로 인하여 피부 번들거림이 심하고 피부 결이 곱지 못하다.

038
다음 중 색에 대한 설명으로 옳지 않은 것은?

① 색은 인간의 눈을 자극하는 빛에 의해 생기는 화학적 현상이다.
② 색이란 물리적인 색이 인간의 눈을 통해 감지되는 현상이다.
③ 색채의 요소는 빛, 물체, 눈이다.
④ 빛, 감각, 정보 등이 연관되는 과학적인 현상이다.

색은 인간의 눈을 자극하는 빛에 의해 생기는 물리적 현상이다.

039
색의 맑고 탁한 정도를 나타내며 유채색에만 존재하는 색의 3요소는 무엇인가?

① 색상 ② 명도
③ 채도 ④ 톤

채도는 색의 맑고 탁한 정도를 나타내며 유채색에만 존재한다. 채도가 가장 높은 색을 순색이라 하며 무채색은 색상이 없으므로 채도도 없다.

040
고객에게 직접 묻고 피부에 대해 진단하는 분석법은?

① 문진법 ② 견진법
③ 촉진법 ④ 진단법

문진법은 고객에게 나이, 환경, 가족력, 사용하는 화장품 등을 직접 묻고 피부에 대해 진단하는 분석법이다.

041
둥근 얼굴형의 수정 테크닉에 대한 설명 중 옳지 않은 것은?

① 양볼의 뒷부분에 섀딩 효과를 준다.
② 이마, 턱 그리고 콧등을 약간 세로 형태로 길게 하이라이트 효과를 준다.
③ 아이섀도우 등은 한색이 적합하다.
④ 얼굴 밑의 통통한 부분에 하이라이트 효과를 준다.

둥근 얼굴형은 양 볼의 뒷부분에 섀딩 효과를 이마, 턱, 그리고 콧등을 약간 세로 형태로 길게 하이라이트 효과를 준다.

042
눈썹의 굵기와 길이에 따른 이미지가 옳지 않은 것은?

① 긴 눈썹 – 성숙함, 안정됨
② 짧은 눈썹 – 여성적, 부드러움
③ 굵은 눈썹 – 남성적, 활동적
④ 가는 눈썹 – 고상함, 고전적

짧은 눈썹은 젊음, 명랑, 동적인 이미지를 준다.

043
눈썹 형태에 따른 수정방법이 적절하지 않은 것은?

① 숱이 적은 눈썹은 아이브로우 펜슬로 본래의 눈썹라인을 최대한 자연스럽게 한올한올 그려준다.
② 아래로 처진 눈썹은 내려간 부위의 눈썹을 정리하고 아이브로우 펜슬로 형태를 잡고 그려준다.
③ 눈썹 사이 간격이 좁을 때 뒤에 꼬리 부분을 정리해 준다.
④ 숱이 두꺼운 눈썹은 자연스럽게 자신의 얼굴형에 맞게 제거한다.

눈썹 사이 간격이 좁을 때는 눈썹 앞머리 부분을 정리해 준다.

044
눈두덩이에 진하게 음영을 주며 쌍꺼풀 라인에 표현하여 입체감을 주는 아이섀도우의 명칭은?

① 메인 컬러
② 악센트 컬러
③ 언더 컬러
④ 포인트 컬러

포인트 컬러는 눈에 음영을 주고 좁아 보이게 하기 위한 아이섀도우이다.

045
아이라이너의 목적 중 알맞은 것은?

① 자외선으로부터 피부보호를 해준다.
② 눈매를 보다 선명하고, 뚜렷하게 연출하기 위해 사용한다.
③ 외부의 유해 환경으로부터 피부보호를 해준다.
④ 얼굴형이나 눈매를 보완한다.

아이라이너의 목적은 눈매를 보다 선명하고, 뚜렷하게 연출하고 눈 모양의 수정 효과와 속눈썹을 길어 보이게 하기 위함이다.

046
마스카라를 바르는 방법 중 옳지 않은 것은?

① 모델의 시선을 아래로 향하게 한다.
② 아이래시 컬러(eyelash curler) 등을 이용하여 컬을 잡아준다.
③ 마스카라를 속눈썹 윗부분을 흔들면서 좌우로 솔질하고 아래 속눈썹을 흔들면서 좌우로 솔질한다.
④ 언더 속눈썹은 마스카라 솔을 항상 가로로 눕혀서 발라준다.

언더 속눈썹은 마스카라 솔을 가로로 바를 경우 번지기 쉬우므로 세로로 세워서 발라준다.

047
립 제품의 선택 시 잘못된 것은?

① 립스틱 전체가 균일하고 색상이 얼룩지지 않는 것
② 입술에 오래도록 착색이 될 것
③ 향이 강하지 않고 은은한 것
④ 사용 시 매끄럽게 발라지고 퍼짐성이 좋은 것

립 제품은 착색이 되지 않는 것으로 선택해야 한다.

048
인조 속눈썹 모양에 따른 디자인 설명이 옳지 않은 것은?

① 스트립 래시 – 눈 모양의 곡선띠에 인조 속눈썹이 붙어있는 형태이다.
② 인디비주얼 래시 – 양을 조절할 수 있고 자연스럽게 표현할 수 있는 장점이 있다.
③ 연장용 래시 – 짧은 속눈썹의 경우 자연스럽게 길어 보이는며 2~4주 정도 지속 가능하다는 장점이 있다.
④ 커팅용 래시 – 인조 속눈썹 1~3가닥이 한 올을 이루는 형태로 본래의 속눈썹 사이사이에 붙여서 사용한다.

커팅 속눈썹 디자인은 스트립 래시 디자인의 통으로 된 속눈썹을 눈의 형태에 맞추어 재단해서 사용한다.

049
속눈썹 연장 재료 및 도구에 대한 설명으로 틀린 것은?

① 일자핀셋 – 속눈썹을 연장할 때 가모를 잡아주는 도구
② 글루판 – 글루를 덜어서 쓰는 판
③ 스킨테이프 – 아랫 속눈썹이 붙지 않게 할 때와 작업시 핀셋으로부터 피부보호
④ 전처리제 – 시술 전 노폐물, 이물질 등을 제거

일자핀셋은 가모와 속눈썹을 분리하거나 제거 시 주로 사용된다.

050
신부 메이크업의 설명을 알맞게 말한 것은?

① 우아하고 요염하게 표현하는 선정적인 메이크업이다.
② 화려한 로즈와인이나 퍼플 계열 색상을 사용하여 아이 홀 메이크업을 해준다.
③ 눈썹은 아치형으로 색상을 강하게 하여 선명한 이미지를 만든다.
④ 신부의 얼굴형과 분위기를 고려하여 최대한 아름답게 연출한다.

웨딩 메이크업은 신부의 얼굴형과 분위기를 고려하여 최대한 아름답게 연출하고 생기있는 혈색과 성숙함, 우아함을 느낄 수 있어야 한다.

051
패션 이미지 유형별 특징으로 옳지 않은 것은?

① 내추럴 이미지는 전체적으로 자연스럽고 전원적인 특징을 가지고 있다.
② 에스닉 이미지는 성숙하면서도 품위 있는 여성의 아름다운 특징을 가지고 있다.
③ 로맨틱 이미지는 녀 같은 사랑스럽고 밝은 이미지로 여성스러움을 강조하는 특징을 가지고 있다.
④ 액티브 이미지는 젊음, 생동감이 느껴지는 이미지로 활동적이고 경쾌하며 밝은 분위기가 특징이다.

에스닉 이미지는 특정 지역의 생활 풍습, 민속 의상, 장신구 등에서 볼 수 있는 독특한 색과 소재 등의 특성을 가지고 있다.

052
다음 중 파티 메이크업에 대한 설명으로 옳지 않은 것은?

① 펄이 들어간 제품을 사용한다.
② 보색대비, 명도대비 등 강렬한 색을 사용한다.
③ 화려한 조명에서 입체감있는 메이크업을 한다.
④ 데이 메이크업보다 좀 더 자연스러운 메이크업을 한다.

데이 메이크업보다 좀 더 자연스러운 메이크업은 내추럴 메이크업이다.

053
서양 역사에서 1910~1920년대의 메이크업에 대한 설명으로 바르지 않은 것은?

① 눈 주위에 강하게 음영을 넣는 메이크업을 유행시켰다.
② 튜브형 검은 펜슬로 눈썹을 가는 일자형으로 그렸다.
③ 붉은색으로 작고 가는 입술을 표현하였다.
④ 굵고 각진 눈썹이 유행하였다.

굵고 각진 눈썹은 1950년대 오드리 햅번이 유행시켰다.

054
상처 표현 종류별 특징에 대한 설명으로 틀린 것은?

① 타박상 – 외부의 충격으로 피부 내 조직과 근육에 손상을 입은 상태
② 찰과상 – 긁히거나 마찰에 의해 피부나 점막 표면에 상처
③ 절상 – 칼이나 둔기 등으로 피부가 찢겨 생긴 상처로 주로 열과 피를 동반
④ 자상 – 끝이 예리하고 날카로운 물체(칼, 유리, 파편 등)에 의해 찔려 생긴 상처

절상은 칼, 금속기, 유리 파편 등의 예리한 날을 가진 물건에 의해서 잘렸을 때 상처가 발생한 상태이다.

055
공연 작품 시나리오 분석 구성요소가 아닌 것은?

① 지문　　　　② 대화
③ 액션　　　　④ 분량

공연 작품 시나리오 분석 구성요소는 지문, 대화, 액션, 배경이다.

056
영화 메이크업에 대한 설명으로 틀린 것은?

① 대형 스크린을 통해 전달되기 때문에 사실적이고 자연스럽게 표현되어야 한다.
② 작품에서 나타나는 시대배경, 환경 및 인물의 연령, 성격 등을 분석한다.
③ 영화 시나리오를 읽고 각 배우별 등장 장면을 파악하여 메이크업 연결표를 작성한다.
④ 의상 및 헤어 소품, 촬영 장소, 세트장의 조명 밝기 등은 메이크업과 무관하다.

의상 및 헤어 소품, 촬영 장소, 세트장의 조명 밝기 등을 고려하여 메이크업 방향을 제시한다.

057
볼드캡 유형의 설명으로 틀린 것은?

① 대머리 캐릭터 : 유전, 직업, 환경 등의 요소를 고려하여 표현한다.
② 특수 효과 캐릭터 : 일반 캐릭터 메이크업으로 표현할 수 없는 외형적 변화와 캐릭터 특징을 표현한다.
③ 대머리 캐릭터 : 유전적인 탈모로 머리카락이 없거나 적은 상태로 다양한 원인 분석 후 표현한다.
④ 특수 효과 캐릭터 : 특수 효과로 표현한 후 볼드캡을 시행한다.

볼드캡을 먼저 시행 후 그 위에 특수 효과로 표현한다.

058
절상 상처 표현법으로 틀린 것은?

① 스파츌라를 사용하여 왁스 또는 3rd degree를 펴 바른다.
② 가장자리를 자연스럽게 만들어 준다.
③ 블랙 스펀지를 이용하여 스치듯 긁어 표현한다.
④ 컷 안쪽에 짙은 색상을 칠해 상처의 깊이감을 표현한다.

보기 ③항은 찰과상의 표현법이다.

059
작품(시나리오) 캐릭터 메이크업 디자인에 대한 설명으로 틀린 것은?

① 시나리오(대본)을 읽고 등장인물의 직업, 나이, 성격, 환경 등을 파악한다.
② 메이크업 색상을 미리 결정한 후 적절한 의상 디자인을 정한다.
③ 공연 전체의 분위기와 색감을 알기 위해 무대 디자인을 분석한다.
④ 캐릭터를 표현하거나 실제 메이크업을 하기 전에 메이크업을 디자인한다.

의상 디자인을 참고해서 메이크업 색상을 미리 결정한다.

060
무대공연 메이크업을 수정 보완 시 틀린 것은?

① 누가 제일 먼저 등장하는지를 파악하여 출연자 순으로 배정하여 무대공연 메이크업 시간표를 작성한다.
② 무대공연 중 수정 메이크업을 진행시에는 의상 – 메이크업 – 헤어 순으로 수정하고 보완한다.
③ 무대공연 중간 휴식 시간에 변화가 많은 의상, 헤어, 메이크업 등을 수정할 때 그 후로 가장 먼저 등장하는 배우나 중요 배역을 미리 파악하여 먼저 수정한다.
④ 리허설이 끝난 후 본 공연 메이크업 시간표를 수정, 보완하고 최종 회의를 후 다음 무대 공연 메이크업의 보완점을 확인한다.

무대공연 중 수정 메이크업을 진행시 극 전개상 변화에 따라 필요한 메이크업, 헤어, 의상 등은 동시에 수정하여 전환한다.

11회 [정답] 적중모의고사

001	002	003	004	005
②	②	④	①	③
006	007	008	009	010
②	①	②	①	③
011	012	013	014	015
③	③	①	②	②
016	017	018	019	020
④	②	④	④	③
021	022	023	024	025
②	③	②	③	③
026	027	028	029	030
②	①	③	④	②
031	032	033	034	035
③	④	①	④	③
036	037	038	039	040
③	③	①	③	①
041	042	043	044	045
④	②	③	④	②
046	047	048	049	050
④	②	④	①	④
051	052	053	054	055
②	②	④	③	④
056	057	058	059	060
④	④	③	②	②

제 12회 적중모의고사

○ CHECK POINT QUESTION

001
보건행정에 대한 설명으로 가장 올바른 것은?
① 공중보건의 목적을 달성하기 위해 공공의 책임 하에 수행하는 행정활동
② 개인보건의 목적을 달성하기 위해 공공의 책임 하에 수행하는 행정활동
③ 국가 간의 질병교류를 막기 위해 공공의 책임하에 수행하는 행정활동
④ 공중보건의 목적을 달성하기 위해 개인의 책임 하에 수행하는 행정활동

보건 행정은 질병의 예방, 수명의 연장 및 건강·효율의 증진을 위해 행정조직을 통하여 행하는 일련의 과정이다.

002
콜레라 예방접종은 어떤 면역방법인가?
① 인공수동면역   ② 인공능동면역
③ 자연수동면역   ④ 자연능동면역

인공능동면역이란 예방접종 후 형성된 면역을 말한다.

003
기생충의 인체 내 기생 부위 연결이 잘못된 것은?
① 구충증 – 폐
② 간흡충증 – 간의 담도
③ 요충증 – 직장
④ 폐흡충 – 폐

구충은 경피적, 경구적으로 침입하여 소장에서 성충으로 발육한다.

004
다음 중 불량 조명에 의해 발생되는 직업병이 아닌 것은?
① 안정피로   ② 근시
③ 근육통   ④ 안구진탕증

조명이 불량하면 시력장애, 안정피로, 피로감, 작업능률 감퇴 등의 직업병이 생길 수 있다.

005
수질오염을 측정하는 지표로서 물에 녹아있는 유리산소를 의미하는 것은?
① 용존산소(DO)
② 생물화학적산소요구량(BOD)
③ 화학적산소요구량(COD)
④ 수소이온농도(pH)

하천수가 심하게 오염될 경우 용존 산소의 과다 소비로 인하여 산소가 결핍되어 혐기성 상태가 된다.

006
출생률보다 사망률이 낮으며 14세 이하 인구가 65세 이상 인구의 2배를 초과하는 인구구성형은?
① 피라미드형   ② 종형
③ 항아리형   ④ 별형

피라미드형은 인구증가형이며, 종형은 인구정지형으로 출생률과 사망률이 낮으며, 14세 이하의 인구가 65세 이상의 인구의 2배 정도로 이상적인 인구형이다. 항아리형은 인구감소형으로 출생률이 사망률보다 낮으며, 별형은 생산연령인구가 많이 유입되는 도시지역 인구구성이다.

007
주로 여름철에 발병하며 어패류 등의 생식이 원인이 되어 복통, 설사 등의 급성위장염 증상을 나타내는 식중독은?

① 포도상구균식중독
② 병원성대장균식중독
③ 장염비브리오식중독
④ 보툴리누스균식중독

식중독
- 포도상구균 식중독 : 우유, 버터, 치즈 등 유제품과 육류제품이 원인이다.
- 병원성 대장균 식중독 : 경구적으로 외부에서 침입하여 급성장염을 일으킨다.
- 보툴리누스균 식중독 : 통조림, 소시지 등 식품의 혐기성 상태에서 발육하여 식중독을 일으키며 가장 치명률이 높다.
- 살모넬라 식중독 : 어패류와 그 가공품, 우유 및 유제품, 샐러드, 두부 등 동물성 식품이 원인이다.

008
다음 중 제2급 감염병에 속하지 않는 것은?

① 디프테리아
② 콜레라
③ 성홍열
④ 세균성이질

제2급 감염병은 전파가능성을 고려하여 발생 또는 유행 시 24시간 이내에 신고하여야 하고, 격리가 필요한 감염병으로 결핵, 수두, 홍역, 콜레라, 장티푸스, 파라티푸스, 세균성이질, 장출혈성대장균감염증, A형간염, 백일해, 유행성이하선염, 풍진, 폴리오, 수막구균 감염증, b형헤모필루스인플루엔자, 폐렴구균 감염증, 한센병, 성홍열, 반코마이신내성황색포도알균(VRSA) 감염증, 카바페넴내성장내세균속균종(CRE) 감염증, E형간염이 해당된다.

009
일반적으로 돼지고기 생식에 의해 감염될 수 없는 것은?

① 유구조충
② 무구조충
③ 선모충
④ 살모넬라

무구조충은 쇠고기를 생식하거나, 불충분하게 가열·조리한 것을 섭취함으로써 감염된다.

010
다음 중 식중독에 관한 설명으로 옳은 것은?

① 식중독은 원인에 따라 세균성, 화학물질, 자연독, 곰팡이독으로 분류된다.
② 테트로도톡신은 감자에 다량 함유되어 있다.
③ 복어독은 식물성 자연독에 의한 중독이다.
④ 세균성 식중독 중 치사율이 가장 낮은 것은 보툴리누스 식중독이다.

보툴리누스균 식중독은 신경독에 의해 일어나는 독소형 식중독으로 치명률이 가장 높으며, 솔라닌은 감자에 함유된 독성 물질이다.

011
고압증기멸균법에서 20파운드(Lbs)의 압력에서는 몇 분간 처리하는 것이 가장 적절한가?

① 40분
② 30분
③ 15분
④ 5분

고압증기멸균법
- 10Lbs, 115.5℃의 상태 : 30분
- 15Lbs, 121.5℃의 상태 : 20분
- 20Lbs, 126.5℃의 상태 : 15분

012
광견병의 병원체는 어디에 속하는가?

① 세균(bacteria)
② 바이러스(virus)
③ 리케차(rickettsia)
④ 진균(fungi)

바이러스는 세균보다 더 작은 생물로 홍역, 폴리오, 유행성 이하선염, 일본 뇌염, 광견병, 후천성면역결핍증 등을 일으킨다.

013
다음 중 열에 대한 저항력이 커서 자비소독법으로 사멸되지 않는 균은?

① 콜레라균
② 결핵균
③ 살모넬라균
④ B형간염 바이러스

자비소독법은 100℃에서 10~20분간 끓이는 방법으로 아포형성균과 간염바이러스를 제외한 대부분의 병원균을 파괴할 수 있다.

014
소독제의 살균력을 비교할 때 기준이 되는 소독약은?

① 요오드 ② 승홍
③ 석탄산 ④ 알코올

소독약의 살균력을 비교하기 위해 석탄산 계수가 이용된다. 석탄산 계수가 높을수록 소독효과가 크다.

015
소독약의 구비조건으로 틀린 것은?

① 값이 비싸고 위험성이 없다.
② 인체에 해가 없으며 취급이 간편하다.
③ 살균하고자 하는 대상물을 손상시키지 않는다.
④ 살균력이 강하다.

소독약의 구비조건
- 살균력이 강하며 인체에 해롭지 않아야 한다.
- 취급하는 방법이 간편해야 한다.
- 소독하려는 물건을 상하게 하면 안 된다.
- 재료가 풍부하고 생산하기 쉽고 값이 싸야 한다.
- 불쾌한 냄새가 없어야 한다.

016
노화피부의 특징이 아닌 것은?

① 모공이 작으며 피부가 섬세하다.
② 노인성 반점, 잡티 등 색소침착이 생긴다.
③ 주름이 형성되어 있다.
④ 색소침착 불균형이 나타난다.

노화피부는 순환과 보습, 영양공급이 원활하지 않아 주름이 쉽게 생성되고 탄력이 없어 건조해지고, 자외선에 저항력이 약해져 색소가 불균형하게 나타난다.

017
피부진균에 의하여 발생하며 습한 곳에서 발생빈도가 가장 높은 것은?

① 모낭염 ② 족부백선
③ 봉소염 ④ 티눈

족부백선은 무좀균의 하나로 습한 곳에서 발생빈도가 크다.

018
기미를 악화시키는 주요한 원인이 아닌 것은?

① 경구피임약의 복용
② 임신
③ 자외선 차단
④ 내분비 이상

자외선에 의해 멜라닌 색소가 증가한다.

019
다음 중 피지선과 가장 관련이 깊은 질환은?

① 사마귀 ② 주사(rosacea)
③ 한관종 ④ 백반증

주사는 지루성 피부에 잘 생기는 피부 질환의 형태로 구진과 농포가 코를 중심으로 양쪽에 나비모양으로 나타난다.

020
표피에 존재하며 면역과 가장 관계가 깊은 세포는?

① 멜라닌 세포 ② 랑게르한스 세포
③ 머켈 세포   ④ 섬유아 세포

세포와 기능
- 멜라닌 세포 : 멜라닌 색소 생성
- 머켈 세포 : 촉각을 감지하는 세포
- 섬유아 세포 : 진피에 존재하며, 콜라겐과 엘라스틴 등 진피를 구성하는 물질을 생성하는 세포

021
피부에서 땀과 함께 분비되는 천연 자외선 흡수제는?

① 우로칸산 ② 글리콜산
③ 글루탐산 ④ 레틴산

땀에 포함된 우로칸산은 자외선 B를 차단한다.

022
영업소 위생서비스 평가를 위탁받을 수 있는 기관은?

① 보건소
② 동사무소
③ 소비자단체
④ 관련전문기관 및 단체

위생서비스평가계획의 수립은 시·도지사가 하며, 시장·군수·구청장은 평가계획에 따라 관할 공중위생 영업소의 위생서비스수준을 평가하여야 한다. 또한, 시장·군수·구청장은 위생서비스평가의 전문성을 높이기 위하여 필요하다고 인정하는 경우에는 관련 전문기관 및 단체로 하여금 위생서비스평가를 실시하게 할 수 있다.

023
이·미용업소의 조명도는 몇 럭스 이상 유지하여야 하는가?

① 60럭스
② 75럭스
③ 90럭스
④ 120럭스

공중위생관리법 시행규칙에 따라 영업장 안의 조명도는 75럭스 이상이 되도록 유지하여야 한다.

024
공중위생영업자단체의 설립 목적으로 가장 적합한 것은?

① 공중위생과 국민보건 향상을 기하고 영업종류별 조직을 확대하기 위하여
② 국민보건의 향상을 기하고 공중위생 영업자의 정치, 경제적 목적을 향상시키기 위하여
③ 영업의 건전한 발전을 도모하고 공중위생 영업의 종류 및 단체의 이익을 옹호하기 위하여
④ 공중위생과 국민보건 향상을 기하고 영업의 건전한 발전을 도모하기 위하여

공중위생영업자는 공중위생과 국민보건의 향상을 기하여 그 영업의 건전한 발전을 도모하기 위하여 영업의 종류별로 전국적인 조직을 가지는 영업자 단체를 설립할 수 있다.

025
영업자의 지위를 승계한 후 누구에게 신고하여야 하는가?

① 보건복지부장관
② 시·도지사
③ 시장, 군수, 구청장
④ 세무서장

공중위생영업자의 지위를 승계한 자는 1월 이내에 관할 시장·군수·구청장에게 신고해야 한다.

026
공중위생감시원의 자격 임명 업무 범위 등에 필요한 사항을 정한 것은?

① 법률
② 대통령령
③ 보건복지부령
④ 당해 지방자치단체 조례

공중위생감시원의 자격·임명·업무 범위 기타 필요한 사항은 대통령령으로 정하며, 특별시·광역시도 및 시·군·구에 둔다.

027
대통령령이 정하는 바에 의하여 과태료 처분이 내려졌을 때 불복이 있는 자가 이의를 제기할 수 있는 기간은?

① 과태료 처분의 고지를 받은 날부터 30일 이내
② 과태료 처분이 내려진 날부터 30일 이내
③ 과태료 처분이 내려진 날부터 20일 이내
④ 과태료 처분의 고지를 받은 날부터 7일 이내

과태료는 처분권자인 시장·군수·구청장이 부과·징수하며, 과태료 처분에 불복이 있는 자는 그 처분의 고지를 받은 날부터 30일 이내에 처분권자에게 이의를 제기할 수 있다.

028
이·미용업 영업소에서 영업정지처분을 받고 그 영업정지 기간 중 영업을 한 때에 대한 1차 위반 시의 행정처분기준은?

① 영업정지 1월
② 영업정지 3월
③ 영업장 폐쇄명령
④ 면허취소

영업정지처분을 받고도 그 영업정지 기간에 영업을 한 경우에는 1차 위반 시 곧바로 영업장 폐쇄명령을 받는다.

029
영업소 폐쇄명령을 받고도 계속하여 영업을 하는 경우 관계 공무원으로 하여금 당해 영업소를 폐쇄하기 위하여 할 수 있는 조치가 아닌 것은?

① 당해 영업소의 간판, 기타 영업표지물의 제거
② 당해 영업소가 위법한 것임을 알리는 게시물 등의 부착
③ 영업을 위하여 필수불가결한 기구 또는 시설물을 사용할 수 없게 하는 봉인
④ 영업시설물의 철거

법적 조치
- 당해 영업소의 간판 기타 영업표지물의 제거
- 당해 영업소가 위법한 영업소임을 알리는 게시물 등의 부착
- 영업을 위하여 필수불가결한 기구 또는 시설물을 사용할 수 없게 하는 봉인

030
화장품 제조의 3가지 주요기술이 아닌 것은?

① 가용화 기술
② 유화 기술
③ 분산 기술
④ 용융 기술

화장품 제조의 주요기술은 가용화, 유화, 분산기술이 있다.

031
화장품의 분류와 사용 목적, 제품이 일치하지 않는 것은?

① 모발 화장품 – 정발 – 헤어스프레이
② 방향 화장품 – 향취 부여 – 오데코롱
③ 메이크업 화장품 – 색채 부여 – 네일 에나멜
④ 기초화장품 – 피부 정돈 – 클렌징 폼

기초화장품 – 피부 정돈 – 화장수

032
캐리어 오일에 대한 설명으로 틀린 것은?

① 캐리어는 운반이란 뜻으로 캐리어 오일은 마사지 오일을 만들 때 필요한 오일이다.
② 베이스 오일이라고도 한다.
③ 에센셜 오일을 추출할 때 오일과 분류되어 나오는 증류액을 말한다.
④ 에센셜 오일의 향을 방해하지 않도록 향이 없어야 하고 피부 흡수력이 좋아야 한다.

캐리어 오일은 에센셜 오일을 희석해서 사용하는 식물성 오일을 말한다.

033
팩의 분류에 속하지 않는 것은?

① 필 오프(peel-off) 타입
② 워시 오프(wash-off) 타입
③ 패치(patch) 타입
④ 워터(water) 타입

팩의 분류
- 필오프 타입(Peel-off Type)
- 워시오프 타입(Wash-off Type)
- 티슈오프 타입(Tissue-off Type)
- 시트 타입(Sheet Type)
- 분말타입

034
색소를 염료(dye)와 안료(pigment)로 구분할 때 그 특징에 대해 잘못 설명되어진 것은?

① 염료는 메이크업 화장품을 만드는데 주로 사용된다.
② 안료는 물과 오일에 모두 녹지 않는다.
③ 무기 안료는 커버력이 우수하고 유기안료는 빛, 산, 알칼리에 약하다.
④ 염료는 물이나 오일에 녹는다.

염료는 물이나 오일에 잘 녹기 때문에 메이크업 화장품에는 사용하지 않는다.

035
기능성 화장품에 해당되지 않는 것은?

① 피부의 미백에 도움을 주는 제품
② 인체의 비만도를 줄여주는데 도움을 주는 제품
③ 피부의 주름개선에 도움을 주는 제품
④ 피부를 곱게 태워주거나 자외선으로부터 피부를 보호하는데 도움을 주는 제품

기능성 화장품은 피부주름개선, 자외선 차단, 미백에 도움을 주는 제품을 말한다.

036
피부유형에 맞는 화장품 선택이 아닌 것은?

① 건성피부 – 유분과 수분이 많이 함유된 화장품
② 민감성피부 – 향, 색소, 방부제를 함유하지 않거나 적게 함유된 화장품
③ 지성피부 – 피지조절제가 함유된 화장품
④ 정상피부 – 오일이 함유되어 있지않은 오일 프리(oil free) 화장품

오일 프리 제품은 지성피부나 여드름피부에 적합하다.

037
개화기 이후의 화장에 대한 설명으로 잘못된 것은?

① 눈썹은 굵고 각지게 그렸다.
② 새로운 신식화장품이 유행하였다.
③ 박가분이 제조되었다.
④ 오드리 햅번 등 영화배우를 따라하는 복식문화가 유행하였다.

개화기 이후 눈썹을 초승달 모양으로 그리는 화장법이 유행하였다.

038
메이크업 샵의 감염예방 방법으로 옳지 않은 것은?

① 메이크업 시술 시에는 상처를 내지 않도록 주의한다.
② 시술 전후 70% 알코올로 시술자의 손을 소독한다.
③ 타월, 린넨 등은 증기 소독 및 자비 소독을 한다.
④ 라텍스 스펀지는 70% 알코올로 소독 후 사용한다.

라텍스 스펀지는 일회용으로 사용 후 폐기한다.

039
메이크업 시술 시 유의사항으로 적절하지 않은 것은?

① 베이스 메이크업을 철저히 한다.
② T.P.O를 고려한다.
③ 색의 조화를 염두해 둔다.
④ 메이크업은 무조건 아이메이크업에 포인트를 준다.

립, 아이메이크업 등 한 곳에 포인트를 주어야 한다.

040
콧볼에서 눈썹 앞머리에 수직으로 올라간 선과 눈썹 꼬리에서 사선으로 콧망울 방향으로 만나는 지점의 각도가 가장 근접한 것은?

① 30°
② 45°
③ 60°
④ 90°

가장 근접한 각도는 45°이다.

041
둥근형 얼굴의 눈썹 디자인에 대한 설명으로 옳은 것은?

① 길이는 짧은 듯 눈썹 산을 낮춰 일자 형식으로 표현
② 눈썹 산을 약간 높게 잡으면서 눈썹꼬리까지 둥글게 아치형으로 표현
③ 자연스러운 기본형으로 그리되 눈썹 산을 밖으로 빼주며 사선 느낌으로 표현
④ 길이는 짧게 최대한 처지게 표현

둥근형은 갸름한 느낌이 들도록 약간 상승형으로 표현한다.

042
명도에 대한 설명으로 옳지 않은 것은?

① 빛의 반사 양에 따라 색의 밝고 어두운 정도를 나타낸다.
② 명도는 유채색에만 존재하고 무채색에는 존재하지 않는다.
③ 명도가 가장 높은 것은 흰색(10)이고, 명도가 가장 낮은 색은 검은색(0)이다.
④ 완전한 흰색과 검은색은 존재하지 않고 실제 명도단계는 N1.5~9.5이다.

명도는 유채색과 무채색 모두에 존재한다.

043
퍼스널 컬러 진단 시 주의사항으로 옳지 않은 것은?

① 화장기가 없는 맨 얼굴인 상태로 준비한다.
② 진단에 방해될 수 있는 것들은 착용하지 않는다.
③ 조명을 사용할 경우 95~100W의 중성 광이 적당하다.
④ 오전 10시~12시 사이에 진단하는 것이 효과적이다.

퍼스널 컬러는 오전 11시부터 오후 3시 사이에 진단하는 것이 효과적이다.

044
클렌징의 목적과 거리가 먼 것은?

① 피부의 노폐물 제거
② 메이크업 잔여물 제거
③ 피부의 영양공급
④ 세정작용

클렌징은 피부의 노폐물과 메이크업 잔여물을 제거하는 세정작용의 역할을 한다.

045
메이크업 베이스를 가장 잘 설명한 것은?

① 얼굴형을 수정해 준다.
② 기미, 주근깨, 잡티를 완벽하게 커버한다.
③ 유분기를 제거한다.
④ 파운데이션의 밀착성을 높여준다.

메이크업 베이스는 파운데이션이 잘 펴지게 하며, 화장이 오래 지속되게 해주는 역할이다.

046
크림 타입 파운데이션에 대한 설명으로 옳은 것은?

① 방수 효과가 있으며 주로 여름철에 사용한다.

② 피부 커버력이 높고 퍼짐성과 부착성이 좋다.
③ 퍼짐성이 좋고 투명감이 높다.
④ 피부 결점이 없는 피부에 적합하다.

①항은 팬 케익 타입, ③항과 ④항은 리퀴드 타입에 대한 설명이다.

047
파운데이션 색상 선택 법 중 섀딩 컬러에 대한 설명이 옳은 것은?

① 얼굴 전체에 도포하는 컬러이다.
② Y존, 눈썹뼈 등에 사용하여 얼굴에 입체감을 준다.
③ 피부 톤보다 1~2톤 어두운 톤을 사용한다.
④ 피부 톤과 같은 색을 사용한다.

섀딩 컬러는 피부 톤보다 1~2톤 어두운 톤을 사용하고, 턱, 코 옆 등 감추고 싶은 부위에 어두운색을 사용하여 얼굴에 입체감과 작아 보이는 효과를 준다.

048
스펀지를 이용하여 파운데이션을 바르는 방법이 옳지 않은 것은?

① 굴곡진 부분에서 평평한 부분으로 바른다.
② 얼굴을 안에서 바깥으로 바른다.
③ 넓은 부위에서 좁은 부위로 바른다.
④ 아래에서 위로 바른다.

스펀지를 이용하여 파운데이션을 바를 때는 코를 중심으로 얼굴을 안에서 바깥쪽으로, 넓은 부위에서 좁은 부위로, 평평한 부분에서 굴곡진 부분으로, 아래에서 위쪽의 순서로 바른다.

049
양 볼은 어두운색으로, 이마와 턱은 밝은색으로 표현하면 좋은 얼굴형은?

① 사각형　　　　② 둥근형
③ 삼각형　　　　④ 긴형

둥근형은 헤어라인과 턱선이 짧기 때문에 얼굴이 길어 보일 수 있게 양 볼은 어둡게 쉐이딩을 하고 이마와 턱은 밝은색으로 표현한다.

050
아치형 눈썹에 대한 설명 중 옳은 것은?

① 긴형이나 장방형 얼굴에 어울린다.
② 모든 얼굴형에 잘 어울린다.
③ 동적이며 개성있는 눈썹이다.
④ 섹시하고 우아한 눈썹이다.

아치형 눈썹은 섹시하고 우아한 눈썹으로 역삼각형, 다이아몬드형 얼굴에 어울린다.

051
아이라이너가 튀었을 때 수정 방법은?

① 티슈로 바로 닦아낸다.
② 아이라이너가 마를 때까지 기다린 후 면봉 등으로 털어낸다.
③ 아이라이너가 마를 때까지 기다린 후 손톱으로 긁어낸다.
④ 면봉으로 즉시 닦아낸다.

아이라이너가 튀었을 때 아이라이너가 마를 때까지 기다린 후 면봉 등으로 털어내어 수정한다.

052
립스틱의 설명으로 잘못된 것은?

① 입술모양을 수정, 보완한다.
② 색상을 이용하여 음영을 강조하고 입체감을 준다.
③ 끈적임이 없고 잘 번지지 않아야 한다.
④ 색감, 질감이 다양하다.

립 제품은 입술을 촉촉하고 윤기있게 만들어 입술의 주름이 생기지 않도록 보호해 주는 역할을 한다.

053
입술 색과 입술 형에 따른 수정법 연결 중 잘못된 것은?

① 얇은 입술 – 파스텔 계열 색상
② 큰 입술 – 펄이 든 립 색상
③ 두꺼운 입술 – 짙은 색상
④ 작은 입술 – 파스텔 계열의 옅은 색상

큰 입술은 펄이 들어 있으면 더 커보이게 하므로 진한 색상이나 어두운 색상의 립스틱을 바른다.

054
인조 속눈썹 메이크업 목적에 따른 디자인 설명이 옳지 않은 것은?

① 내추럴 인조 속눈썹 – 속눈썹 숱이 자연스러운 형태의 속눈썹이다.
② 결혼, 파티용 인조 속눈썹 – 신부 화장이나 다양한 행사 등에서 사용되는 속눈썹이다.
③ 무대 인조 속눈썹 – 공연, 연극, 뮤지컬 등의 다양한 무대 공연에 맞추어 캐릭터에 따라 사용되는 속눈썹이다.
④ 인디비주얼 래시 속눈썹 – 눈 모양의 곡선 띠에 인조 속눈썹이 붙어있는 형태로 눈 길이에 맞게 잘라서 사용한다.

인디비주얼 래시는 1~3가닥이 한 올을 이루는 형태로 속눈썹 형태에 따른 종류이다.

055
속눈썹 가모 부착 시 옳지 않은 것은?

① 왼손 핀셋으로 가모를 붙일 속눈썹을 남기고 양쪽을 벌려준다.
② 오른손 핀셋으로 가모 한 올 끝에서 1/3 지점을 잡고 글루양을 조절하며 1/2까지 글루를 묻힌다.
③ 글루를 묻힌 가모를 속눈썹 모근에 최대한 가깝게 끝부분 쪽으로 1~2회 가량 묻혀주며 밀착시켜 부착한다.
④ 앞부분은 8mm로 시작해서 12mm까지 사용하여 끝부분까지 자연스럽게 부채꼴 모양이 되도록 부착한다.

글루를 묻힌 가모를 속눈썹 모근에서 1~2mm 떨어진 부위부터 끝부분 쪽으로 1~2회 가량 묻혀주며 밀착시켜 부착한다.

056
신부 메이크업 시 고려해야 할 사항이 아닌 것은?

① 신부의 연령
② 피부 타입 및 상태
③ 신랑의 피부 톤
④ 드레스 디자인 및 색상

신부 메이크업에서는 신부의 연령, 피부 타입 및 상태, 본인이 선호하는 색상, 드레스 디자인 및 색상, 결혼식 장소(실내 혹은 실내 등) 및 조명, 계절 등을 종합적으로 고려해야 한다.

057
데이 메이크업에 대한 설명 중 옳지 않은 것은?

① 데이 메이크업은 파운데이션, 아이섀도우, 립을 모두 표현하지만 색상이 진하지 않는 것을 의미한다.
② 파티나 모임 등의 장소에 토탈 메이크업을 표현하는 화장을 말한다.
③ 좁은 의미의 내추럴 메이크업보다 조금 진한 메이크업이라 할 수 있다.
④ 햇볕의 노출의 많은 낮시간의 메이크업을 의미한다.

②항은 소셜 메이크업에 대한 설명이다.

058
인쇄매체로 표현되는 광고로서 매체 특성과 콘셉트에 맞도록 시행되어야 메이크업은?

① CF 메이크업
② 지면광고 메이크업
③ 드라마 메이크업
④ 영화 메이크업

신문, 잡지, 카탈로그, 포스터, DM(direct marketing) 등 인쇄매체로 표현되는 광고로서 매체 특성과 콘셉트에 맞도록 메이크업이 시행되어야 한다.

059
작품(시나리오) 캐릭터 의상 디자인과 메이크업에 대한 설명으로 틀린 것은?

① 의상 디자인을 참고해서 메이크업 색상을 미리 결정한다.
② 의상 디자인이 고증에 따른 사실적 표현인지, 현대적으로 재해석된 표현인지에 파악하고 메이크업의 방향을 결정한다.
③ 의상 디자이너와 함께 캐릭터의 메이크업에 대해 분석하고 결정한다.
④ 모든 요소들을 종합하여 메이크업을 결정한다.

의상 디자이너와 함께 캐릭터의 헤어 장신구에 대해서 미리 협의한다.

060
무대공연 메이크업을 수정 보완 시 주의해야 할 사항으로 틀린 것은?

① 체인지되는 공연에 필요한 메이크업 수정 재료와 가발, 수염, 장신구 등은 확인한다.
② 공연 전 출연자들의 등장 순서를 확인하여 메이크업 시간표를 작성한다.
③ 가능하면 남자 주·조연 배우들은 헤어 스타일링을 포함하여 60분, 여자 주·조연 배우들은 100분 정도로 시행한다.
④ 배역의 메이크업 디자인을 미리 숙지하여 필요한 재료를 미리 준비하고 정리한다.

가능하면 남자 주·조연 배우들은 헤어 스타일링을 포함하여 30~40분, 여자 주·조연 배우들은 40~50분이 넘지 않도록 하여 공연 10~20분 전에는 모두 마무리한다.

12회 [정답] 적중모의고사

문항	답	문항	답	문항	답	문항	답	문항	답
001	①	002	②	003	①	004	③	005	①
006	①	007	③	008	①	009	②	010	①
011	③	012	②	013	④	014	③	015	①
016	①	017	②	018	③	019	②	020	②
021	①	022	④	023	②	024	④	025	③
026	②	027	①	028	③	029	④	030	④
031	④	032	③	033	④	034	①	035	②
036	④	037	①	038	④	039	④	040	②
041	③	042	②	043	④	044	③	045	④
046	②	047	③	048	①	049	②	050	④
051	②	052	③	053	②	054	④	055	③
056	③	057	②	058	②	059	③	060	③

메이크업미용사 필기
적중모의고사(상시시험 대비)

2026년 01월 05일 인쇄
2026년 01월 20일 발행

저　　자	노희영 · 문서원 공저
발 행 처	(주)도서출판 책과상상
등록번호	제2020-000205호
발 행 인	이강복
주　　소	경기도 고양시 일산동구 장항로 203-191
대표전화	(02)3272-1703~4
팩　　스	(02)3272-1705
홈페이지	www.sangsangbooks.co.kr
ISBN	979-11-6967-316-7

저자협의
인지생략

값 16,000원
Copyright© 2026
Book & SangSang Publishing Co.